淮阴师范学院校级教材建设项目

茶文化与茶艺

主　编　吴小伟　李德楠
副主编　史丽萍　仲崇庆
参　编　管永祥　沙　健
　　　　梁　峰　蒋　帅

南京大学出版社

图书在版编目(CIP)数据

茶文化与茶艺 / 吴小伟,李德楠主编. — 南京：
南京大学出版社,2024.2
ISBN 978 - 7 - 305 - 27625 - 5

Ⅰ.①茶… Ⅱ.①吴… ②李… Ⅲ.①茶文化－中国
－高等学校－教材 Ⅳ.①TS971.21

中国国家版本馆 CIP 数据核字(2024)第 022181 号

出版发行 南京大学出版社
社 址 南京市汉口路 22 号 邮 编 210093
书 名 茶文化与茶艺
 CHAWENHUA YU CHAYI
主 编 吴小伟 李德楠
责任编辑 刁晓静 编辑热线 025 - 83592123
照 排 南京开卷文化传媒有限公司
印 刷 南京人民印刷厂有限责任公司
开 本 787 mm×1092 mm 1/16 印张 22 字数 520 千
版 次 2024 年 2 月第 1 版第 1 次印刷
ISBN 978 - 7 - 305 - 27625 - 5

定 价 56.00 元
网 址:http://www.njupco.com
官方微博:http://weibo.com/njupco
微信服务号:njuyuexue
销售咨询热线:(025)83594756

前　言

习近平总书记高度重视中国茶文化的保护传承与发展，多次"以茶论道"。我国是世界茶文化的发源地，我国茶叶生产和茶叶科学，早已十分发达，对世界茶业的发展和茶业科学的进步做出了宝贵的贡献。18世纪以前，国外茶业文献仅限于记述有关我国茶事的见闻，或摘抄我国介绍茶叶生产经验的书籍，以供本国发展茶叶生产的参考。然近代中华民族灾难深重，外有列强内有战乱，中华茶文化史上遭遇至黑时刻，中国人失去了品饮的环境和心境，中国社会渐渐失落了品茶传统。而此时日本、印度、斯里兰卡等国的茶业后来居上，继承中国茶文化精神而发展成熟的日本茶道在世界茶叶文明领域里的文化地位亦异军突起。正如日本茶学专家冈仓天心所言"世界舞台上缺失中国声音。他们（西方）对我们（东方）的了解，不是通过旅人的道听途说，就是基于对我们浩繁文化的拙劣翻译。"

新中国成立后，中国茶业事业开始逐步恢复发展，茶叶出口贸易和国内消费都在持续增长。尤其进入21世纪以后"茶米油盐酱醋茶"和"琴棋书画诗酒茶"再次进入寻常百姓生活，中国茶业进入蓬勃发展期，民间茶事活动多彩纷呈，2022年"中国传统制茶技艺及其相关习俗"列入联合国教科文组织人类非物质文化遗产代表作名录。可以说泱泱大众对茶虽早已不陌生，然系统了解茶文化、懂茶之人却仍不在多数。

中国茶文化当前已取得了重大的发展成效，但中国茶文化在世界舞台中心的回归与正确认知依然任重道远。当代大学生肩负民族复兴国家富强之重担，他们对中国优秀传统文化——茶文化的系统全面了解有着重要的意义。

随着中国茶文化的繁荣复兴，茶文化和茶艺知识的人才需求缺口越来越大，诸多高校在茶学专业之外陆续开设茶文化与茶艺相关课程，如旅游管理和酒店管理专业。茶文化与茶艺相关课程既是新时代如上专业发展所需特色课程，可以增强学生的专业知识和技能，提高就业竞争力，同时也是高校大学生文化素养类通识课程，弘扬中国优秀传统文化，增强文化自信、丰富生活乐趣、促就精行俭德之风。

这就是本书编写的初衷。想让更多本科院校大学生和社会大众见识中国茶文化无以伦比的魅力，知晓她曾经的辉煌与璀璨，了解她历经的苦难与艰辛，激发中国茶文化传承和弘扬的匹夫之责与主动担当。希望更多读者能够认清事实，避免被部分西方文化迷花了双眼,不再出现只知盲目崇拜如英式下午茶和日本茶道的国外文化,而不知它们源自中国茶文化的本质;更希望读者不被国外部分文献所左右,甄别它们对中国茶文化的曲解和淡化,甚至恶意抹煞中国茶文化在世界茶文化中的重要地位之目的。

中国茶文化与茶艺是中华民族优秀文化,需要当代大学生传承与弘扬,需要茶学专业以外更多面向现代服务业的相关专业积极纳入人才培养课程体系中,增强就业能力。也需要更多知茶懂茶的社会人士。

本教材编者通过梳理诸多优秀经典的茶学著作读本,如《茶文化通论》、陈橼院士编写的《茶业通史》、屠幼英老师编写的《茶与健康》、中国茶叶学会编写的系列《茶艺培训教材》以及一些茶文化与茶艺相关的教材等,基于个人近十年高校茶文化与茶艺教学经验,充分吸收诸多茶学著作经典之精华,遵循读者对茶的了解现状和认识规律,尝试编写一本适合非茶学专业,面向当代高校大学生,尤其面向现代服务业如旅游管理/酒店管理类专业学生的教材或读本。一方面能较为系统全面呈现中国茶文化,同时兼顾茶艺技能;另一方面也适合爱茶之人深入、系统、全面了解中国茶文化与茶艺之选。然理想与现实终难完全匹配,由于编者能力有限,书中不足之处难免,恳请读者见谅。

本教材分为四篇,第一篇为茶基础知识篇,包括一到五章,分别为初识杯中茶、茶功能与茶保健、茶之生长与分布、茶叶初制工艺、茶叶选购鉴定与储藏;第二篇为茶历史文化篇,包括六到十章,分别为茶之起源与传播、中国茶文化的发展、中国茶道、制茶技术发展、饮茶的发展;第三篇为专题篇,包括十一章到十三章,分别为茶与水、茶与器、茶文化艺术作品赏析;第四篇为茶艺篇,包括十四章到十九章,分别为职业道德与习茶礼仪、冲泡茶艺、茶叶感官品评、仿古茶道、茶会。最后附实训手册。

教材章节安排没有遵循一般时间顺序,从茶之起源、历史先讲起,而是先从与普通大众密切接触的茶类和与大家健康息息相关的茶功能、茶保健讲起,充分考虑大家对茶的认知现状,以及由浅入深、循序渐进的教育认知规律。具体而言,本书内容安排主要有以下逻辑:

一是由近及远,由今及古,考虑读者认知规律,主要体现于:第一篇从与我们当前生活密切的茶基础知识开启(近、今),在此基础上,引导读者溯源、追史,深入到茶的历史文化篇,介绍我国茶文化的世界起源地位和茶文化形成背后的无比厚重与跌宕起伏,希望读者能够全面了解中国茶文化这一中华民族智慧与汗水的结晶,进而激发大众对世界舞台上中国茶文化地位复兴的使命感。在小章节安排上也有由今及古循序介绍的体现,如第一章初识杯中茶中的内容安排上,由当前茶类到历史茶类的循序介绍。

二是由理论到实践,既要知其然,又要知其所以然。从茶文化基础知识、茶历史文化到茶艺,既有茶艺的外在展示,又有厚重的茶文化内涵依托。

三是由表及里,由浅入深,循序推进。从生活目视可及的茶类、外显等到茶之内在功效、制作工艺等,从茶的基础浅层认知深化拓展到茶的历史文化;从茶的现代茶艺到仿古茶道等。

因此,总结教材特点如下:

1. 融入课程思政育人。茶文化与茶艺课程中有大量的课程思政元素,是高校思政育人的优秀载体。

2. 系统全面呈现中国茶文化,通过通俗易懂的章节安排和内容编写呈现给读者。内容包括茶文化之茶类、功效、生长、制作、收藏、起源、发展、茶道、冲泡、品饮、审评、选水、选器、茶会等内容。

3. 茶艺部分既有相对标准化的生活茶艺,也有高雅升华的仿古茶道,满足各种需求;后附实训手册,便于读者练习使用。

4. 章节安排考虑读者对茶的认知规律,由当前的生活中基础茶知识,再拓展延申至茶的起源、历史和文化,再到茶艺的训练;

5. 面向高校大学生编写,可作为普通大学生文化素养提升的教材读本,以及面向现代服务业如旅游管理/酒店管理专业的特色专业教材。与此同时亦可作为好茶之人深入系统了解中国茶文化与茶艺的读本。

参与教材编写人员有吴小伟、李德楠、史丽萍、仲崇庆、管永祥、沙健、梁峰、蒋帅,主编为吴小伟、李德楠。书中第一篇基础知识中,第一、三、四、五章由吴小伟编写,第二章由仲崇庆编写;第二篇茶历史文化中,第六章由李德楠编写,第七章由吴小伟编写,第八章由吴小伟、沙健编写,第九章由吴小伟、管永祥编写,第十章由吴小伟、仲崇庆编写;第三篇茶文化专题中,第十一、十二、十三章由吴小伟编写;第四篇茶艺中,第十四、十五章由史丽萍编写,第十六章由史丽萍、蒋帅编写,第十八章由吴小伟编写,第十九章由吴小伟、梁峰编写。感谢淮阴师范学院教务处、历史文化旅游学院与江苏旅游研究中心、江苏省茶叶协会以及茶文化专委会等给予的大力支持,感谢江苏省乾元茶厂、茶水涧、福品汇茶行等给予的资料、信息等支持。

小小一片茶叶,承载的是中华民族的发展历史,有几千年来劳动人民的辛劳智慧,有盛极一时的大国文明,也有没落低潮的民族委屈。学习茶文化和茶艺,从认识一杯茶开始,由今及古,由近及远,由表及里,由现象及本质,由感性到理性,由理论到实践,开启我们茶文化与茶艺之旅。

目　录

第三篇　茶文化专题篇

第四篇　茶艺篇

《茶文化与茶艺》实训手册

第一篇

茶基础知识篇

第一章　初识杯中茶

茶已经成为我们生活必备物品之一，日常生活中可以见到外形各异、颜色丰富、滋味多样、香气馥郁的各式各样的茶，如绿色卷曲如螺的碧螺春、扁平糙米色的西湖龙井、披满白毫的白毫银针、披满金毫的金骏眉、乌褐隽秀的祁门红茶、肥壮呈条索状的大红袍、卷曲如蜻蜓头的铁观音、七子一提的普洱茶等。中国是茶的故乡，世界茶文化的源头，作为新时代的大学生对于生活中的茶，有必要进行深入全面的了解。

第一节　茶叶基本分类

我国茶叶分类有的以产地划分，有的以采茶季节划分，有的以制造方法划分，有的以销路划分，有的以品质划分。目前较为普遍认同的是根据茶叶制造方法，结合茶叶品质的特点来分类，具体分为基本茶类和再加工茶类。

一、六大基本茶类

各种茶叶品质不同，制法也不同。通常把由鲜叶经过加工制成的成品茶称为基本茶类，基本茶类包括绿茶类、红茶类、青茶类、黄茶类、白茶类和黑茶类六大基本茶类。

（一）绿茶类

绿茶是未发酵茶，特点是"绿叶绿汤"，由于加工方法的不同又分为以下四种。

1. 炒青绿茶

炒青是利用高温锅炒杀青和锅炒干燥的绿茶,如外销绿茶中的眉茶、珠茶等,内销绿茶中的龙井茶、碧螺春、大方、炒青茶等。

2. 烘青绿茶

鲜叶经过杀青、揉捻,而后烘干的绿茶称为烘青绿茶,如浙烘青、滇烘青、徽烘青,另如黄山毛峰、云南毛峰、太平猴魁、庐山云雾等。

3. 晒青绿茶

鲜叶经过杀青、揉捻以后,用日光晒干的绿茶称为晒青绿茶,如滇青、陕青、川青、黔青、桂青等主要用作加工紧压茶的原料。

4. 蒸青绿茶

蒸青绿茶具有"色绿、汤绿、叶绿"的三绿特点,产于湖北、浙江、安徽、江西等省,如玉露、煎茶等。

(二) 红茶类

红茶是全发酵茶类,鲜叶经过萎凋、揉捻、发酵、烘干等工艺过程,茶汤和叶底都呈红色,根据其制作方法的不同,又可分为以下三种。

1. 工夫红茶

工夫红茶是我国传统的出口茶类,加工精细,成品分为正茶与副茶。正茶以产地命名,分列级别,如祁红工夫、闽红工夫、滇红工夫、川红工夫等。副茶包括碎茶、片茶和末茶。

2. 小种红茶

小种红茶是福建省的特产,叶形较工夫红茶粗大、松散,具有特殊的松烟香,产于福建武夷山市星村乡桐木关的称"正山小种"。福建其他地区将粗大的工夫红茶,用松木烟熏,称"烟小种"。

3. 红碎茶

红碎茶是国际规格的商品茶,鲜叶经过萎凋后,用机器揉切成颗粒形碎茶,然后经发酵、烘干而制成。精制加工后,又可分为叶茶、碎茶、片茶和末茶等。我国于1956年开始试制红碎茶,其特点是冲泡时茶汁浸出快,浸出量大,滋味浓强,主产于四川、云南、广东、广西、海南、湖南、湖北等省,以云南、广东、广西、海南用大叶种为原料加工的红碎茶品质最好。

思考:有人说绿茶与红茶是一种茶,这种说法是否有道理?

引导:先看"正山小种"的故事。

武夷山桐木关的正山小种红茶为世界红茶鼻祖,至今400多年,据正山小种红茶世家第二十四代传人——江元勋先生介绍:

大约在明朝后期某年采茶季节,有一北方军队路过桐木关庙湾,夜晚驻扎在当地的木制茶叶加工地点,睡在了茶叶青叶上。待到天明军队离开后,茶叶青叶已经变软发红,而且带黏性。江氏族人非常着急,为了尽量挽回损失,族人决定把已经变软的茶叶搓揉成条,并用当地盛产的马尾松的枯萎材块作为燃料来烘干已经带黏性的茶青。

待到茶叶烘干后,原来红绿相伴的茶叶变得乌黑发亮,并且带有一股松脂的香气。可是烘干好的茶叶在当地并没有人愿意买,于是江氏族人把这种烘过的茶叶挑到45公里外的星村,期望能尽可能地挽回些损失。

当第二年的制茶季节将来临时,有人竟然愿意出高于原来茶叶几倍的价格来收购这种乌黑并且带松脂香味的茶叶,并且付了现款。之后,在高价格的驱动下,这种乌黑、带有松脂香味的茶叶越做越多,生意也越来越兴旺,社会影响也越来越广。后来为了与桐木关外冒充这种红茶的茶叶相区别,江氏族人称其为"正山小种红茶","正山"即为真正的高山上的茶,"正宗"的意思。

(三) 青茶类

青茶又称乌龙茶,系半发酵茶类,其基本加工工艺流程为晒青、晾青、摇青、杀青、揉捻、干燥。青茶的品质特点是既具有绿茶的清香和花香,又具有红茶醇厚的滋味,外形条索粗壮,色泽青灰有光,内质汤色清澈金黄,滋味浓醇鲜爽,叶底呈绿叶红镶边。

青茶是我国的特产,产于福建、广东、台湾三省。青茶的种类,因茶树品种的不同而形成各自独特的风味,产地不同,品质差异也十分显著,青茶主要分为以下五种。

1. 武夷岩茶

它是福建武夷山的特产,因其茶树生长在岩上的土壤中,故名岩茶。武夷岩茶又分为特种岩茶和一般岩茶。

(1) 特种岩茶:代表有水仙、大红袍、铁罗汉、乌龙等。

(2) 一般岩茶:代表有单丛奇种、奇种、名种等。

2. 闽北青茶

这类茶的产地以福建武夷山、建瓯为中心,品种有水仙、乌龙等。

3. 闽南青茶

这类茶的产地以福建安溪为中心,以茶树品种命名,如铁观音、毛蟹、黄金桂、本山等。

4. 广东青茶

这类茶的产地以广东饶平、丰顺为中心,品种有水仙、凤凰单丛等。

5. 台湾青茶

这类茶的产区分布在中国台北、新竹、南投等地,品种有乌龙、包种等。

(四) 黄茶类

黄茶属轻发酵茶类,基本工艺流程近似绿茶,在制作过程中加以闷黄,因此具有黄汤黄叶的品质特点。黄茶由于鲜叶和制法的不同,品质差异较大。鲜叶细嫩的如君山银针、温州黄汤、霍山黄芽、皖西黄小茶,鲜叶粗老、大枝大叶的如黄大茶、广东大叶青等。

(五) 白茶类

白茶是福建特产,成茶外表披满白色茸型毛,呈白色隐绿,故名白茶。制作时,只经萎凋和晾干或烘干两个过程,以保持茶叶的原形,品种有白毫银针、白牡丹、贡眉、寿眉等。白茶性清凉,退热降火,有治病效果。

(六) 黑茶类

黑茶是我国边疆藏族、蒙古族和维吾尔族等兄弟民族日常生活必不可少的物品,唐朝《唐史·食货志》就有兄弟民族"嗜食乳酪,不得茶以病"的记载。

黑茶制作时经过杀青、揉捻、渥堆、干燥的过程,成茶外形油黑,汤色橙黄,叶底黄褐,主要用作紧压茶的原料,如安化黑茶、四川边茶、普洱茶、六堡茶等,产于湖南、四川、云南等省。

二、再加工茶类

用基本茶类中的茶作为原料,进行再加工的产品,统称再加工茶类,主要包括花茶、紧压茶、速溶茶、罐装茶、药用保健茶和造型工艺茶等。

(一) 花茶

花茶主要是用绿茶中的烘青绿茶和香花窨制而成,主产于福建福州、浙江金华、四川成都、江苏苏州、广西横县等地。品种有茉莉花茶、玉兰花茶、珠兰花茶、玫瑰花茶、柚子花茶等。

(二) 紧压茶

紧压茶是以已制成的红茶、绿茶、黑茶的毛茶为原料,经过再加工,蒸压成型而制成。我国目前生产的紧压茶主要有沱茶、普洱茶、米砖茶、六堡茶、青砖。

(三) 速溶茶

以茶叶为原料,用沸水提取茶叶中可溶成分,经过滤去除茶渣,获得而制成罐装茶。罐装茶是将茶汤加一定量抗氧化剂后,装罐或装瓶,密封杀菌而制成,即开即饮,饮用方便。

(四) 药用保健茶

用茶叶和某些中草药拼合后制成各种保健茶,使本来就具有营养保健作用的茶叶,更加强了它的某些防病治病的功效。

(五) 造型工艺茶

为增加茶的文化附加值,近年来全国各产茶区,特别是湖南、云南、福建、安徽、江西等省研制开发生产了许多造型工艺茶,使千姿百态的中国茶更加灿烂夺目,大大丰富了茶叶市场,深受广大爱茶人青睐。生产造型工艺茶很费功夫。有的是在初制过程中完成造型,有的是用成品茶再加工完成。

　　目前市场上有两种方法生产造型工艺茶。一种与边销紧压茶生产工艺一样用紧压造型而成,只是原料更好、造型更美、体积变小、形状各异、多姿多彩,有方形、圆形、球形、坨形、元宝形等,有的像荔枝,有的像珍珠……这类造型工艺茶只能欣赏干茶,一经冲泡,茶叶舒展后与其他普通茶一样。

　　另一种造型工艺茶是在初制过程中用人工结扎造型而成,比较费功夫,冲泡后茶叶慢慢舒展,渐渐会显示出各种美丽的造型图案,像诗像画,有的像龙须、绣球,有的像牡丹花、玫瑰花、菊花,有的像海贝吐珠,有的像情侣相依……这类茶很受海内外旅游者欢迎。

第二节　生活中的名优茶赏析

　　名优茶,顾名思义是指知名度高的好茶。名优茶通常具有以下共性:一是产品质量好;二是知名度高;三是具有一定规模。如龙井茶具有独特的外形,优异的色、香、味品质,在中外消费者中享有盛誉。但并非所有龙井茶都属于名优茶,而是高档的龙井茶才称得上名优茶。本节选择的名优茶主要考虑以下因素:第一,世界公认的名茶;第二,覆盖六大茶类;第三,兼顾重点产茶省份。我国是绿茶生产大国,绿茶类名优茶最多,也是本节重点。

一、绿茶类名茶

　　在中国的六大茶类中,绿茶是基本茶类。从唐朝至宋朝,乃至明朝的前期、中期喝的全是绿茶。红茶、乌龙茶这些茶类,都是明清时期才逐一产生的。在中国茶叶产量中,绿茶占70%左右。

1. 西湖龙井

　　龙井茶是我国著名扁炒青绿茶,产于浙江杭州西湖、狮峰山、梅家坞一带。据传,龙井茶的种植和制作始于宋朝(960—1279年),在明清时期得到发展和推广。清代乾隆皇帝曾赞誉龙井茶为"十大名茶"之一,属于历史名茶。

　　龙井茶分为特级、一级、二级、三级、四级、五级共六个等级,具有"色绿、香郁、味甘、形美"四绝的特点。外形扁平挺直,匀齐光滑;色泽翠绿,或黄绿呈糙米色;香气鲜嫩、馥郁、清新持久,沁人肺腑,似花香,浓而不浊,如芝兰醇幽有余;味鲜醇甘爽,饮后清淡而无涩感,回

图1-1　龙井茶

味留韵,有新鲜橄榄的回味。乾隆下江南时,在狮峰山胡公庙品过此茶后,即将胡公庙前十八棵茶树封为"御茶",从此龙井茶名声大振。

2. 信阳毛尖

信阳毛尖,产于河南省信阳和罗山,是中国十大名茶之一,创制于清末,属传统历史名茶。1915年在巴拿马万国博览会上与贵州茅台同获金质奖;1990年获国家质量金奖,取得绿茶综合品质第一名,被誉为"绿茶之王"。

信阳毛尖具有"细、圆、光、直、多白毫、香高、味浓、汤色绿"的独特风格,冲后香高持久,滋味浓醇,回甘生津,汤色明亮清澈,叶底匀齐。

图1-2　信阳毛尖　　　　　　　　　　图1-3　都匀毛尖

3. 都匀毛尖

都匀毛尖产于贵州省都匀市,创制于明清年间,1915年巴拿马万国博览会中国十大名茶之一,1956年毛泽东亲笔命名,是贵州的三大名茶之一。后失传,1972年都匀茶场试制成功新的毛尖茶,为恢复历史名茶。

都匀毛尖的品质特征为,条纤细、披白毫、香清高,色黄绿。冲泡后香气清鲜,滋味鲜浓,汤色清澈;叶底均绿泛黄,有"三绿透三黄"之说,即干茶绿中带黄,汤色绿中透黄,叶底绿中显黄。

4. 黄山毛峰

中国十大名茶之一,产于安徽歙县黄山一带,又称"徽茶",由清代光绪年间谢裕大茶庄所创,属于传统历史名茶。

黄山毛峰分特级、一级、二级和三级共四个等级,特级黄山毛峰采制于清明前后,选择一芽一叶初展芽叶,其他等级选择一芽一二叶或一芽二三叶。

特级黄山毛峰的品质特点有:条索细扁,形似雀舌,带有金黄色鱼叶;芽肥壮、匀齐、多毫,色泽嫩绿微黄而油润,俗称"象牙色";香气清鲜高长;滋味醇厚回甘;汤色杏黄清澈;叶底厚实成朵。其中"鱼叶金黄"和"色似象牙"是特级黄山毛峰外形与其他毛峰不同的两大明显特征。日本荣西禅师著《吃茶养生记》云:"黄山茶养生之仙药也,延年之妙术也。"

图 1-4 黄山毛峰

图 1-5 太平猴魁

5. 太平猴魁

太平猴魁产于安徽太平的猴坑一带,属中国历史名茶之一。茶叶外形两叶抱芽,扁平挺直,自然舒展,白毫隐伏,有"猴魁两头尖,不散不翘不卷边"的美名。冲泡后,香气浓高持久,有兰花香,滋味厚实而鲜醇,汤色绿翠明亮,叶底肥壮嫩匀。2004 年,太平猴魁在国际茶博会上获得"绿茶茶王"称号。

6. 六安瓜片

独特的工艺(拉老火)成就了世界上最复杂的绿茶——六安瓜片。六安瓜片产于安徽省六安市大别山一带,是中国十大名茶之一,中国传统名茶,明始称"六安瓜片",清为朝廷贡茶。此茶由单片生叶制成,是世界上所有的茶叶当中唯一无芽无梗的茶叶。

六安瓜片外形似瓜子,单片自然平展,叶缘微翘,色泽宝绿,茶味浓而不苦,香而不涩,采摘时取二、三叶,求"壮"不求"嫩"。1972 年,尼克松访华的时候,周恩来代表毛泽东送给尼克松的是母树大红袍,他自己送给基辛格的就是六安瓜片。

图 1-6 六安瓜片

图 1-7 恩施玉露

7. 恩施玉露

恩施玉露是传统的蒸青绿茶,产于湖北恩施,是湖北"第一历史名茶"。1945 年,恩施玉露外销日本,从此"恩施玉露"名扬于世,日本茶师清水康夫到恩施考察茶叶生产时题字:"恩施玉露、温知新。"

恩施玉露的品质特征为:外形紧圆光滑、挺直有毫,色泽苍翠油润;茶汤嫩绿清澈明亮;香气清爽持久;滋味甘醇;叶底嫩绿明亮匀齐。品饮一杯恩施玉露,慢品沁人心脾,嚼不烂摸不透舍不得的是玉露茶厚重的人文底蕴。此外,恩施玉露含硒量可观,达到了富硒茶 0.3～0.5 ppm 的消费需求标准(干茶含硒 3.4 mg/kg,茶汤含硒 0.01～0.52 mg/kg),而其他各种茶类中绝大多数硒含量在 0.1 mg/kg 以下。

8. 南京雨花茶

南京雨花茶因产于南京市郊的雨花台一带而得名,是 20 世纪 50 年代末引种创制的茶中珍品。雨花茶曾获中国食品博览会银奖,中国十大名茶之一。

南京雨花茶的品质特征为:形似松针,紧直圆绿,锋苗挺秀,色泽墨绿,白毫隐露;滋味鲜醇;气香色清;叶底匀整。

图 1-8　南京雨花茶　　　　　　　　　图 1-9　蒙顶甘露

9. 蒙顶甘露

"蜀山茶称圣,蒙山味独真",蒙山产茶历史悠久,蒙顶甘露产于四川名山、雅安两地交界的蒙山,是中国最古老的名茶,被尊为"茶中故旧,名茶先驱",也是中国的十大名茶之一。

"甘露"最初说的是蒙山茶汤似甘露,也代表蒙山产茶的年代——西汉咸丰甘露年间。在梵语中甘露的意思是"念祖",念我们的茶祖吴理真。吴理真是人工栽培茶树第一人,又被尊称为"甘露普惠妙济大师"。甘露茶形纤细,汤色碧黄,清澈明亮,使人齿颊留香,是茶中珍品。

10. 洞庭碧螺春

洞庭碧螺春产于江苏省苏州洞庭山及邻近茶区,创制于明末清初,属于传统名茶。

洞庭碧螺春的品质特征为:外形条索纤细,卷曲成螺,茸毛披覆,银绿隐翠;茶汤嫩绿清澈;清香优雅;滋味浓郁甘醇,鲜爽生津,回味绵长;叶底柔匀。此茶香气高而持久,俗称"吓煞人香"。"入山无处不飞翠,碧螺春香千里醉"是对其真实写照。后来清朝康熙皇帝品尝此茶后,得知是洞庭碧螺峰所产,定名为"碧螺春"。

图1-10　洞庭碧螺春

图1-11　庐山云雾茶

11. 庐山云雾茶

庐山云雾茶产于江西省九江市,核心产区在庐山,创制于明代,古称"闻林茶",属传统历史名茶。

庐山云雾茶的品质特征为:外形条索紧结重实,芽壮叶肥,白毫显露,色泽翠绿;幽香如兰;滋味醇厚,鲜爽甘醇,耐冲泡;汤色明亮;叶底柔软,嫩绿微黄。

二、乌龙茶名茶

1. 安溪铁观音

安溪铁观音产于福建省安溪县,创制于清朝乾隆年间,属传统历史名茶。

铁观音采摘成熟新梢的一芽二三叶,俗称"开面采"。此茶品质特征为:茶条卷曲、壮结、沉重,呈青蒂绿腹蜻蜓头状,色泽鲜润,砂绿显,红点明,叶表带白霜;汤色金黄浓艳似琥珀,浓艳清澈;叶底肥厚明亮,具绸面光泽,茶汤醇厚甘鲜,入口回甘带蜜味;有天然馥郁的兰花香,回甘悠久,俗称"音韵"。铁观音茶香高而持久,可谓"七泡有余香"。

图1-12　安溪铁观音

2. 武夷岩茶

武夷岩茶产于福建省武夷山。创制于明末清初,属传统历史名茶。武夷山"岩岩有茶,非岩不茶","岩茶"由此得名。

武夷岩茶品种花色数以百计,按产茶地点,岩茶分为正岩茶、半岩茶、洲茶。正岩茶指武夷山中心地带所产的茶叶,品质香高味醇,岩韵特显;半岩茶指武夷山边缘地带所产的茶叶,品质逊于正岩茶;洲茶是指平地所产之茶,品质又低一等。目前武夷岩茶按

图 1-13 大红袍

产区分为名岩产区和丹岩产区；按习惯分为奇种与名种。奇种又分为单丛奇种和名丛奇种。奇种均冠以各种花名，如不见人、醉海棠、瓜子金、太阳、迎春柳、夜来香等。名丛奇种是奇种中的最上品，其中最著名的四大名丛为大红袍、白鸡冠、铁罗汉、水金龟等。普通名丛如瓜子金、半天姚等。名种指采自半岩茶产区和洲茶产区的普通菜茶，仅具岩茶的一般标准。

武夷岩茶具有"岩骨花香"的品质特征，具体为：茶条壮结、匀整、色泽青褐润亮呈"宝光"，叶面有沙粒白点，俗称"蛤蟆背"；内质香气馥郁，胜似兰花而深沉持久；滋味浓醇清活，生津回甘，虽浓饮而不见苦涩；叶底"绿叶红镶边"，呈三分红七分绿。

3. 凤凰单丛

凤凰单丛产于广东潮安区凤凰山，创制于明朝，属传统历史名茶。

凤凰单丛茶有近百个品系，有以叶态命名的，如山茹叶、橘子叶、竹叶、柿叶、柚叶、黄枝叶等 25 种；有以香味命名的，如黄枝香、肉桂香、芝兰香、杏仁香、茉莉香、通天香等 15 种；有以外形命名的，如丝线茶、大骨贡、幼骨仔、大乌叶、大白叶等 26 种；有以树形命名的，如石掘种、娘伞种、金狮子种、哈古捞种等 10 种。

凤凰单丛的品质特征有：外形挺直肥硕，色泽黄褐似鳝鱼皮色；富有天然优雅花香；内质滋味浓郁，甘醇、爽口，具特殊山韵蜜味；汤色清澈似茶油；叶底青蒂绿腹红镶边，耐冲泡。

4. 白毫乌龙茶

白毫乌龙茶，又称东方美人茶，产于台湾北部的新竹县，当地人称"膨风茶"，创制于 19 世纪中叶。白毫乌龙在国际市场上被誉为"香槟乌龙"。

白毫乌龙是乌龙茶类中发酵程度最高的一种，也是近似烘茶的一种，采摘标准是带嫩芽采摘一芽二叶。品质特征为：茶芽肥壮，白毫显，茶条较短，含红、黄、白三色，鲜艳绚丽；汤色呈琥珀般的橙红色，有熟果香和蜜香，滋味浓厚甘醇；叶底淡褐有红边，叶基部呈淡绿色，叶片完整芽叶连枝。

三、红茶类名茶

1. 祁门工夫红茶

祁门红茶产于安徽省祁门县及周边地区，创制于光绪元年（1875 年），属传统历史名茶。

祁门红茶以当地主栽的茶树群体品种——槠叶种为原料，内含物丰富，酶活性高，适合制作工夫红茶。其品质特征为：外形条索紧细秀长，金黄芽毫显露，锋苗秀丽，色泽乌润;内质汤色红艳明亮,香气馥郁持久,似苹果与兰花香味,在国际市场上被誉为"祁门香";滋味鲜醇爽口,叶底红艳明亮。祁红在国际市场上属于"高档红茶",宜于清饮,也适于加奶加糖调制饮用,备受英国皇家喜爱,获"群芳之最"盛赞。

图 1-14 祁门红茶   图 1-15 滇红

2. 滇红工夫茶

滇红工夫茶产于云南临沧、保山、德宏、普洱、大理、西双版纳等地。创制于 1938 年,属工夫红茶。

滇红的品质特征为:条索紧结、肥壮,色泽乌润,金豪特显;汤色艳亮;香气鲜郁高长;滋味浓厚鲜爽,富有刺激性;叶底红匀明亮。

3. 宜红工夫茶

宜红工夫茶创制于 19 世纪中期,属于传统历史名茶。宜红工夫茶的传统产区包括宜昌市及与宜昌市比邻的湖北省、湖南省的 20 多个县,现在产区主要是指宜昌市、恩施土家族苗族自治州管辖的县(市)。

宜红工夫茶的品质特征为:外形紧细显毫,色泽乌黑油润;内质香气浓郁持久,滋味醇厚解爽;汤色红明亮,叶底红匀亮、显芽,茶汤稍冷后有"冷后浑"的现象。

4. 正山小种红茶

正山小种红茶产于福建省武夷山自然保护区,主产区位于武夷市星村镇桐木村,创制于 6 世纪后期,属传统历史名茶。

正山小种红茶的品质特征为:条索肥壮,紧结圆直,色泽乌润,冲泡后汤色红浓,香气高长带松烟香,滋味醇厚,似桂圆汤味。松烟香和桂圆汤、蜜枣味为正山小种主要品质特色。

四、黑茶类名茶

1. 普洱熟茶

普洱茶产于云南省,因集中在古普洱府(今普洱市)而得名。普洱茶在历史上指用云南大叶种茶树的鲜叶，经杀青、揉捻、晒干而制成的晒青茶，以及用晒青茶压制成各种规格的紧压茶，如普洱沱茶、普洱方茶、七子饼茶、藏销紧压茶、团茶、竹筒茶等。由于云南地处云贵高原，历史上交通闭塞，茶叶运销靠人背马驮，从滇南茶区运销到西藏和东南亚及港澳各地，历时往往数年，茶叶在运输、贮存过程中，茶多酚在温、湿条件下不断氧化，形成了普洱茶品质特征。如今交通运输时间大大缩短，为适应消费者对普洱茶特殊风味的需求，1973 年起，用晒青毛茶，经高温高湿的处理，制成了陈化普洱茶，即普洱茶熟茶。

普洱熟茶的品质特征为：散茶外形条索肥硕，色泽褐红，呈猪肝色或带灰白色。沱茶外形呈现碗状，每个重量为 100 g 或 250 g，方茶呈长方形，规格为长 15 cm、宽 10 cm、厚 3.35 cm，净重 250 g。七子饼茶形似圆月，每个重量为 357 g。普洱茶汤红浓明亮，香气具有独特陈香，滋味醇厚回甘，叶底褐红色。

2. 安化黑茶

安化黑茶产自湖南省安化县，创制于 16 世纪末，属传统历史名茶。主要品种有"三尖""三砖""一卷"。三尖茶又称湘尖茶，指天尖茶、贡尖茶、生尖茶；"三砖"指茯砖茶、黑砖茶和花砖茶；"一卷"是指花卷茶，现统称为安化千两茶。

天尖茶的品质特征为：外形条索紧结扁直，色泽黑润；内质香气纯正带松烟香；汤色橙黄，滋味浓厚；叶底黄褐或带棕褐，尚嫩匀。茯砖茶的品质特征为外形平整，棱角分明，厚薄一致，金花普遍茂盛，无杂菌，砖面褐黑色；内质香气纯正或带松烟香、有菌香；汤色橙黄或橙红；滋味醇厚或醇和；叶底黄褐较匀。

3. 苍梧六堡茶

苍梧六堡茶产于广西苍梧县及贺州市、恭城等地，创制于清朝，有散茶和篓装紧压茶两种。六堡茶散茶可直接饮用，民间常用已贮存数年的陈六堡茶来治疗痢疾、除瘴、解毒等。

六堡茶的品质特征为：干茶色泽褐黑光润，叶条黏结成块，间有黄色菌类孢子（金花）；滋味醇和适口；汤色呈深紫红色，但清澈而明亮；叶底色红中带黑而有光泽，有槟榔香、槟榔味、槟榔色，这也是六堡茶质优的标志。

五、白茶类名茶

1. 白毫银针

白毫银针主要产于福建福鼎、政和，为传统历史名茶，创制于清朝嘉庆初年。白毫银针的品质特征为：芽头肥壮，满披白毫，挺直如针，色白似银。福鼎所产茶芽茸毛厚，色白富有光泽；汤色浅杏黄，味清鲜爽口。政和所产白毫银针，茶汤味醇厚，香气清芬；叶底匀整。白毫银针因未经揉捻，茶汁不易浸出，冲泡时间宜较长。

2. 白牡丹

白牡丹以绿叶夹银色白毫芽，形似花朵，冲泡之后绿叶托着嫩芽，宛若蓓蕾初开，故名白牡丹。白牡丹产于福建省政和、建阳、松溪、福鼎等地。1922 年前，创制于建阳；

1922 年,政和县成为白牡丹的主产区。

白牡丹的制作原料要求白毫显,芽叶肥嫩,传统采摘标准为第一轮春茶的嫩梢采下一芽二叶,芽与二叶的长度基本相等,并要求"三白",即芽及二叶满披白色茸毛。白牡丹产品分为四个等级,分别为特级、一级、二级和三级。白牡丹的品质特征为:两叶抱芽,叶态自然,色泽深灰绿或暗青苔色,叶张肥嫩,叶背遍布洁白茸毛,芽叶连枝,汤色杏黄或橙黄;香气鲜嫩毫香显;滋味鲜醇;叶底色泽黄绿,叶脉微红。

六、黄茶类名茶

1. 君山银针

君山银针产于湖南省岳阳市洞庭湖上的君山岛,创制于唐朝,属传统历史名茶。君山银针茶的品质特征为:芽头肥壮,紧实挺直,芽身金黄,满披银毫;汤色橙黄明亮,香气清纯;滋味甜爽;叶底嫩黄匀亮。冲泡君山银针时,茶芽在杯中会"三起三落"。

2. 蒙顶黄芽

蒙顶黄芽产于四川省雅安市名山区。蒙顶茶是蒙顶山所产名茶的总称,创制于唐代。蒙顶黄芽的品质特征为:外形扁直,色泽微黄,芽毫显露;甜香浓郁;汤色黄亮,滋味鲜醇回甘;叶底全芽,嫩黄匀齐,为蒙山茶中极品。

3. 霍山黄芽

霍山黄芽产于安徽省西部大别山区的霍山县,首创于唐朝,后失传,为恢复历史名茶。唐代《唐国史补》记载当时贡品名茶已有十四品目,其中就有霍山黄芽。霍山黄芽作为贡品有详细文献记载始于明代,但制法失传已久。1971 年,恢复研制。

第三节　中国历代茶类划分与名茶

一、茶叶分类的历史过程

我国劳动人民发挥了无穷的智慧,创造了各种不同的制茶方法。每种茶类制法,在同一工序中又有不同的变化,因此,我国现有茶类异常丰富。历史上茶类是不断丰富的,然而茶叶分类多是凭人们的意愿给予一个称呼,未能表明茶类的不同特点,亦达不到分类的要求。

最初,鲜叶烹煮羹饮或直接晒干,都叫茶。到了东汉末期,有了饼茶。

到了唐朝初期,有两类茶叶,分别是蒸青团茶(绿茶)和晒干叶茶(白茶)。

到了宋代,蒸青团茶逐渐发展到蒸青散茶,俗称为片茶(蒸青团茶像饼片,名为片茶)、散茶(蒸青后直接烘干的,叫作散茶)和腊面茶(贡茶)三类,皆为绿茶类。

到了元代,团茶逐渐被淘汰,散茶发展很快,根据鲜叶老嫩不同而分为芽茶和叶茶。芽茶如探春、先春、次春、紫笋、拣芽;叶茶如雨前。元代以前的茶叶,都属于蒸青绿茶类。鲜叶直接晒干的属白茶类,但品质与现在的白茶类不同。

明初,绿茶分芽茶和叶茶两类。在此期间有一项突破,即突破了绿茶的范围,发明了红茶制法,黄茶和黑茶也相继产生。截至明朝后半期,已有五大类茶叶。

到了清代,发明了青茶类制法,至此六大茶类齐全,制茶技术相当发达。中国茶叶花色万紫千红,成为世界上茶类最多的国家。

二、中国历代名茶简介

(一) 历代茶叶命名

1. 外形描写性命名

茶叶名称通常很文雅,一般来说都带有描写性,以形容其形状为最多。如紫笋、雀舌、珍眉、贡珠、虾目、松针、莲芯、银针等。其次是形容其色香味,如白岳金芽、黄芽、辉白等指其干色;黄汤、橘红等指其汤色;兰花、秋香、香片等指其香气;木瓜、绿豆绿、苦茶等指其滋味。

2. 冠以地名命名

各地的名茶用地名命名,在我国古代非常普遍。唐代名茶如寿州黄芽、绍兴日铸,宋代名茶六安龙芽、杭州龙井、顾渚紫笋、洞庭碧螺春、武夷岩茶等。

3. 茶树品种命名

茶树品种很多,各有特点,根据茶树品种命名的有不少,如马龙、水仙、铁观音、梅占、桃红、名丛、奇种等。

4. 采制时期不同命名

茶叶还有依采制时期不同而命名的,如探春、次春、明前、雨前、春尖、春中、春尾、谷花等。

5. 销路命名

茶叶还有根据销路不同而命名的,如腹茶、边茶、苏庄茶、鲁庄茶等。

此外,还有根据茶叶与创始人关系命名的,如熙春、大方等。亦有根据制茶技术的特点命名的,如炒青、烘青、晒青、工夫、窨花茶等。

根据茶叶特点命名,可以有效辨识茶叶,体现茶叶品种的不同,但亦有缺陷,体现在缺乏全面考虑,侧重个人主观意志,有时会造成一定混乱。如同一类茶叶有几个名称,如高级绿茶就有毛峰、雀舌、莲芯、龙芽、麦颗、峰翅等名称,其实大同小异。也有茶类不同、品质相差很大而名称相同的茶叶,如红茶有小种,青茶也有小种;绿茶有莲芯,青茶也有莲芯;绿茶有银针,白茶和黄茶也有银针;绿茶有贡尖,黑茶也有贡尖。这些名称比较混乱,在研究分类时都要加以仔细审定。

(二) 唐朝名茶

唐文成公主于唐太宗贞观十五年(641年)嫁给第32世藏王赞普松赞干布,随带名茶入藏。当时名茶皆为蒸青团茶,包括:寿州黄芽、舒州名茶、顾渚名茶、蓟门团黄、昌明茶等。寿州黄芽产于安徽黄山,品质优美。舒州名茶据陆羽《茶经》记载,产于安徽太湖县潜山。顾渚山名,在今天浙江湖州长兴县西北。茶芽萌苗紫而似笋。研膏紫笋烹之,有绿脚垂下。蕲门团黄产于湖北蕲春县。昌明产于四川剑阁以南,西昌昌明神泉县西北。

李肇为唐宪宗元和翰林学士(806—820年),所著《唐国史补》大量关于茶的记录。其中"常鲁公使西藩,烹茶帐中,赞普问曰:我处亦有。遂命出之,以指示曰:此寿州者,此舒州者,此顾渚者,此蕲门者,此昌明者,此潓湖者"。

《唐国史补》记载"风俗贵茶,茶之名品益众。剑南有蒙顶石花(产于雅州蒙山顶),或小方,或散牙(谷芽),号为第一。湖州有顾渚之紫笋。东川有神泉小团昌明兽目(产于四川东川县)。峡州有碧涧明月、芳蕊茱萸寮(湖北宜昌)。福州有方山之生牙。夔州有香山(又名真香,今四川奉节县)。江陵有南木(产于荆州,今湖北江陵县)。湖南有衡山。岳州有潓湖之含膏。常州有义兴之紫笋。婺州有东白(产于东阳市内东目山)。睦州有鸠坑(产于桐庐县山谷)。洪州有西山之白露(产于洪州西山,洪州即今南昌县)。寿州有霍山之黄牙。蕲门有蕲门团黄,而浮梁之商货不在焉"。

唐代名茶还有仙崖石花产于彭州,今四川彭州市;绵州松岭,绵州即今四川绵阳市;仙人掌茶产于湖北荆州玉泉寺,即今之当阳市,其茶如仙人掌状;宣州瑞草魁产于今之郎溪鸦山。

(三) 宋朝名茶

双井在江西修水县西31里,宋黄庭坚所居之南溪,士人汲以造茶,绝胜他处。双井茶采于清明谷雨时为芽茶,采于立夏时为子茶,采于小满芒种时则为红梗、白梗。双井茶除宁州工夫外,还有贡品、乌龙、白毫、花香等名称,又有双井白毛之称,总称洪州双井,或黄隆双井,并有一种砖茶,专销欧美各国。

《宋史·食货志》:"茶之产于东南者……雪川顾渚生石上者,谓之紫笋,毗陵之阳羡,绍兴之日铸,婺源之谢源,隆兴之黄龙、双井,皆绝品也。"宋朝叶梦得(1077—1148年)《避暑录话》:"草茶绝品惟双井,双井在分宁县(即修水),其地属黄氏鲁直家也。元祐(1086—1094年)年间,鲁直力推赏于京师,族人交置之,然而岁仅得一二斤耳。"

周辉《清波杂志》(宋光宗绍熙四年,即1193年张贵谟序):"双井因山谷而重。苏魏公尝云:'平生荐举不知几何人,惟孟安序朝奉,岁以双井一斤为饷。'盖公不纳苞苴,顾独受此,其亦珍之耶。"更可见双井茶珍贵。

苏东坡《寄周安儒茶诗》有"未数日注卑,定知双井辱"之句。陈后山赠山谷诗有"君如双井茶,众口愿共尝"之句。周益公《山谷词记》:"撷白芽于双井,灿浮瓯之云乳。"可知当时双井茶脍炙于名公巨卿之口。

绍兴日铸或名日注茶,产自浙江绍兴市东50里的日铸岭,宋时极负盛名,即今之平水茶。欧阳修《归田录》:"草茶盛于两浙,两浙之品,日注为第一。自景祐(北宋仁宗赵祯年号,1034—1038年)以后,洪州(南昌)双井白芽渐盛,近岁制作尤精……其品远出日注之上,遂为草茶第一。"

宋代名茶还有临江玉津,产于江西清江县的临江;袁州金片,又名金观音茶,产于今之宜春市；建安青风髓，产于今之建瓯；北苑茶，产于建瓯苑凤山，宋时贡品名北苑先春；雅安露芽，产于四川蒙山顶；纳溪梅岭，产于泸州，今四川泸县；巴东真香，产于湖北巴东县，火煽作卷结为饮，易令人不眠；龙芽，产于六安，即毛峰之一种，杨万里诗有"午睡起来情绪恶，急呼蟹眼瀹龙芽"之句。方山露芽传到宋代还是名茶；玉蝉膏茶，又名锭子茶；五果茶，产于云南昆明市，颇负盛名。

（四）明朝名茶

明代茶业专著很多，达五六十种，记载茶名也多。其中以顾元庆于明世宗嘉靖二十年(1541 年)撰《茶谱》和屠隆于明神宗万历十八年(1590 年)前后撰《茶笺》以及许次纾于万历二十五年(1597 年)撰《茶疏》记载较多。

1. 顾元庆《茶谱》

顾元庆藏书万卷，著有《云林遗事》、《夷白斋诗话》、《瘗鹤铭考》和《山房清事》等 10 余种。《茶谱》："茶之产于天下多矣，若剑南有蒙顶石花，湖州有顾渚紫笋，峡州有碧涧明月，邛州有火井思安，渠江有薄片，巴东有真香，福州有柏岩，洪州有白露，常之阳羡，婺之举岩，丫山之阳坡，龙安之骑火，黔阳之都濡高株，泸川之纳溪、梅岭之数者，其名皆著。品第之，则石花最上，紫笋次之，又次则碧涧明月之类是也，惜皆不可致耳。"

蜀州丈人山产麦颗、鸟嘴。蜀州即今成都。袁州界桥产云脚。袁州即今江西宜春市。湖州产绿花、紫英。

洪州产白芽。洪州即今南昌。

宣城丫山产瑞草魁。丫山形如小方饼，横坡茗芽产其上，山之东为朝日所灼，其茶最盛。太守荐之京洛人士，题曰丫山阳城横纹茶，又名阳坡横纹。杜牧《题宜兴茶山》有"山实东吴秀，茶称瑞草魁"诗句。六安州产小岘春，六安州即今六安县英山。

邛州产火井、思安。邛州即今四川邛崃市。雅州蒙顶山产石花（谷芽）。雅州即今四川雅安县，蒙顶山在四川名山雅安之间，属名山界内。蒙山在汉代种茶制茶，晋代开始作贡茶。历史上生产的名茶，团茶有龙团、凤饼；散茶有雷鸣、露种、雀舌、白毫等。12世纪生产甘露、石花和黄芽。名茶石花、黄芽，都属黄茶类，在唐代已驰名全国。石花每年入贡，列入珍奇宝物，收藏数载其色如故。《名山县志》载："蒙顶茶味甘而清，色黄而碧，酌杯中，香云幂覆，久凝不散。因此，自古以来有蒙顶石花，天下第一之称。每岁采贡茶三品六十五斤。"

1950 年，蒙山设立茶叶试验场，1959 年恢复名茶生产。仿古传诸名茶特点，结合现代制绿茶技术，生产甘露（又名米芽）、万春银叶、蒙顶石花、玉叶长春和蒙顶黄芽。品质特征是细嫩多毫，全芽整叶，香高味醇，汤色清澈。

建州产先春、龙焙和石崖白。建州即今建瓯市。渠江产薄片。渠江即今湖南新化、溆浦、安化一带。福州产柏岩。福州即今福州鹤岭。剑南产绿昌明。

2. 屠隆《茶笺》

屠隆于万历五年(1577 年)曾官颍上知县，礼部主事，撰有《鸿包》、《考槃余事》、《游具杂编》、《由拳》、《白榆》、《采真》、《南游》诸集。

屠隆 1590 年著《茶笺》，曰："茶品与茶精稍异，今烹制之法，亦与蔡（襄）陆（羽）诸前人不同。"

苏州虎丘，色白香高，真精绝。屠隆《茶笺》："最号精绝，为天下冠，惜不多产，皆为豪右所据，寂寞山家无由获购矣。"

苏州天池，天池峰出产名茶。《茶笺》中曰："青翠芳馨，啖之赏心，嗅亦清渴，诚可称仙品，诸山之茶，尤当退舍。"

西湖龙井，狮子峰距西湖 3 里，名为老龙井。狮子峰产品最好。依采摘时期不同，分为头春茶，采于清明前，称明前，形如莲芯，又称为莲芯；二春茶，采于谷雨前，称为雨前，芽如枪，叶如旗，又称为旗枪；三春茶，采于立夏时，附叶二片，形似雀舌，称为雀舌；四春茶，采于三春后一月，叶已成片，又称为硬片，是龙井茶的最粗品。

屠隆说：龙井"不过十数亩，外此有茶，似皆不及。大抵天开龙泓美泉，山灵特生佳茗，以副之耳。山中仅有一二家，炒法正精。近有山僧焙者亦妙。真者，天池不能及也"。

常州阳羡，阳羡县名，秦置，隋改义兴，即今之宜兴县南。茶产于县境东南 35 里的茶山，与顾渚山相连。唐时与顾渚紫笋齐名，或名义兴紫笋。唐时入贡，极为名贵。该山又名唐贡山。

屠隆说："阳羡俗名罗岕，浙之长兴者佳，荆溪稍下。细者，其价两倍天池，惜乎难得，须亲自采收方妙。"

皖西六安，产地为安徽六安、霍山、金寨等县，为有名绿茶区。最著名的有毛尖、雀舌等，极为珍贵，色香味都好，旧时列为贡品。每年四月八日进贡后，乃敢先卖。张达源说："此茶能清骨髓中浮热，陈久者良。"

许次纾说："大江以北，则称六纾。然六安乃其郡名，其实产霍山县之大蜀山也，茶生最多，名品亦振于南，山陕人皆用之。南方谓其能消垢腻，去积滞，亦甚宝爱。"

屠隆说："六安品亦精，入药最效，但不善炒，不能发香。而味苦，茶之本性实佳。"

浙西天目，天目山在临安市西北 50 里，与于潜县接果，为浙江全省山水之主脉。山有两目，东天目在临安，西天目在于潜。山有两峰，峰顶各一池，左右相对，故名天目。双峰高度相等，约 4 000 尺。山上寺宇宏大，茶产丰富，名山名茶，相得益彰。

屠隆说："天目为天池、龙井之次，亦佳品也。《地理志》云，山中寒气早覆，山僧至九月即不取出。冬来多雾雪，三月后方通行，茶之萌芽较晚。"

3. 许次纾《茶疏》

许次纾 1597 年著《茶疏》，序说，吴兴姚绍宪有茶园在顾渚，自少到老，熟悉茶事。每逢茶期，次纾必到姚家汲金沙、玉窦二泉，细啜而品第茶的好坏。绍宪把生平习试秘诀都教给他，所以次纾的茶理最精。

《茶疏》中记载"江南之茶，唐人首称阳羡，宋人最重建州。于今贡茶，两地独多。阳羡仅有其名，建茶亦非最上，惟以武夷雨前最盛。近日所尚者，为长兴之罗岕，疑即古人顾渚紫笋也。……若歙之松萝、吴之虎丘，钱塘之龙井，香气浓郁，并可与岕鹰介。往郭次甫亟称黄山，黄山亦在歙中，然去松萝远甚。往时士人皆贵天池。天池产者，饮之略多,令人胀满。"云南普洱亦是明朝名茶,次纾当时并不知。

武夷岩茶,武夷在崇安县南20里,周围120里以产岩茶著名。尤以慧苑坑、大坑口、牛栏坑三条坑范围以内为最好。岩茶始于唐朝,及宋而盛。宋、元、明三代均为贡茶。品质冠全国。茶树品种很多,有数十种,以天心岩的大红袍品种最为著名。《本草纲目拾遗》:"武夷茶色黑而味酸,最消食下气,醒脾解渴。"单杜可说:"诸茶皆性寒,胃弱食之多停饮。惟武夷茶性温不伤胃,凡茶癖停饮者宜之。"《救生苦海》:"乌梅肉、武夷茶、干姜为丸服之。治休息痢。"

云南普洱,普洱县并不产茶,而产茶地区为前普洱府所属车里、佛海等11县,集中于普洱、思茅等县制造,故名。茶性温味香,今凡旧普洱属各地所产者,皆称普洱茶。惟以易武(镇越)及倚邦、蛮崴所产者味较佳胜,制为大、中、小三等,销行国内为药用。大者一团五斤,如人头式,名人头茶,每年入贡,民间不易得也。赵学敏《本草纲目拾遗》说:普洱茶"味苦性刻,解油腻、牛羊毒,虚人禁用,苦涩,逐痰下气,刮肠通泄。普洱茶膏,黑如漆,醒酒第一,绿色者更佳,消食化痰,清胃生津,功力尤大"。

歙县黄山,黄山为国内名胜,名山名茶。峰高多雾,名为黄山云雾,或名黄山毛峰,形状粗大,香味汤色类似杭州烘青。粗老鲜叶,制为像粗珠茶的龙团。上等黄山茶,色泽微呈金黄,叶多幼嫩而少卷曲,条索平直多现白毫。馥香特殊,汤色微黄而鲜明,极少沉淀,叶底嫩黄。

新安松萝,或名徽州松萝或琅源松萝,产于安徽松萝山。《滇行纪略》:"徽州松萝茶,旧亦无闻。偶虎丘有一僧往松萝庵,如虎丘法焙制,遂见嗜于天下。"故有恨此茶不逢虎丘僧人之句。《本经逢源》中曰"徽州松萝,专于化食"。

(五)清朝名茶

清代名茶,有些是明代流传下来的,如武夷岩茶、西湖龙井、黄山毛峰、徽州松萝等。有些是新创造的,如苏州洞庭碧螺、岳阳君山银针、南安石亭豆绿、宣城敬亭绿雪、绩溪金山时雨、泾县涌溪火青、太平猴魁、六安瓜片、信阳毛尖、紫阳毛尖、舒城兰花、老竹大方、安溪铁观音、苍梧六堡、泉岗辉白和外销"祁红""屯绿"等等。

洞庭碧螺,江苏太湖洞庭东山所产的上等绿茶,全部是嫩芽,外形细嫩卷曲,似螺形,色泽绿褐,蒙披白毛,香气低,汤色碧翠澄澈,叶底细嫩微白。汤色深碧,味极幽香,称为碧螺春。据清王应奎《柳南随笔》和俞曲园《茶香室三抄》说洞庭碧螺是康熙十四年(1675)游太湖时题名。

石亭豆绿,产于福建南安石亭,或称不老亭,系一种炒绿,简称石亭绿,有绿豆味,或称石亭豆绿。此茶风行南洋各地,已有百年之久。

敬亭绿雪,据《宣城县志·光绪本卷六》:"松萝处处皆有,味苦而薄,然所产甚广,唯敬亭绿雪,最为高品。"说明敬亭绿雪早在清代光绪年间就已大量采制,创造年代应在光绪年间以前。

涌溪火青,火青起源于明末清初。据传,当时涌溪刘金在弯头山发现一丛半边黄半边白的茶树(当地农民叫白茶或金银茶),遂采茶树上的细嫩芽叶,制造涌溪火青,每年进贡皇帝。据说在咸丰年间(1851—1861年),火青极盛一时,年产量最高达百余担,高级火青占 20% 左右,销售国内各大城市,颇受消费者欢迎。旧中国时期,火青失传。新中国成立后,恢复生产。火青外形如小螺丝,一颗颗卷转,像浙江的平水珠茶和泉岗辉白,但较细嫩而精巧。白毫很多,色泽润翠。初次冲泡,质重下沉,无漂浮的叶片,滋味醇厚而回甜,香气清高,叶底匀嫩。

六安瓜片,又名齐云瓜片。齐云是山名,在金寨麻埠附近。金寨未建县前,为六安一部分,著名的瓜片产于齐云山,因此叫齐云瓜片,历史上也叫六安瓜片。茶叶被叫瓜片,是因为叶形像瓜子,并不是大小也像瓜子。齐云瓜片叶色宝绿而泛微黄,白毫多,油润光泽,香高味醇,汤色清澈,叶质浓厚耐泡。

太平猴魁,产于太平黄山山脉的猴坑。四周高山环抱,地势高耸,净是陡城峡谷。茶园多分布于坐南朝北的阴山上,每天日光直接晒到的时间仅 5～6 小时,而且云雾笼罩,终年湿润。土壤理化性也适宜于茶树生长,因此出产好茶。1915 年在巴拿马举行的万国展览会上,猴魁参加展出,获得好评,获一等金质奖章和奖状。1916 年猴魁参加江苏省的陈赛会,也获得一等金牌。猴魁色泽苍绿一致,白毫多而不显露,叶底匀净发亮,叶主脉粉红色。嫩度高,都是大小相称的一芽二叶初展。汤色淡绿,香气高爽,味浓而回甜,冲泡三四次,味道不淡,比一般内销茶耐泡。

信阳毛尖,河南信阳毛尖主要产于信南、信西两地。信西位于高山地区,云雾弥漫,土质肥沃,大部分土壤属于乌沙土,鲜叶质地好,所产毛尖品质较好。信阳毛尖以车云山所产的品质最好,是信阳毛尖的主要产地。信阳毛尖属绿茶针形茶。外形细紧,圆结,光滑,挺直,色泽翠绿,白毫显露,不带老片老梗。内质汤色鲜绿明亮,香气鲜高,滋味鲜浓,回味甘甜耐久,叶底嫩绿匀整,不带红梗红叶,忌黄叶。

舒城兰花,兰花茶名的来源,有不同说法。一说芽叶相连在枝上,形状好像一枝兰花;一说是正当山中兰花盛开时采制,茶叶吸附兰花香。据传,清代以前,当地的绅士极为讲究花茶生产,河棚地区曾把兰花栽在茶丛中间或茶园周围,使制成的茶有兰花香味。兰花茶有大小两种。舒城的晓天、七里河、梅河、毛竹园等地,主要出产大兰花。舒城的南港和沟二口、庐江的汤池、桐城的大关等地,主要出产小兰花。舒城晓天白桑园产品最为著名。

老竹大方,亦叫针片,经过手力拷扁,又叫拷方,是属扁形的内销绿茶。形状像龙井,但较粗大;又因卷成条索而后拷扁,不像龙井那样扁薄而平直;色比龙井油黑。上等龙井与大方比较,容易辨别。低级龙井与上等大方就容易混淆,很难区别。大方原产于歙县南乡,产量以歙县的老竹铺、三阳坑为最多。品质以老竹岭半山中的老竹大方为最好,是清代的贡茶。大方的特征是扁平匀整,色泽深绿如竹叶,汤色淡杏绿,有熟栗子香,味浓而爽口,叶底黄绿,是内销绿茶。

泉岗辉白,泉岗又名前岗,位于浙江嵊州市东北四明山脉的复巵山麓,是高山地区,常年受云雾笼罩,气候寒冷,但土质肥沃,排水良好,茶树生长旺盛,以出产上等绿茶著名。辉白是一种圆形的上等绿茶,主要特征是色泽带辉白,香高,味浓,叶底嫩翠,无红梗红叶。

庐山云雾,庐山产茶始自汉朝,唐宋无闻。到了明太祖朱元璋屯兵于天池峰附近时,该地所产之茶叶闻名全国。茶树生于云雾缭绕之山坡,难见茶树真面目,故称云雾茶。其品质特点是芽叶肥嫩,绿润多毫,香高味浓,汤色碧亮,耐泡,回味甘甜。云雾茶为十大名茶之一。

君山银针,君山在洞庭湖中,自然条件优越,土壤深厚肥沃,气候温和,雨量充足。尤其是在春夏之间,湖水蒸发,湿气弥漫,更适宜于茶树的生长,因此历代都出名茶。君山茶因品质不同,分为尖茶和篓茶。尖茶如芽剑,白毛茸然。清乾隆四十六年(1781)起,每年纳贡18斤,名曰贡尖。君山银针从君山尖茶演变而来。君山银针,国内驰名已久,但是无人研究,因此一开始被误认为绿茶。君山银针不仅是黄色黄汤,而且制法也与绿茶不同。依制茶分类原则,属于黄茶类。中华人民共和国成立后,恢复生产。1956年作为中国名茶在莱比锡国际博览会上展出。品质特点是芽尖肥壮,满披茸毛,干色金黄,香清高,味甜爽,汤色橙黄。冲泡后,芽尖向汤面悬空竖立,继而徐徐下沉杯底,状似春笋出土,又似金枪直竖。

安溪铁观音,闽南青茶产地以安溪为中心。茶叶都以品种名称命名,主要有铁观音、乌龙、毛蟹、奇兰、黄棪、梅占等,其中以铁观音最为著名。据传,铁观音品种是150年前安溪魏姓茶农发现,后用无性繁殖法传播的。优良的铁观音,条索紧结,肥壮匀整,色泽润亮,香气醇厚甘鲜,汤色绿黄,叶底柔软鲜亮。铁观音名闻东南亚各国,为优良的青茶,与闽北武夷岩茶齐名。

苍梧六堡,原产于广西苍梧县六堡乡,现在产区包括苍梧、贺州市、横县等县,是一种药用黑茶,销东南亚各国和中国香港地区。六堡茶越陈越好,陈年六堡茶有一种特殊香气。品质标准是褐色成块,汤红亮,味纯爽,有槟榔昧。

祁门红茶,简称祁红,在国际茶叶市场上早已享有良好声誉。产区包括安徽祁门,东至影县和石球出产的红茶也属祁红。祁红内质香气似果香,高级好茶又似花香。香高持久,滋味甜醇浓香,汤色叶底红嫩明亮。外形特征条索紧细,芽叶多,色褐红,有光彩。品质超过印度名茶大吉岭红茶。

屯溪绿茶,简称屯绿,比祁红出名早,很久以前就称誉于国际茶叶市场。屯绿产区包括休宁、歙县、绩溪和祁门凫溪口。现在的江西婺绿和浙江遂绿过去都属屯绿。高级屯绿,条索匀整壮实,形状美观,色绿带灰发亮,香气高而持久,滋味浓醇,叶底嫩绿厚实。

第二章 茶功能与茶保健

本章教学目标

■ **知识目标：**
了解茶叶药用功效的医疗渊源；掌握茶叶主要成分及其风味特性；掌握茶叶的营养成分；掌握茶饮的保健功能与预防功效。

■ **技能目标：**
能够辨别茶叶的药用功效；能够辨别茶叶的主要成分及其风味特性；能够辨别茶叶的营养成分。

■ **情感价值目标：**
培养对茶饮的保健功能与预防功效的认同和信任，增强对习茶的兴趣和自主学习的能力。

■ **课程思政目标：**
中国茶叶的医疗渊源久远，感悟中国茶文化的历史悠久和古人智慧，增强文化自信和传承担当。

茶是世界上饮用最广泛的饮料之一。茶叶成分很丰富，饮茶有益健康已是众所周知的事实。而饮茶的功效并非因为茶的某一种化学成分或某一类化合物，而是多种有效成分综合作用的结果。本章对茶叶中的药用功效和营养成分进行介绍，系统地阐述茶叶各种保健和防治疾病作用，并介绍日常饮茶时应注意的事项。

第一节 茶叶的药用功效

一、茶叶的医疗渊源

1. 中国历代医药专著论茶

中国历代医药专著中涉及诸多关于茶的药用功效。茶作为中药，最早载入《神农本草经》。《神农本草经》成书于东汉，书中记录："茶味苦，饮之使人益思，少卧、轻身、明目。"后《神农食经》记载："茶茗久服，令人有力、悦志。"其实早在公元前 2 世纪，司马相如所著《凡将篇》中述及的 20 多种草药中就有茶。东汉著名医学家华佗在《食论》中提到"苦茶久食，益意思"。张仲景所著《伤寒论》中亦认为"茶治便脓血甚效"。

唐《唐本草》记有"茶主瘘疮,利小便,祛痰热渴","主下气,消宿食"。《本草拾遗》提及茶"破热气,除瘴气","久食令人瘦,去人脂"。宋《本草图经》中称"茶醒神、释滞消壅……"。《山家清供》亦称"茶即药品也,去滞化食"。《汤液本草》认为"茶可治中风昏聩、多睡不醒"。《饮膳正要》记载"凡诸茶,……去痰热、止渴、利小便,消食下气,清神少睡"。

明清时期的医药专著中也有大量关于茶药用功效的记载。我国著名药学家李时珍编著的《本草纲目》中记有"茶苦而寒,……最能降火,火为百病,火降则上清矣。……温饮则火因寒气而下降,热饮则茶借火气而升散,又兼解酒食之毒,使人神思阔爽,不昏不睡"。认为茶苦而性寒,但最能降火,又能解酒消食,令人神思阔爽,不昏不睡。我国明朝所饮用的茶主要是绿茶中的炒青散茶(也有少部分蒸青散茶),因此李时珍所记述的药理功能是针对绿茶的。其他还有《食物本草》、《救荒本草》、《野菜博览》、《本草经疏》、《食物本草会纂》、《本草纲目拾遗》、《本草求真》等亦有关于茶药效记载。

此外,中外不少中草药书上还记载茶树根可治心脏病、口疮、牛皮癣,茶籽可治喘急咳嗽、去痰垢、治头脑鸣响等。

2. 中国历代古医方记有茶疗方

中国历代古医方书中记有多个茶疗方。如《千金方》中的"茶疗方"记有"煮茶单饮",可以"治头疼"。《赤水玄珠》中有"茶稠散方",提到"以茶、川芎、薄荷等治风热上攻、头目昏痛"。《万氏家抄方》中"茶柏散"方,记录"以茶、黄柏、薄荷等治诸般喉症等疾病"。《圣济总录》中"姜茶散"方,提出以茶、生姜等治霍乱后烦躁不安。其中还记有"海金沙"方,提到以海金沙、茶等治小便不通,脐下满闷。《韩氏医通》中记有"补益方",提到"以豆、芝麻、茶等作为抗衰老的补益剂"。正所谓"茶为百病之药"。

3. 中国历代经史子集及茶叶专著论及茶效

我国古代出版的一些经史子集类,如三国·魏《广雅》,晋《博物志》,梁《述异记》,唐《唐国史补》,宋《东坡杂记》、《格物粗谈》、《古今合璧事类备要外集》、《岭外代答》,元《敬斋古今黈》,明《三才图会》以及清《黎岐纪闻》等约近20种史类资料论及茶的药理作用(表2-1)。

表2-1 中国历代经史子集提及茶效

朝 代	经史子集类	茶 效
三国·魏	《广雅》	"其饮醒酒,令人不眠"
晋	《博物志》	"令人少眠"
梁	《述异记》	"能诵无忘"
唐	《唐国史补》	"涤烦"
宋	《古今合璧事类备要外集》	"理头痛"

续　表

朝　代	经史子集类	茶　效
宋	《东坡杂记》	以茶漱口的精辟文字:"吾有一法,常自珍之。每食已,辄以浓茶漱口,烦腻既去,而脾胃不知。凡肉之在齿间者,得茶浸漱之,乃消缩不觉脱去,不烦挑刺也。而齿便漱濯,缘此渐坚密,蠹病自已。"
元	《敬斋古今黈》	"漱茶则牙齿固利"
明清	《三才图会》、《黎岐纪闻》	"消积食"

　　历代出版的茶叶专著也都提及茶药用功效。唐代陆羽《茶经》记载"茶之为用,味至寒,为饮最宜,精行俭德之人,若热渴、凝闷、脑痛、目涩、四肢烦、百节不舒,聊四五啜,与醍醐甘露抗衡也"。唐顾况所著《茶赋》中记载"攻肉食之膻腻,发当暑之清吟,涤通宵之昏寐"。宋徽宗赵佶在其《大观茶论》中记载"祛襟涤滞,致清导和"。明朱权《茶谱》中提及"早取为茶,晚取为茗。食之能利大肠,去积热,化痰下气,醒睡,解酒,消食,除烦去腻,助兴爽神"。明顾元庆《茶谱》中将茶的功效归纳为"人饮真茶,止渴消食,除痰少睡,利水道,明目益思,除烦去腻,人固不可一日无茶"。

二、茶叶主要成分及其风味特性

　　茶有良好的风味及一定的营养、保健作用,都是基于茶叶中含有多种对身体有益的化学成分。茶叶的品质高低主要通过成茶的外形、色泽、香气、汤色、滋味、叶底来衡量。鲜叶中成分含量的多少和组成比例会直接影响成品茶叶的品质。但茶树因品种、季节、采摘标准不同而使得所含成分有所不同。茶鲜叶中水分约占75%、干物质约占25%,其中约含无机化合物3.5%~7%、有机化合物93%~96%。茶叶具有防病治病功效,茶叶中的药用成分生物碱、茶多酚、芳香类物质和脂多糖类物质等发挥重要作用。

　　1. 茶多酚

　　茶叶中的多酚类化合物,包括茶单宁、茶鞣酸、茶鞣质、儿茶素等,共分为6类,质量占干茶的30%~35%,其中儿茶素占茶多酚的60%~80%,为干重的12%~24%。茶多酚功能包括:增强毛细血管;抗炎抗菌,抑制病原菌的生长,并有灭菌作用;影响维生素C代谢,刺激叶酸的生物合成;能影响甲状腺机能,有抗辐射的作用;作为收敛剂可用于治疗烧伤;可与重金属盐和生物碱结合起解毒的作用;缓和胃肠紧张,防炎止泻;增加微血管韧性;防治高血压;治疗糖尿病等。

　　2. 生物碱

　　茶叶中生物碱,亦称"咖啡因",包括咖啡碱、茶碱、可可碱、嘌呤碱等。咖啡碱在茶叶中含量约占2%~5%。一般大叶种含量高于中小叶种,夏季茶含量高于春秋季,嫩叶茶高于老叶,根、种子不含咖啡碱。茶叶中含有咖啡碱发现于1827年,这一结论极大推动了茶叶普。咖啡碱的功能包括兴奋中枢神经系统、消除疲劳、提高劳动效率;抵抗酒精、烟碱和吗啡等的毒害作用；强化血管和强心作用；增加肾脏血流量，提高肾小球滤过率，有利尿作用；松弛平滑肌，消除支气管和胆管痉挛；控制下视丘的体温中枢，调节体温；降低胆固醇和防止动脉粥样硬化等。茶碱功能与咖啡碱相似，兴奋中枢神经系统的作用较咖啡碱弱，强化血管和强心作用、利尿作用、松弛平滑肌作用比咖啡碱强。可可碱的功能与咖啡碱和茶碱相似，兴奋中枢神经的作用比后两者都弱，强心作用比茶碱弱，但比咖啡碱强；利尿作用比后两者都差，但持久性强。

3. 芳香类物质

茶之所以受人欢迎，与它独特的风味、幽雅的香气密不可分。茶的香气是茶青原料在制茶过程中发生复杂的生化反应而产生的。它源自茶叶本身（薰花茶除外）。

茶叶中的芳香物质也称芳香油或茶精油，在茶叶中含量为 $0.02\%\sim0.03\%$，包括萜烯类、酚类、醇类、醛类、酸类、酯类等。其中萜烯类是茶叶中含量较高的香气物质之一，具有杀菌、消炎、祛痰等作用，可治疗支气管炎。酚类有杀菌、兴奋中枢神经和镇痛作用，对皮肤还有刺激和麻醉作用。醇类有杀菌的作用。醛类和酸类均有抑杀霉菌和细菌，以及祛痰的功能，后者还有溶解角质的作用。酯类在茶叶中具有强烈而令人愉快的花香，可消炎镇痛、治疗痛风，并能促进糖代谢。茉莉内酯具有特殊的茉莉香味，是乌龙茶和茉莉花茶的主要香气成分，含量的高低与乌龙茶品质成正相关。

芳香物质在茶叶中具有以下特点：

（1）含量少，重要性强。茶叶中的挥发性成分（俗称精油）是茶香的主要来源，它们仅占干茶不足 0.1% 的比例，含量极微，但成分却相当复杂，至少有二三百种的成分共同形成茶叶香气。

（2）种类多。茶叶中已经发现有约 700 种香气化合物，各类茶的香气成分亦会因种类不同而不同，这些成分的绝妙组合形成了不同茶类独特的品质风味。一般来说，鲜叶中约有 50 种，绿茶中约有 100 种，红茶中约有 300 种。

（3）芳香物质在鲜叶中以香气配糖体的形式存在。香气配糖体本身无挥发性，无臭无味。与茶叶香气配糖体（糖苷类前体）释放有关的两个重要酶类为 β-葡萄糖苷酶、β-樱草糖苷酶。

（4）不同茶叶茶香有别，同种茶叶，茶香亦有别。芳香油易挥发，是赋予茶叶香气最多的成分。各种茶由于原料和加工工艺差异，呈现出不同香气成分的组合，从而构成了不同种类茶叶的香气。制法不同，各类茶香型不同，如绿茶的清香，红茶的甜香，乌龙茶带花香果香，黑茶的陈香，白茶的毫香，黄大茶的锅巴香，炒青屯绿具炒板栗香，龙井具嫩栗香，烘青绿茶有清香，蒸青绿茶似海苔香等。地域（土壤、气候、海拔）不同，茶叶香气亦不同，如滇红、祁门、阿萨姆产于不同的地区，云南红茶具有特殊的甜香或焦糖香，祁门红茶有似玫瑰的花香（祁门香），阿萨姆红茶则具"阿萨姆香"。

4. 蛋白质

茶叶中含有大量的茶氨酸。茶氨酸有强心利尿、扩张血管、松弛支气管和平滑肌的功能。茶叶中还含有一类具有催化作用的特殊的蛋白质，称为酶蛋白（简称酶）。在茶叶加工中也正是由于这些酶的作用,如在茶鲜叶萎凋中香气的形成;在红茶加工中由于多酚氧化酶的氧化,促使茶黄素、茶红素等形成,使得红茶呈现出"红汤红叶";绿茶通过杀青钝化了酶的活性使其保持了"清汤绿叶"的品质特征等。

5. 氨基酸

茶叶中氨基酸极易溶于水,大都具有鲜甜味,增加了茶汤滋味的鲜爽,还可缓解茶汤的苦涩味。报道称在茶叶中发现并已鉴定的氨基酸有 26 种。一般而言,日照弱、温度低的产区生产的茶叶氨基酸含量偏高;夏茶氨基酸含量低于春茶和秋茶;中小叶种氨基酸含量高于大叶种茶;高山茶高于平地茶。嫩芽叶中氨基酸含量偏高,使得茶汤滋味更加鲜爽,这也是嫩茶受欢迎的主要原因之一。

6. 脂多糖类

茶叶中糖类含量较为丰富,占干物重的 $25\%\sim40\%$,有单糖、双糖及多糖三类。单糖和双糖又称可溶性糖,含量为 $0.8\%\sim4\%$,是组成茶叶滋味的物质之一,能使茶汤具有甜醇味,还有助于提高茶香。

茶叶中的多糖包括淀粉、纤维素、半纤维素和果胶等物质。水溶性果胶是形成茶汤厚度和外形色泽的主要成分之一。除淀粉外,其他多糖可认为是膳食纤维。

茶多糖的分布,从原料老嫩来看,老叶含量比嫩叶多。同种茶类级别低原料老的含量相对高。加工方法不同的茶类间,乌龙茶(约占 $2\%\sim3\%$)高于绿茶($1\%\sim1.5\%$)和红茶($0.5\%\sim0.1\%$)(百分比含量是指占干茶重量的比例)。另外茶树品种、栽培管理、采摘季节对茶多糖的含量及组成也有影响。

茶叶中多糖类大多数不溶于水,能提供能量的蔗糖、葡萄糖和果糖只占 $1\%\sim3\%$,淀粉只含 $0.2\%\sim2\%$,其余都为非能量来源的膳食纤维。因此,茶叶是一种低热量饮料。这对于某些特殊人群诸如糖尿病患者,是一种非常适合的饮料。

茶多糖具有抗辐射损伤,改善造血功能的作用。

7. 茶叶中的色素

茶叶色素分为水溶性与脂溶性两大类。叶绿素和类胡萝卜素属于脂溶性色素。黄酮类和花青素以及茶色素属于水溶性色素。脂溶性色素常呈现于叶底,而水溶性色素参于茶汤汤色的呈现。茶色素并不是茶鲜叶中固有的色素,而是在茶叶加工中由茶多酚(儿茶素)在酶或湿热条件下氧化形成的一类色素物质,包括茶黄素、茶红素和茶褐素三大类成分。茶色素是构成红茶与黑茶干茶、茶汤和叶底颜色的主要物质。

8. 茶皂素

茶皂素是茶叶中含有的又一特殊成分,是茶汤起泡的重要物质,味苦而辛辣,其含量越高,茶汤的起泡力越强。茶籽中茶皂素含量比茶叶中的含量高,粗老原料高于嫩叶。

第二节 茶叶的营养成分

茶叶既是饮料也是食品。作为一种食品,茶叶脂肪含量低,含有大量人体所需热能和营养素,如碳水化合物、蛋白质、热能、维生素、矿物质、微量元素等,具有很高的营养价值。但就某一特定的茶叶来说,各种营养成分虽然基本相同,而含量却因时、因地、因级的不同会有所不同。通常把碳水化合物、蛋白质和脂肪称为生热营养素,这是因为它们在体内代谢后可产生热能,供肌体生命活动的需要。此外,食物纤维也有很重要的保健作用。

一、热能

与其他食品相比,茶叶是一种低热能食物,但不同种类的茶叶所能提供的热能有差异。每 100 g 茶叶中热能和生热营养含量以绿茶最高,达 1 238 kJ,花茶为 1 176 kJ,砖茶最低为 862 kJ。红茶和乌龙茶等均低于绿茶。可见茶叶所含的热能与其品质和种类有关。

一般来说,品质越好,热能越高;茶的热能最低,这是由于作为原料的茶叶质量不高。目前,茶叶的使用仍以泡饮为主,绝大部分的营养物质被当作废物丢弃。国内外都有关于吃茶叶的报道,如湖南等地的居民有饮茶后将茶渣嚼食的习惯,日本人将茶叶按一定的比例加到食物中,这样可使茶叶的营养功能得到充分发挥。

二、蛋白质

与一般食物相比,茶叶中的蛋白质含量很高,达 20%～30%。最新的研究证实茶叶中的必需氨基酸种类是齐全的,但比例不够合理,其中色氨酸的量很少,因此可以认为茶叶蛋白为半完全蛋白质。值得强调的是,茶叶中含有大量的茶氨酸,这是茶叶特有的,也是形成茶叶风味的主要成分。茶氨酸含量通常占茶叶中其他氨基酸总量的 50%以上,其含量以白茶为最多,其次是绿茶和红茶。茶氨酸有强心、利尿、扩张血管、松弛支气管和平滑肌的功能。

三、碳水化合物

碳水化合物在体内的主要功能是提供热能,同时也是构成神经和细胞的主要成分,并具有保肝解毒的作用。茶叶中碳水化合物的含量不高,一般在 10%以下。茶叶中的碳水化合物在水中溶出的多糖仅占茶叶水溶物的 4%～5%,因此通常认为茶是低热能饮料,适合糖尿病和其他忌糖患者饮用。

四、脂肪

茶叶中的脂类含量不高,绿茶和红茶一般不超过 3%。茶叶中的脂类有磷脂、硫脂、糖脂和甘油三酯,其中的脂肪酸是亚油酸和亚麻酸,为人体必需脂肪酸。必需脂肪酸和必需氨基酸一样,也是人体自身不能合成,必须由食物提供的。饮茶可以使人体获得一定量的脂肪酸,但因含量很少,所提供的脂肪酸量很有限。

五、维生素

茶叶中含有丰富的维生素,其中水溶性维生素可全部溶解在热水中,浸出率几乎达100%,而脂溶性维生素较难溶于水,所以人们通过饮茶获得的脂溶性维生素不多。茶叶中B族维生素的含量是比较丰富的,如每天饮茶25 g可满足人体四分之一的需要。

表 2 - 2　每 100 g 茶叶中维生素含量　(单位:mg)

茶叶种类	胡萝卜素	维生素 B1	维生素 B2	维生素 PP	维生素 C	维生素 E
红茶	3.87	—	0.17	6.2	8.0	5.47
花茶	5.31	0.06	0.17	—	26	12.73
绿茶	5.8	0.02	0.35	8.0	19	9.57
砖茶	1.9	0.01	0.24	1.9	—	—

六、矿物质和微量元素

经研究发现,茶叶中含有 11 种人体所必需的微量元素。含量最多的无机成分是钾、钙、磷。不同茶叶含量稍有差别。绿茶所含的磷和锌比红茶高,但红茶中钙、铜、钠的含量比绿茶高。此外,茶叶也含有一些对人体有害的元素,如铝、铅、硌等,并且浸出率均在 60% 左右。另外,茶叶还有浓缩环境毒性物质的特性。

茶叶中的矿物质和微量元素对人体是很有益处的。其中的铁、铜、氟、锌比其他植物性食物要高得多,而且茶叶中的维生素 C 有促进铁吸收的功能。

表 2 - 3　每 100 g 茶叶中矿物质和微量元素含量　(单位:mg)

茶叶种类	钾	钠	钙	镁	铁	锰	锌	铜	磷	硒
红茶	1 934	13.6	378	183	28.1	49.8	3.97	2.56	390	56.0
花茶	1 643	8.0	454	192	17.8	16.95	3.98	2.08	338	8.53
绿茶	1 661	28.2	325	196	14.4	32.60	4.34	1.74	191	3.18
砖茶	844	15.1	277	217	14.9	46.50	4.38	2.07	157	9.40

总之,茶叶含有非常丰富的营养物质,特别是其中的蛋白质、维生素、矿物质和微量元素的含量是一般植物性食品所不可比拟的。

第三节 茶饮保健功能与防疾功效

一、茶饮保健功能

茶叶中丰富的营养素和多种药用成分是茶叶保健作用的基础。许多实验研究观察和流行病学调查都证实茶叶有多方面的保健作用。

1. 清胃消食助消化

茶叶有消食除腻助消化、加强胃肠蠕动、促进消化液分泌、增进食欲的功能,并可以治疗胃肠疾病和中毒性消化不良、消化性溃疡、急性肠梗阻等疾病。茶叶中芳香油生物碱具有兴奋中枢和植物神经系统的作用,可以刺激松弛胃肠道平滑肌,对含蛋白质丰富的动物性食品有良好的消化效果。茶叶中含有大量的氨基酸、维生素 C、维生素 B1、维生素 B2、磷脂等成分,这些成分具有调节脂肪代谢的功能,并有助于食物的消化,起到增进食欲的效果。

2. 生津止渴解暑热

饮茶能解渴是众所周知的常识。实验证实饮热茶 9 分钟后,皮肤温度下降 $1\sim2\ ℃$,并有凉快、清爽和干燥的感觉,但饮冷茶后皮肤温度下降并不明显。茶叶"苦而寒",极具降火清热功能。

3. 强骨防龋除口臭

实验研究和流行病学调查均证实茶具有固齿强骨、预防龋齿的作用。氟在保护骨和牙齿的健康方面有非常重要的作用,在低氟地区的居民很容易患龋齿症。曾有英国学者指出:茶叶是英国食品中氟化物的主要来源,儿童经常饮茶可使龋齿减少 60%。口腔发炎、牙龈出血等是常见的口腔疾病,且常伴有口臭。晨起饮茶一杯,可以清除口中黏性物质,既可净化口腔,又使人心情愉悦。

4. 振奋精神除疲劳

茶叶具有兴奋中枢神经作用,俗称提神。对于饮茶的这种功效,古代史籍中的记载较多。当人们疲劳、困倦时喝一杯清茶,立即会感到精神振奋,睡意全消。这是茶叶中所含生物碱类作用的缘故。实验证实喝 5 杯红茶或 7 杯绿茶相当于服用 $0.5\ g$ 咖啡因,故饮茶能消除疲劳,振奋精神,增强运动能力,提高劳动效率。

5. 保肾清肝并消肿

茶可保肾清肝、利尿消肿,这是因为茶叶中所含的咖啡碱和茶碱可通过扩张肾脏的微血管,增加肾脏血流量,提高肾小球滤过率,增强肾脏的排泄功能,从而起到明显的利尿作用。

茶的利尿作用是咖啡碱、茶碱和可可碱的综合功能,其中茶碱的作用最强,咖啡碱次之,可可碱最低,但它利尿作用持续时间最长。这些物质的作用机制是抑制肾小管的重吸收,避免尿中钠和氯离子的含量增多;兴奋血管运动中枢,直接舒张肾脏血管,增加肾脏血流量。此外,茶对肝脏、心脏性水肿和妊娠水肿与呕吐都有明显的治疗作用。

6. 降脂减肥保健美

茶叶的减肥功效是由于茶多酚、叶绿素、维生素 C 等多种有效成分的综合作用。减肥茶大部分是再加工茶,即在茶中加入各种具有降脂作用的中草药。作为传统的减肥饮料,茶叶有良好的减肥效果,中医书籍也称茶叶有去腻、减肥胖、消脂转瘦、轻身换骨等功能。适量饮茶有润肤健美、祛脂减肥的功能。

7. 消除电离抗辐射

这是茶叶的一个独特功能。茶叶中的多酚和脂多糖等成分可以吸附和捕捉放射性物质,并与其结合后排出体外。脂多糖、茶多酚、维生素 C 有明显的抗辐射效果。它们参与体内的氧化还原过程,修复生理机能,抑制内出血,治疗放射性损害。茶叶中含有丰富的胡萝卜素代谢后合成视紫质可以保护视力。

二、茶叶的防治疾病功效

1. 消炎杀菌抗感染

茶叶有消炎杀菌的功能,可以治疗如肝炎、痢疾、肠炎等由细菌感染引起的疾病,可以抑制痢疾和伤寒杆菌的增殖,还能治疗多种炎症,如膀胱炎、肾炎、尿路感染、鼻炎、支气管炎等。实验证明,茶叶中儿素类化合物对伤寒杆菌、副伤寒杆菌、白喉杆菌、绿脓杆菌、金黄色溶血性葡萄球菌、溶血性链球菌和痢疾杆菌等多种病原细菌具有明显的抑制作用。茶叶中的黄烷醇类具有直接的消炎效果,还能促进肾上腺体的活动,使肾上腺素增加,从而降低毛细血管的通透性,减少血液渗出。同时对发炎因子组胺有良好的拮抗作用。

2. 防治心脑血管疾病

茶有降低胆固醇和防治动脉粥样硬化的功能,有防治心脑血管疾病的作用。饮茶能显著地降低血液中胆固醇的含量,具有降血脂、抗动脉硬化和防止高血压等效果。

茶叶中的茶多酚,特别是儿茶素有很强的降脂功能,并有保护毛细血管的作用,可松弛血管壁、增加弹性,在血管受到破坏时,茶多酚也具有促进血管功能恢复的功效。将茶多酚提炼、氧化、聚合,可形成茶色素。茶色素具有抗氧化清除自由基、调节血脂异常、抗血凝促进纤维溶解、改善微循环等作用,可用于预防和治疗心血管疾病如冠心病、心肌梗死等,脑血管疾病如脑梗死、血管性痴呆等。更为重要的是,茶多酚的毒性小,使用安全,具有极大的应用价值。

茶叶中的生物碱具有扩张血管,增加心脏输出量,促进血液循环的作用。利用它能扩张血管肌肉壁的特性,可以治疗高血压性头痛和妊娠高血压。现在治疗高血压的药茶方剂很多,这里介绍一个香蕉茶的配方,具有降脂、润燥功效,适用于高血压、冠心病及动脉硬化症。原料为香蕉(切末)100 g,茶叶 10 g,蜂蜜适量,用法为每日 2 次,每次将 50 g 香蕉末和 5 g 茶叶放入杯中,沸水冲泡加盖焖 5 分钟,加入蜂蜜即可。

3. 预防治疗糖尿病

茶叶中的有效成分可以调整糖代谢,对糖尿病有显著疗效。日本学者经临床观察证实淡茶和酽茶均能治疗轻、中度糖尿病,使病人尿糖明显减少,以致完全消失;对重度患者可使其尿糖降低,各种主要症状明显减轻。与注射胰岛素相比,用淡茶和酽茶治疗糖尿病,具有简单易行、费用低廉等优点。茶叶中多酚类物质和维生素 C,能保持微血管的正常坚韧性、通透性。这对治疗糖尿病较为有利。更重要的是茶中含有如水杨酸甲酯、维生素 B1 等物质,可预防糖代谢障碍发生。

4. 防癌抗癌可延年

茶叶可作为预防或治疗癌症的有效食物,是健康的饮品。大量的流行病学调查和动物试验均表明,茶可作为天然的抗癌剂、抑癌剂。人们已越来越重视茶的抗癌、抑癌、抗突变的作用。现代科学证实,茶叶的抗癌作用主要是以茶多酚为主的多种药用成分协同作用的结果。而过去曾流传"喝了隔夜茶会致癌"的说法是缺乏科学依据的。

第四节　日常科学饮茶

不同的茶树品种和不同的加工方法制成的各类茶叶,其内含成分存在极大差异。人们体质、生活习惯等差异,对茶叶类型、喜好程度也不同。日常饮茶中,我们可以根据自己的体质及当时的身体状态选择相对适合的茶叶。

一、看茶喝茶

看茶喝茶,指的是根据茶叶种类的不同,选择合适的茶叶和饮茶方式。从中医的角度来看,茶可以分为凉性、中性和温性。总体来说,绿茶、黄茶、白茶偏凉性,乌龙茶偏中性,黑茶和红茶偏温性。根据具体情况还可以进一步细化。例如,普洱熟茶偏温性,而年份很新的普洱生茶,其茶性还未转化,属性偏凉。再例如,轻发酵、轻焙火的乌龙茶偏凉性,而发酵程度高、重焙火的乌龙茶则偏温性。

二、看人喝茶

看人喝茶,指的是根据个人体质和喜爱选择合适茶类和饮茶方式。

1. 根据体质选择茶饮

不同人饮茶后的感受和生理反应相去甚远。一般认为饮茶能够降血压,但对咖啡因特别敏感的人饮茶后可能会出现血压上升、心跳加快的情况;一般认为饮茶能通便,但有些人饮茶后会出现便秘的情况,有些人喝绿茶会觉得肠胃不适,有些人喝茶后难以入睡;有些人会"茶醉",心慌、冒冷汗。这些都是由于喝的茶不适合自己的体质而引发的身体不适。所以,应依据自己特有的体质选取最适合的茶。

《中医体质分类与判定》将人的体质分为九种,传统医学认为,不同体质者宜饮用与之相适应的茶叶(表2-4)。

表2-4　不同体质建议的茶饮

体质类型	特　征	茶饮建议
平和体质	属正常、健康的体质。	各种茶皆可喝。
气虚体质	元气不足,身体虚弱,易疲劳乏力,易感冒。	不宜喝凉性茶与咖啡因含量高的茶,宜喝温性茶。
阳虚体质	属常见体质,这种体质的人阳气不足、畏寒,冬天会手脚冰凉。	多喝温性茶,少喝或不喝凉性茶。
阴虚体质	手心与脚心都易热,冬天不怕冷,夏天怕热,易口干、喉咙干、眼睛干涩,容易便秘。	少喝或不喝温性茶,多喝凉性茶。
血淤体质	面色发暗,眼睛里有血丝,牙龈容易出血,磕碰后会出现难以褪去的瘀青。	宜喝浓茶,各种茶都可以喝。
痰湿体质	体形偏胖,极易出汗,腹部肥满松软,皮肤容易出油,嗓子里总是有痰,容易困倦。	宜喝浓茶,各种茶都可以喝。
湿热体质	油光满面,易生粉刺,皮肤时常瘙痒,容易口苦、口臭。	少喝或不喝温性茶,多喝凉性茶。
气郁体质	多愁善感,体形偏瘦,常感到乳房及两肋部胀痛。	宜饮较淡、咖啡因含量较低的茶,也可以喝一些花茶。
特禀体质	过敏体质,易患哮喘,易对药物、食物、花粉等过敏。	在无不良反应的前提下,可以适量饮淡茶或低咖啡因、高氨基酸的茶。

传统医学认为,体质各异,饮茶也各异,体质燥热者应多喝凉性茶,体质虚寒者应多喝温性茶,这是总原则。不过,人的体质多为复合型,也会发生变化,非常复杂。所以,我们可以考虑自己当下的体质特征,选择适宜的茶类,帮助我们保持身体的健康和谐。

2. 根据喜好合理饮茶

初次饮茶或偶尔饮茶的人适宜喝一些清新鲜爽的茶,如安吉白茶等名优绿茶,或者清香型铁观音等轻发酵乌龙茶。喜好浓醇茶味者,选择炒青绿茶和重发酵乌龙茶为佳。喜好调饮的,可以酌情加一些牛奶、柠檬片等。

3. 特殊人群合理饮茶

处于经期、孕期和哺乳期的女性最好少饮茶或只饮淡茶。茶叶中的茶多酚会与铁离子络合,增加缺铁性贫血的风险。茶叶中的咖啡因对中枢神经和心血管有刺激作用,大量饮茶会使经期女性的基础代谢增高,易引起痛经、经血过多或经期延长等问题。孕妇摄入大量咖啡因后,胎儿会被动吸收,且胎儿对咖啡因的代谢速度比成人慢得多,这对胎儿的生长发育不利。哺乳期女性饮浓茶后,茶多酚会减少乳汁分泌,同时咖啡因通过母乳进入婴儿体内,易使婴儿兴奋过度,或发生肠痉挛。

糖尿病患者宜饮茶。糖尿病患者的病症是血糖高、口干口渴、乏力。饮茶可以有效地降低血糖,且有止渴、提神的效果。糖尿病人喝茶不必太浓,一日内可数次泡饮,茶类没有限制。

吸烟与被动吸烟者、放射科医生、采矿工人、使用计算机者可以多喝茶,必要时可以补充茶多酚。

驾驶员、脑力劳动者等可以多喝茶。饮茶能使人保持头脑清醒、精力充沛,适合需要长时间保持高专注度的人群。

神经衰弱与睡眠障碍患者,不应在睡前饮茶。茶叶中含有的咖啡因有令人兴奋的作用,会使入睡变得更加困难。

活动性胃溃疡、十二指肠溃疡患者不宜饮茶,尤其不可空腹饮茶。茶叶中的生物碱会使胃酸分泌增加,影响溃疡面的愈合。

缺铁性贫血患者不宜饮茶,茶叶中的茶多酚会与食物、补铁药剂中的铁离子络合,生成难溶性沉淀,不利于人体吸收铁元素,降低补血药剂的药效。

三、看时喝茶

中医理论认为,看时喝茶,就是根据时节的不同,调整饮茶的种类。一般认为四季中"春饮花茶理郁气,夏饮绿茶驱暑湿,秋品乌龙解燥热,冬品红茶暖脾胃"。春季饮花茶,可以散发出体内积存一冬的寒邪,浓郁的香气能促使阳气生发。绿茶和白茶性凉,夏季代用可以消暑解渴,清热解毒。秋季饮乌龙,能清除体内的余热,润肺生津。红茶、普洱茶性温,冬季熟饮,暖胃祛寒。

四、饮茶注意事项

1. 提倡温饮

热饮、热食与食道癌有一定关联性。2016年国际癌症研究机构认为,65 ℃以上的热饮"可能增加罹患食道癌风险"。伊朗一项研究显示,患食道癌的风险与红茶的饮用量无关,而与茶水温度有关。因此习惯饮热茶(高于65 ℃)者患食道癌概率偏高。

2. 进餐前后不宜饮茶

餐前饮茶会冲淡胃酸,妨碍消化。茶叶中的多酚类与金属离子发生络合反应生成沉淀,影响营养物质的吸收,因此我们饮茶需尽量避开用餐时间。尤其是孕妇、产妇,对铁、钙等营养的需求较大,更不宜在进餐前后饮茶。

3. 忌饮隔夜茶

茶叶冲泡后放一晚上,这种隔夜茶中的功效成分可能已经被破坏,比如茶多酚会被空气中的氧气所氧化,同时茶汤中可能已经有微生物污染。同样,冲泡过久的茶汤也忌饮用。

4. 早晨起床宜饮一杯淡茶

经过一夜的新陈代谢,人体消耗大量的水分,血液浓度增大。早起饮一杯淡茶,可以补充水分,稀释血液,降低血压,对健康有利。

5. 服药期间应谨慎饮茶

从中医的角度看,茶本身就是一味中药;从西医角度看,茶中的茶多酚、茶氨酸、咖啡因等成分都具有药理功能,存在与各种药物发生各种化学反应或相互作用的可能性,从而影响药效,甚至产生副作用。

目前已报道的关于西药与茶叶成分的研究中,除了热茶送服阿司匹林、对乙酰氨基酚及贝诺酯等药物可以增强它们的解热镇痛效果以外,服用以下药物时饮茶都会降低药效,并可能发生不良反应(表2-5)。

表 2-5　与茶同服降低药效的部分药物

药　物	举　例
含有金属离子的药物	如补铁药物、补钙药物、铝剂类(如复方氢氧化铝、硫糖铝等)、钴剂类(维生素 B12、氯化钴等)、银剂类(矽碳银等)等
抗生素和喹诺酮类抗菌药物	抗生素如四环素、氯霉素、红香素、链霉素、新霉素、多西环素、头孢菌素、利福平等;喹诺酮类抗菌药物如诺氟沙星、培氟沙星等
消化酶类药物	如胃蛋白酶片、多酶片、胰酶片等
含有氨基比林、安替比林的解热散痛药	如安乃近、索米痛片等
治疗胃溃疡的药物	如西咪替丁,以及含有碳酸氢钠、氢氧化铝的药物
单胺氧化酶抑制剂	如苯乙肼、异卡波肼、苯环丙胺,帕吉林、呋喃唑酮和灰黄霉素等
腺苷增强剂	如潘生丁、克冠草、海索苯定、利多氟嗪、三磷酸腺苷等
抗痛风药	含有别嘌呤的抗痛风药
镇静安神类药物	如眠尔通、氯氮、安定等
生物碱类药物	如小檗碱、麻黄碱、奎宁、士的宁等
其他苷类药物	如洋地黄、洋地黄毒苷、地高辛等

医药科技发展日新月异,投入使用的新药源源不断,饮茶对许多药物的影响尚待研究。所以,在服用药物前后,应当谨慎饮茶。

第三章　茶之生长与分布

本章教学目标

■ **知识目标：**

掌握中国茶区分布与主要产茶省份；了解世界茶区分布；掌握茶树生长的优质环境条件。

■ **技能目标：**

能够通过地图、图表等形式，准确展示中国茶区分布与主要产茶省份；能够通过调查研究等方法，了解世界茶区分布；能够评价茶树生长环境条件。

■ **情感价值目标：**

培养对中国茶文化的认同感和尊重；增强对自然环境保护的意识和责任感；鼓励学生对茶文化的热爱和探索精神。

■ **课程思政目标：**

通过学习茶的地理分布和生长环境条件，培养学生的国家认同意识和文化自信心；通过了解世界茶区分布，增进学生对不同文化的尊重和包容性；通过强调环境保护，引导学生积极参与环境保护活动，培养社会责任感。

第一节　中国茶区分布

一、中国茶区概况

中国茶区分布在北纬 $18°\sim38°$，东经 $94°\sim122°$ 的广阔范围内，包括浙江、湖南、安徽、四川、重庆、福建、云南、湖北、广东、广西、贵州、江苏、江西、陕西、河南、台湾、山东、西藏、甘肃、海南等 20 个省（自治区、直辖市）的上千个县（市），跨越 6 个气候带，即中热带、边缘热带、南亚热带、中亚热带、北亚热带和暖温带，各地在土壤、水热、植被等方面存在明显差异。在垂直分布上，茶树最高种植在海拔 2 600 米的高地上，而最低仅距海平面几十米，同样构成了土壤、水热、地域等差异。地域的差异，对茶树的生长发育和茶叶生产影响很大。茶树作为温带高山作物，由人工移植而广布于气候相似的热带地区。热带、亚热带的茶树，生长虽较温带茂盛，然品质较差，多适宜制作滋味强浓的红茶，不宜制作高香清隽的绿茶。

二、我国茶区具体分布

我国茶区辽阔，茶类繁多，茶树品种丰富，加之地形复杂，因此，茶区划分为三个级别：一级茶区，全国性划分，用以宏观指导；二级茶区，由各产茶省（自治区、直辖市）划分，进行省（自治区、直辖市）内生产指导；三级茶区，由各地县划分，具体指挥茶叶生产。目前，国家一级茶区分为四个：西南茶区、华南茶区、江南茶区、江北茶区。本章主要介绍国家一级茶区。

（一）西南茶区

西南茶区是中国最古老的茶区，在米仑山、大巴山以南，红水河、南盘江、盈江以北，神农架、巫山、方斗山、武陵山以西，以及大渡河以东的地区，包括黔、川、滇中北和藏东南。

西南茶区地形复杂，大部分地区为盆地、高原，土壤类型亦多样。滇中北多为赤红壤、山地红壤和棕壤；川、黔及藏东南则以黄壤为主，酸碱度一般在 5.5～6.5，土壤质地黏重，有机质一般含量较低。西南茶区各地气候变化大，但总的来说，水热条件较好。四川盆地年均温度为 17 ℃；云贵高原年均气温为 14～15 ℃。整个茶区冬季较温暖，除个别特殊地区（如四川万源冬季极端最低温曾到 −8 ℃）以外，一般仅为 −3 ℃，≥10 ℃积温为 5 500 ℃左右。年降水较丰富，大多在 1 000 毫米以上，有的地方如四川峨眉，年降水量则达 1 700 毫米。茶区年均干燥指数小于 1.00，部分地区小于 0.75。该茶区雾日多，但冬季仍过于干旱，降水量不到全年的 10%。

西南茶区茶树资源较多，由于气候条件较好，适宜茶树生长，所以栽培茶树的种类也多，有灌木型和小乔木型茶树，部分地区还有乔木型大叶种茶树。该区适制红碎茶、绿茶、普洱茶、边销茶和花茶等。

（二）华南茶区

华南茶区位于大樟溪、雁石溪、梅江、连江、浔江、红水河、南盘江、无量山、保山、盈江以南，包括闽中南、台、粤中南、海南、桂南、滇南。华南茶区水热资源丰富，有森林覆盖下的茶园，土壤肥沃，有机质含量高。全区大多为赤红壤，部分为黄壤。整个茶区高温多湿，年均温度在 20 ℃以上，≥10 ℃积温达 6 500 ℃以上，无霜期 300～365 天，年极端最低温度不低于 −3 ℃，大部分地区四季常青。全年降水量可达 1 500 毫米，海南的琼中高达 2 600 毫米。但冬季降水量偏低，为旱季。干燥指数大部分小于 1.00，只有海南等少数地区才大于 1.00。华南茶区茶树资源极其丰富，汇集了中国许多大叶种茶树，出产红茶、普洱茶、六堡茶、大叶青、乌龙茶等。

（三）江南茶区

江南茶区在长江以南，大樟溪、雁石溪、梅江、连江以北，包括粤北、桂北、闽中北、湘、浙、赣、鄂、皖南和苏南等地。江南茶区大多处于低丘山地区，也有海拔在 1 000 米以上的高山，如浙江的天目山、福建的武夷山、江西的庐山、安徽的黄山等，几乎都是"高山出好茶"的名茶产区。江南茶区基本上为红壤，部分为黄壤。土壤酸碱度一般在

5.0～5.5。有自然植被覆盖的土镶,以及一些高山茶园土壤,土层深厚,腐殖质层在20～30厘米,缺乏植被覆盖的土壤层,特别是低丘红壤,"晴天一把刀,雨天一团糟",土壤发育差,结构也差,土层浅薄,有机质含量很低。

整个茶区基本上属中亚热带季风气候,南部则为南亚热带季风气候。气候温和,四季分明。年均气温在15.5 ℃以上,≥10 ℃积温为4 800～6 000 ℃,极端最低温度多年平均不低于−8 ℃,无霜期230～280天。但晚霜和北方寒流会对该茶区的北部带来危害。降水量比较充足,一般在1 000～1 400毫米,全年降水量以春季为多。部分茶区夏日高温,会发生伏旱或秋旱。

江南茶区产茶历史悠久,资源丰富,历史名茶甚多,如西湖龙井、君山银针、洞庭碧螺春、黄山毛峰等,享誉国内外。中国目前已审定或认定的良种,如福鼎大白茶、鸠坑种、祁门种以及龙井43、福云6号、湘波绿等,均出自该茶区。该茶区种植的茶树大多为灌木型中叶种和小叶种,以及小部分小乔木型中叶种和大叶种。该茶区是出产绿茶、乌龙茶、花茶、名特茶的适宜区域。

(四) 江北茶区

江北茶区南起长江,北至秦岭、淮河,西起大巴山,东至山东半岛,包括甘南、陕西、鄂北、豫南、皖北、苏北、鲁东南等地,是我国最北的茶区。江北茶区地形较复杂,茶区多为黄棕土,这类土壤常出现黏盘层,部分茶区为棕壤,不少茶区酸碱度略偏高。与其他茶区相比,气温低、积温少、茶树新梢生长期短,大多数地区年均气温在15.5 ℃以下,≥10 ℃的积温在4 500～5 200 ℃,无霜期200～250天,多年均极端最低温在−10 ℃,个别地区可达−15 ℃,因此,茶树冻害严重。江北茶区的不少地方,因昼夜温度差异大,茶树自然品质形成好,适制绿茶,香高味浓。降水量偏少,一般年降水量在1 000毫米左右,个别地方更少。四季降水不均,夏季多而冬季少。全区干燥指数在0.75～1.00,空气相对湿度约75%。植被系绿阔叶树,夹杂针叶树种。茶树大多为灌木型中叶种和小叶种。江北茶区中不少地区种茶的不利条件是冬季既旱又冻,致使茶树遭受旱、冻两害,生长发育受阻,因此,江北茶区在发展茶叶生产时要特别注意采取相关防护措施。

三、中国主要产茶省份

我国大陆地区产茶省份主要分布于云南、贵州、四川、湖北、福建、浙江、安徽、湖南、陕西、河南、江西、广西、广东、重庆、江苏、山东、甘肃和海南。

福建是自古以来的产茶大省,2019年,福建茶园面积为329.7万亩,排名第四,但茶叶总产量高达44.0万吨,居全国第一位。产茶地区包括安溪、武夷山、福鼎、政和等地,茶叶种类繁多,品质优良。

云南拥有优越的自然条件,茶树品种资源丰富,是我国茶园面积最大的省份。2019年数据显示,茶园面积达到721.4万亩,排名第一。产茶量为43.7万吨,排名第二,仅次于福建。

湖北产茶历史悠久,生产的茶叶以绿茶、红茶为主,2019年茶园面积为521.6万亩,全国排名第四,茶叶总量35.3万吨,位于国内省份第三。

四川被誉为"天府之国",产茶区域集中于气候适宜、降水丰富且多云雾的盆周山区和丘陵地区。2019 年,茶园面积达到 580.5 万亩,全国排名第三,茶叶产量达到 32.5 万吨,位居第四。

湖南生产的茶叶品种较多,包括黑茶、绿茶、红茶等。2019 年湖南茶园面积 262.4 万亩,位于第八,生产茶叶 23.3 万吨,位居第五。

贵州 2019 年茶园面积为 696.6 万亩,是我国茶园面积第二大的产茶大省,茶叶生产量为 19.8 万吨,全国排名第六。生产的产叶以绿茶为主。

浙江产茶历史悠久,生产的茶叶种类丰富,绿茶、红茶、黄茶等都有生产。产茶地包括杭州、余姚、湖州、金华等地。2019 年茶园面积为 302.1 万亩,位居全国第六,茶叶产量为 17.7 万吨,全国排名第七。

安徽是我国产茶大省之一,生产茶类丰富,包括红茶、绿茶、黄茶及黑茶等,且名优茶众多。2019 年,茶园面积为 280.7 万亩,位居全国第七,茶叶产量为 12.2 万吨,全国排名第八。

广东是我国产茶和茶叶消费大省,生产的茶叶以乌龙茶、红茶为主。2019 年,广东茶园面积达到 108.3 万亩,全国排名十三位,茶叶生产总量 11.1 万吨,全国排名第九。

广西也有悠久的产茶历史,茶区集中于昭平、三江等地。2019 年,广西茶园面积 115.9 万亩,排名第十二位,茶叶生产量为 8.3 万吨,产量居全国第十。

江苏、山东、甘肃和海南等省份亦有茶叶种植,产量相对偏低,但不乏诸多名优茶,如金坛雀舌、洞庭碧螺春、南京雨花茶、兰贵人等名优茶。

表 3 - 1 2019 年中国大陆地区主要产茶省份茶叶产量及茶园面积统计

序 号	省 份	茶园面积(万亩)	产量(万吨)
1	云南	721.4	43.7
2	贵州	696.6	19.8
3	四川	580.5	32.5
4	湖北	521.6	35.3
5	福建	329.7	44.0
6	浙江	302.1	17.7
7	安徽	280.7	12.2
8	湖南	262.4	23.3
9	陕西	217.8	7.9
10	河南	171.9	6.5
11	江西	163.7	6.7
12	广西	115.9	8.3
13	广东	108.3	11.1

序 号	省 份	茶园面积(万亩)	产量(万吨)
14	重庆	71.3	4.5
15	江苏	50.7	1.4
16	山东	37.7	2.5
17	甘肃	18.5	0.1
18	海南	2.7	0.1

数据来源:国家统计局。

第二节　世界茶区分布

茶叶的生产遍及全球五大洲。根据国际茶叶委员会(ITC)统计数据显示,2019年全球茶园总面积499.5万公顷,茶叶总产量615万吨。作为喜温、喜湿植物,茶树主要分布于热带和亚热带区域。依据茶叶生产及气候条件等因素,可将世界茶叶产地分为东亚、东南亚、南亚、西亚、欧洲以及东非和南美等茶区,其中亚洲是茶树种植面积最大的地区。

一、东亚茶区

东亚茶叶生产国有中国、日本、韩国。中国是茶树的起源地,也是最早发现和利用茶的国家。

中国的茶园面积和茶叶年产量多年稳居世界第一,产茶区域辽阔,全国有20个省、自治区、直辖市产茶,2019年茶园面积306.6万公顷,生产的茶叶种类有白茶、绿茶、乌龙茶、红茶、黄茶、黑茶。

日本的茶叶主要出产于静冈、鹿儿岛和三重3个县,生产的茶叶以绿茶为主,且绿茶又以蒸青绿茶为主,也有生产少量的乌龙茶、红茶和白茶。

韩国茶叶产区主要位于南部全罗南道的宝城,茶叶产量约占韩国茶叶总产量的40%,茶区临近大海,气候温暖,适宜茶树生长。

二、东南亚茶区

东南亚茶叶生产国包括印度尼西亚、越南、缅甸及马来西亚等。

印度尼西亚是茶叶生产大国,有多个茶区,茶园面积11.4万公顷,主要产区为爪哇和苏门答腊两岛,茶叶四季均可采制,但以每年7月至9月的品质为佳,生产的茶叶主要为红茶,其次为绿茶。

越南茶园面积13.0万公顷,茶叶生产区域主要位于中北部和中部高原地区,生产的茶叶主要为红茶和绿茶,也有乌龙茶等。

缅甸主要产茶区位于果敢，属于低纬度高海拔高原湿润季风气候区，适宜茶树生长，具有丰富的古茶树资源。

马来西亚茶叶生产区域主要位于金马仑高地和沙巴州，生产的茶叶以红茶为主，年均产量3 000吨左右，茶叶消费主要依靠进口。

三、南亚茶区

南亚茶叶生产国有印度、斯里兰卡及孟加拉国。

印度是世界上主要的茶叶生产国之一，是全球最大的红茶生产国和消费国。其生产的茶叶主要用于满足国内市场需求，只有少量用于出口。在印度，茶叶贸易方式主要为拍卖，政府规定75％左右的茶叶须以拍卖的方式进入市场。其拍卖的价格已成为国际红茶拍卖的风向标。印度28个邦中有16个邦生产茶叶，茶园面积63.7万公顷，主要有阿萨姆、大吉岭和尼尔吉里3个知名产茶区。

斯里兰卡茶园面积约20万公顷，茶树主要种植于该国中央高地与南部低地，有六大茶叶产区，分别为乌瓦、乌达普沙拉瓦、努瓦纳艾利、卢哈纳、坎迪和迪布拉。产于斯里兰卡乌瓦的锡兰高地红茶，与中国的祁门红茶、印度的大吉岭红茶并称"世界三大高香红茶"。茶叶在斯里兰卡的国民经济中占据重要的地位。

孟加拉国是世界红茶主产国之一，该国茶园面积约6万公顷，东北部的希尔赫特大区，茶产量占全国总产量的九成。

四、西亚茶区

西亚茶叶生产国有土耳其、伊朗等。

土耳其是全球人均茶叶消费量最大的国家，茶园面积83万公顷。茶区主要位于北部属亚热带地中海气候的里泽地区。

伊朗同样是茶叶消费大国，黑海沿岸地区属亚热带地中海气候，适宜种茶。茶区主要分布于吉兰省和马赞德兰省，其中巴列姓和戈尔甘为主要产地，生产的茶叶主要为红茶。伊朗虽生产茶叶，但仍需进口茶叶才能满足国内市场需求。

五、欧洲茶区

欧洲茶叶生产国有俄罗斯、葡萄牙等。俄罗斯是茶叶消费大国，但因环境条件限制，仅在克拉斯诺达尔边疆区有茶树种植，且种植区域小、茶叶生产量有限，因此只能进口茶叶以满足市场需求。

六、东非和南美茶区

非洲产茶国家集中于东非，少数位于中非、南非。东非产茶国包括肯尼亚、乌干达、马拉维、坦桑尼亚及津巴布韦等国，以上几个国家的茶叶产量占非洲茶叶产量的90％以上。

肯尼亚于1903年开始引种茶叶，是20世纪新兴的产茶国家，其茶业发展极为迅速，至今已成为仅次于中国和印度的全球第三大产茶国。肯尼亚产茶区主要分布于赤道附近东非大裂谷两侧的高原丘陵地带,那里海拔高,气候温暖湿润,年降水量多,非常适合茶树生长。

乌干达2019年茶园面积为4.7万公顷,产茶区主要位于西部和西南部的托罗、安科利、布里奥罗、基盖齐、穆本迪及乌必卡等地区。

马拉维茶区主要位于尼亚萨湖东南部和山坡地带,以生产红茶为主。坦桑尼亚是红茶生产国,70%的茶叶产自南部高原地区。南美茶叶生产国有阿根廷、巴西、秘鲁及哥伦比亚等,其中阿根廷产量最大。阿根廷茶叶产区主要位于米西奥内斯和科连特斯两省,生产的茶叶以出口为主。

第三节　茶树生长环境

一、茶树类型

茶树按树干来分,有乔木型、半乔木型和灌木型三种类型。

乔木型茶树树形高大,主干明显、粗大,枝部位高,多为野生古茶树。云南是普洱茶的发源地和原产地,在云南发现的许多野生古茶树,树高10米以上。

半乔木型茶树有明显的主干,主干和分枝容易分别,但分枝部位离地面较近,如云南大叶种茶树等。

灌木型茶树主干矮小,分枝稠密,主干与分枝不易分清,我国栽培的茶树多属此类。

此外,茶树按成熟叶片大小又可分为特大叶品种、大叶品种、中叶品种和小叶品种四类。叶片大小通过测量叶面积(叶长×叶宽×0.7)进行比较,叶面积在70平方厘米以上为特大叶品种,叶面积在40～69平方厘米之间为大叶品种,叶面积在21—39平方厘米之间为中叶品种,叶面积在20平方厘米以下为小叶品种。

二、茶树生长环境

适宜茶树生长的环境需要土壤、雨量、光照、温度、地形等优质组合。

土壤的土层厚度一般需达到1米以上,最好是排水良好的砂质土壤,有机质含量在1%～2%以上,通气性、透水性或蓄水性皆佳,酸碱度pH在4.5～6.5为宜。

年降雨量在1 500毫米左右,不足和过多都有影响。光照是茶树生长的首要条件,不能太强亦不能太弱。茶树对紫外线有特殊偏好,因而常有"高山产好茶"之说。温度一般包括气温和地温。气温日平均10℃左右,最低不能低于-10℃,年平均温度在18～25℃。地形因素主要有海拔、坡地、坡向等。随着海拔的升高,气温和湿度都有明显的变化,在一定高度的山区,雨量充沛,云雾多,空气湿度大,漫射光强,对茶树生长有利。但也不是愈高愈好,若海拔高于1 000米以上,易出现冻害,因此一般选择偏南坡为好。坡度不宜太大,一般要求30℃以下为宜。

三、茶树品种

（一）原种与变种

皋芦种为茶树原种。皋芦原种生于原始森林中，属半乔木型。由于自然推移于气候适宜地区，各地气候和天然自花授粉率不同，性状变异，时日长久，其名逐渐为各地方言所代替。如广东、广西、贵州、湖南（江华苦茶）、江西、福建等省所称苦茶，广东大叶种，湖南高脚茶或峒茶，四川顶峰大叶或大树茶，贵州高树茶、高脚茶或大树茶等。这个原种很早已自然推移到我国南部和东南部各省的山区，并传播到日本、印度等地。

我国云南茶树皋芦原种，向东迁移变为我国东部及东南部的中叶种或小叶种，称为武夷变种；向南迁移变成缅甸和越南的大叶种，树型类似皋芦原种中间型小乔木，称为掸部变种；向西南迁移，变为印度的大叶种，树型类似高大乔木，叶片特别大，但其形态类似皋芦原种，称为阿萨姆变种。现在云南大叶种是皋芦原种经过人为变种的，介于大叶与小叶种之间。

大叶种、中叶种和小叶种同是从云南皋芦原种向北或南推移，为了适应环境条件而发生的变异。

（二）有性繁殖系品种和无性繁殖系品种

茶树通过有性途径（种子）繁殖的品种称为有性繁殖系品种，简称有性系品种；通过无性途径（扦插等）繁殖的品种为无性繁殖系品种，简称无性系品种。具有较高经济价值的无性系品种称为无性系良种。

有性系品种幼苗主根明显，为直根系，群体中植株的性状较混杂，参差不齐，容易发生变异；无性系品种一般采用短穗扦插繁殖，群体中各植株的性状整齐一致，幼苗无主根，为须根系，根颈部有短穗遗痕，比较容易鉴别。无性系品种的优良性状能够世代相传，具有产量高、品质优、芽叶持嫩性强、发芽整齐、芽叶的形态大小及内在品质一致、便于采摘加工等特点，因此无性系品种在茶叶种植中得到广泛推广。

四、优质自然生长环境案例——我国茶树原产地云南西双版纳

西双版纳茶区，大部分分布在海拔一两千米的山区和丘陵地带。年均温在 $15\sim20\,℃$，年雨量在 $1\,200\sim1\,500$ 毫米。每年分为干湿两季，主要受赤道季候风的影响，雨季（5 月—10 月间）空中相对湿度经常在 80% 以上，干季（11 月—翌年 4 月）浓雾弥漫，每天到了近午才散失，雾是干季中水分的主要来源。

勐海东南部最高山峰的南糯山，海拔 1 890 多米，干季降雨量只有雨季的八分之一到七分之一，蒸发量比降雨量大 19 倍，由于温差较大，早晚低温，有利于成雾，相对湿度仍然可达 80% 左右。

在西双版纳丰富的茶树资源中，古老茶区的茶树都生长在高层森林树冠的荫蔽之下，在天然林中，茶树一般居于中层。上层是高大的阔叶乔木，林下疏朗透光，以致形成茶树半阴性生态的特性。至今，该地樟、茶混交林几乎到处可见，除上层保留有高达 20

米左右的阔叶乔木外,其下就是高约5米左右的樟树和两三米高的茶树。茶区土壤一般为棕色森林土,酸性的红、黄壤,地面布满枯枝落叶,土层深厚松软。所有这些特点,都是形成茶树在系统发育过程中的重要条件。这个地区也是我国茶树原产地。

思考:印度的自然条件与我国西南茶区相差不大,可是直到19世纪初才发现野生茶树,比我国发现野生茶树的时期晚三四千年。

第四章 茶叶初制工艺

本章教学目标

■ **知识目标：**

熟悉各茶类的基本制作工艺；熟悉代表性名优茶的基本制作工艺。

■ **技能目标：**

能够初步辨识代表性名优茶的基本制作工艺差异。

■ **价值情感目标：**

通过学习茶的制作工艺，培养对传统工艺的尊重和欣赏；培养对名优茶的珍惜和鉴赏能力；培养对茶文化的热爱和情感认同。

■ **课程思政目标：**

弘扬传统文化，提升学生的文化自信心；培养学生的创新精神和工匠精神的实践，推动茶文化的传承与发展。

我国是最早制茶的国家，制法的精巧、茶类的丰富，是世界其他产茶国家远远不及的。中国的制茶技术从鲜叶晒干而做羹到六大茶类的全面出现，经过了漫长的发展历程，是中国历代劳动人民集体智慧的结晶。目前我国的茶叶制造分两大过程，即由鲜叶处理到干燥为止的初制过程（其制成品称为毛茶），和毛茶再进行加工处理的精制过程（其成品名称叫精茶）。本章主要讲述各类茶叶的初制工艺。

案例

2022年茶制作工艺世界文化遗产申请成功

北京时间2022年11月29日晚，我国申报的"中国传统制茶技艺及其相关习俗"在摩洛哥拉巴特召开的联合国教科文组织保护非物质文化遗产政府间委员会第17届常会上通过评审，列入联合国教科文组织人类非物质文化遗产代表作名录。至此，我国共有43个项目列入联合国教科文组织非物质文化遗产名录、名册，居世界第一。

"中国传统制茶技艺及其相关习俗"是有关茶园管理、茶叶采摘、茶的手工制作，以及茶的饮用和分享的知识、技艺和实践。自古以来，中国人就开始种茶、采茶、制茶和饮茶。制茶师根据当地风土，运用杀青、闷黄、渥堆、萎凋、做青、发酵、窨制等核心技艺，发展出绿茶、黄茶、黑茶、白茶、乌龙茶、红茶六大茶类及花茶等再加工茶，2 000多种茶品，供人饮用与分享，并由此形成了不同的习俗，世代传承，至今贯穿于中国人的日常生活、仪式和节庆活动中。

传统制茶技艺主要集中于秦岭淮河以南、青藏高原以东的江南、江北、西南和华南四大茶区,相关习俗在全国各地广泛流传,为多民族所共享。通过丝绸之路、茶马古道、万里茶道等,茶穿越历史、跨越国界,深受世界各国人民喜爱,已经成为中国与世界人民相知相交、中华文明与世界其他文明交流互鉴的重要媒介,成为人类文明共同的财富。

成熟发达的传统制茶技艺及其广泛深入的社会实践,体现着中华民族的创造力和文化多样性,传达着茶和天下、包容并蓄的理念。中国人通过制茶、泡茶、品茶,培养了平和包容的心态,形成了含蓄内敛的品格,提升了精神境界和道德修养。茶的饮用与分享是人们交流、沟通的重要方式,以茶待客、长者为先等与茶相关的礼俗彰显着中国人谦、和、礼、敬的人文精神。在茶文化的带动和促进下,我国茶产业快速发展,茶科技水平稳步提高。茶文化、茶产业、茶科技这篇大文章,在提供可持续生计、增进性别平等、促进乡村振兴、保护陆地生态系统,以及推动社会、经济、环境可持续发展等方面也发挥着积极作用。

第一节　绿茶初制工艺

中国是世界绿茶的主产国,绿茶产量占世界绿茶总产量的 65% 左右,出口量占世界绿茶贸易量 75% 左右,在世界茶叶生产中占据重要地位。绿茶品质特点是绿叶绿汤,按制法可分为四种,即炒青绿茶、烘青绿茶、晒青绿茶和蒸青绿茶。它们的加工原理和技术要求基本相似。绿茶的初制工艺过程分为杀青、揉捻、干燥。本节以炒青绿茶制作为例进行介绍。

一、炒青绿茶初制工艺

(一)杀青

杀青是绿茶初制的第一道工序,也是决定制成绿茶品质好坏的关键。所谓杀青就是用高温破坏鲜叶中酶的活动性,制止酶促进鲜叶中内含物的氧化变化,以保持茶叶原有的青绿色。

1. 杀青的目的

杀青的主要目的有三个方面。第一,发散鲜叶青臭气,产生茶香;第二,使鲜叶内的水分在高温作用下大量汽化散去,细胞张力降低,使鲜叶变柔软,便于揉捻;第三,利用高温破坏鲜叶中酶的活动,制止酶促进鲜叶中各种化学成分的氧化变化,保持茶叶色绿,形成绿茶特有的香味和色泽。

2. 杀青的方法

我国绿茶加工大多采用炒青方法杀青,蒸青方法用得较少,也有些地方利用引进的蒸青生产流水线生产蒸青茶。杀青投叶量的多少,要由鲜叶老嫩、含水量多少、杀青工具大小和温度高低等情况综合决定。嫩叶及含水量多的鲜叶,投叶量要少些,老叶及含水量少的鲜叶,投叶量要多些。而制名优绿茶与普通炒青茶的投叶量也不相同。总的要求是投叶量要适当。叶量过少,叶片接触锅的机会则多,水分蒸发快,叶片易炒焦;叶量过多,翻炒不易均匀,叶片接触锅的机会不一致,就会造成杀青程度不均。一般杀青技术要求叶温在一两分钟内升达 85 ℃以上,最长不得超过三四分钟。

3. 杀青程度的检验

杀青必须适度。杀青不足,酶继续活动,叶梗易发红,有青臭气,味青涩,叶片韧性差,揉捻时易破碎,茶汁易流失;杀青过度,香味平淡,叶底变暗,叶片水分蒸发过多,叶片硬脆,也易破碎。杀青叶适度的主要标志是叶色暗绿,水分少,梗子弯曲断不了,香气显露青气消。检验时要求无红梗红叶,叶质柔软带黏性,手捏茶叶成团,稍有弹性,青草气消失,发出茶香,即为适度。

(二) 揉捻与解块

1. 揉捻的目的

揉捻的目的是初步做形,使茶叶卷曲成条,形成良好的外形。同时适当揉破叶细胞,使茶汁流出黏附于叶表面,冲泡时叶细胞中的物质易浸出。

2. 揉捻的方法

绿茶的揉捻工艺分冷揉与热揉。冷揉即将杀青叶经过摊凉,热气适当散发,杀青叶持有鲜爽的香气和翠绿的色泽,叶中水分分布平衡,变柔软后进行揉捻。热揉即鲜叶杀青后,不经摊凉而趁热揉捻。一般情况,嫩叶宜用冷揉,因其纤维少、韧性大、水溶性果胶含量多,易形成条索。另外,嫩叶冷揉还可使茶叶具有黄绿明亮的汤色和嫩绿的叶底。老叶宜采用热揉,因其纤维多、叶质粗硬,受热变软便于揉紧成条,减少茶碎。

揉捻过程中,需要加压。加压的轻重和时间直接影响茶叶条索的松紧、叶细胞的破碎率及内质的色香味的变化。整个揉捻过程的加压原则应该是"轻—重—轻",开始揉捻的 5 分钟内不应加压,待叶片逐渐沿着主脉初卷成条后再加压,促进条索形成和细胞的破碎,待茶汁揉出后,再放松解压,使茶汁被茶条吸收,以免流失。

绿茶的揉捻程度取决于成茶规格、销售对象和饮用习惯。一般绿茶要求多次冲泡,同时不要求茶多酚的化合氧化,因此在揉捻过程中不需要大量破坏细胞,否则会使滋味苦涩、不耐冲泡、茶汤浑浊。但若细胞破碎程度不够,会出现条索不紧,滋味淡薄。一般绿茶揉捻程度以细胞破碎率在 50%～60% 为宜,主要依茶类而定,如外销的眉茶和珠茶要求香高味浓,揉捻程度要较重;内销茶要求多次冲泡,滋味醇和,揉捻程度宜轻,高级龙井等内销名茶,则都不经过专门的揉捻程序。

3. 解块分筛

杀青叶经过揉捻后,易结成团块,需经解块分筛机分筛,解散团块,降低叶温,使条挺直均匀,保持绿茶清汤绿叶的品质特征。

（三）干燥

1. 干燥的目的

第一，散失水分。揉捻解块后的茶坯中，含有 60% 左右的水分，既无法保持品质，也无法储藏运输，因此必须干燥，以固定其品质。第二，继续破坏叶中残余酶的活性，进一步发挥茶香。第三，固定揉捻后的外形条索，在炒干过程中采用不同的方法以制作成茶的特殊形状，如龙井茶的扁平形、碧螺春的螺旋形等。

2. 干燥的方法

炒干、烘干与晒干是绿茶三种干燥方法。炒干称炒青，烘干称烘青，晒干称晒青。由于干燥方法不同，成品品质也各异。绿茶的干燥一般分初干和再干两个过程。炒青绿茶的初干，一般先用烘干机烘干。由于揉捻后的湿茶坯尚含有较多水分，若直接用炒锅炒干，其茶汁易黏结在锅壁而形成锅焦，产生焦烟气味，焦末黏附在叶上，冲泡后汤色易浑浊，影响茶叶品质。而初干采用烘干机烘干，可有效避免上述不良影响，并可迅速散失大量水分。当烘至茶叶的含水量达 35%～40% 时，即可下烘摊凉。摊凉的目的是让茶条内外水分重新扩散分布平衡，实现干燥程度的均匀一致，避免外干内湿的现象。

炒青绿茶的再干是在炒锅内手工进行的。初干叶下锅后，双手勤翻扬抖茶叶，使水分快速散去；至茶叶不黏手时，适当降低火温，改变手法，使茶条紧结；炒至条索较紧达五六成干时，即为适度，可起锅摊凉。

炒青绿茶干燥的最后一道工序是辉锅。辉锅的目的是继续整形，使茶条进一步紧结，茶条表面产生调匀的灰绿色。炒至手捏茶条成粉末，含水量 6%～8%，即可起锅；稍经摊凉后，收藏于密闭的容器中。

二、部分名优绿茶的初制工艺

我国名优绿茶的品种甚多，制作方法也不尽相同，但基本技术处理则类似，现将较有代表性的龙井茶、碧螺春、黄山毛峰的制作方法介绍如下。

（一）龙井茶

龙井茶是我国传统名茶之一，制作技术考究，制作精细是其特点。龙井茶在制作前，先将鲜叶摊放、筛分。鲜叶采回后，先在室内进行薄摊，摊叶厚度 3 厘米左右，摊放时间约 8 小时，减重 15%～20%，鲜叶含水量至 70% 左右，青草气散发部分，馥郁的香气开始形成。同时一些化合物的轻微氧化减少茶的苦涩味。摊放中叶绿素略有破坏，黄色成分增加。上述皆有利于龙井特有品质的形成。经摊放的鲜叶，再进行筛分，分成大、中、小三档分别进行炒制，这样可针对不同档次的鲜叶，采用不同的锅温和不同的手势来炒制，使之做到恰到好处。

龙井茶在炒制过程中，炒茶的火力不但要大而均匀，还要根据需要调节火力的强弱。龙井茶的制作，长期以来全凭一双手在光滑特制的铁锅中，不断变换手法炒制而成。在鲜叶下锅前需用茶油揩擦锅面，保持锅面光滑，以使成茶的外形色泽润滑有光。炒制的手法有抖、搭、拓、捺、甩、抓、推、扣、压、磨，号称十大手法。炒制时，根据鲜叶大小、老嫩程度和锅内茶坯成型程度,不断变换手法以及手势轻重。现在,已有不少小型机械投入龙井茶的制作。

高级龙井茶的制法分青锅、回潮和辉锅 3 道工序。① 青锅即杀青与初步成型的过程。当锅温达 80~100 ℃时,锅面搽油,使锅面光滑,投入约 100 g 经过摊放的鲜叶,开始时以抓、抖手式为主,散发一定的水分后,逐渐改用搭、压、抖、甩等手法进行初步造型,压力由轻而重,达到理直成条、压扁成型的目的,炒至七八成干时即起锅,历时约 15 分钟。② 青锅起锅后的茶,进行薄摊回潮,摊凉后经分筛,筛底筛面茶分别进行辉锅,摊凉回潮的时间一般为 40~60 分钟。③ 辉锅的目的是进一步整形和炒干,通常四锅青锅合为一锅进行辉锅,叶量约 250 克,锅温 60~70 ℃,需炒制 20~25 分钟,锅温掌握低、高、低过程,手势压力逐步加重,主要采用抓、扣、磨、压、推等手法。其要领是手不离茶,茶不离锅,炒至茸毛脱落,茶条扁平光滑,茶香透出,茶条折之即断,含水量达 5%~6%,即可起锅,摊凉后簸去黄片,筛去茶末即成。

(二) 黄山毛峰

黄山毛峰是我国极品名茶,产于安徽黄山地区。特级、一级黄山毛峰采摘标准为一芽一叶初展嫩叶。鲜叶采回后,先拣剔,剔除病叶、梗、茶果以及不符合标准要求的叶片,以保证芽叶质量均匀;然后将不同嫩度的鲜叶分别摊放,散失部分水分。为了保质保鲜,要求上午采,下午制;下午采,当夜制。制作方法分杀青、揉捻、干燥三道工序。

1. 杀青

黄山毛峰杀青于锅内,锅温要求达 130~150 ℃,先高后低,投叶量为 400 克左右。鲜叶下锅后,用手敏捷翻炒,锅温先高后低。杀青程度要适当偏老,即芽叶质地变柔软,表面失去光泽,青气消失,茶香显露。杀青时间约 3 分钟。

2. 揉捻

制作黄山毛峰时,揉捻与否视原料的嫩度而定:制特、一级的原料较嫩,在杀青适度时不起锅,继续在锅内以边炒边揉的手法加以整条;二三级原料杀青起锅后,及时散失热气,在竹匾内轻揉约 2 min,使之卷紧成条,茶汁揉出即可,揉捻时速度宜慢,压力宜轻,边揉边抖散,以保持芽叶完整,白毫显露,色泽绿润。

3. 干燥

黄山毛峰的干燥分初烘与足烘两个过程。初烘时每只杀青锅配四只烘笼,火温先高后低,第一只烘笼烧明炭火,烘顶温度 90 ℃,以后三只烘笼温度依次下降为 80 ℃、70 ℃、60 ℃左右,边烘边翻,顺序移动烘顶。初烘时摊叶要匀,翻叶要勤,操作要轻,火温要稳,烘到六七成干时下笼进行摊凉,至茶叶回软后,进行足烘。足烘温度为 60 ℃左右,投叶量为三笼初烘叶合并 1 笼,文火慢烘,时加翻拌,使茶叶干燥均匀,烘至叶色呈黄绿色,足干下笼。

(三) 碧螺春

碧螺春亦为我国著名绿茶,产于江苏吴县太湖洞庭山。碧螺春茶采摘特点为"采得早、采得嫩、拣得净"。每年春分前后开采,谷雨前后结束,以春分至清明采制的明前茶品质最高,通常采一芽一叶初展。鲜叶采回后,必须及时拣剔,剔去鱼叶、嫩茶果及不符合标准的芽叶,保持芽叶匀整一致。一般上午 5:00—9:00 采摘,9:00—15:00 拣剔,晚上进行炒制。制作过程分杀青、揉捻、搓团显毫、烘干等工序。

1. 杀青

在平锅或斜锅内进行,锅温约 190 ℃,投叶量 500 克,炒时以抖为主,双手翻动,要求撩得净,抖得散,杀熟杀透,焖抖结合。杀青时间为 3~5 分钟,芽质柔软,青臭气转为略有清香,失去原有光泽,即已杀青适度。

2. 揉捻

当杀青适度后,即在原锅内进行揉炒,锅温降至 70 ℃左右,采用抖、炒、揉三种手法交替进行。随着茶叶水分的散失,锅温也必须逐渐降低。炒揉时,手握茶叶松紧适度,当茶叶达到六七成干、时间约 10 分钟时,继续降低锅温,转入搓团显毫过程。

3. 搓团显毫

这一过程是茶叶形成卷曲似螺和茸毫披满的关键,锅温降至 45 ℃,边炒边用双手用力地将全部茶叶揉搓成数个小团,不时抖散,反复多次,搓至条形卷曲,茸毫显露,达八成干左右,历时约 15 分钟。

4. 烘干

烘干是用轻搓、轻揉手法,达到固定茶叶形状、继续显毫、蒸发水分的目的。当达到九成干时,起锅将茶叶放在桑皮纸上,连纸放在锅中,用文火慢慢烘至足干,锅温约 30 ℃,足干叶水分含量在 7%左右。

第二节　红茶初制工艺

红茶是我国生产和出口的主要茶类之一。全国红茶生产量占茶叶总产量的四分之一,出口量占全国茶叶出口总量的半数以上。我国红茶有工夫红茶、小种红茶、红碎茶之分。红茶初制工艺过程包括萎凋、揉捻、发酵、干燥四道工序。

一、工夫红茶初制工艺

工夫红茶的制作又分初制与精制两个阶段,这里主要讲述初制工艺。

(一)萎凋

1. 萎凋目的

萎凋是使鲜叶散失部分水分,叶质变柔软,并引起部分化学变化的过程。从茶树上采下的鲜叶,一般含水量在 76%左右,叶质脆硬,揉捻时易破碎,茶汁随水分流失。因此,鲜叶需经过萎凋,蒸发一部分水分,降低叶细胞的张力,使鲜叶变柔软,为揉捻创造条件。鲜叶经过萎凋失去一部分水分,细胞汁浓度提高,引起内含物质的一系列化学变化,青草气挥发,良好香气显露,为形成红茶色、香、味的特定品质奠定基础。

2. 萎凋方法

萎凋主要分室内自然萎凋与萎凋槽萎凋两种。

自然萎凋指在萎凋室内装萎凋架,架上设置多层萎凋帘,鲜叶均匀摊放在帘上。萎凋最适宜的温度为 20～24 ℃,最适宜的相对湿度为 70% 左右,在这种条件下,萎凋一般历时 18～24 小时。也有采用日光自然萎凋方法,即让鲜叶直接受日光热力散失水分。这种方法虽简便、快速,但受制于自然条件,萎凋程度较难掌握。

萎凋槽萎凋是指萎凋过程在特制的萎凋槽内进行,槽面设置成茶帘,鲜叶均匀摊放在帘上,槽下送凉风或热风,加速水分的蒸发,热风的温度最高不可超过 30 ℃,萎凋时间一般为 6～8 小时。

3. 萎凋适度

萎凋适度即指萎凋叶具有最大可塑性时的含水量。当萎凋叶含水量在 60%～62% 时,叶片柔软,嫩茎手折不断,手握茶叶成团,松手不易散开,叶色由鲜绿变为暗绿,叶面失去光泽并且有清香,此时即萎凋适度。

(二) 揉捻

1. 揉捻目的

工夫红茶的揉捻目的有三个:一是破坏叶细胞组织,揉出茶汁,便于萎凋后的鲜叶在酶的作用下进行必要的氧化作用,为形成红茶特有的内质奠定基础;二是使茶汁溢出,粘于茶叶的表面,增进滋味的浓度;三是使芽叶揉卷成紧直条索,塑造美观的外形,达到工夫红茶的规格要求。

2. 揉捻方法

根据茶鲜叶的老嫩、揉捻机的性能和气温的高低等,灵活掌握揉捻时间的长短、加压的轻重和揉捻的次数。根据实践经验,揉捻加压应掌握"轻—重—轻"的规律,时间长短根据萎凋叶质量决定。嫩叶或轻萎凋叶应轻压,揉捻时间可稍短;老叶或重萎凋叶应适当加压,揉时稍长;气温高,揉时宜短,气温低,揉时宜长。一般揉捻 1 次或 2 次不等。

鲜叶在揉捻过程中,易黏结成团,要进行解块分筛,打破团块,散发温度,用筛子筛后,筛底茶坯进行发酵,筛面茶条较粗松,可再度揉捻。

3. 揉捻程度

从现象观察,芽叶紧卷成条,用手紧握茶坯,有茶汁外溢,茶坯局部变红,并散发较浓的青草气,即可初步断定揉捻适度。

(三) 发酵

发酵是促进内质进一步发生深刻的变化,使绿叶发红,形成红茶、红叶、红汤和特殊香味品质特点的过程。发酵是工夫茶形成品质的关键过程。

1. 发酵目的

发酵是一个复杂的生物化学变化过程,主要是使芽叶中的多酚类物质在酶的参与下发生氧化聚合作用,生成茶黄素和茶红素,其他化学成分也同时相应地发生变化,形成红茶特有的色、香、味。

2. 发酵条件

发酵条件主要有温度、湿度、通气(供氧)。

3. 发酵方法

发酵发生于专用的发酵室内。发酵室内配有增温、增湿设备。发酵时,先将木制或竹制的发酵盘用清水浸湿,然后将经过解块分筛的揉捻叶,按 4～8 厘米的厚度摊放在盘内。发酵时间根据茶叶嫩度以及温度条件而定,一般春茶 2～3 小时,夏茶约 1.5 小时。

4. 发酵程度

一般根据发酵叶的香气和叶色变化,综合判断发酵是否适度。发酵适度,青草气消失,出现一种新鲜、清新的花果香,茶色变红,春茶黄红色,夏茶红黄色,嫩叶色泽红润,老叶因变化困难常红里泛青。叶温到达高峰开始平稳时,即可认为发酵适度。

(四) 干燥

干燥是鲜叶加工的最后一道工序,也是决定品质的最后一关。

1. 干燥目的

一是利用高温制止酶的活动,停止发酵,固定发酵后形成的品质。二是蒸发水分,缩小体积,紧缩茶条,固定外形,保持足干,防止非酶促氧化,利于保持品质,防止霉变。三是散发大部分低沸点的青草气,进一步促进红茶特有香气的形成。

2. 干燥方法

红茶干燥一般分两次进行烘干,第一次称毛火,第二次称足火。毛火阶段,烘干温度较高,减少不利于品质的变化。叶温需要短时间内升高到 40 ℃以上,迅速破坏酶促氧化作用。烘至茶坯含水量为 25％时,下烘摊凉 30 分钟。足火阶段,低温慢烘促进香味的发展。足火温度的高低影响茶叶香型,因此要控制适当的温度。烘至茶叶含水量 5％～6％,立即摊凉,散发热气,待茶叶温度降至略高于室温时装箱储藏。

3. 干燥程度

毛火时以用手握茶有刺手感和梗子不易折断为适度;足火时以用手握茶刺手、用力握即有断脆声、茶梗一折即断、用手指捏茶条成细碎粉末、有浓烈的茶香为适度。

二、小种红茶初制工艺

小种红茶制法更为细致独特。

(一) 萎凋

小种红茶萎凋方式以室内加温萎凋为主,辅以日光萎凋。小种红茶的室内加温萎凋又称"焙青",在"青楼"内完成。"青楼"是小种红茶的特殊加工间,分上下两层,中间以木条隔开,加温时下层放置火堆以提供热量,上层铺上青席以摊放萎凋叶。这样操作,一方面可以达到萎软效果,另一方面可以吸收松烟味,促成茶叶特殊松烟香的形成。

室内加温萎凋的优点在于不受外部气候因素的影响,还能赋予在制品叶以特殊松烟风味。但缺点也很突出,如操作较为复杂、劳动强度大、效率低等。日光萎凋就是借助"青架"在室外向阳位置进行萎凋,这种萎凋方式绿色节能,缺点为极受天气因素影响,萎凋均匀度不高、程度难把握,且成品易带有日晒味。

(二) 揉捻

小种红茶的揉捻与工夫红茶无异。

(三) 发酵

小种红茶的发酵过程较为特殊,当地人称"转色"。小种红茶的发酵在"青楼"内完成,通常操作是将揉捻叶装在竹箩筐里,中间掏一孔以方便通气,上面覆盖湿布以提供湿度,焙青间内根据外界气温决定是否需要燃火加温促进转色。通常发酵5~6小时,等到发酵叶青草气完全散失,茶香显露,有80%左右叶色转为红褐色为宜。

(四) 过红锅

发酵适度的在制品叶要及时"过红锅",这是小种红茶的一项特殊工艺,是红茶色、香、味形成的重要环节。过红锅关键在于通过高温及时破坏酶的活性以终止发酵、固定发酵品质,同时还有利于青草气的充分散发,有利于香气物质的形成与转化。过红锅一般采用平锅操作,待锅温达到200 ℃时,发酵叶及时入锅,快速翻炒2~3分钟,待到叶片充分受热、柔软即可起锅进入复揉工序。

(五) 复揉

小种红茶的复揉其实是趁热揉,使得成茶条索更加紧结美观,有效物质易浸出且耐泡。复揉之后及时解块筛分并摊晾,进入最后的熏焙阶段。

(六) 熏焙

小种红茶的熏焙是使其松烟香品质特征形成的主要工艺流程。熏焙也在青楼内进行,将复揉叶薄摊于木筛之上,斜置于青楼下层的焙架上,呈鱼鳞状排列,地面燃烧松柴片,使得松烟充分熏焙。需要注意的是,熏焙时无须翻拌,要求一次熏成,避免条索松散。该工序通常需要8~12小时,熏焙至足干。

(七) 复火

小种红茶在出厂前还需经过一次复火工序,同样在"青楼"上完成,采取低温长时烘焙的方法,使得叶片在进一步散失水分的同时充分吸收松烟香,最终成品茶含水率要求在8%以下。

三、红碎茶初制工艺

红碎茶的初制与工夫红茶的初制基本相似,其初制工艺分为萎凋、揉切、发酵、干燥四道工序,除揉切工序外,其余均与工夫红茶初制方法相同,但各工艺的技术指标有所不同。

(一) 萎凋

红碎茶的萎凋方法,大多采用萎凋槽萎凋。萎凋程度的掌握需根据揉切机具而定,用转子机加工,其萎凋叶含水量为 $59\% \sim 61\%$;用 CTC 机(Crush Tear Curl)加工,萎凋叶含水量为 $68\% \sim 72\%$。

(二) 揉切

揉切是红碎茶初制过程中的主要工序之一,由于揉切采用的机具不同,工艺技术亦不相同,产品的外形、内质亦不相同。

转子机制法,将萎凋叶由输送带输入转子机内进行揉切。CTC 机制法,是一种对萎凋叶进行碾碎、撕裂、卷曲的双齿辊揉切机,切碎颗粒大小依喂粒辊和搓撕辊齿隙而定。

(三) 发酵和干燥

其方法与红条茶相似,不再详述。

第三节　青茶初制工艺

青茶,又称乌龙茶,制法综合了绿茶和红茶制法的优点,叶底绿、叶边红,香味兼备绿茶的鲜浓和红茶的甜醇。由于青茶种类较多,各种类加工方法又各具特色,这里只能就青茶加工的共同处择其要点加以叙述。青茶初制工序概括起来可分为晒青、凉青、摇青、杀青、揉捻、烘焙和包揉、干燥等,具体制作工序如下。

一、青茶初制工艺

(一) 晒青

晒青是萎凋的一种方式,亦称日光萎凋。在这一过程中,茶青部分水分蒸发,引起一系列化学变化,为摇青过程准备良好条件。先将鲜叶薄摊在木筛或篾垫上,然后置日光下进行萎凋。日光不宜强烈,一般上午采摘的鲜叶,在 10:00 前或下午 15:00—16:00 日光较弱时进行,以气温在 $20 \sim 25$ ℃无大风为宜。晒青减重率 $10\% \sim 15\%$,即当晒青叶仍含有 70% 的水分时,为晒青适度。如遇阴雨天气,则采用室内加温萎凋。

(二) 凉青

经晒青(或加温萎凋)叶片,移至阴凉通风处静置,热量散发,茎梗中的水分向叶片扩散。叶片经凉青后又呈紧张状态,在气温低、湿度大的情况下,凉青时间为 $30 \sim 60$ 分钟;在气温较高和较干燥天气时,凉青时间为 $10 \sim 30$ 分钟。

(三) 摇青

摇青亦称做青,是青茶制作特有的工序。经晒青摊凉后的鲜叶置于木筛上(或摇青机内)。茶叶在木筛上回转运动,促使叶绿细胞摩擦,破坏叶细胞组织、茶多酚物质发生酶性氧化和缩合,产生有色物质并促进芳香类化合物的形成,同时水分继续缓慢地蒸发。由于叶缘受摩擦较多,部分叶片变红。整个做青过程,大致要摇青 4～8 次,历时6～8 小时。

(四) 杀青

青茶杀青,也有称炒青,是利用高温破坏酶的活力,停止发酵作用,防止叶片继续变红,固定摇青形成的品质。杀青亦蒸发一部分水分,叶质柔软,适于揉捻。青茶的杀青,不同于绿茶杀青。因叶片含水量较少,应掌握"适当高温,投叶适量,翻炒均匀,焖炒为主,扬炒配合,快速短时"的原则,炒至叶缘卷曲、叶梗柔软、手捏叶有黏性、青气消失、散发清香、叶色转黄绿、茶叶含水量在 65％左右。

(五) 揉捻

揉捻是将杀青叶经过反复搓揉,使叶片由片状而卷成条索,形成青茶所需要的外形。同时破碎叶细胞,使茶汁黏附叶表,以增浓茶汤。揉捻应掌握"趁热、适量、快速、短时"的原则,揉捻过程中加压要"轻一重一轻"。

(六) 烘焙和包揉

初焙主要是蒸发部分水分,便于包揉。初焙以 10～110 ℃为宜,力求茶条干湿一致,烘至六成干,即茶条不黏手时即可包揉。

初包揉用白细布将初焙的茶坯趁热包裹,进行包揉,运用揉、搓、压、抓的手法,使茶叶在包中转动,揉时要先松后紧,用力要先轻后重。每包叶量 0.5 kg 左右,包揉过程中要翻拌 2～3 次,揉至卷曲成条。历时约 3 分钟,即将茶解开散热。

复焙火温掌握在 80～85 ℃,约焙 10 分钟,其中翻拌 2～3 次,至手握茶团微感刺手时,即可起焙。

复包揉,主要是进一步整形,使茶条卷曲紧结,耐于冲泡,其方法与初包揉一样。将复焙茶叶趁热包揉约 2 分钟即可,包揉后适当固定片刻,以助条形紧结。

(七) 干燥

干燥应采取低温慢烤,分两次进行:第一次火温 70～75 ℃,至八九成干时起焙摊凉,使水分重新分布;第二次火温 60～70 ℃,焙至茶梗手折断脆,气味清纯即可。

二、代表性青茶初制工艺

做青是乌龙茶品质形成的关键工序。由于乌龙茶花色品种众多,具体加工工艺差别较大。下文分别就铁观音、大红袍、凤凰单丛和冻顶乌龙四款具代表性的乌龙茶进行介绍。

(一) 铁观音

铁观音是闽南乌龙的代表,因其身骨沉如铁,形美似观音而得名。铁观音既是茶名也是茶树品种名,其创制历史可追溯到清朝乾隆年间。铁观音呈颗粒形,外形圆结匀净,身骨重实,色泽砂绿翠润,青腹绿蒂红镶边,有"香蕉色"之称,内质香气清高馥郁,有天然兰花香,汤色金黄明亮,滋味醇厚鲜甜,具有"音韵"。

晒青阶段提高叶温,蒸发鲜叶水分,加速内含物化学变化,通常安排于鲜叶采摘后的下午四五点钟,气温最好在 20~25 ℃,时间控制在 25~30 分钟。晒至叶片呈萎软状态,叶色发暗无光泽,叶质柔软,手持叶梢底部,顶端一二叶自然下垂,减重率在 10% 左右。晒青后要及时翻拌鲜叶,散失热气,静置摊晾,该过程称为晾青。

萎凋合适后进入做青工序,由摇青和晾青交替反复进行。摇青时要求一定的环境条件,温度为 21~24 ℃,湿度为 70%~75%。做青时要遵循摇青次数由少增多、晾青时间逐渐延长、摊叶厚度逐次增厚的原则。做青过程总历时 12~18 小时,具体视做青情况和气候而定,遵循"看青做青、看天做青"的基本原则。做青适度的标准为:青叶花香凸显,叶背隆起呈汤匙状,叶色黄绿缀有红点,叶缘朱红,叶柄青绿,俗称"青蒂绿腹红镶边"。"看天做青"具体表现为:低温高湿天气做青时间长,而高温低湿则做青时间短。

做青适度后要及时进入炒青环节,通过高温快速终止酶促氧化。炒青时要遵循高温短时、多闷少透的原则,要求炒匀炒透而又不焦不生。炒青适度的叶子叶色暗绿、叶张皱卷、叶质柔软,手捏有明显黏感,含水率约为 60%。

炒青叶要趁热进行初揉,初揉后还要经过烘毛火、包揉(整形)、复焙、复包揉和足火等工序。最后的足火采取"低温慢烤"模式,烘至茶香清纯、花香馥郁、色泽油润起霜并达到足干时方可下焙摊晾。

(二) 大红袍

大红袍是武夷岩茶的一种,外形条索粗壮紧实,色泽鲜润呈砂绿蜜黄,内质香气高长浓郁,汤色橙黄明亮,滋味浓醇甘爽,具有"岩韵"。

大红袍的加工工艺与铁观音较为相近,都是通过萎凋与做青工序促进青叶走水,将茎脉中丰富的生化成分转运至叶肉细胞,进而参与复杂的反应,为岩茶的色、香、味的形成奠定物质基础。

大红袍的做青程度与铁观音有所区别,以第二叶状态为主要判断依据。做青适度的叶片表现为:叶脉透明,叶面黄绿而叶缘呈朱砂红,叶质柔软光滑如绸,翻动时沙沙作响,青气消散而花香浓烈,含水率在 65% 左右。此外,相较于铁观音加工工艺,大红袍无须繁复严格的造型工序,炒青后趁热揉至茶汁外露、茶条紧直即可下机解块摊晾。

烘焙是大红袍的又一关键工序,流程极为细致烦琐,是大红袍特有风格形成的重要环节。烘焙分毛火和足火,毛火要求高温快烘,烘至七八成干,烘后的毛火叶要经过长时间的摊放而后簸拣以剔除茶梗、黄片等杂质。然后进入足火环节,采取低温慢焙至足干。

足干后的在制品还要进行"吃火"操作。"吃火"是岩茶特有的工序,在足干基础之上,长时间的低温慢焙,以使岩茶获得特有的色香味。最后,"吃火"完成后要注意趁热装箱。

（三）凤凰单丛

凤凰单丛产于广东潮安区的凤凰镇。凤凰单丛外形条索紧结而肥壮，匀整挺直，色泽青褐光润似鳝皮；内质香气清高悠长，汤色橙黄明亮，滋味鲜爽甘醇。

鲜叶采摘当天要及时晒青以散失一部分水分与青草气，提高叶温，为后续做青提供良好条件。晒青适度叶叶面失去光泽，叶质柔软，叶色转为暗绿，手执嫩梢顶芽下垂，略有香气。晒青结束三两筛并为一筛移入室内进行晾青，以散发热气，重新分布梗叶水分，使叶态逐渐"还阳"。

凤凰单丛的做青又称"浪青"，包括碰青或摇青与静置两个反复交替的过程，在做青间完成。做青间要求温度在 11～26 ℃，湿度在 70％以上为宜。碰青是此类茶特殊的加工工艺，相较于摇青而言，动作较轻缓，一般高档茶全部采用碰青，部分中档茶采取碰青与摇青结合的方式。做青适度的叶子，青草气完全消失而散发出清幽花果香，叶质方面呈现叶柄柔软，叶脉水分散失，灯光下呈透明状，叶背隆起呈龟背状，叶面黄绿缀有朱砂点，边缘朱红，含水率在 65％左右。

做青适度的叶子要及时进行炒青，由于单丛的原料较为粗老，通常采取两揉两炒相结合的方式，炒青后趁热揉捻，该工序结束后在制品叶组织破损率为 30％，含水率为 25％。

烘焙工序同样分毛火和足火两个环节，在焙笼上完成。毛火烘至六成干即可下烘摊晾回潮；足火烘至足干（含水率 4％）薄摊后密封贮存。

（四）冻顶乌龙

冻顶乌龙是台湾乌龙的一种，产于南投县的鹿谷乡，属于半球形的包种茶。冻顶乌龙外形条索自然卷曲成半球形，紧结匀齐，色泽翠绿光润，显白毫；内质香气呈现天然花果香，汤色蜜黄鲜亮，滋味醇厚甘爽。

冻顶乌龙的加工流程为日光萎凋、晾青、室内萎凋、炒青、揉捻、初烘、整形、复烘足干，其中日光萎凋相当于其他乌龙茶中的晒青，而室内萎凋其实就是静置与搅拌，效果相当于做青。冻顶乌龙的做青关键就在于"搅拌"。在制品叶在做青间静置到叶态萎软、散发清香时开始第一次搅拌，要求动作轻、时间短，通常要求 3～5 次的搅拌。搅拌与静置时间逐次加长，最后一次搅拌完成后需静置到青气完全消失。

室内萎凋（做青）适度后即进入炒青环节，在 150 ℃下快速翻炒 5～7 分钟直至叶片柔软，清香显露，减重率为 35％～40％。炒青适度后需要下机摊晾，待热气散失后再进行揉捻。揉捻至叶片完全卷曲成条、茶汁溢出并附着于叶表面即可解块筛分并进行初烘。初烘通常使用烘干机，高温快速除去部分水分以便包揉整形，初烘后含水量控制在 30％～35％较为合适。

初烘下机后的叶子要进行摊晾回潮，之后进入整形流程。冻顶乌龙的整形较为细致，包括炒热—速包—松包—速包—球茶机包揉等环节。复烘足干通常使用烘干机，同样分毛火和足火两个阶段，烘至足干后下机摊晾，然后装袋贮存。

第四节 黄茶初制工艺

黄茶是我国特产,按鲜叶老嫩分黄小茶和黄大茶,黄茶有芽茶与叶茶之分,除黄大茶要求有一芽四五叶新梢外,其余的黄茶对芽叶的要求是细嫩、新鲜、匀齐、纯净。黄茶的品质特点是黄叶、黄汤,香气清悦,味厚爽口。黄茶的制作工序为杀青、揉捻、闷黄、干燥,但揉捻并非黄茶加工必不可少的工序,如君山银针、蒙顶黄芽等就不经过揉捻。

一、黄茶初制工艺

(一)杀青

芽茶的杀青温度不宜过高,杀青时间 4 分钟左右。叶茶杀青温度则要比芽茶要求高。黄茶杀青应掌握"高温杀青,先高后低"的原则,要杀透杀匀,以彻底破坏酶的活性,防止产生红梗红叶。杀青叶要求无青草气,芽叶柔软,叶色变暗,香气显露即可。

(二)揉捻

黄茶揉捻要热揉,有利于加速闷黄的过程。芽茶可在锅内进行揉炒解块,也可放在篾盘内轻揉。大叶青则用中、小型揉捻机进行揉捻。

(三)闷黄

闷黄是制作黄茶的特殊工艺,也是形成黄叶、黄汤品质特点的关键工序,即将揉捻叶堆闷在竹篓中,使叶色变黄,香气滋味也会随着改变。根据不同的茶叶品种及其制作工艺,闷黄时间也各有长短,如北港毛尖为 30～40 分钟,蒙顶黄芽为 1～2 天,君山银针、霍山黄芽为 2～3 天,黄大茶为 5～7 天。

(四)干燥

干燥是利用高温进一步促进黄变和内质的转化,增进香气,散发水分,以利储存。干燥方法有烘干和炒干两种,一般采用分次干燥,干燥温度偏低,第一次到七八成干,第二次到足干。

二、代表性黄茶初制工艺

黄茶初制工艺与绿茶较为相似,只多了一道"闷黄"工序。

(一)黄芽茶

黄芽茶中较为有名的有君山银针和蒙顶黄芽,这里以君山银针为例介绍黄芽茶初制工艺。

君山银针全是芽头制成,鲜叶采摘要求较为严格。初制工艺流程为杀青、摊放、初烘、摊放、初包、复烘、摊放、复包、干燥等流程。

鲜叶原料经高温快速杀青后及时摊晾,等到叶内水分重新分布均匀后放到焙灶上用炭火进行初烘。初烘至五六成干方可下烘摊晾,随后进入初包阶段。在制品在初包过程中的湿热作用下逐渐闷黄、物质发生转化,通常要初包至芽叶色泽呈橙黄为止。然后依次进入复烘、摊放和复包,基本相当于重复上述的初烘、摊放和初包过程。复包至芽叶转为金黄色即可进行干燥固定品质。君山银针的干燥采用低温慢烘至足干模式。

(二) 黄小茶

黄小茶花色较多,包括霍山黄芽、沩山毛尖、北港毛尖、平阳黄汤等,这里以霍山黄芽为例介绍黄小茶初制工艺。

霍山黄芽鲜叶原料在一芽一叶到一芽三叶之间,其基本工艺流程为摊放、杀青、摊晾、初烘、闷黄、复烘、摊放、拣剔。

鲜叶摊放至散发出清香即可进行杀青,霍山黄芽的杀青分生锅和熟锅两步。生锅相当于真正意义上的杀青,而熟锅则实为做形,采用低温锅炒,炒至叶身皱缩、芽稍挺直、叶质柔软、约五成干时即可出锅摊晾。待在制品冷却回潮后用烘笼进行初烘,采用高温快烘,烘至芽叶稍有刺手感,约六成干时要趁热进入闷黄工序。

霍山黄芽的闷黄需将初烘叶置于团簸之内,覆上潮湿的棉布后静置,直至叶色发黄,散发花香为止,一般需要 8～10 小时。闷黄适度的在制品依次进入复烘、摊放、拣剔和复火工序,其中复烘后的摊放所需时间较长,约为两三天,待叶色嫩绿微黄披毫即可。

(三) 黄大茶

常见的黄大茶有霍山黄大茶和广东大叶青,这里以霍山黄大茶为例介绍黄大茶初制工艺。黄大茶原料较为粗老,通常为一芽四五叶,经过"杀青—初烘—闷黄—拉小火—拉老火"加工而成。黄大茶的杀青也分生锅和熟锅,不过操作手法略有不同,是用大竹扫把代替手翻炒茶叶以达到杀青和做形的目的。杀青适度的叶子初烘至七八成干后趁热进入闷黄工序,闷黄时间约为 7 天。闷黄适度的叶子黄变均匀。之后用烘笼进行"拉小火"以达到初烘效果,烘至九成干后继续趁热闷黄 7～10 天。最后的"拉老火"利用高温进一步促进在制品黄变和内质的转化,黄大茶特有的"锅巴香"就形成于此。"拉老火"的操作方式较为特殊,采用传统人工烘焙法,两人一组手抬烘笼来回走烘,同时几秒钟翻动一次芽叶,烘至芽叶上霜后趁热装箱。

第五节　白茶初制工艺

白茶是我国特产,起源福建。白茶制法特异,不炒不揉,成茶外表满披白毫,呈白色,故称白茶。白茶制作工艺较为简单,但不易掌握,要求茶多酚轻度而缓慢地氧化,形成汤色嫩黄、叶底嫩白、香味清新的品质。具体制作工艺为萎凋和干燥。

一、白茶初制工艺

(一) 萎凋

萎凋是形成白茶特有品质的关键工序。鲜叶必须及时萎凋,摊叶要轻快均匀。将鲜叶薄摊,然后放在通风处缓慢萎凋至八成干左右。

(二) 干燥

干燥多用烘焙方法进行。萎凋至八成干的叶片,品质已基本固定下来,烘焙可排除多余的水分,使毛茶达到适宜的干度,并使具有青气和苦涩味的物质进一步转化,形成香气。也可在强烈的日光下晒干,直到足干为止。

二、代表性白茶初制工艺

白茶按花色品种可分为白毫银针、白牡丹、贡眉、寿眉和新工艺白茶。其中白毫银针,属于芽型白茶,芽头肥壮满披白毫,色白如银,外形如针;内质香气清鲜,显毫香,滋味鲜爽甘醇,汤色呈浅杏黄,明亮匀净。白牡丹属于朵型白茶,形似花朵,叶面黛绿,叶背满披白毫,俗称"青天白地";内质香气清鲜,汤色清亮,滋味甜醇。贡眉外形与白牡丹相似,但整体品质稍次,形体相对瘦小。优质贡眉毫心显,叶色翠绿;内质香气鲜纯,汤色橙黄明亮,滋味醇爽。寿眉品质次于贡眉,外观色泽灰绿带黄,一般不带毫芽,内质香气较低略带青气,汤色杏绿,滋味清淡。新工艺白茶外形卷曲,色泽灰绿泛褐,内质香气纯正,有毫香,汤色橙黄明亮,滋味甘醇。白茶品质与鲜叶规格密切相关。不同花色品种的白茶具有固定的鲜叶采摘要求,加工工艺基本一致。此处分传统工艺与新工艺制作进行介绍。

(一) 传统工艺

白茶的传统加工工艺采取不炒不揉,鲜叶采摘经萎凋后直接烘干的模式。鲜叶萎凋方式有室内自然萎凋、复式萎凋、加温萎凋等,其中复式萎凋是日光萎凋与室内自然萎凋的有机结合。生产中根据气候条件选择合适的萎凋方式,高温低湿、室外阳光强烈时采取室内自然萎凋方式;春秋晴朗天气,可充分利用早晚较为柔和的阳光,采取复式萎凋方式;低温高湿的阴雨天气则需采取加温萎凋方式。白茶萎凋时间较长,通常要从鲜叶一直萎凋至七八成干,萎凋适度叶表现为毫色银白、叶色灰绿或铁灰、叶脉泛红。萎凋适度后即可进行干燥。高级白茶干燥采取焙笼烘焙法,而中低级白茶通常采用机械烘干。无论哪种干燥方式都分为毛火和足火两个阶段,中间需摊晾回潮。

(二) 新工艺

新工艺白茶的鲜叶采摘要求较为宽松,与传统制法相比,新工艺具有轻萎凋、轻发酵和轻揉捻等特点,其工艺流程为萎凋—揉捻—干燥。萎凋方式及程度与传统白茶无异,萎凋叶至七成干后要进行堆放。堆放过程有助于叶温的提高和酶的活化,从而促进萎凋叶内含成分的转化。但是堆放时间和厚度要严格把控,谨防发酵过度。新工艺白茶的揉捻宜轻压短时,揉至叶片卷皱、略呈条形即可。轻揉捻过程促进叶组织轻度受损,有助于茶汤色泽与滋味的形成。揉捻适度的在制品进行薄摊后高温快速烘焙至足干即可。

第六节　黑茶初制工艺

黑茶也是我国特有的茶类,生产历史悠久,产区广阔,产销量大,花色品种很多。湖南安化的黑茶、四川边茶、广西六堡茶、云南普洱茶等均属黑茶类,黑茶是经过渥堆后发酵的茶类,其初制工艺各地略有不同。这里仅以湖南安化黑茶为例,介绍黑茶的制作工艺。湖南黑茶鲜叶加工工艺分杀青、揉捻、渥堆、复揉、干燥五道工序。

一、黑茶初制工艺

(一)杀青

杀青的目的与绿茶相同,是利用高温破坏酶的活性,使叶内水分蒸发散失,促使叶质变软,便于揉捻。因鲜叶较为粗老,为了避免水分不足而杀不匀透,一般除雨水叶、露水叶和幼嫩芽叶外,都要进行洒水灌浆,洒水灌浆时要边翻动边洒水,使之均匀一致,以便于杀青能杀匀杀透。一般杀青后减重率约在40%左右。

(二)揉捻

通过揉捻,破坏叶细胞,使茶汁流出,并使叶片紧卷成条。黑茶揉捻分初揉和复揉两道工序。初揉使叶片初步成条,茶汁揉出黏附于叶的表面,为渥堆创造条件。鲜叶粗老,杀青后要迅速地趁热揉捻。

(三)渥堆

渥堆是黑茶制作的重要工序,是形成黑茶色、香、味的关键性工序。渥堆的目的是使揉捻叶在堆积中充分进行发酵。当叶片由暗绿色变为黄褐色、青色消除、产生酒糟味时,即渥堆适度。

(四)复揉

复揉的主要目的是将渥堆回松的叶片进一步揉成条,并进一步破坏叶细胞,以提高茶的紧结度,增加茶的香味。

(五)干燥

干燥采用机器烘干或日光晒干,但湖南安化的传统制法一般是在特砌的"七星灶"上用松柴明火烘焙,因此形成黑茶特有的油黑色,并带有特殊的松烟香味。黑茶的分层累加湿坯和长时间的一次干燥,与其他茶类不同。

二、代表性黑茶初制工艺

(一)普洱茶熟茶

普洱茶熟茶,是以云南大叶种晒青毛茶(滇青)为原料,经过渥堆加工而成的云南黑茶,包括散茶和紧压茶。晒青毛茶干燥采用日晒方式,且干燥程度较低,含水率在12%左右。滇青经过筛分整理后进入渥堆工序,为保证渥堆的正常进行,需根据毛茶本身品质和外部环境条件对毛茶进行潮水处理,然后将含水量合适的茶坯成堆,并盖上湿布以保温保湿。渥堆过程中要注意频繁翻堆,以及时调节茶堆水分含量和温度,从而保证渥堆的均匀性,通常要翻堆5~8次。渥堆适度的茶叶青气散尽,有淡淡酒糟气,叶色黄褐,略有黏性,有透明感,茶堆表面水珠明显。渥堆适度后要及时进入干燥。普洱茶的干燥采用自然干燥方式,具体操作为在室内发酵堆开沟通风,等含水量为14%时再进行下一步精制加工。

(二)安化黑茶

安化黑茶的初制工艺流程包括杀青、揉捻、渥堆、复揉和干燥五个工序。渥堆后的在制品条索松散,需要进行复揉以巩固造型。复揉解块完成后可进入干燥工序,安化黑茶的干燥较为特殊,是在"七星灶"上完成的。干燥时采用松柴明火、分层累加湿坯、长时间一次烘焙到足干,含水率在8%左右即可下焙进入精加工。

(三)苍梧六堡茶

广西六堡茶的初制加工工序与安化黑茶基本相同,不过六堡茶的明火烘焙干燥分毛火和足火两个步骤完成。毛火高温快烘,烘焙时及时翻抖以保证茶条受热均匀,烘至五六成干时即可下焙摊晾回潮。摊放充分后继续上焙进行足火烘焙。足火烘焙采取低温慢烘模式,烘至茶梗一折即断,手捏叶片即成粉末可下焙摊晾。

(四)湖北青砖

湖北青砖茶的加工分里茶和面茶。里茶经杀青、渥堆、揉捻和干燥四道工序加工而成;而面茶则需经杀青、初揉、初晒、复炒、复揉、渥堆和干燥七道工序。

面茶初揉后要立即摊放在晒簟上进行初晒,以散失部分水分,晒至手握叶团略有刺手、松手可回弹为止,含水量在40%左右。此外,老青茶的干燥方式较为特别,采用天然晒干法,将渥堆适度的在制品直接摊放在晒簟或是水泥晒坪上晒至折梗即断为止,含水量约为13%。

(五)泾渭茯茶

泾渭茯茶是茯砖茶的一种,产自陕西咸阳。其加工工艺与湖南茯砖茶相似,毛茶经过杀青、揉捻、渥堆、干燥,后进入原料筛制、净化拼配、压制以及发花等工序。泾渭茯茶发花工艺是决定成茶品质的重要环节,压制好的茶砖含水率在25%左右时运入烘房进行连烘,调节烘房内的环境温湿度(通常温度28℃,湿度75%~85%)以利于冠突散囊菌的生长。发花期一般为12天,待金花茂盛可进入干燥,逐渐提高烘房温度、降低空气湿度直到砖块含水量在14%左右可以出烘进行包装。

第七节 再加工茶类制作

所谓再加工茶,即以成品茶为原料进一步深加工为新的品种,如花茶、速溶茶、紧压茶等。有的成品茶在再加工的过程中,品质变化不大,如花茶、黑砖茶。有的则内质变化很大,如云南的紧茶、大圆饼茶是用晒青绿茶加工的,但经过堆积变色等工序,已成为黑茶。这里分别介绍花茶、速溶茶、紧压茶的制作方法。

一、花茶的窨制

花茶也称熏花茶、香花茶、香片,是中国特有的茶类。经过窨制,花茶是形香兼备,别具风韵。

(一) 花茶窨制的原理

花茶的窨制是将鲜花与茶叶拌和,在静置状态下,茶叶缓慢吸收花香,然后除去花朵,将茶叶烘干而成花茶。花茶加工是利用鲜花叶香和茶叶吸香两个特性,一吐一吸,使茶味花香水乳交融,这是花茶窨制工艺的基本原理。由于鲜花的吐香和茶叶的吸香是缓慢进行的,所以花茶窨制过程的时间较长。

(二) 花茶窨制工艺

花茶窨制工艺分为茶坯处理、鲜花维护、拌和窨制、通花散热、收堆续窨、起花、复火、转窨或提花等工序。

1. 茶坯处理。窨花前如茶叶水分超过 7%,一般要先进行复火干燥,使含水率降到 4% 左右。复火后的茶坯需要摊凉冷却,待叶温下降到略高于室温时方可窨花。

2. 鲜花维护。为了防止鲜花凋萎、失香和变质,在采收、运输过程中,必须做到鲜花不损伤、不发热。进厂后及时摊凉和处理,这个过程一方面需要保持一定的温度、湿度以促进花朵开放吐香,另一方面又不能使温度过高,容易鲜花"热死"而失去新鲜度和香气。

3. 拌和窨制。拌和前首先要确定配花量,即每 100 千克茶坯用多少千克鲜花,配花量是依据香花特性、茶坯级别以及市场的需要而定。一般 100 千克茶坯用 100 千克茉莉鲜花,分次窨花,每次用花量不超过 40 千克。茶、花拌和要求混合均匀,动作要轻且快,茶叶吸收花香靠接触吸收,茶与花之间接触面越大、距离越近,对茶坯吸收花香越有利。

4. 通花散热。窨花拼合后,由于鲜花的呼吸作用,产生热量,堆温会上升,如不及时通花散热,一方面会使鲜花黄熟,另一方面还会使茶坯色、香、味受损,所吸收的花香也不鲜灵浓纯。因此,掌握通花时间,是提高花茶品质的关键之一。要根据鲜花萎蔫状态及堆窨上升温度,及时散堆薄摊,翻动散热,让茶坯温度下降。

5. 收堆续窨。待茶坯温度下降到略高于室温时,即收堆续窨。收堆温度应掌握适度:过高则散热不透,易引起茶香气不纯爽;过低则不利于茶坯对花香的吸收。收堆的温度应略低于通花前的温度。

6. 起花。通花后续窨,堆温又继续上升,鲜花呈现萎缩枯黄,且嗅不到鲜香,需适时起花。用抖筛机将茶坯和花渣分离,起花后的茶坯,需均匀薄摊散热并及时复火干燥。

7. 复火。起花后的茶坯水分含量一般可达 12%～16%,采用 100～110 ℃薄摊快速干燥方法进行复火干燥。烘干后的茶叶含水量约为 8.5%。

8. 转窨或提花。高级茶需经多次窨花,复火后应转窨复制。提花的目的在于提高花茶香气的鲜灵度,要选用朵大、洁白、质量好的鲜花,并要充分开放。提花过程中不进行通花,提花时间较窨花短,起花后不复火。经起花产品检验合格,即可匀堆装箱打包出厂。

二、速溶茶的制作

速溶茶就是把茶叶中决定色、香、味特征的有效可溶物萃取浓缩而制成的方便饮料。速溶茶是以成品茶为原料,通过提取、过滤、转溶、浓缩、干燥、包装等工艺处理,加工而成的一种小颗粒状、易溶于水的固体饮料。20 世纪 40 年代,随着速溶咖啡的发展,在美国首先进行了速溶红茶的试制。到 50 年代,美、英等国速溶茶均已成为茶叶新品种在市场上广泛销售。

三、紧压茶的压制技术

紧压茶现在大都使用机器操作,减轻劳动强度,提高生产效率和产品质量。紧压茶的品种很多,但其压制的主要工序基本相似。包括称茶、蒸茶、装匣、预压、紧压、冷却定型、退匣、干燥等工序。

第五章　茶叶选购、鉴定与储藏

第一节　茶叶的选购

一、选购流程

选购茶叶的一般流程，首先要确定购买的茶类，然后确定产地和品牌，最后根据核实的价格去确定要选购的茶叶。

我国茶叶产量大，市面上茶叶种类丰富，不同人茶叶爱好各异。一般来说，首先可根据各茶类风味特征和个人偏爱，选择茶类；待茶类确定后，再进一步选择某一产地的茶叶，同一类茶、不同产地的茶叶品质特征不尽相同，尤其是名优绿茶，产地分布广、品种多，风味差异大；待确定茶类、产地后，再选择茶叶品种（茶名）和品牌；最后，考虑茶叶的定价，选择符合心理价位的茶叶。

二、选购方法

在茶叶选购过程中，可通过观察茶叶的标签信息、鉴别茶叶品质优劣等方式来进行选择，前者是为了购买安全、合格的茶叶，后者则是可以选购到优质、满意的茶叶，两种方法相互配合、相互补充。另外，消费者选购茶叶时还需要掌握新茶和陈茶的识别方法,学会如何去辨别假茶。

(一) 根据产品标签进行选购

标签是随着茶叶出售赋予茶叶包装容器或茶叶本身的一种标志,标签为茶叶的选购带来了极大的方便。产品包装上的标签标识应齐全,选购者可通过茶叶名称、级别、生产日期了解茶叶的基本信息,通过质量安全标志(SC编号、绿色食品认证、有机食品认证等)判断茶叶的质量安全性高低。另外,尽可能选择规模较大、产品质量和服务质量较好的知名企业的产品。一般情况下,规模较大的生产企业对原材料的质量控制较严,生产设备更先进,企业管理水平较高,产品质量和稳定性也更有保障。

(二) 根据感官审评鉴定茶叶品质

根据茶叶的品质表现进行选购,需要消费者了解一定的茶叶感官审评基础知识。一般情况下,鉴别茶叶品质的优劣可通过干看外形和湿评内质两个方面进行。

1. 干看外形

观察茶叶的匀整度以及茶叶条索的松紧度,茶条完整、匀齐、紧结壮实的为佳,茶梗、叶柄等杂质越少越好,色泽以鲜活油润为好,色泽枯暗为差。

2. 湿评内质

闻香气:香气以馥郁、鲜爽持久为佳,香气低、带粗气为差。若有烟、焦、老火等气味,则为次品茶。

尝滋味:辨茶汤滋味的浓淡、厚薄、醇涩、纯异、鲜纯等。一般来说,茶汤以入口微苦,回味甘甜为好,以味苦涩为差。

看汤色:一般茶汤颜色会因茶类不同有较大差别,如绿茶汤色以嫩绿明亮、杏绿明亮为好,红茶以红艳明亮为佳。

(三) 春、夏、秋茶的识别

采制时间季节不同,茶叶品质也会有差别。一般来说,清明前采制的茶叶品质好,卖价高;谷雨以后采制的茶叶品质下降,卖价随之降低。对春、夏、秋茶的识别,主要掌握如下特征:

春茶一般外形紧结匀齐,芽壮叶厚,身骨重实,色泽光润;内质香高持久,滋味醇厚鲜爽,汤色明亮;叶底柔嫩厚实、粗壮,芽尖较多。

夏茶一般外形较松,身骨较轻,老嫩欠匀,净度较差,色泽稍暗;内质香气欠高,滋味带涩,汤色较浅稍暗;叶底瘦薄较硬,牙尖细瘦,叶张大小欠匀。

秋茶一般外形较松,身骨较轻,色泽欠润;内质香气较低,涩味涩度比夏茶微轻,汤色浅尚明亮;叶底瘦薄较硬,叶形较小,芽轻短小,对夹叶较多。

(四) 新茶、陈茶及劣变茶的识别

1. 新茶和陈茶的识别

新茶和陈茶至今说法不一,正确区别新茶与陈茶,以隔年为界较妥当。凡是当年采制的春、夏、秋茶为新茶,隔年以后的茶叶为陈茶。如果当年采制的新茶产生陈色、陈气、陈味也不属于陈茶。而由于加工、储存方法不当,产生茶叶变质现象的属于劣变茶。要识别新茶与陈茶应在审评茶叶品质的色、香、味中进行比较评定。

(1) 色泽。茶叶在储存过程中,由于受到空气和光的作用,使构成茶叶色泽的一些色素物质发生缓慢的自动氧化、分解或聚合,使得干茶色泽(无论红茶或绿茶)枯暗不润。绿茶汤色黄褐不清,叶底黄暗不舒展;红茶汤色红暗,叶底红暗不开展。再从茶梗的色泽进一步识别,茶梗中央呈褐色,周围尚有一圈绿色,为新茶;茶梗枯脆易断,在断面呈枯黑色,为陈茶。

(2) 滋味。茶叶在储存过程中,由于酯类物质经氧化后产生了易挥发的醛类物质或不溶于水的缩合物,使可溶于水的有效成分减少,茶叶滋味变得淡薄。同时又由于茶叶中氨基酸的氧化和脱氨、脱羧作用,茶叶的鲜爽味减弱。

(3) 香气。茶叶在储存过程中,由于香气物质的氧化、缩合和缓慢挥发,茶叶香气由清香变得低浊。

2. 劣变茶的识别

凡是在审评茶叶品质过程中,发现下列几种现象之一,都属于劣变茶,不宜饮用。

(1) 霉茶。外形干看霉花明显或茶叶结块,干嗅也能嗅到霉气;红茶汤色暗红变黑,绿茶汤色红而混浊,并有粉状浮游物,则是严重的霉变茶。

(2) 酸馊茶。热嗅、冷嗅都有酸馊气,色泽死灰、汤色浑浊、叶底乌条烂叶的茶,应列为严重的劣茶。

(3) 烟气茶。热嗅时有较浓烈的烟气,尝滋味也可感受到烟味,且不易消失,则为严重的烟气茶,应作劣变茶处理;若初嗅略有烟气,继续嗅之,又似乎没有,或嗅香时略有烟气,尝滋味时,又不明显,这类茶为轻度烟气茶,可作次品处理。

(4) 焦气茶。干嗅或开汤嗅都带有焦气,且不易消失,叶底有焦片,应作劣变茶处理。

(5) 其他异气茶。凡是茶叶受油类、药物、鱼腥等串味物的污染,均为异气茶。轻者处理后可使异味消失的,作次品茶;严重的不能饮用。

(五) 假茶的鉴别

凡不是从茶树上采下的芽叶制成的,用来充当茶叶的都属于假茶。但与保健的产品应有区别,如用人参叶制成的人参茶,用罗布麻叶制成的罗布麻茶,桑树芽制成的桑茶,以及老鹰茶、柿叶茶、杜仲茶、枸杞茶、甜叶菊茶等,以及在茶叶中掺入数量不等的药用植物叶拼制而成的茶,如糯米茶、减肥茶、青春抗衰老茶等,都不能与假茶混为一谈,而可称为非茶之茶。

第二节　茶叶的储藏与保管

茶叶储藏与保管是茶叶生产和销售以及消费过程中不可缺少的重要环节,在长期生产实践中广大劳动人民已积累了丰富和宝贵的经验。

一、茶叶特性与环境条件的关系

茶叶具有很强的吸湿性、氧化性和吸收异味的特性,与茶叶本身组织结构和含有某些化学成分有密切的关系。

(一) 吸湿性

茶叶是疏松多毛细管的结构体,从茶叶的表面到内部都有诸多不同直径的大小毛细管,贯通整个茶叶(指一颗茶叶)。同时,茶叶中含有大量亲水性的果胶物质。因此,茶叶会随着空气中湿度增高而吸湿,增加茶叶水分含量。

(二) 氧化性

氧化性通常俗称为陈化。在储藏过程中茶多酚的自动氧化仍在继续,使得汤色逐渐加深,滋味变淡。

(三) 吸异味性

茶叶是疏松多毛细管的结构体,含萜烯类和棕榈酸等物质,具有吸附异气的特性。茶叶在储存或运输过程中,必须严禁与一切有异味的商品(如肥皂、化妆品、药材、烟叶、化工原料等)存放在一起。使用的包装材料或运输工具等,都要注意干燥、卫生、无异味。

二、影响茶叶品质变化的环境条件

茶叶品质的变化,受水分、温度、湿度、光线和氧气等多项因素的影响,尤其在高温高湿条件下,茶叶品质的劣变速度最快最剧烈。

温度越高,茶叶品质变化越快。温度升高也会加速茶叶氧化(陈化)。因此,茶叶最好采用冷藏的方法,能有效地防止茶叶品质变化。

湿度增加,茶叶的氧化速度增快,茶叶水浸出物、茶多酚、叶绿素含量逐渐降低,红茶中的茶黄素、茶红素也随之下降,严重的会引起茶叶霉变。所以茶叶在储存运输过程中必须重视加强防潮措施。

茶叶中的茶多酚、抗坏血酸、酯类、醛类、酮类等在自动氧化作用下,都会产生不良后果。目前茶叶试用抽气充氮包装,其目的就是杜绝茶叶与氧气接触,防止有效物质自动氧化。抽气充氮包装的结果,对保持品质效果很好。

光也是促使茶叶品质变化的因素之一。在紫外线光照作用下,茶叶中戊醛、丙醛、戊烯醇等物质发生光化反应,产生日晒气味。所以在茶叶储藏或运输过程中要防止日晒,所用包装材料也应选用密封性能好并且能防止阳光直射的材料。

三、茶叶的包装

茶叶的包装是保护茶叶品质的第一个环节,对包装的要求既要便于运输、装卸和仓储,又要能起到美化和宣传商品的作用。茶叶吸湿、氧化和吸收异气味的特性,决定了茶叶包装的特殊要求。出口茶叶对包装有专项标准规定,如不符合包装规定,作为不合格产品,不得放行出口,说明茶叶包装的重要性。

(一) 茶叶包装的种类

茶叶包装种类很多,名称不一,从销路上分为内销茶包装、边销茶包装和外销茶包装;从个体上分有小包装、大包装;从包装的组成部分上分有内包装、外包装;从技术上分有真空包装、无菌包装、除氧包装等。但从总体上看,一般有运输包装和销售包装两类。运输包装俗称为大包装,即在茶叶储运过程中常用的包装。销售包装俗称为小包装,是一种与消费者直接见面的包装,要求携带方便,既能保护茶叶品质美观大方,且对促销有利。

(二) 茶叶包装的要求

针对茶叶的特性,茶叶包装必须符合牢固、防潮、卫生、整洁、美观的要求。

四、茶叶储藏与保管的条件

茶叶保存期限的长短,与包装储藏条件有很大关系。储藏包装条件越好,保存期限越长,反之就短。茶叶储藏有常温储藏、低温冷藏以及家庭用茶储藏与保管等。

(一) 常温储藏

茶叶的大宗产品,多数是储存在常温下的仓库之内,称为常温储藏。仓库内要清洁卫生、干燥、阴凉、避光,并备有垫仓板和温、湿度计及排湿度装置。茶叶应专库储存,不得与其他物品混存、混放。

(二) 低温冷藏

一般将包装好的茶叶堆放在 0～10 ℃范围内采用低温冷藏储存称为冷藏。茶叶在冷藏条件下,品质变化较慢,其色、香、味保持新茶水平,是储藏茶叶比较理想的方法。目前很多茶叶销售部门、茶楼、茶馆和家庭已采用这种方法。采用冷柜或冰箱储存茶叶,首先茶叶应盛装在一个密闭的包装容器内,其次不能与其他有异气味的物品放在一起。

(三) 家庭用茶储藏方法

在家庭里为了保持茶叶的新鲜度,使其少变或慢变,除采用冰箱储藏外,还有瓷坛储茶法、热水瓶储藏法、罐装法、塑料袋储藏法等。

第二篇

茶历史文化篇

第六章 茶之起源与传播

第一节 茶树的中国起源

茶树最早为中国人所发现，然后将其由野生变为园栽；茶叶最先为中国人药用、食用，再到饮用和品用，最早从中国传播至世界各地，成为人类社会共同拥有的物质与精神乳汁，是当今世界不可或缺、历久弥新的文化遗产。

一、我国是茶树原产地

我国是茶树原产地，茶文化的发源地，世界上各个产茶国家皆直接或间接从我国引进茶苗茶种。

（一）野生大茶树

茶树原产于我国西南地区。早在三国时期（220—280 年）我国就有关于在西南地区发现野生大茶树的记载。

近几十年来，在我国西南地区不断地发现古老的野生大茶树。1961 年，在云南省的大黑山密林中（海拔 1 500 m）发现一棵高 32.12 m、树围 2.9 m 的野生大茶树，这棵树单株存在，树龄约 1 700 年。1996 年在云南镇沅县千家寨（海拔 2 100 m）的原始森林中，发现一株高 25.5 m、底部直径 1.2 m、树龄 2 700 年左右的野生大茶树。森林中直径

30 cm 以上的野生大茶树更是到处可见。

除野生型外，在云南邦崴发现一株树龄在 1 000 年左右的过渡型"茶树王"，在勐海县南糯山发现树冠直径 1.38 m、树龄 800 多年的栽培型"茶树王"。这些都是人们从采摘野生茶树叶到有意识保护茶树，一直到人工栽培茶树的有力佐证。

据不完全统计，我国已有 10 个省区共 198 处发现有野生大茶树。总之，我国是世界上最早发现野生大茶树的国家，而且树体大，数量多，分布广，这些都是我国是茶树原产地的证明。

(二) 茶起源之文献记载

《茶经》六之饮中，"茶之为饮，发乎神农氏，闻于鲁周公"。神农氏是传说中的炎帝，中国的太阳神，三皇五帝之一。又说他是农业之神，教民耕种，他还是医药之神，相传就是神农尝百草，创医学。

《神农本草》记载："神农尝百草，日遇七十二毒，得茶而解之。"

《尔雅》(相传为周公旦所著辞书) 中的《释木》篇，记载"槚，苦茶"。古代茶的别称：茶、苦茶、诧、酒、苦卢、茗、槚、荈草等。这些都说明中国是当今世界记载茶最早的国家。

(三) 两颗茶籽化石——佐证茶之源

1980 年，中国茶叶专家刘其志在贵州晴隆县箐口公社营头大队笋家箐茶园发现了茶籽化石。1988 年，经中国科学院地球化学研究所、中国科学院南京地质古生物研究所、中国科学院贵阳地化所、贵州地质研究所、贵州省农业厅和贵州茶科所等专家的现场勘查，中国著名古生物学家郭双兴给出书面意见，初步认为是"距今一百万年的新生代早第三纪四球茶茶籽化石"。21 世纪，考古学家们在杭州跨湖桥新石器时代遗址又发现了一粒 8 000 年前的茶籽化石。这些都是我国是茶树原产地的有力佐证。

二、茶树原产地的异议与批驳

(一) 茶树原产地的几种异议

1. 印度起源异议

事件缘起于 1823 年和 1824 年 Bruce 兄弟在中印边界发现野生大茶树。19 世纪初，英国侵入印度，开发东北区茶区。1923 年侵入印度的英军 R. Bruce 少校在中印边界萨蒂亚 (Sadiya) 山中发现类似野生状态的大茶树。1824 年其兄 C. A. Bruce 在赛比萨加 (Sibsaga，当时属于缅甸阿萨姆省) 又一次发现了类似野生大茶树。Bruce 兄弟大肆宣扬。因此，有些外国人就怀疑说，茶树原产地不是中国。

再加上英国少数学者为推销印度茶叶，肆意宣传茶树原产地为印度。代表的是 Blake 在《茶商指南》里，Ibbetson 在《茶》里，Baildon 在 1877 年出版的《阿萨姆的茶树》里，Browne 在 1912 年出版的《茶》里，都说中国不是茶树原产地。尤其是 Baildon 坚持主张印度为原产地，认为中国和日本约在 1 200 年前由印度输入茶树，企图贬低中国茶叶在世界上的地位。

2. 多国起源异议

植物学家 Lindley 居然根据日本神话传说，判断公元 517 年间茶树由印度天竺僧徒携带来华，陈椽先生在其著作《茶叶通史》中明确表示这是无稽之谈。乌克斯在《茶叶全书》中也提及印度宗教起源之说。

有些学者的中庸提法试图模糊混淆茶树的中国起源。有些茶叶分类"专家"，如斯多德，提出茶树园地有二：一是大叶种，原产于印度、缅甸、越南及中国云南；另一是小叶种，原产于中国东部及东南部。他认为大叶种与小叶种原产地不同，互相之间完全没有关系。陈椽先生已从违反自然界统一性的特征和生物进化规律等方面予以批驳。

还有些茶叶论著把茶树原产地扩大到几个国家，使人莫之所从。如乌克斯在 1935 年所著的《茶叶全书》中说，茶树原产地是东南亚，包括印度阿萨姆和中国云南以及缅甸、泰国、越南、老挝、柬埔寨等。陈椽先生亦从植物学的根据和生物进化常识予以否定。

（二）异议批驳与中国茶源的论证

自 Bruce 兄弟在印度发现野生大茶树以后，在印的英国资本家便主张英国茶叶贸易必须从中国转移到印度，提倡繁殖印度野生茶树。

1835 年，茶叶委员会组织科学调查团，调查研究在阿萨姆发现的野生茶树。成员里有植物学家瓦里茨（Wallich）博士和格里费茨（Griffich）博士以及地质学家马克利林（Meclellana）等人。调查结果判定阿萨姆变种系中国茶树变种，因野生已久，致其品质较差，遂决定不采用品质较低的阿萨姆种，采用中国茶树种。1836 年，戈登受派遣赴中国运茶苗和茶籽。之后，中国茶种源源不断输入印度。

冈仓天心在《茶之书》中明确提出茶树原产于中国南方，日本茶道发展之初是"亦步亦趋地跟随中华文明脚步"，茶叶最早由遣唐使于公元 8 世纪从中国带回，其后几百年间，茶逐渐成为贵族和僧侣最爱的饮品，茶园也大量出现。赴中国学习南方禅宗的荣西禅师在 1191 年将宋茶引入日本，随着南宗禅学在日本的迅速传播，宋朝的茶仪和茶学理念也风行日本各地。直至 17 世纪，日本才对中国瀹饮（日本称为煎茶）再次了解，这其中主要跟 13 世纪蒙古征服宋朝，建立元朝，在元朝统治下，宋代辉煌文化被毁灭殆尽，日本与中国联系亦切断密切相关。

其实 Bruce 兄弟发现的野生茶树在缅甸，而不是印度。他们发现的野生茶树系中国皋芦原种向西南推进，早期迁移至缅甸的结果。

吴觉农 1922 年发表《茶树原产地考》以充足的根据批驳了一些偏见，用大量事实论证了茶树原产于中国云南。陈椽、陈震古发表《中国云南是茶树原产地》从茶叶皋芦型性状遗传和茶叶生物化学科学论证云南是茶树原产地。

正如日本茶学大家冈仓天心所言"世界舞台上缺失中国声音。他们对我们的了解，不是通过旅人的道听途说，就是基于对我们浩繁文化的拙劣翻译"。中国是茶树原产地，历史不容篡改。

第二节 茶树栽培的中国起源与发展

我国是最早栽茶制茶的国家。中国劳动人民对茶叶性状、自然条件的认知最早,拥有世界上最早的茶文献记载。

一、茶叶栽培起源

栽培起源或栽培驯化起源是指野生植物被人工驯化的过程。茶树的栽培起源远远晚于地理起源。茶树从地理起源中心向周边地区自然扩散,其中之一就是沿澜沧江、怒江水系,延伸至横断山脉中部和南部,形成了茶组植物次生中心。

野生茶树在传播和驯化栽培中不断演化。茶树的演化主要表现为树形由乔木变为小乔木和灌木,树干由中轴变为合轴,叶片和花冠由大变小,花瓣由丛瓣变单瓣,果实由多室到单室,果皮由厚变薄,酚氨比由大变小等。

二、历代茶学著作中相关记载

(一) 关于茶叶自身性状认知

西晋郭璞(276—324 年)在注释《尔雅》时说:"树小似栀子,冬生叶,可煮作羹饮。"这是较早记录了茶树性状。唐陆羽(733—约 804 年)于《茶经》曰"茶者,南方之嘉木也。一尺、二尺乃至数十尺;其巴山峡川有两人合抱者,伐而掇之。其树如瓜芦,叶如栀子,花如白蔷薇,实如栟榈,蒂如丁香,根如胡桃",介绍茶树生长在南方,高一尺或二尺,有的达数十尺,四川的茶树大至要两人合抱。树状像瓜芦,叶像栀子,花像白蔷薇,果实像栟榈,茎像丁香,根像胡桃,进一步说明茶树性状,让人们更加清楚地辨别茶树、认识茶树。

宋代人们对茶树性状有了更深的认识,能分辨茶的种类。宋子安在《洞悉试茶录》(公元 1064 年前后)中记有茶叶分白叶茶、柑叶茶、早生茶、细叶茶、稽茶、晚生茶、丛茶等 7 个不同品种,并介绍了各个品种的性状特征与制茶品质的关系。叶大萌发早,芽肥大多汁,制茶品质好。这已经与现时选种方法相当。

(二) 关于影响茶叶性状的自然条件认知

关于茶树生长和制茶品质与自然条件的关系,我国古代人民已经知道,不同地势、日照、气温、空气湿度、土质等对茶树生长、形质与制茶品质皆有影响。

1. 唐陆羽《茶经》记载

一般而言,高山茶品质比平地好,排水良好、持水率高,通气多孔,养分丰富的阳崖阴林,茶树生长好。陆羽《茶经》说上品生长在烂石,中品生长在砾壤,下品生在黄土;野生的好,园生的差。生长在阳山边、树荫下的,紫色好,绿色差;肥大像笋的好,芽细小的不好;叶卷缩的好,叶伸开的不好。生长在阴山坡的,不堪采摘。《茶经》指出了茶树生长与土壤、地势的密切关系。岩石风化不久而形成的土壤,茶树生长良好,制茶品质最佳,因其排水良好,持水率高,通气孔多,养分丰富。相比而言,土质黏重的"黄土",肥分贫瘠,物理化学性状与烂石相反,所以茶树生长不茂,制茶品质最差。

2. 宋《大观茶论》、《东溪试茶录》记载

《东溪试茶录》记有:早春早上出虹彩,常下雨,雨停雾露昏蒸,中午尚寒,所以适宜茶树生长。茶树宜于生长在阴凉的高山和早上见太阳处。高山早上有太阳照射,萌发常早,芽肥大而多汁。茶树生长在阴山黑黏土,茶味甘香,汤色洁白;茶树生长在多石的红土,色多黄青而清明;茶树生长在浅山薄土,芽叶细小而汁少。这些记载阐明了自然环境对茶树生长和制茶品质的影响。《大观茶论》写道:栽茶的地,山边要有阳,茶园要蔽阴。山边石多阴寒,茶芽细小,制茶味淡;必须太阳调和而促发;圃地肥饶,叶稀而暴长,茶味太浓,必须阴荫节制。所以园圃栽茶要种荫蔽树木,阴阳调剂,茶树生长才会良好。以上所说,不仅表明了不同地势、日照、气温、空气湿度、土质等对茶树生长、形质与制茶品质的影响,而且最早肯定了高山茶的品质比平地好。平地茶园要种植庇荫树木,以改进自然环境。

3. 明代《罗岕茶记》、《茶解》记载

到了明代,上述理论有了进一步发展。熊明遇《罗岕茶记》中说,产茶的地,西照比东照好;向西的土地,产茶虽好,但总不如南向日照时间长的茶树长得好。平地茶品质差,高山茶受风吹露沾,云雾蒙罩,品质较好。罗廪《茶解》中提到,茶地南向好,向阴不好。这些理论都在茶叶生产实践中得到证实。

（三）关于茶树栽培技术

关于茶树栽培技术,《茶经》说,移栽填土,必须打实,否则,生长不好。种茶像种瓜,须挖深坑,施基肥,可以促进茶树生长。三年后就可采茶。

丁谓《北苑茶录》说,茶树怕积水,适宜植于斜坡肥沃阴地走水的地方。茶籽用糠和烧土拌和,每一圈可种60～70粒,三年后可采茶。指出种茶地方以排水良好的肥沃阴坡为宜,并须采用丛播的穴播法。

（四）关于茶园管理技术

关于茶园管理技术,赵汝砺在《北苑别录》(1186年)中说:茶树生长与其呼吸作用和吸收养分有密切关系。在梅雨的夏季,草木特别茂盛,过了六月,就要把杂草杂木除掉,再把茶丛脚下原有的土壤耙开,然后埋入杂草为绿肥,再培上肥沃的新土。这实际上就是同时做好中耕施肥的管理措施。直到现在,我国各地茶农还采用这一先进的茶园管理方法。如农谚说:"七(月)挖金,八(月)挖银。"又说:"冬糊,春耙,夏空,秋壅。"这些都是历代茶园在生产管理方面积累的先进经验。

为了推动茶叶生产的发展,对杂草丛生的茶园,还可提倡采取以下传统技术措施,以补施肥的不足。《北苑别录》又说:桐木冬天有保温、夏天有荫庇的作用。茶园里的桐木应该保留,不要锄掉。《茶解》进一步指出了茶园最合适的庇荫树,"茶固不宜加以恶木,惟桂、梅、辛夷、玉兰、玫瑰、苍松、翠竹与之间植,足以蔽覆霜雪,掩映秋日,其下种芳

兰幽菊清芬之物,最忌菜畦相逼,不免渗漉淬厥清真"。茶园间种树木,可以调节气候,保护茶树过冬,预防寒风侵袭,为北方茶园所必须采取的技术措施。

第三节　茶树在国内的传播路径

茶树的传播包括从地理起源中心向周边自然扩散,以及从栽培起源中心向世界的人为传播。茶树从地理起源中心向周边的自然扩散,因地理环境大体形成了四条传播途径。

一是沿澜沧江和怒江向横断山脉纵深扩散,包括云南中西部的临沧、普洱、保山、德宏等地,是中国野生型茶树分布类型和数量最多的地区,分布的栽培型茶树主要为阿萨姆茶。

二是沿西江和红水河向东及东南扩散,其中一支沿西江扩散至广西、广东南部、越南和缅甸北部,分布的野生茶树有大厂茶、大理茶、秃房茶等,栽培型茶树以白毛茶和阿萨姆茶为主;另一支沿红水河扩展至南岭山脉,包括广西、广东北部、湖南南部和江西南部,分布的主要是白毛茶。

三是沿金沙江和长江水系向云贵高原东北部扩散,在云、贵、川交界处形成茶树自然居群。该地区是秃房茶的集中分布区。在人工引种后,继续扩散至秦岭、大巴山地区。

四是由云贵高原沿长江水系进入鄂西,并顺流扩散至湖南、江西、安徽、浙江等省。因气候寒冷,长江中下游茶区已无野生型茶树的自然分布,栽培型茶树都属于茶,并且多为抗寒性强的灌木型中小叶茶树。

第四节　中国茶叶生产技术之世界传播

其他国家的茶叶生产技术(栽茶、制茶),都是直接或间接由中国传播出去,首先传入日本,其次是印度尼西亚、印度、孟加拉国、斯里兰卡和苏联等国。这些国家茶业发展很快,规模也大,茶叶除供本国消费外,亦有大量输出。从中国直接传入试种成功的,有越南等国;间接从中国传入茶种,或从日本、印度、斯里兰卡等传入的,有肯尼亚等国,主要供国内消费。

一、日本茶业的开始时期

日本茶业发展经历以下几个时期。

(一)唐朝和尚(遣唐使)

公元805年,日本僧人最澄和尚自我国带回茶籽,并将它们种在近江滋贺县阪本村的国台山麓。

公元 806 年,空海大师从中国研究佛学返回日本,同样非常热爱茶树,无比羡慕中国朝廷寺院内茶文化的盛况,也想在日本营造相同的文化氛围,并使茶叶上升到更高、更伟大的地位。所以他也携带了大量的茶籽返回日本,分别在各地种植(京都高山寺和宇陀郡内牧村赤埴)。他也在日本国内广泛传播制茶的常识。

公元 815 年《日本后记》中记录嵯峨天皇巡幸近江国,过崇福寺,大僧都永忠亲自煎茶供奉。天皇饮后大悦,于是下旨在首都附近的五个县广泛种植茶树,制茶进贡。制茶方法简单,捣制成团后烘干即成。

公元 840 年,慈觉大师圆仁从长安归日本,携带了二斤四川蒙顶茶。

(二) 淡忘期

公元 931—938 年,日本承平时期,日本首都社交场合中已经逐渐形成饮茶风气。此时上流社会中仍有人将茶单纯视为药物。随后日本内战爆发,大约有 200 年无人关心茶事,饮茶的习惯也随日久年深而被世人淡忘。

(三) 再发展期(入宋僧)

公元 1169 年,南宋孝宗乾道五年,建仁寺僧荣西千光国师留学我国,带回大量茶籽,栽植于筑前国脊振山。公元 1191 年,荣西二次来我国留学,此次将釜熬茶(炒青)的制法传到日本。

《吃茶养生记》是荣西和尚用汉字著成,此为日本的第一部茶书。此书称茶为神圣的药品,是上天恩赐的宝物,有益寿延年的功效。经过此书的宣传,向来被僧侣和贵族们专享的茶叶,逐渐开始在民间普及。

日本虽然引入我国技术较早,但茶叶生产历史不过两三百年。

知识拓展

7 世纪的日本飞马时代,药师寺药园中发现有栽茶的痕迹,在弥生后期发掘的文物中有出土的茶籽。这与西汉时汉武帝刘彻征服朝鲜,中国茶叶随后传入日本福冈有关。东汉建武元年(25 年),日本派遣使臣到洛阳,东汉朝廷赠以印绶。自此以后,中日两国之间的经济文化关系日益密切起来。飞马时代日本已经种茶,茶籽是日本派遣留学僧和驻隋、驻唐使节从中国带回去的。

二、印尼茶业的开始时期

印度尼西亚的爪哇是该国主要产茶区。原本爪哇并不产茶,1690 年总督坎费齐斯(J.Camphuijs)偶因个人兴趣,自中国传入茶种,栽植于巴达维亚附近的私人公园,仅供观赏。1728 年,荷兰东印度公司输入大批中国茶籽试种,多次失败后,终于成功。1826年,印尼聘请织物学家 Siebolt 为指导,由中国和日本选运大批茶籽,先试植于皮登曹(Buitenzone)植物园,获得成功。

知识拓展

贾克布森六次来华事件

贾克布森于 1799 年 3 月生于鹿特丹,父亲是咖啡和茶叶经纪人,他从小就接触茶,从父亲那里学到了当时所有品评茶叶的技术。他在荷兰贸易公司任职时被派往广州担任扦样工作,受荷兰官员委派从中国收集各种栽制茶叶的方法、用具和工人,并将他们带回爪哇,以此促进荷兰殖民地印度的茶业发展。1827—1828 年,贾克布森第一次到中国,获得了许多茶的重要知识。1828—1829 年,第二次来华,从福建带回了 11 株中国茶树;当时荷兰和中国关系并不友好,进入中国属于偷师学艺,这是不被允许的。1829—1830 年,第三次来中国,没有什么收获。1830—1831 年,第四次到达中国,带回 243 株茶树和 150 颗茶籽。1831—1832 年,第五次到中国,带回 30 万颗茶籽和 12 名工人。1832—1833 年,第六次到中国,带回 700 万颗茶籽和 15 名工人,还有一些材料和工具。贾克布森六次来华,被称为爪哇茶叶的实际创造者。1833 年以后,贾克布森用 15 年的实践致力于爪哇的种茶视野,指导 14 个省的产茶、制茶技术。1843 年,出版《茶叶的生产与制作手册》一书,1845 年出版《茶叶的筛分与包装》一书,两者成为国外早期的茶叶技术书籍。

三、印度茶业的开始时期

1780 年,英国东印度公司的船主从广州运少量中国茶籽至加尔各答。部分茶籽栽植于英军官罗伯特私人植物园中,这是印度最早栽植茶树的记录。

1834 年,印度总督 Bentikck 组织茶叶委员会,研究中国茶树究竟有无可能在印度繁殖,派遣戈登来中国调查栽茶制茶方法。当时中国禁止外国人游历内地。戈登偷偷购得大批武夷茶籽,于 1835 年分三批运回加尔各答。后来这些茶籽育成 42 000 株茶苗,分别栽种于阿萨姆省、喜马拉雅的古门和台拉屯,以及南印度的尼尔吉利山。

1836 年,在中国茶工的帮助下,戈登印度试制茶叶成功。1838 年茶叶运回伦敦之后,英国人士为之骚动。1848 年,Fortune 受东印度公司指使,乔装华人深入中国内地,偷购优良茶苗和茶籽,偷雇 8 名制茶工人。Fortune 栽培的中国茶种,成绩颇佳。

四、斯里兰卡茶业的开始时期

1600 年,荷兰人开始试种中国茶树,但未成功。1839 年,第一次从加尔各答植物园运来阿萨姆种苗,栽于派勒特尼雅植物园。随后泰勒(Taylor)在鲁尔康特拉(Loolecondera)咖啡园首次种植成功,这里成为斯里兰卡最早的茶园。

1841 年,斯里兰卡从中国引进茶树。准确地说,是居住在斯里兰卡的德国人瓦姆(M. B. Worms)来中国游历,带回中国茶苗,他们第一批茶叶也是请中国工人制成。

1866 年,种植者协会学习我国制茶方法,试制茶叶成功,获得伦敦市场的欢迎。1873 年以后,斯里兰卡仿效印度应用机器制茶。

五、苏联茶业的开始时期

1883年，俄国从我国购买茶籽茶苗，栽植于尼基植物园内。由于自然条件不适宜，生长不好。次年把茶树移栽到别处植物园，生长改善，采摘鲜叶，仿照我国制茶方法，收获样茶。

1884年，索洛沃佐夫从我国汉口运去12 000株茶苗和成箱的茶籽，在俄国查克瓦巴统附近开辟了一个小茶园，从事茶树栽培。茶园茶叶品质良好。

1889年，俄国吉洪米罗夫教授带领考察团到中国和其他产茶国研究茶叶技术。回国后开辟茶园，建立小型茶厂，制作茶叶，但茶叶品质不好，数量和质量皆不能满足需求。于是开始聘请中国技工去俄国指导。

知识拓展

刘峻周的故事

1888年，波波夫来我国，访问宁波一个茶厂。回去时，买了几千公斤茶籽和几万株茶苗，并聘请以刘峻周为首的茶叶技工10人。中国技工于1893年11月到达高加索，在巴统郊区开始工作。3年内，他们种植80公顷茶树，并且完全按照我国茶厂形式建立一座小型茶厂，采用我国制茶方法，正式开始茶叶生产。

1896年，合同期满，中国茶叶技工回国。同年，波波夫委托刘峻周再招聘技工，并采购茶苗茶籽。1897年，刘峻周和中国技工12人携带家眷去巴统。到1900年，在刘峻周的领导下，在阿扎里亚种植茶树150公顷，并建立制茶工厂。刘峻周自1893年应聘去格鲁吉亚工作，至1924年才回国。

在格鲁吉亚工作的30年中，尤其是在苏维埃政权成立后的日子里，他一直不辞劳苦地为发展格鲁吉亚茶业而努力。他直接领导种植茶树230公顷，建立两座制茶厂。为了以实例向当地人民传授种植茶树和果类作物技术，自己又开辟了25公顷茶园和果园。1918年春，土耳其军队占领巴统。刘峻周率领工人武装保卫茶厂，坚持斗争两昼夜，使茶厂全部财产得以保全。刘峻周因工作成绩卓著，对俄罗斯的茶业发展有功，1909年沙皇政府授予他三级勋章。1912年在"俄罗斯亚热带植物展览会"上，他又荣获大会的奖状。

十月革命胜利后，刘峻周看到苏维埃政权对茶叶事业很关怀，内心感到十分高兴，因而更加勤奋工作。苏联政府对刘峻周的劳动功绩给予很高的评价，认为他是阿扎里亚栽茶事业创始人之一，1924年授予他"劳动红旗勋章"。

刘峻周根据自己多年的观察和实践经验，坚信格鲁吉亚的茶业有广阔的发展前途，因而积极为格鲁吉亚训练栽茶人才。有的学生已是白发苍苍的老工人，现在还在茶厂工作，他们常常怀着尊敬的心情来回忆他。

刘峻周等中国茶叶技工带去了大批茶树种苗，在格鲁吉亚进行大规模繁殖；同时，把我国历代劳动人民积累的茶叶栽制经验毫无保留地传授给格鲁吉亚人民，并亲自制出优质茶叶,从而提高了当地人民对植茶的兴趣和信心,为开创俄国栽茶历史做出了贡献。这一切,格鲁吉亚人民直到现在仍铭记不忘。同一期《新观察》所载的另一篇文章《万水千山寻故人》,详细报道了苏联一位80多岁的老工人嘱咐在中国工作的儿子寻找老友刘峻周的情况,生动说明了中国茶叶生产技术的传播,为两国人民的友谊谱写了感人肺腑的篇章。

六、其他地区茶业的开始时期

南美种茶始于1812年,巴西从中国引进茶树试种。1848年,从中国引进的茶树在外高加索地区试种成功,此后逐渐发展成为全球最北部的茶叶主生产地。1888年,土耳其从日本引进茶籽试种。1903年,肯尼亚从印度引进茶树,商业性种植快速发展,成为茶叶主要产国之一。1924年,阿根廷从中国引进茶树。20世纪60年代起,中国先后派出技术人员到非洲传授种茶和制茶技术。至今,茶树传播至全球超过60个国家和地区。

第七章　中国茶文化的发展

━━━━━━━ 本章教学目标 ━━━━━━━

■ **知识目标：**

了解茶文化的内涵、内容和特点；掌握茶文化发展历经的几个代表性时期；熟悉中国茶文化各发展时期的概况与特点。

■ **技能目标：**

能够辨别各个朝代的饮茶文化；掌握唐朝煎茶法、宋代点茶和明清瀹饮的基本步骤。

■ **情感价值目标：**

中国茶文化历经萌芽、发展、成熟、兴盛、转型、破坏、恢复与发展等阶段，是茶文化发展史也是中国历朝历代的跌宕反映，从中感悟历史发展观并激发学习的自主性。

■ **课程思政目标：**

从中国茶文化兴盛中感悟中华茶文化之骄傲，从破坏至暗时刻感受中华民族之屈辱，从新中国的恢复与发展中感悟中华民族复兴之担当。

正如王旭烽老师所说，天然的茶树并不产生茶叶文化，只有当人们食用茶叶并经过一定历史阶段之后，才逐步产生文化现象，进而才有茶文化。茶在人们的应用过程中，经历了药用、食用、饮用三个阶段。在中国人漫长的饮茶历史过程中，饮茶逐渐与人的精神生活相联系，并逐渐形成了完整的文化体系。习茶之人，对茶的理解不仅停留在感性认知基础上，还在于对其有着深刻的理性认识，也就是对茶文化的历史演变及其文化和精神内涵有着充分的了解。唯有如此，方能更好地学习，把握各种茶艺技能。因此，此部分作为本书重要内容，对爱茶、习茶之人非常重要。

第一节　茶文化概述

茶的发现与利用是中华民族对全人类的一个伟大贡献，它不仅为人们提供了一种健康和滋味丰富的饮料，也成为人们美化生活、感悟生命和修身养性的一种美好方式。

一、茶文化的理解

文化有广义和狭义之分，茶文化亦分为广义理解和狭义理解。广义的茶文化是指以茶为中心的物质文明和精神文明的总和。它以物质为载体，反映出明确的精神内容，是物质文明与精神文明高度和谐统一的产物，内容包括茶叶的历史发展、茶区人文环境、茶业科技、丰富的茶类和千姿百态的茶具、饮茶习俗和茶道茶艺、茶书画诗词等文化艺术形式。狭义的茶文化则专指其精神文明，即"精神财富"部分的内容，即茶在被运用过程中所产生的文化和社会现象。

二、茶文化的内容

茶文化包括物质文化、制度文化、精神文化三个层次的内容。

（一）物质文化

物质文化是指有关茶的物质文化产品的总和。它包括人们从事茶叶生产的活动方式和相应的产品，如有关茶叶的栽培、制造、加工、保存、成分及疗效等，也包括茶、水、具等物质实物以及茶馆、茶楼、茶亭等实体性设施。通过这些实体，人们可以直接接触到茶文化的内容。

（二）制度文化

制度文化包括有关茶的法规、礼俗等，是人们在从事茶叶生产和消费过程中所形成的社会行为规范和约定俗成的行为模式，是茶文化的物质层面与精神层面的中介层次，构成茶文化的个性特征。

有关茶的法律和法令是一定社会经济制度的产物。例如，古代贡茶、榷茶、茶马互市的有关上谕、法令、规定和奏章等；现时政府制定的管理茶叶产销和征税的法令、规章、制度等。礼俗是人们在茶叶生产和消费过程中约定俗成的行为模式，包括有关茶的仪式、风俗、习气等，通常以茶礼、茶俗以及茶艺等形式表现出来。

（三）精神文化

精神文化是把茶的天然特征和社会特征升华为一种精神象征，把茶事活动上升到精神活动。例如，将煮泡、品饮茶的过程与价值观念、审美情趣、思维方式等主观因素相结合，由此产生的认识、理念及生发的丰富联想；反映茶叶生产、茶区生活、饮茶情趣的文艺作品；将饮茶与人生处世哲学相结合，上升到哲理高度，形成所谓茶道、茶德、茶人精神等。它是茶文化的深层次结构，也是茶文化的核心部分。

三、茶文化的特点

（一）物质与精神的结合

茶作为一种物质，它的形和体异常丰富；茶作为一种文化载体，具有深邃的内涵和文化的包容性。茶文化就是物质与精神文化有机结合而形成的一种独立的文化体系。

（二）高雅与通俗的结合

茶文化是雅俗共赏的结合。它在发展过程中，一直表现出高雅和通俗两个方面，并在高雅与通俗的统一中向前发展。历史上，宫廷贵族的茶宴、僧侣士大夫的斗茶品茶以及茶文化艺术作品等,是茶文化高雅性的表现。但这种高雅的文化,根植于同人民生活息息相关的通俗文化之中。没有粗犷、通俗的茶文化土壤,高雅茶文化就会失去自下而上的基础。

(三) 功能和审美的结合

茶在满足人类物质生活方面显出广泛的实用性,如食用、治病、解渴。而"琴棋书画诗酒茶"又使茶与文人雅士结缘,在精神生活方面表现出广泛的审美情趣。茶的绚丽多姿,茶文学艺术作品的五彩缤纷,茶艺、茶礼的多姿多彩,皆可满足人们的审美需要。

(四) 实用性与娱乐性的结合

茶文化的实用性决定它有功利性的一面,但这种功利性是以它的文化性为前提并以此为归宿。随着茶的综合利用与开发,茶文化已经渗透到精神生活的各个领域。近年来开展的多种形式的茶文化活动就是以促进经济发展、提高人的文化素质为宗旨的。

第二节　秦汉及以前茶文化

人们饮茶首先是药用,再到食用和饮用。《神农本草》记有神农尝百草疗疾。茶叶虽有疗效,但在当时极为稀缺,野生茶树并不多,茶叶更不容易得到。

周朝始设管茶的官吏,茶叶是珍品,被视为祭祀用品。春秋(公元前 770—公元前 476 年)、战国(公元前 475—公元前 221 年)至秦汉(公元前 221 年—公元 220 年),茶文化初露端倪。这一时期,中国在政治制度上自奴隶制进入封建制,文化领域中从春秋战国的百家争鸣到汉代独尊儒术,朝代更迭变换,国家激烈动荡,生民流离失所,茶作为一种饮料,悄然开始潜入社会生活,逐步占据人类精神的制高点。

一、春秋时期的茶食

春秋时期的茶,主要是作为象征美德的食物被食用。据春秋末期齐国政治家晏婴《晏子春秋》记载:"婴相齐景公时,食脱粟之饭,炙三弋五卵,茗菜而已。"这是说晏婴任国相时,力行节俭,吃的是糙米饭,除了三五样荤菜以外,只有"茗菜"而已。这里的"茗菜"可以解释为"以茶为原料制作的菜"。①

《晏子春秋》中关于晏婴茶事的史录,是史籍中关于茶的食用最早的记载,也是最早将茶与廉俭精神相结合的史料。

虽然此条史料中的"茗菜"遭到后世学者们不同程度的质疑,但此条史料中茶之"俭"的精神特性得到了茶圣陆羽的高度共鸣,故其在《茶经》中一再指出"茶性俭","为

---

① 晏婴是春秋末期著名的思想家、政治家和外交家,反对横征暴敛,主张宽政省刑和节俭爱民,被人尊称为晏子。司马迁在《史记》中,将他与齐国的另一著名宰相管仲并列,为二人作传《史记·管晏列传》),并对他们进行了不同的评价:"晏子俭矣夷吾(管仲)则奢。"

饮最宜精行俭德之人"，并把《晏子春秋》中的这段史料郑重引入了《茶经·七之事》，使其千古流芳，传扬至今。

二、战国末期的茶之饮

中国茶文化最初兴起于巴蜀，先秦以前已有巴人贡茶。《华阳国志·巴志/蜀志》中记有，秦国打败楚国，占领巴蜀地区，进而将饮茶习俗向外传播。

清朝初年大学者顾炎武在其著作《日知录》中明确提出："榌之苦荼，……是知自秦人取蜀而后，始有茗饮之事。"

由此，我们可知，一是秦人取蜀前，蜀人已经开始品饮茶了；二是我们今天的饮茶习俗，起初是通过大规模的战争，由秦人从巴蜀地区传向长江流域的。茶在国内的传播竟然是通过残酷的战争开始的，发人深省而意味深长。

三、两汉渐丰的茶事

两汉间的茶事越来越丰富。茶叶在这一时代成为商品，出现了茶叶种植的第一人，以及中国最早的茶叶文献。

（一）汉代出现植茶第一人——吴理真

汉代是出现人类种植茶叶最早的年代。南宋地理学家王象之（1163—1230 年）在其地理名著《舆地纪胜》中曾说："西汉有僧从岭表（南）来，以茶实植蒙山。"这是后世典籍明确记载的中国最早的植茶年代，而当地一直就有西汉吴理真结庐四川蒙山，亲植茶树的传说。

（二）汉代文人作品中的茶记载

西汉学者、辞赋家扬雄在其著作《方言》中记载说："蜀西南人谓荼曰蔎。"汉文字学家许慎（约 58—147 年）在《说文解字》中专门对茶进行了解释："荼，苦荼也。"中国首部权威字典中收入了"荼"字，说明了茶在当时生活中的重要性。

西汉辞赋家司马相如的《凡将篇》首次权威地记录茶的药用。其中记录有十几种药物，包括"乌喙、桔梗、芫华、款冬、贝母、木蘗、蒌、苓草芍药、桂、漏芦、蜚廉、霍菌、荈诧、白敛、白芷、菖蒲、芒硝、莞椒、茱萸"，其中的"荈诧"就是茶。就因为这两个字，陆羽将司马相如和他的《凡将篇》一起选入《茶经》，由此亦可证明，茶在汉时的药理作用的重要性。

（三）中国最早的茶叶文献——王褒《僮约》

王褒为蜀资中人，是中国历史上著名的辞赋家。《僮约》是王褒文学作品中颇有特色之作，以第一人称记述其在四川时所经历之事。说的是公元前 9 年作者到今天的四川彭州市一带访友。因住亡友家中，与寡妇杨惠家奴发生了纠纷，为此拟立了一份契约，明确规定了奴仆必须从事的若干项劳役。《僮约》中记有"舍中有客，提壶行酤，汲水作哺。涤杯整案，园中拔蒜，斫苏切脯。筑肉臛芋，脍鱼炰鳖。烹茶尽具，已而盖藏……牵犬贩鹅，武阳买茶……"

《僮约》是中国茶学史上最早提及茗饮风尚和茶市场的文献。文中的"烹茶"即煮茶,说明了茶的煮制方式已开始形成。茶已成为当时社会待人接物的重要礼仪,进入了精神领域,以此可估量茶在当时社会地位上的重要性。"武阳买茶"就是说要赶到邻县的武阳去买回茶叶,对照《华阳国志·蜀志》"南安、武阳皆出名茶"的记载,可知为什么要去武阳买茶了。茶叶能够成为商品进行买卖,可以推断当时饮茶习俗至少已开始在中产阶层流行。另外,我们可以从《僮约》"烹茶尽具,已而盖藏"中推测,汉朝很有可能已经有了专门的饮茶器具。

春秋至两汉,中国的茶叶种植已经发展起来。秦汉时期,茶业以巴蜀为始点向各地传播,茶的药用被首先普遍肯定,饮用已经开始。西汉末年,茶已成为商品被长途贩卖,茶市亦同时出现。此时的茶从巴蜀地区沿着长江向下游地区传播。

第三节 魏晋南北朝茶文化之萌芽

魏晋南北朝时期,茶已从巴蜀地区进发长江中下游流域,在中国东南地区形成可与巴蜀抗衡的新产区。从三国(220—280年),两晋(266—420年)到南北朝(420—589年)近400年,这一时期中国版图从秦汉的大一统分裂为众多板块,人与茶之间精神关系,进入最为深邃玄妙的时期。

一、茶园开始出现

魏晋南北朝时期,长江中下游地区,已经出现成片人工栽培的茶园。巴蜀之茶顺着长江水系到了中下游各省。浙江天台山归云洞下方小山丘上有一片茶园,被称为葛玄茗圃,至今已有1 700多年,如今依旧生机勃勃。据说三国吴赤乌年间,葛玄曾在此地辟园植茶,以茶修禅养神,世称"茶祖"。

这一历史阶段,茶为珍品,可与天下各类名贵物产相提并论。三国时大文人傅巽在他的《七诲》一文提到"蒲桃宛奈、齐柿燕栗、峘阳黄梨、巫山朱橘、南中茶子、西极石蜜",将茶视为珍品,与其他各地名物并列。

西晋郭义恭所著《广志》专门指出"茶丛生,真煮饮为真茗茶"。这里讲到了茶树的生长状态,也讲到了茶叶的制作品饮。

二、茶粥为流行饮茶方式

从郭璞《尔雅注》中可知,茶的叶子可以用来羹饮,此处所谓的"羹",即指茶粥。东汉末三国初,张揖所著《广雅》[①]记有"荆巴间采叶作饼,叶老者,饼成以米膏出之。欲煮茗饮,先炙令赤色,捣末置瓷器中,以汤浇覆之,用葱、姜、橘子芼之,其饮醒酒,令人不眠"。芼茶即茶粥,源于荆巴之间,制作方法是将茶末置于容器中,以汤浇覆,再用葱、姜

---

① 《广雅》被后人认为是《尔雅》的续篇。

杂和。

实际成书于西汉初的《尔雅》中关于茶的描写只有 3 个字,《尔雅注》中有 20 余字,而到《广雅》中已有 40 多字,我们可以由此推测西汉初到三国这 400 年间茶事的扩展与变迁。《吴志·韦曜传》记载"孙皓每飨宴,坐席无不率以七升为限。虽不尽入口,皆浇灌取尽,曜饮酒不过二升,皓初礼异,密赐茶荈以代酒"。说的是吴帝孙皓(242—284年)每次设宴,座客至少饮酒七升,哪怕没有喝进肚里,也要亮杯显示喝了。其臣下韦曜(204—273 年)饮酒不过二升,孙皓悄悄地赐了茶水以代酒。说明三国时,茶在南方已普遍作为饮料。

三、茶文化与儒、佛、道信仰的融合

自汉而起的饮茶习俗,至三国、两晋、南北朝,彼时玄学兴起,儒学家、道学家、清谈家相治相融,各取所需。儒生品茶而精行俭德,文士品茶而清淡玄妙,道人饮茶仙露琼浆,僧侣吃茶禅定修行。

(一) 儒家与茶

汉代在文化思想上提出独尊儒术之后,各朝代统治阶级逐渐将儒学强化成主流文化。这些印记在茶事上呈现标志性的体现。如客来敬茶、以茶祭祀、以茶养廉等构成儒家礼仪的核心内容。儒家文化的教化精神实践,礼仪程式设置、深切生命体验和内心道德诉求,已在魏晋南北朝这一历史阶段的茶事中开始呈现。

(二) 佛教与茶

东汉初年,佛教传入中国以后,很快就与茶结下了不解之缘。佛教的重要活动是僧人坐禅修行,需要有既符合佛教规诫,又能消除坐禅带来的疲劳和补充营养的饮品。中国禅宗的坐禅注重调食、调睡眠、调身、调息、调心五调,而茶能清心、陶情、去杂、生精,所以饮茶高度符合佛教的生活方式和道德观念,逐渐成了佛教的"专属饮品",形成"茶禅一味"的发展格局。茶也就从药物深化为精神饮品,成为灵与肉共需的复合型饮料。

(三) 道家与茶

汉末三国两晋之际,中国道家文化蓬勃发展。道家尤其注重游仙养生隐居山林,而茶作为一剂调理身心的良药,恰恰符合了其教义的宗旨。茶能避疫疠之气,能消食、醒酒、治病、健身,让人精神振奋、思路清晰,茶的养生药用功能与道家的吐故纳新、养气延年的思想相当契合,特别为有精神与信仰诉求者所依赖。道与茶结缘,以茶养生,以茶助修行,被视为轻身换骨的灵丹妙药。

魏晋南北朝是中国历史上罕见的思想勇猛精进时期,人们以各种不同的途径探究生命的真谛。这一时期,茶文化与儒释道深入融合,饮茶升级为精神品饮。儒学家以茶养廉,从个人修养推向道德准则,择茶以对抗奢靡之风;文学家则以茶激发文思,感悟茶性,以浅吟低唱而进入茶之审美;道学家以茶升清降浊,实践茶从养生进入仙风道骨的修炼;清谈家以玄学清谈,进入极为玄妙的人类思维领域;佛家以茶禅定入静,明心见性,茶禅关系在此一历史阶段形成。

四、涉茶文学作品大量涌现

这一时期,出现众多歌唱茶的诗赋。隋唐之前与茶有关的诗歌,目前共发现有四首,其中西晋文学家张载的《登成都楼》极具代表性。此诗在茶文化文献中意义非凡。诗中曰:"披林采秋橘,临江钓春鱼。黑子过龙醢,果馔逾蟹蝑。芳茶冠六清,滋味播九区。人生苟安乐,兹土聊可娱。"其中,"芳茶冠六清,滋味播九区"两句对茶的地位、香型、味道以及茶的传播、影响作了高度评价,是以往作品中从未出现过的。

西晋大文学家左思的《娇女诗》以人入茶,读来颇有趣味。诗中曰"吾家有娇女,皎皎颇白皙。小字为纨素,口齿自清历……其姊字惠芳,眉目粲如画……心为茶荈剧,吹嘘对鼎立……"活泼的姑娘们对火炉煮茶一点也不陌生,欢喜地围着茶炉吹火,诗人将美少女与茶相匹,声情并茂地描画出了一千多年前的一幅形象的茶事图,堪称"从来佳茗似佳人"的西晋版。

西晋诗人孙楚(约218—293年)的《出歌》是一首介绍山川风物的诗歌,其中"茶荈出巴蜀"之句专门介绍了茶的原产地巴蜀,是非常珍贵的茶史料。

南朝宋王微(415—453年)的《杂诗》中"寂寂掩高阁,寥寥空广厦;待君竟不归,收颜今就槚。"说的是待君不归的少妇只得擦干眼泪独自喝茶解忧,描写了一个独饮茶的少妇形象。

这些诗文不但具备了文学自身的魅力,更因其在那个茶叶文献资料不足的时代,真实地记录了茶叶的印迹,使后人对彼时的茶事有了基本判断,从而愈显出其文献意义的重要性。

杜育《荈赋》是中国也是世界历史上第一篇以茶为主题、以美文歌颂茶的文学作品,在中国茶文化史上占据着不可或缺的举足轻重的地位。赋中描述了茶叶自生长至饮用的全部过程,第一次写到"弥谷被岗"的植茶规模,第一次写到采摘茶叶的茶农状态,第一次写到器皿与茶汤的相应关系,第一次写到"沫沈华浮"的茶汤特点。这四个第一,都堪称当世一流。

第四节　唐代茶文化之兴起成熟

唐代是中国茶文化的兴盛之始,茶逐渐从贵族阶层进入平民百姓家,日益增长的消费需求也带动了茶叶生产、贸易的发展,中国乃至世界上第一本茶的专著《茶经》也在这一时期诞生,标志着中国茶文化的全面形成。

一、唐代茶文化形成的时代背景

(一)大运河通航促进茶叶消费

隋代凿通大运河南北通航,大大降低了运输成本,使得原本在北方只有社会上层和中上之家才能享用的茶叶日渐进入普通民众的消费品之中。至唐朝,茶叶通过大运河源源不断地从南方运往北方。

（二）禅宗的倡导推动茶饮需求增大

唐高宗、武周、中宗时期，禅宗渐兴，玄宗开元时传至大江南北。坐禅务于不寐，又有不夕食的传统，但允许饮茶，这使得修禅者在坐禅、修禅过程中对茶的需求量大增。再加上大运河的开通，南北货物流通更快捷、便利，茶饮在中国北方流行开来，成为全社会各阶层的通用饮品。

（三）陆羽《茶经》应时而出

《封氏闻见记》中提到"楚人陆鸿渐为《茶论》，说茶之功效，并煎茶炙茶之法，造茶具二十四事，以都统笼贮之。远近倾慕，好事者家藏一副……于是茶道大行，王公朝士无不饮者"。陆羽《茶经》全方位地推动了唐代茶业的发展和茶文化的兴盛，是一部百科全书式的著作，为此后中国乃至世界茶业与茶文化的发展奠定了雄厚的基础。

二、大唐的茶事盛况

（一）饮茶习俗广泛普及

唐以前茶在北方的地位并不高，南北朝时期北方曾称南方茶为"酪奴"。隋唐统一中国后，盛世催发茶事，长江黄河，流风所至，终于在唐朝开元年间（713—741 年）完成了饮茶习俗的北移。

唐封演《封氏闻见记》卷六"饮茶"一文中留下经典描述："南人好饮茶，北人初不多饮。开元中，泰山灵岩寺有降魔师，大兴禅教，学禅务于不寐，又不夕食，皆许其饮茶。人自怀挟，到处煮茶，从此转相仿效，遂成风俗。自邹（今山东费、邹、滕、济宁、金乡一带）、齐（今山东淄博市一带）、沧（今河北沧州、天津一带）、棣（今山东惠民一带），渐至京邑（今陕西西安），城市多开店铺，煮茶卖之，不问道俗，投钱取饮。"这段话记录了茶禅茶风与世俗饮食的密切关联。唐代杨晔的《膳夫经手录》①专门提到茶事，说："今关西、山东，闾阎村落皆吃之，累日不食犹得，不得一日无茶也。"也证实了唐代饮茶习俗的普及。

"自从陆羽生人间，人间相学事春茶"，陆羽生活的时代，恰为茶事大盛之世。其所著《茶经》"茶之饮"则称："滂时浸俗，盛于国朝。两都并荆渝间，以为比屋之饮。"陆羽从荆楚间一路行至江南茶区，细细考察茶事，认为当时的饮茶之风扩散到民间，以东都洛阳和西都长安及湖北、山东一带最为盛行，人们都把茶当作家常饮料，这是非常可靠的信史。

从饮茶地域上看，中原和西北少数民族地区都已嗜茶成俗，地域局限已然消失。东西南北中处处皆饮茶，可以说茶已成为国饮。

从饮茶人身份看，饮茶亦已打破了身份、地位的局限。举凡王公朝士、三教九流、士农工商，不问道俗，投钱取饮，各个阶层的群体对于饮茶一事都达到几近狂热的状态。

从饮茶作用来看，茶已被看作生活的必需品。《旧唐书·李珏传》如是说："茶为食

---

① 《膳夫经手录》是一部中国烹饪古籍。

物,无异米盐,于人所资,远近同俗。既怯竭乏,难舍斯须,田间之间,嗜好尤甚。"此言实际上就是"柴米油盐酱醋茶"的唐朝版解读。

从唐之后,中华各民族将茶作为生活不可缺少的重要组成部分。

(二) 名茶大量涌现

唐代名茶计有50余种,大部分为蒸青团饼茶,少量散茶。陆羽把唐代的茶叶产地分为山南茶区、淮南茶区、浙西茶区、浙东茶区、剑南茶区、黔中茶区、江南茶区、岭南茶区八大茶区。这些茶区的名茶,除了江苏、浙江、江西、安徽和四川等省在唐以前就有出产之外,其余绝大多数的好茶,都是从唐朝开始生产的。

山南茶区,最负盛名的有峡州(今湖北宜昌)名茶,包括"碧涧、明月、芳蕊、茱萸"。时人以为这些茶可以和吴兴顾渚紫笋、寿州霍山黄芽平起平坐。荆州名茶"仙人掌茶"则因出自大诗人李白的歌唱而名震天下。

淮南地区茶中魁首非霍山黄芽莫属(霍山也就是大名鼎鼎的天柱山)。

浙西茶区的名茶第一品牌当属唐朝绝品贡茶紫笋茶。

浙东茶区,最有名的应该是越州会稽岭的日铸茶。

剑南茶区名茶众多,"茶中故旧是蒙山",蒙顶茶是唐代剑南道的贡茶。

黔中茶区,让人想起播州那夜郎国的好茶。《桐梓县志》记载说:"夜郎箐顶,重云积雾,爰有晚茗,离离可数,泡以沸汤,须臾揭顾,白气幂缸,蒸蒸腾散,益人意思,珍比蒙山矣。"

江南茶区好茶亦多,其中有记载说,鄂州武昌山早在晋代就有野生大茶树;袁州(今江西宜春)的界桥茶非常有名,晚唐毛文锡的《茶谱》提到它时专门说它"烹之有绿脚垂下……"异常美丽。

岭南茶区生长有大名鼎鼎的建茶。它是晚唐异军突起的好茶,在以后的宋代,取顾渚贡茶之地位而代之。与建茶齐名的还有武夷茶,时人有"武夷春暖月初圆"之说。

名茶荟萃,花团锦簇,中国盛产茶叶的基本格局在唐朝已经形成。

(三) 茶叶贸易日益兴盛

茶为商品,便于长途贩运。唐初茶叶的主要产地仍然集中在今天的四川地区,商人大多到巴蜀之地批发茶叶,经由长江三峡运销到下游地区,再经长江支流,比如汉江、赣江,以及大运河转运到全国各地。《封氏闻见记》对当时的茶叶经营情况也有着非常形象生动的描写:"其茶自江淮而来,舟车相继,所在山积,色额甚多,穷日尽夜,殆成风俗。始于中地,流于塞外。"

唐王敷所撰的《茶酒论》说到茶叶贸易的兴盛:"……浮梁歙州,万国来求。蜀川蒙顶,骑山蓦岭。舒城太湖,买婢买奴。越郡余杭,金帛为囊。素紫天子,人间亦少。商客来求,红车塞绍……"说到茶商则夸耀:"我三十成名,束带巾栉,蓦海骑江,来朝今室,将到市塞,安排未毕,人来买之,钱财盈溢,言下便得富饶,不在明朝后日……"那种因茶暴富、腰缠万贯、财大气粗的神情,跃然纸上。

"嫁得瞿塘贾,朝朝误妾期。早知潮有信,嫁与弄潮儿。"唐代李益(约750—830年)

乐府体诗《江南曲》中提到的瞿塘贾,实以茶商为多,茶商妻妾的离愁别绪便成了诗人们的描写专题,亦可从社会生活一角观见茶叶贸易在那个时代的兴盛。

白居易(772—846年)名诗《琵琶行》,深切刻画了一位嫁给茶商的歌女的命运:"商人重利轻别离,前月浮梁买茶去……"这个故事的发生地"浔阳江头",就是现在的九江,是唐朝重要的茶叶贸易集散地。

茶叶贸易的兴盛,托起了唐代茶文化的兴盛。

(四)事茶技术与品茶规则确立

陆羽是茶树栽培法的第一个记录者,其在《茶经·一之源》中详细讲解了茶树的人工栽培法。陆羽说,"其地,上者生烂石,中者生砾壤,下者生黄土",植茶的土壤以酸性土腐殖质多,土壤疏松者为优。其次,排水良好的沙壤土以及丘陵地区的红土、黄土都可以种茶。这些记录今天依然有指导意义。

古代茶树均由茶籽播种繁殖,每年农历霜降节气前后,采摘已成熟的茶籽,阴干去壳贮藏,以便适时播种。如何下种,陆羽专门提示说:"凡艺而不实,植而罕茂,法如种瓜,三岁可采。"此处的"实",有人理解为茶籽,是说种茶必须用茶籽的方式繁殖,也有人理解为培土要实。无论哪一种解释,都与种植直接有关。

关于好茶叶,陆羽是有明确标准的,《茶经》中描述"野者上,园者次;……紫者上,绿者次;笋者上,芽者次;叶卷上,叶舒次"。

关于采茶,陆羽《茶经》曰"凡采茶在二月、三月、四月之间……始抽凌露采焉。"陆羽还特意强调:"阴山坡谷者,不堪采掇,性凝滞,结瘕疾。"他还详细记载了当时采茶所有的工具。

规则严格的制作茶汤与饮茶的程序,正是从唐代开始的。唐人很重视摘下嫩茶后的炒和焙,自唐后至宋,一般都以绿茶为贵。唐朝的制茶和饮茶工艺已经成熟,无论制茶、煮茶、饮茶,都有了系统化的专门工具、程序和技术。

陆羽的《茶经》初次将饮茶方法系统化并记录下来。《封氏闻见记》中有过这样的评价:"楚人陆鸿渐为《茶论》,说茶之功效,并煎茶炙茶之法,造茶具二十四事,以都统笼贮之,远近倾慕,好事者家藏一副。"

唐代之茶,以"煮饮"或"煎茶"为法。陆羽《茶经·六之饮》中说:"夫珍鲜馥烈者,其碗数三。次之者,碗数五。若坐客数至五,行三碗;至七,行五碗;若六人以下,不约碗数,但阙一人而已,其隽永补所阙人。"从中我们可以发现,唐代茶虽已普及,但对茶的敬仰使人们不敢轻慢。品茶的过程讲究、合乎礼仪,更多地强调在精神层面上展开,显示出茶文化精神背景的博大精深与隽永经典。

(五)包括茶学专著在内的一大批茶文献、茶文学作品涌现

唐代以前也有茶文献、茶文学的出现,但分散零碎,不成系统,谈不上繁荣。直至唐代终于蓄势而发,涌现了一大批茶学专著,以茶圣陆羽的《茶经》作为代表,加以裴汶《茶述》、张又新《煎茶水记》、苏廙《十六汤品》、温庭筠《采茶录》、王敷《茶酒论》等。

《茶经》标志着茶学和茶道的形成,也标志着茶文化的确立,在中国乃至世界茶文化史上占有古今无人相比的地位。风雅时尚的精神品饮,大大激发了文人墨客创作的欲望,他们笔下的茶文化显示出强大的美感。唐朝茶学家、诗人、文学家、画家、史学家、语言学家们,纷纷用自己饱含深情的笔,作下了大量茶诗茶书画作品。其中,阎立本(约601—673年)的《萧翼赚兰亭图》是世界上最早的茶画;唐朝大诗人李白(701—762年)的《答族侄僧中孚赠玉泉仙人掌茶》为唐代第一首专写茶的诗篇;而茶圣陆羽本人就是一位卓越的诗人,他的《茶经》问世之后,唐代茶诗便从之前的几首,发展为数百首。

三、贡茶、茶税和榷茶

茶政是茶叶行政管理的政策和措施,其中唐代贡茶的兴起、茶税征收和榷茶制度的建立,是茶叶经济从此作为国民经济重要组成部分的关键。

1. 首现官茶园贡茶制度

唐代初期,贡茶与各地名产征收仍同步进行。开元以后,皇室对茶需求量和品质大大提高,地方官员为加官晋爵极力推荐本地的优良茶叶,在此背景下终于促生了贡焙制度。

所谓贡焙,就是由官营督造专门生产贡茶的贡茶院。唐朝最著名的贡茶院设在湖州长兴和常州义兴(现宜兴)交界的顾渚山,每年役工数万人,专门采制贡茶"顾渚紫笋"。据《长兴县志》载,顾渚贡茶院建于唐代宗大历五年(770年),至明朝洪武八年(1375年),兴盛历时长达600余年,贡焙的产制规模惊人,其中役工3万人,工匠千余人,制茶工场30间,烘焙工场百余所,每岁朝廷花千金之费生产万串(每串1斤)以上贡茶,专供皇室王公权贵享用。唐代吴兴太守张文规的《湖州贡焙新茶》一诗中对此描写道:"凤辇寻春半醉回,仙娥进水御帘开,牡丹花笑金钿动,传奏吴兴紫笋来。"其意境画面,所述之事,恰与当过湖州刺史的杜牧的"一骑红尘妃子笑"相呼应。

唐代对征收贡茶的特定产地也有规定。据《新唐书·地理志》记载,当时的贡茶地区,计有十六个郡,包括今湖北、四川、陕西、江苏、浙江、福建、江西、湖南、安徽、河南十个省的很多县。

2. 茶叶纳入赐物行列

贡茶之风盛行,赐茶也蔚然成习。唐时对大臣、将士有岁时之赐和不时之赐,受赐者所写,或由著名文人代为撰写的谢赐茶之文现在仍可见。据《蔡宽夫诗话》记载,唐茶"惟湖州紫笋入贡,岁以清明日贡到,先荐宗庙,然后分赐近臣"。赐茶有多种情形,最大的一项为节令赐茶,如清明节赐大臣新火及茶,社日赐茶,上巳曲江宴赐茶果及晦日、上巳、重阳三节翰林学士赐茶,皇帝生辰节日赐茶等。唐代在寒食节时禁火,到清明节再取得新火,而在清明节赐近臣新火,是唐代帝王荣宠大臣的礼节之一。在湖州、常州(现宜兴)二州的紫笋茶入贡成为制度后,清明节岁时之赐,又增加了新茶之赐,这与诗人们所记的紫笋茶资制相一致:"十日王程路四千,到时须及清明宴。"

3. 税茶制度与榷茶制度

安史之乱以后,军费等开支繁多,国库经常空虚,唐代"量入为出"的财政制度发生重大变化,朝廷为了开辟新税源,贸易量巨大的茶叶进入新征税的名目之中。

(1)税茶制度

公元782年建中三年起,唐朝廷始实行茶税制度。户部侍郎赵赞奏议,首次诏语征天下茶税,十取其一,开创了中国茶业史上茶叶征税的制度。

《旧唐书·德宗本纪》记载:"乃于诸道津要置吏税商货,每贯税二十文,竹木茶漆皆什一税之,以充常平之本。"即自唐德宗建中三年九月,开始征收茶叶商税,十税其一,税率为百分之十。不久,德宗因战乱外逃,西遁奉天,为平息商人及民间怨愤,诏罢包括茶叶在内的商货税。

公元784年兴元元年因朱泚之乱,曾暂停包括茶税的杂税。此后"贞元八年,以水灾减税",而国用"须有供储",于是作为大宗商品的茶再次进入财臣的视野。贞元九年(793年)正月,首次开始单独税茶。"诸道盐铁使张滂奏曰:'伏以去岁水灾,诏令减税。今之国用,须有供储。伏请于出茶州县,及茶山外商人要路,委所由定三等时估,每十税一,充所放两税。其明年以后所得税钱,外贮之。若诸州遭水旱,赋税不办,以此代之。'诏可之,仍委滂具处置条奏。自此,每岁得钱四十万贯。然税无虚岁,遭水旱处亦未尝以钱拯赡。"贞元九年起,税茶之法正式成立,初期每年茶税有40万贯。

因为国家用度不足,穆宗于元和十五年(820年)五月下诏:"以国用不足,应天下两税、盐利、榷酒、税茶……并每贯除旧垫陌外,量抽五十文。"从地方抽取两税、茶税等以至各种杂税的5%,以助国用。

(2)榷茶制度(茶叶专卖制度)

由于用度始终不足,文宗大和九年(835年)九月"盐铁使王播图宠以自幸",再度奏请加税"旧额百文更加五十文",税率增加了50%,增幅较大,并于文宗大和九年十月至十二月间短暂实行了"榷茶法"。

文宗采纳郑注建议榷茶,此茶法的关键点在于由官府买下百姓茶园的茶,再由官府役工制作,再由官府卖给商人,官府垄断了全部的茶利。至十一月二十一日,甘露事变,郑王集团在政治上彻底失败,继任盐铁使兼榷茶使令狐楚,在请求罢黜已经臭名昭著的榷茶使额的同时,将茶法改为民制官收、商运商销的部分专卖,并且此茶法直至唐末未有实质性变动。至宣宗大中六年(852年)裴休订立茶法十二条,只是更细化了对私茶的查处,以保证茶税的收入。

四、茶马贸易开启

茶马贸易始见于唐代。茶叶通过贸易到达周边少数民族地区,如西藏吐蕃、西北回纥等地。贞元年间(785—805年),"回纥入朝,始驱名马市茶"。茶马贸易自此开始。

太宗贞观十五年(641年),文成公主和亲松赞干布,茶叶随中土礼仪、文物、工艺、特产等输入吐蕃。茶叶又通过贸易到达西北少数民族地区,如回纥。封演《封氏闻见记》卷六记曰:"古人亦饮茶耳,但不如今人溺之甚,穷日尽夜,殆成风俗。始自中地,流于塞外。往年回鹘入朝,大驱名马市茶而作归,亦足怪焉。"中土的饮茶风俗传播到了塞外,塞外民族回鹘以所产名马与唐朝贸易茶叶,开启了茶马贸易。只是彼时以茶易马尚未形成定制,西北少数民族一般仍以贡马的形式获取以金帛为主的回赐。中唐后,茶叶传播到塞外的同时,还顺着古代丝绸之路从陆路源源不断地进入中亚、西亚地区各国,并继续往西传播。

知识拓展

　　唐德宗建中二年(781 年)十二月,常鲁作为入蕃使判官,随行出使吐蕃。常鲁曾在营帐中烹茶,吐蕃赞普问他所烹为何物,常鲁说:是茶。赞普说,他也有唐境所产各种名茶。李肇《唐国史补》卷下记此事甚详:"常鲁使西幕,烹茶帐中。赞普问曰:此为何物?鲁公曰:涤烦疗渴,所谓茶也。赞普曰:我此亦有。遂命出之,以指曰:此寿州者、此舒州者、此顾渚者、此蕲门者、此昌明者、此澧湖者。"可知当时中土所产的名茶有很多已经远播到吐蕃。

五、陆羽与《茶经》

　　陆羽(733—约 804 年),字鸿渐,一名疾,字季疵。天宝十一年(752 年)起,与被贬为竟陵司马的礼部郎中崔国辅交游 3 年,相与较定茶、水之品,成为文坛佳话。

　　天宝十四年(755 年)安禄山叛乱,陆羽与北方移民一道渡江南迁。上元初,陆羽隐居湖州,与释皎然、玄真子张志和等名人高士为友,"结庐于苕溪之湄,闭关对书,不杂非类,名僧高士,谈燕永日"。同时撰写了大量的著作,其中,《茶经》这部茶文化历史上具有里程碑意义的著作,对唐代及后世茶业与茶文化的发展有着持续与深刻的影响。

(一) 提出茶叶种植、生产的基本要素

　　陆羽《茶经》提出了茶叶种植、生产、制造的一些基本要素,如:植产之地,以朝阳且有树木遮阴、土壤为风化充分"砾壤"的山崖为上,茶叶原料以紫者、笋者、叶卷为上;采茶要在春季、晴天。陆羽《茶经》使春茶的观念深植人心,"凡采茶在二月、三月、四月之间",改变了魏晋以来春、秋茶皆重,甚至因为秋茶是在粮食生产完成之后不妨农事而更为受到重视的情况,认为春茶更利于茶叶物性的发挥和品质的保证。陆羽《茶经》重视春茶,使茶叶生产成为一项独立的经济作物的生产,而不再附属于粮食生产,这种独立性使得茶叶独立迅速发展成为可能。

(二) 倡导清饮,确立茶道形式

　　陆羽《茶经》的另一重大影响,是将茶的清饮方式从当时的多种饮用方式中单独提炼出来,并加以隆重推介,即以末茶煮饮的方式,配之以成套茶具、相关程式和理念,确立茶饮之有道的茶道形式。

(三) 提升茶叶的文化品性,首次把"品行"引入茶事之中

　　《茶经·一之源》对茶叶的源流"南方之嘉木"、秉质"茶之为用味至寒"的探究阐述,特别是将茶叶寒敛简约之性与"精行俭德"之性相提并论,提升了茶叶的文化品性。"茶之为用。味至寒,为饮,最宜精行俭德之人",首次把"品行"引入茶事之中。

(四)《茶经》的影响——"茶"字与"茶道"

《茶经》的重要影响是"茶"字使用的确立,并由他人引用提出了"茶道"一词。"茶道"首见于诗僧皎然所作的《饮茶歌诮崔石使君》中的诗句:"孰知茶道全尔真,唯有丹丘得如此。"封演《封氏闻见记》卷六"饮茶"载:"楚人陆鸿渐为《茶论》……有常伯熊者,又因鸿渐之《论》广润色之。于是茶道大行,王公朝士无不饮者。"

(五)茶文化风靡中华,远播四海

茶在唐代成为风靡全中国的饮品,并富含文化特性,引来周边国家和地区的向往,茶"始自中地,流于塞外。往年回鹘入朝,大驱名马市茶而归,亦足怪焉"(《封氏闻见记》)。

唐中后期,茶马贸易将茶传播到中国的少数民族地区,并远传日本列岛和朝鲜半岛。陆羽在世时被人称为"茶仙",去世不久即被奉为"茶神"。李肇《唐国史补》记载当时人们已将陆羽作为茶神供奉,"江南有驿吏以干事自任。典郡者初至,吏白曰:驿中已理,请一阅之……又一室署云茶库,诸茗毕贮。复有一神,问曰:何? 曰:陆鸿渐也"。陆羽被人们视为茶业的行业神,经营茶具、茶叶的人们将陆羽像制成陶像,用来供奉和祈祀,以求茶叶生意的顺利,"巩县陶者多瓷偶人,号陆鸿渐,买数十茶器得一鸿渐,市人沽茗不利,辄灌注之"。

陆羽《茶经》亦大大影响了宋代茶文化与茶业的发展,使之达到鼎盛。欧阳修《集古录跋尾》提到"后世言茶者必本陆鸿渐,盖为茶著书自其始也"。梅尧臣《次韵和永叔尝新茶杂言》中有"自从陆羽生人间,人间相学事春茶"。宋人肯定了陆羽开创的一种全新的茶文化的引领作用。据不完全统计,自南宋咸淳百川学海本《茶经》起,至20世纪中叶,《茶经》有70多个版本,海外有日、韩、德、意、英、法、俄、捷克等多种语言文字版的《茶经》译本。从中我们既可看到茶业与茶文化历史的繁荣,也可得知《茶经》的深远影响。

六、唐朝煎茶法

煎茶法是唐代的主要饮茶方式,风行于文人、僧道之间。陆羽《茶经·五之煮》专论茶的煎煮操作方式,以饼茶研碾成末后煮茶。饼茶即茶叶经过"采之、蒸之、捣之、拍之、穿之、封之"而成。

知识拓展

法门寺出土唐茶具

1987年,法门寺地宫出土了一整套唐代皇室宫廷使用的金、银、琉璃、瓷等食用及饮茶器具。法门寺地宫出土的《物帐碑》记载着:鎏金壶门座茶碾子、金银丝结条笼子、飞鸿球路纹鎏纹银笼子、鎏金鸿雁纹云纹茶碾子、鎏金团花银锅轴、鎏金仙人驾鹤纹壶门茶罗子、鎏金双狮纹菱弧形圈足银盒、鎏金摩羯纹银盐台、银头箸、银坛子、鎏金流云纹长柄银匙,还有一些鎏金或银的茶托、茶碗、高足碗等。

这些器物是咸通十五年(874 年)正月初四,唐僖宗李儇下诏送还佛骨,归藏于法门寺地宫时一并供养。佛教有茶汤供养的仪规,嗜茶的僖宗奉上自用的金银茶具。(茶槽子、碾子、茶罗子、匙子一副七事,共八十两。僖宗还供有三足架摩羯纹银盐台、笼子两枚,还有茶托、茶碗。)

第五节　宋代茶文化之繁荣兴盛

宋王安石《临川集·议茶法》中曰:"夫茶之为民用,等于米盐,不可一日以无。"两宋时期(960—1279 年),茶文化处于发展轨迹的鼎盛时期,也是重要的拐点。这一时期的茶文化更是对日本茶道的形成有着深远的影响。

一、宋代茶文化特点

宋朝的茶文化特点显著,主要体现于以下几个方面:一是华夏各民族大交融带来的品饮习俗大传播;二是人们精神层面上的承上启下,大唐气势中的张扬外扩,渐被宋代理学观念导致的内省方式取代,而这样的沉思品格,亦渗透到了茗饮的生活中;三是茶的制作技艺开始分化,一方面由精美而进入奢侈,另一方面民间散茶在山野间自生自长;四是茶礼茶仪向皇家茶与民间茶两端纵深发展;五是承继唐代文士的浪漫情怀,茶与各相关艺术门类有了更为深入、更为全面的结合。

二、宋代茶叶经济已成支柱

(一) 茶叶产区与现代茶区范围相当

宋朝的茶区,相比唐代更往南方扩展,基本上已与现代茶区范围相符。这与当时的气候、环境变化密不可分。从五代和宋朝初年起,全国气候进入历史小冰期,太湖冬季结冰严重、春季明显推迟,贡茶根本无法在清明之前到达京城,致使茶业重心由北向南移。

中国南部的茶业,在此背景下迅猛发展,而且较北部发展更快,一跃成为全国茶业重心。这一重要转折的标志就是福建建安茶成为贡茶的主角,取代了唐时湖州顾渚紫笋。作为贡茶,建安茶的采制精益求精、声名远播,建安也因此成为中国团茶、饼茶制作的主要技术中心。与此同时,西南和岭南一带的茶业,亦明显地活跃和发展起来。

知识拓展

宋代以后的茶叶经济发展,与五代十国的发展紧密相关(907—979 年)。根据杜文玉(2006)《五代十国时期商业贸易的特点及其局限性》一文分析,彼时茶叶经济情况:"以茶产地为例,唐代产茶州为 43 个,而五代十国时期已经增加到 61 个州府。唐朝规定对茶叶'论斤量税',税率为茶价的十分之一。唐朝茶税最多的一年为大中六年(852年),全年共得 80 余万贯,按十比一的税率计,这一年的总茶价为 800 余万贯。北宋统一全国后实行买茶法,每年在江淮、岭南的买茶额总计为 2 366 万斤,而江淮各路的折茶税每年为 665 万斤,再加上四川 2 914 万斤的茶叶产量,总数为 6 085 万斤,大体相当于宋初全国的茶叶总产量。"由于此时北宋建国不久,故这些数据实际上反映的是五代十国时期茶叶生产发展的情况。再根据《宋史·食货志》记载的宋初各地茶叶官价,可以推算出宋初每年茶叶总价约为 1 600 余万贯,比唐代增加了一倍。

五代十国时期建州茶的生产,给中国茶叶生产的提升带来很大的作用。唐代末年,王潮、王审知建立闽国。由于采取了保境安民的立国方针,建安地区的茶叶生产大规模上升,为以后宋代北苑茶的生产打下了基础。北苑本是南唐的一处宫苑,此地产贡茶也始于南唐。944 年,吴越国打下了福州,北苑茶园自然也就由南唐归于吴越。入宋以后,建安凤凰山一带也被称为"北苑",其中品质最好的茶产于壑源一带,叫作"壑源茶"。南宋赵汝砺《北苑别录》载,北苑共有御茶园 46 所,占地 30 余里。

(二)茶叶经济贸易情况

宋代开始,茶叶作为商品在全国广泛流通,甚至成为出口商品,在国际市场上长期享有盛名。这一时期,中华各少数民族对茶叶的需求也开始增大。唐代就已流行于社会上层人士的饮茶风习,到五代十国时期,逐渐向社会下层普及,遂使其所需茶货数额有了较大的增长。在唐代,中原王朝与少数民族之间的贸易,主要是绢马贸易,而在五代十国时期则逐渐向茶马贸易过渡。至宋代,茶马贸易发展成为中原王朝与周边民族贸易的最主要形式。

知识拓展

五代十国时期,茶产地数量与茶叶产量均比唐代有了较大幅度的提高,饮茶风习的普及促使茶叶消费量有了较大的增长。茶产地数量与茶叶产量的大幅增长,满足了北方因为饮茶风习普及而产生的对大量茶货的需求,促进了南北茶叶贸易的增长。又因为此时南北政治对峙,北方所需茶货常常只能通过贸易一途获得,从而使得茶叶成了南方向北方输出的大宗商品之一。南北茶叶贸易除了官、私长途贩运的形式外,朝贡也是当时流行的一种形式,如吴越国每次动辄贡茶数万斤。

此一历史阶段的茶叶国际贸易进行得非常热烈,公元1000年左右,茶叶已经成了中国最大的经济产业之一。"摘山煮海"给中国尤其是给中国东部沿海的吴越国带来了巨大财富。当时的吴越国是国际经济精英的聚集地,孕育了一些世界上最有活力的商业群落,吴越国和北方的契丹族是1000多年前的国际茶叶贸易的起始者,是他们首先开创了这条茶叶之路。而吴越国对于中国茶叶往北走向蒙古和俄罗斯的茶叶之路,起着至关重要的作用,并从中获得了巨大利益。吴越国是中国南部第一个和契丹建立正式关系的独立的王国,而茶叶在双方的外交关系中起着直接作用。正是吴越和契丹君王之间关于茶叶贸易的协议,为后来茶叶之路的东进奠定了基础。10世纪时,蒙古商队来华从事贸易,将中国砖茶从中国经西伯利亚带至中亚以远。彼时的中国茶叶已输出到东南亚一带,而通过温州、泉州、杭州等港输出到新罗、日本的茶叶也为数不少。

三、宋茶开启新格局

宋时茶已成为中华国饮。中原茶文化通过国家行为向周边民族和国家传播,奠定以后中国北方民族的饮茶习俗,甚至成为中原控制边地的基本"国策"。北宋王安石(1021—1086年)在《议茶法》中曰:"夫茶之为民用,等于米盐,不可一日以无。"宋梅尧臣(1002—1060年)写过许多有关茶的诗篇,他对茶作了如是评价:"华夷蛮貊,固日饮而无厌;富贵贫贱,亦时啜而不宁。"北宋大思想家李觏(1009—1059年)提及茶亦指出:"君子小人靡不嗜也,富贵贫贱靡不用也。"关于茶的一句经典格言"盖人家每日不可阙者,柴米油盐酱醋茶。"亦诞生于此时(南宋吴自牧《梦粱录》)。

(一) 茶叶制作翻新招

人们迎来"宋点"的时代,品饮方式发生重大变化,茶叶制作方式亦不同,出现了三种品类的茶。

一为团饼茶,从北苑茶发展而来。团饼茶表面有龙凤纹饰,所以也称作"龙团凤饼"。据记载,进贡皇室的龙团凤饼有40多种,如万寿龙芽、龙团胜雪、御苑玉芽、龙凤英华、启沃承恩、无比寿芽、万春银叶、玉叶长春、瑞云翔龙、太平嘉瑞、龙苑报春等。团饼茶把中国茶的制造技艺推到了登峰造极的地步。

二为散茶(叶茶)。此茶的特点是蒸而不碎、碎而不拍,是直接烘干的茶叶。

三为花茶,特点是花类很多,量茶叶多少摘花为伴。花有多种,包括茉莉、蔷薇、木香、梅花等。花茶是花与茶通过窨制而成的复合型茶,可以说是茶叶制作史上一个非常重要的创造。

(二) 点茶成为主流饮茶方式

宋朝流行点茶法。这是一种极其讲究的品茶生活技艺,并催生了斗茶的兴起。宋蔡襄《茶录》这样记载:将茶碾成细末,置茶盏中,以沸水点冲。先注少量水调膏,继之量茶注汤,边注边击拂。使之产生汤花(现时称泡沫),达到茶盏边壁不留水痕者为佳。唐人煮茶讲究"三沸",宋代虽与唐代的煮茶法颇为不同,但同样注意掌握水沸的程度。在点茶前,还要用沸水冲洗杯盏,预热饮具。正式点茶时,先将适量茶粉放入杯盏,点泡一些沸水,将茶粉调和成膏,再添加沸水,边添边用茶筅击拂,最终成茶汤。点茶是宋代饮茶的主要方式,此法传到日本后演变成了抹茶道。

(三) 饮茶习俗大传播

宋承唐代饮茶之风,达到登峰造极之境。从唐代的高僧士子名臣饮茶,沿袭至宋,又展开两翼,一翼横扫民间,一翼征服宫廷。宋徽宗赵佶(1082—1135 年)就专门著有《大观茶论》,他极其迷恋品茗艺术,对饮茶之风有生动的叙述:"缙绅之士,韦布之流,沐浴膏泽,熏陶德化,盛以雅尚相推,从事茗饮。故近岁以来,采择之精,制作之工,品第之胜,烹点之妙,莫不感造其极。"宋代饮茶习俗的传播呈现如下特点。

1. 从中心到边疆,进一步向四周发散

后唐和契丹,吴越和高丽、新罗都有很多茶事往来,入宋之后这种茶习俗的辐射更加深入。其中茶入西夏(1038—1227 年),可以说是茶的"西征"。西夏王国建立于宋初,后成为西北地区一支强大的势力。西夏国主要由羌族的一支发展而成的党项族构成。宋朝与西夏党项族进行马的交易,初始并未使用茶,而是先以铜钱支付。至公元983 年,也就是宋太平兴国八年,宋朝开始以茶叶等物品与之以物易物。[①]

北宋时期,赵宋王朝在与西夏周旋的同时,还要应付东北的契丹国的侵犯。公元938 年,契丹国夺得燕云十六州,后改国号为"辽"。1044 年,宋、辽"澶渊之盟"议和,此后双方在边境地区开展贸易,宋朝用丝织品、稻米、茶叶等换取辽的羊、马、骆驼等。辽通过使者把茶带往北方,而宋使入辽,都要行茶、行汤,比如行饼茶、行单茶。

宋朝与金(1115—1234 年)之间也有着频繁的茶叶交往关系。1115 年,女真族完颜阿骨打称帝,国号"大金"。金朝在以武力不断胁迫宋朝的同时,也不断从宋人那里取得饮茶之法,而且饮茶之风日甚一日,茶饮地位不断提高。女真人也开始在婚姻上实行"下茶礼",这是一种受茶文化影响的求婚仪式。宋使洪皓撰有《松漠记闻》,文中记载说,女真人婚嫁时,酒宴之后主人会捧茗遍示众人,请贵客品啜[②]。

2. 茶文化扩散至宫廷,进入最高统治者的生活

从唐代的文人、隐士、僧人引领的茶文化时代,进入宋代皇帝身体力行的时代,前有皇亲国戚的热衷参与,后有文士高人的引领推动。宋徽宗所著的《大观茶论》,是那个时代茶叶文献的经典代表作。贡茶中的龙凤团茶,则被视为历代贡茶中的绝品。

3. 市民茶俗大兴,茶馆模式开启

茶既是生活必需品,亦为文化象征物。宋代商品交易市场不再专设,大量的集市涌现,市民到处可买东西。勾栏瓦肆的出现,更是促进茶坊雨后春笋般出现,真正意义上

---

① 史书记载,1043 年的宋仁宗庆历三年,宋封元昊为西夏国王,并给以银七万两,绢十五万匹,茶叶三万斤。以后随着双方的时战时和,宋赠西夏的茶也越来越多,甚至一次上涨到数十万斤之多。

② 宋使洪皓(1088—1155 年)出使北国,曾羁旅于燕京、西北以及东北一带十数年之久,最后写成了《松漠记闻》。松漠代表漠北,主要指黑龙江和今北京地区。

的茶馆模式开始兴起。南宋吴自牧的《梦粱录》卷十六"茶肆"大段鲜活语言陈述了千年前的国都临安(今杭州)之茶楼、茶事、茶俗、茶风[1]。

4. 茶与文学艺术更为紧密

茶与文学艺术在这一时期有了更为直接和密切的接触。宋代本是中国历史上书法艺术的高峰时代,"苏、黄、米、蔡"四大家无人不知。茶文化为主旨展现的书法艺术水平极高,以经典书法家蔡襄为代表。茶的美术作品亦极为生动高妙,以刘松年《斗茶图》为代表的宋代茶画,是茶文化的瑰宝。

宋代茶器亦越发鲜明地呈现出审美的意趣。饮茶多用盏,因茶汤白,茶盏尚黑,以利斗茶之需。又因形似斗笠,称"斗笠碗",分黑釉、酱釉、青釉、青白釉四种,独黑釉最为流行。建阳水吉窑所产黑釉茶盏作为供御的贡品,釉面之纹呈结晶状,变化万千,兔纹、油滴、鹧鸪、曜变等都是最经典的茶器之纹。至今,日本茶人仍把从径山寺传过去的宋代黑釉盏称为"天目碗",尊为茶道至宝。

茶与文学之间的关系,在宋词蓬勃的时代,更呈现出万紫千红的局面。前期以范仲淹、梅尧臣、欧阳修为代表,后期以苏东坡、黄庭坚和陆游等人为代表。

四、宋代贡茶、榷茶

(一) 宋代贡茶

宋太平兴国二年(977 年),宋代贡焙重心由浙江移往福建后,除保留宜兴和长兴的顾渚山贡茶院之外,在福建建安,即今福建省建瓯市凤凰山麓正式设置官焙。到宣和年间,北苑贡茶中的龙凤茶盛极一时,规模之大、动员役工之浩繁,远远超过顾渚山贡茶院,在品质和数量上都有了更大的发展。可以说宋代贡焙中的名品,其品质在团饼茶类上达到了前所未有的水平。同时,贡茶对民间的茶叶生产与影响也更大[2]。

(二) 宋代榷茶(榷法)

中国历史上的宋王朝,是一个极其矛盾的王朝,从茶事上来看,一方面宋代茶叶生产飞跃发展,种茶面积和区域扩大,产量增加,较唐代增长两倍多。特别是南宋时期,茶已成为极其重要的经济作物。另一方面宋代又是烽火不息、"积贫积弱"的王朝。与契丹(辽)、党项(西夏)、女真(金)的战争使得中央政府财政困难,战马短缺。故入宋以后,赵宋王朝倍加重视榷茶制度。由于当时已经形成了后人所谓"夷人不可一日无茶以生"的状况,茶成了换取边马的必需物资。此时茶的政治属性已超过了商品属性,皇帝、大臣都直接参与茶法的制定和修订。

宋代榷茶专卖制度的设立极有特点:整个国家共计有 13 个山场以作为茶的管理机构,包括管理园户,管理买卖茶货;又有 6 个榷货务,为茶叶销区管理机构,管茶叶运输

---

① 南宋吴自牧的《梦粱录》,是一部描写南宋都城临安城市景观和市井风物的著作。

② 《宋史》记载:宋代贡茶地区达 30 余个州郡,约占全国产茶 70 个州郡的一半。岁出 30 余万斤,在北宋 160 多年间,北苑贡茶的名品达到四五十种。

和发售;各个机构之间都有着互相钳制的关系,以防流通领域中出现漏洞。

五、宋代茶马互市和边茶贸易

茶马交易是中国历史上国家以官茶换取青海、甘肃、四川、西藏等地少数民族马匹的政策和贸易制度。宋代由于国家须加强战备、渴求战马,而强化了茶的禁榷,开展了茶马贸易,茶马贸易也因此成为边陲要政。

宋朝初年,内地向边疆少数民族购买马匹,主要还是用铜钱。公元983年的太平兴国八年,宋廷正式禁止以铜钱买马,改用布帛、茶叶、药材等进行物物交换。为了使茶马贸易有序进行,还专门设立了茶马司。茶马司的职责包括制定政策、法令、法规,组建下属机构,统一管理茶的征榷、运输、销售、易马事宜。

茶马互市贸易自中唐开始出现,到宋代已发展成为封建国家一项重要的经济政策并被制度化。宋代的茶马贸易有利于民族团结和多民族国家的形成与统一,对宋王朝的巩固和发展具有重要的政治意义。

六、宋代茶风与日本茶道

日本历史上的平安中期(9世纪末),日本废除了遣唐使,"团茶"也因之而渐渐消失。随着宋朝与日本往来的恢复,日本代之而起的是从宋代"点茶法"因袭传承而来的"抹茶法"。抹茶的制作方法是把精制的茶叶用茶臼捣成粉末状,喝的时候往茶粉内注入水,用茶筅搅匀后饮用。

南宋绍熙二年(1191年),日本僧人荣西(1141—1215年)将茶种从中国带回日本,从此日本开始遍种茶叶。荣西撰著了《吃茶养生记》,极力宣扬饮茶益寿延年,推动了日本饮茶的普及,其在日本被尊为"茶祖",是日本茶道文化的开拓者。

日本茶道把中国浙江的径山寺视为日本茶道的祖庭,其文化承传的历史,正是从宋代开始的。径山寺坐落在今浙江省余杭、临安两地的交界处,为僧法钦所创建,唐时即闻名于世,蔚为江南禅林之冠,历代都有日本僧人留学于此。径山寺因地处江南茶区,历代多产佳茗,尤以凌霄峰所产为最。相传法钦曾手植茶树数株,采以供佛。逾年蔓延山谷,其味鲜芳,特异他产。历代以来,径山寺饮茶之风颇盛,常以本寺所产名茶待客,久而久之,便形成一套以茶待客的礼仪,后人称之为"茶宴"。

宋时日本禅师慕名而来,大名鼎鼎的有丹尔圣一、圆尔辨圆、南浦绍明、明惠上人等高僧。彼时,寺院里僧客团团围坐,边品茶、边谈道论德、议事叙景,对各种优质茶叶进行鉴评和"斗茶"。其中丹尔圣一于1235年到径山寺,1242年回国时带了径山茶叶种子和径山茶的传统制法。南宋末期的1259年,日本南浦绍明禅师抵中国浙江余杭径山寺求学取经,学习该寺院的茶宴程式,首次将径山寺的茶宴理规及程序引进日本,成为中国茶礼在日本的最早传播者。日本18世纪百科全书《类聚名物考》一书对此有明确记载:"茶宴之起,正元年中,驻前国崇福寺开山南浦绍明,入唐时宋世也,到径山寺谒虚堂,而传其法而皈。"这一史料明确记载了日本茶道源于中国径山茶宴。日本《本朝高僧传》对此也有记载:"南浦昭明由宋归国,把茶台子、茶道具一式带到崇福寺。"

"茶兴于唐而盛于宋",宋代茶文化的内涵技艺,堪称中世纪人类品茶艺术登峰造极的标志,其精妙繁复的程序所呈现的艺术品相,直到今天也未能够企及。对这一时期茶文化资源的深入挖掘,依旧是后世茶文化研究者的历史使命。

第六节　元明清茶文化之更新与转型

茶文化自两晋萌芽,唐成格局,两宋繁荣兴盛。到了元、明、清三个朝代,茶文化延续发展,精彩纷呈,却又辽阔庞杂。

一、元、明、清茶事概况

(一) 散茶冲饮成为主流

元明清三朝时间近 700 年,饮茶方式相对趋同。其中,元代为紧压茶走向散茶的过渡时期;明代进入以散茶冲饮为主要饮茶方式的时代。这种饮茶史上的革命性改变,带来了与茶相关诸多方面的变革,主要体现于以下四个方面。

一是制茶技术的革命。贵为皇家贡品的团茶让位于散茶,茶叶制作开启百花齐放模式,花茶在这一时期制作技艺完善成熟,红茶、乌龙茶都在这个历史时期诞生并迅速风行。二是繁复的点茶演进为简约的冲物,饮茶成为人人可行的风雅之事。三是中华民族以茶交融,边茶贸易更趋频繁。四是茶向海外的冲击扩展,中国向世界输出奉献中国茶与中华茶文化。

(二) 茶文化审美意绪的阶段变化

随着经济的变化进程,茶文化也呈现出相应的风貌。对应三个朝代,茶文化的审美意绪也总体进入三个阶段。

1. 元至明初的简约真朴

马背上长大的元代统治者并不欣赏南宋遗风,驰骋于草原的部落亦无法理解赵宋王朝精细奢侈的品茶之风。汉人(南人)在元代丧失民族话语权,包括茶文化在内的汉文化上也处于弱势。且明初之时,国家新历改朝换代,血流成河的记忆尚未褪去,相比个人意绪,家国大事更为重要,士人崇尚坚毅沉着之举,风流倜傥已不合时宜。再加上开国皇帝朱元璋对知识分子的控制极严,文人对朝廷亦充满警惕,多以慎独为修身养性的规训,风雅之举难再。

2. 明中期至清中期渐入烦琐精细

这一时期,社会财富又得以重新聚集,人们精神生活也得以逐渐丰富,市民阶层发展壮大,茶事亦随之渐入烦琐精细。此时中国 2 000 多年的封建社会已经开始走向末期,意识形态也不免呈现出强弩之末的疲态。茶文化中的精神事象自然也少了发现真理的严肃精进,更多了闲适雅兴的玩物之趣。文士官员们更多地把茶与人之间的关系定位在精神颓丧时的聊以自慰,饮茶之风在技艺、器物和环境越发精美之时,渐渐失去了前朝所蕴含的家国情怀,更注重个人生活中的德行操守和趣味雅兴。另外,市民阶层与茶建立起了更加全面的关系,在诸多生活细节里都更为直接地渗透了茶的文化内涵。

3. 清代中、后期茶文化事象呈现出前所未有的分裂

一方面,茶文化继续着明代传承的奢靡繁复;另一方面,国门的大开,国家性质的改变,中国沦入半殖民地半封建社会的现状,使西方经济文化对中国茶文化的影响也在所难免。而农民起义,政局动乱,中国大地上劳苦大众普遍流离失所,又使象征着安居乐业的饮茶习俗渐失光华,甚至有所失传。

城市中茶道趋向大众化、平民化,城市的茶馆更偏于向中下层世民开放,茶馆的复合性功能更加突出,与说唱和舞台艺术的关系更为密切,饮茶方式更加接近平民百姓。清末民国初年徐珂编撰的《清稗类钞》记载"京师茶馆,列长案,茶叶与水之资,须分计之;有提壶以注者,可自备茶叶,出钱买水而已。汉人少涉足,八旗人士,虽官至三四品,亦厕身其间,并提鸟笼、曳长裙、就广坐,作茗憩,与困人走卒杂堂谈话,不以为忤也。然亦绝无权要中人之踪迹"。由此可知当时京城更加平民化的饮茶方式。

在中国南部,都市的茶习俗也日益与平常生活紧密结合,典型的例子就是广东早茶样式的出现。所谓"早茶",实际上就是早点,通称"一盅二件",一盏茶,几款小点心。其中,茶食起着主要作用,茶水在此起着佐食之意。茶就是以这样的方式,低调、普遍而直接地进入了一日三餐,并迅速被中国大多数城市的市民们接受,成为茶文化中又一种独特而又重要的呈现方式。

二、茶叶制作的百花齐放

1. 散茶渐成主流

由宋代至元代,散茶煮饮这种方式渐渐被人们接受。这种茶的饮法与近代泡茶喝法很接近,先采嫩芽、去青气,然后煮饮,也有人认为要连叶子一起吃进去,所以叶子要嫩。另有一种散茶的饮法,这种茶叫末子茶,采茶后先烙干,然后磨细,有些像日本现在的抹茶。茗茶这种古老的吃茶方式也在民间流行,它类似于茶粥。三国时期便有在茶中加入各种食物,米、姜、橘子皮、胡桃、松实、芝麻、杏、栗等共煮,吃时连饮带嚼,颇受民间喜爱。

元代人也喝从宋代承传下来的腊茶,即团茶,但数量比起宋代有所减少,以宫廷饮用为主,品饮时依然保持那种精致豪华的贵族做派。

时代进入明初,发生中国茶史上一件重要的大事:洪武二十四年(1391年),明朝开国皇帝明太祖朱元璋(1328—1398年)下令正式废除进贡团茶,改进贡散茶,全社会喝散茶的习俗自此开始。有史学家认为,朱元璋之所以罢团茶而进散茶,就是因为看到团茶的奢侈给中国农民带来的灾难性生活,欲以简便的散茶方式减轻农民负担。但我们也由此看到技术的进步带来饮茶方式的改变,即炒青制茶方式带来饮茶史上的革命性巨变。朝廷的风尚必然引领社会风尚,上行下效,茶叶炒青技术自此普及全国,成为中

国沿袭至今制作绿茶的主要方式。

2. 花茶制作的技术开始出现并渐趋成熟

花茶从宋代就开始试制,历经数百年之后,终于在清代得以普遍地铺开品饮。北方人往往管花茶叫香片,以为它不但香气袭人、口感韵致,还有着很好的药理功能,一直深受北京人喜爱。其中茉莉花茶得到了普遍的认可,因为此茶有理气开郁、辟秽和中之功效,对痢疾、腹痛、结膜炎及疮毒等,都具有很好的消炎解毒作用。

3. 红茶、青茶相继诞生,现代六大茶类全部形成

明初有一项突破,即发明了红茶制法,黄茶和黑茶也相继产生。截至明朝后半期,已有五大类茶叶。到了清代,发明了青茶类制法,至此六大茶类齐全,制茶技术相当发达。茶叶花色万紫千红,茶类达到很高的水平,是世界上茶类最多的国家。

创制于元、明、清三代的中国名茶有西湖龙井、洞庭碧螺春、太平黄山毛峰、安溪铁观音、君山银针、庐山云雾、冻顶乌龙、祁门红茶、茉莉花茶等。

三、从烹茶、点茶到瀹饮方式的转变

元蒙古族人的品饮具有游牧民族独有的特点,即茶中加盐、加奶。而在其统治下的南宋遗民,在保持着原有品饮习俗的前提下,也开始转型于散茶品饮,点茶方式就此式微,建立在点茶方式上的"斗茶""茶丹青""茶百戏"等高难度冲泡技艺活动,也就此渐渐退出历史舞台。

明朝崇散茶冲泡,将制作好的茶叶放在茶壶或茶杯里冲进开水后直接饮用,即"旋瀹旋啜",也就是瀹茶法。此法的形成与文人的超凡脱俗及闲散雅致是吻合的。

明朝在品饮方面有一项重大创新,即完善了"工夫茶艺"。这是一种原来流行于中国东南福建、广东等地的品饮方式,是一种融精神、礼仪、沏泡技艺、巡茶艺术、评品质量为一体的完整的茶文化形式,发展至今,成了中国人品茶的重要方式之一。

四、元明清的茶与文学艺术

元统治时间不长,但在文学中留下了元曲的文学样式,这种样式也体现在了茶的学领域上。比如散曲作家张可久(约1270—约1350年),写有50多首有关茶的"小令",这些诗令短而有意蕴。其中,《清江引·湖上避暑》就很有代表性:"好山尽将图画写,诗会白云社。桃笙卷浪花,茶乳翻冰叶。荷香月明人散也。"这是元曲艺术中茶文化的重要呈现。

明代社会矛盾激烈,文人不满于政治高压,故往往通过饮茶与高僧隐士建立更为密切的关系,留下的诸多诗文皆体现一种隐逸之心,这反而使得作品中茶自身的美学品质得到极好的挖掘。如陈继儒(1558—1639年)的《试茶》便很有代表性:"绮阴攒盖,灵草试奇。竹炉幽讨,松火怒飞。水交以淡,茗战而肥。绿香满路,永日忘归。"

清代茶事多。关于茶事,乾隆写过许多诗,虽无太多艺术价值,但对茶事活动有了真实的史料记载,对有些活动的评价也非常到位,尤其是"龙井八咏"。比如他的《观采

茶作歌》诗中"火前嫩,火后老,唯有骑火品最好"之句,便是对茶之品饮很细致的观察与评价。当年他六下江南,四次都到龙井品茶游览,为龙井作了 32 首诗。

元、明、清时期茶与艺术的结合,特点显著。画家更注意茶画的文人思想内涵,其中比较典型的有赵孟頫的《斗茶图》,文徵明的《陆羽烹茶图》、《品茶图》、《惠山茶会图》等。唐寅的《琴士图》、《品茶图》,丁云鹏的《煮茶图》,陈洪绶的《品茗图》等。

明清之际,茶器领域里诞生了紫砂壶艺术,其中以宜兴紫砂壶最负盛名。紫砂壶是用陶土制作的用以泡茶品茶的器具,因自身品质与制作的艺术性而具有很高的审美价值。紫砂壶和茶有一个本质上的共性,即平易近人与深不可测的完美结合。这种艺术成于明,盛于清。明清两代制壶大师留下了诸多极为精美的紫砂茶壶,如供春壶等[1]。他们代代传承,扬名于世,存世至今的亦有不少,将中国茶文化的审美功能推向了又一个艺术高峰。

五、元明清贡茶

元代统治者的民族性、生活习惯乃至茶类的变化等诸多方面,使元、明、清三代的贡茶,在数量、质量和贡茶制度上,都失去唐宋之际的强劲势头。

元朝贡焙中保留着部分宋朝的遗址,其中包括御茶园和官焙。元大德六年(1302年),朝廷在武夷山创建茶场,称"御茶园",专制贡茶。

明代初期,贡焙仍因袭元制,直至明太祖洪武二十四年(1391 年)九月,朱元璋有感于茶农的不堪重负和团饼贡茶制作、品饮的烦琐,下诏罢造龙团[2]。虽如此,明代贡茶征收中,各地官吏层层加码,数量依旧大大超过预额。《明史·食货志》载,明太祖时(1328—1398 年),建宁贡茶 1 600 余斤,到隆庆(1567—1572 年)初,已经增到了 2 300 斤,增幅接近二分之一。

清时贡茶产地则不局限于以某一地区为重心,凡是好茶都可以进贡。有些地方名茶,因一次进贡便享尽殊荣。

与唐宋时期相比,明清之际的茶政有它自己的特点:一是征贡区域宽,凡产地都可以进贡茶;二是新产品多;三是随机性强。彼时贡茶的概念,已经发生了一些变化:茶已不再是单纯的皇室特供饮品,而是多了一种很强的政府向地方征收实物税的性质。

六、明清茶马贸易

(一) 明代茶马贸易

明代朝廷继续与边疆少数民族进行茶马交易。这一政策成了明代重要的民族政策,而明王朝的灭亡也和这一政策的破坏有关。1573 年的万历元年,明王朝下诏关闭

---

① 史传明代中期,阳羡金沙寺有个老僧,闲静有致,会制陶器,文人吴颐山带家童供春(约1506—1566 年)在寺内读书,供春便跟着金沙寺僧学习制陶,并留下了世界上最珍贵的一把供春壶。

② 朱元璋下诏曰:"诏建宁岁贡上供茶……上以重劳民力,罢造龙团,惟采茶芽以进。其品有四:探春、先春、次春、紫笋。"

北方清河关这一重要的边境商贸关口,本意是为了查处私茶贸易及官方腐败,但引起蒙古与女真族人的强烈反弹(因彼时的草原民族已不可一日无茶,最终引发茶叶战争,把明王朝拖向崩溃边缘)。

明代的茶法分为三类:商茶、官茶和贡茶。商茶行引茶法,行于江南。官茶储茶边地以易马,行于陕西汉中和四川地区。官茶储边易马是明朝茶法的重点,"国家重马政,故严茶法","行以茶易马法,用制羌戎,而明制尤密",先后在今陕西、甘肃、四川等地设置多处茶马司以主其政,垄断汉藏茶马贸易,以保证买马需要。明初还曾设金牌信符,作为征发上述地区少数民族马匹的凭证。明初对官茶地区的私茶捕捉处罚极重①。

知识拓展

茶马司的官茶来源有如下几种:一是在陕西汉中和四川官茶区征收十分之一的官课本色茶叶,由官府组织人力分程运至各茶马司的官库、茶仓。二是通过运茶支盐法,由政府支付盐引到江淮支盐为报,让商人把四川茶叶运到西北茶马司。三是召商中茶,弘治三年(1490年),西宁等三茶马司召商中茶,每引百斤,每商不过三十引,运至后官收其十分之四,坐得数十万斤茶叶。

川陕茶马司所得茶叶,大都用于买马,也有用于开中茶法者,即召商纳粮储边、赈灾支茶。官茶的茶马贸易在一定时期为明政府解决了马匹的问题,但召商中茶法也使商人介入了茶马贸易,并使政府在与商人的博弈中经常败北。此法一行使私茶益发不可遏止,好马尽入民间商人之手,而茶马司所得却只是中下等马匹。再加上官员将吏为了牟取私利,有的故意压低马价,以次茶充好茶,有的用私马替代番马,换取上等茶叶,致官营茶马贸易更顶衰落。正德时特许西藏、青海喇嘛及其随从和商人例外携带私茶,使得茶马贸易制度崩坏日甚。

(二)清代边茶贸易

进入清代,茶法沿用明制,但茶政执行更为松弛,私茶趋多,交易中费茶多而获马少。清代分官茶和商茶,前期和后期有很大改变。官茶行于陕、甘,储边易马。清初,出于军事政治的需要,立即整顿恢复明末以来萧条废纯的西边茶法马政,清世祖顺治元年(1644年)即定以茶易马条例,次年设巡视茶马御史一员,管辖西宁、洮州等五处茶马司。顺治七年(1650年),陕甘茶引由户部颁发,并改商茶入边官商分配比例,将原来的"大引官商平分,小引纳税三分入官,七分给商",改为官商平分,一半入官易马,一半给商发卖,且不抽税。顺治十年(1653年),规定附茶之例,商人运版"每茶千斤,概准附茶一百四十斤"。又在战争凋敝的四川暂时实行小票,允许商民货贩不足一引百斤的茶叶,照例纳税,便民利国。所有这些政策,调动了茶商乃至四川小民的种茶积极性,使得大量茶叶运销陕甘,为茶马司易马,解决清初战事所需军马问题。陕甘官茶除易马外,还用于赏赐少数民族上层,起到了"外羁诸番"的作用。

---

① 明太祖洪武三十年(1397年),驸马都尉欧阳伦就因由陕西运私茶至河州被赐死。

顺治末年(1661年),清一统局面已定,茶马贸易不再为势所需,买马茶叶与银两多移充军饷。到雍正十三年(1735年),官营的茶马交易制度终于停止。实施了将近700年的茶马交易,终于在清朝寿终正寝,北宋以来的茶马贸易制度彻底终结,完成了它的历史使命。

七、海外茶叶贸易

清代是中国茶叶对外贸易由盛极至衰败的时期。大航海时代改变了清代中国的贸易制度,从内贸边贸变为海外贸易,茶叶也从内、边销品一跃成为全球贸易的重要商品。康熙二十四年(1685年)海禁废止,设立广东、福建、浙江和江苏四海关,定海税则例征税。并于1720年建立洋货行以管理贸易税饷,一般称"十三行"。茶叶是清政府限定由行商垄断经营的商品。乾隆二十二年(1757年),清廷关闭广州以外所有口岸,实行广州一口贸易,直到鸦片战争。

18世纪初直至19世纪中,世界茶叶贸易和消费勃兴。1718年,茶叶成为中国出口贸易之首。乾隆中叶(1760—1764年),平均每年出口茶叶约400吨。到嘉庆初(1800—1804年),平均每年出口茶叶约2210吨。鸦片战争前,中国茶叶几乎独占世界贸易。直到1836年,首批印度茶叶运至欧洲,中国茶叶独霸国际市场长达200年之久才发生改变。

在中英贸易中,英国为了平衡因茶叶贸易产生的结构性巨额逆差,通过在殖民地栽制鸦片走私中国获取暴利。1827年前后,走私进口鸦片的价值已经超过了中国茶、丝、布匹等出口的总和,中英的贸易结构发生逆转,大量白银从中国向英国倒流。1837年,清政府全面禁止鸦片,英国派遣舰队远征中国,1840年,打响了鸦片战争。

鸦片战争后,清政府被迫签订不平等条约《南京条约》,开通"五口通商",中国茶叶对外贸易开始兴盛起来。1853年,茶叶出口总量开始超出1亿磅,1861—1870年的10年间,则突破100万担大关,逼近200万担。1869年11月,苏伊士运河开始通航,中国茶叶出口184.9万担,茶叶出口值占总出口值60%以上。1871年超过10万吨,1881年达12.9万吨,1886年创下了当时中国茶叶出口数量的最高纪录13.4万吨。1889年后,由于印度、锡兰红茶大量输入英国,中国茶叶出口数量开始下降,至20世纪初,中国茶叶出口从全盛到衰落,1901年仅出口7万吨。1908—1916年,茶叶出口年均9万多吨。

元、明、清之茶事,用近700年时光完成了一个重要的更新与转型,凝聚着复杂多变的社会动荡与更替元素。由此带来的时代意绪,包括新生与消亡、兴奋与悲凉、收获与失去、振作与无奈。一片小小茶叶呈现着内涵丰富、感慨万千的茶之大单元时代。

第七节　晚清民国茶文化之艰辛跋涉

截至19世纪80到90年代,中国茶叶生产和出口量仍居世界第一。1886年以后,中国茶叶出口量开始急剧下降。20世纪上半叶,中国茶叶出口断崖式萎缩。1949年,中国茶业经济跌入前所未有的深渊低谷。日本、印度、斯里兰卡等国的茶业后来居上，继承中国茶文化精神而发展成熟的日本茶道在世界茶文化中的地位亦异军突起。半殖民地半封建社会的中国现状严重制约华茶发展，由茶生发出的诸多优秀的传统文化意绪也日益失意、蛰伏。但事物亦在最坏的时刻呈现转机：西方现代文明对中国茶业的现状实质性的冲撞，使中国此一时期的茶业在各个环节都呈现出了与中国传统茶学不同的面貌。可以说，中国现当代茶学的格局与诸多方面的建设，都在这个年代里打下基础。中国现当代茶学界的标志性人物吴觉农，也出现在这个一言难尽的毁灭与创新并举的艰辛时代。

一、茶事概况

（一）茶业严重受挫时期

华茶出口在这一过程中断崖式下降。19 世纪后半叶，中国年均产茶还有二十几万吨，出口茶叶十数万吨。到 1949 年，年均产茶降到 5.12 万吨，茶叶出口量仅为 0.99 万吨，仅为 1886 年最高出口量[①]的 7.39%。

鸦片战争后，中国传统的自给自足式农业经济解体，逐渐成为西方列强农产品的倾销市场和工业原料供应地。印度、斯里兰卡、日本大量发展植茶，创制揉茶机、烘茶机，采用成套机器，进行加工制作。印度、斯里兰卡红茶在英国迅速占领市场，日本的茶业也迅速发展。

综合分析，中国这一时期茶叶经济衰败的主要原因有：① 两次世界大战的影响，特别是长达 14 年的日本侵华战争对中国茶业的摧毁；② 晚清和民国政府的治国衰败失衡，茶行业的苛捐杂税成为华茶衰落的重要推手；③ 印度、斯里兰卡红茶市场扩大，日本绿茶竞争力增强，世界茶叶格局洗牌，中国茶叶被迫退出国际市场。另外，全球范围内的经济危机亦是中国茶业急剧衰退的重要缘由。

知识拓展

在中国茶业的严重受挫中，受灾最重的是中国的广大茶民们。1910 年《至德县志》的一首民谣，鲜活地描述了那个时代中国茶民的悲惨遭遇：

三月招得采茶娘，四月抬得焙茶工；千箱捆载百舸送，红到汉口绿吴中。

年年贩茶嫌茶贱，茶户艰难无人见；雪中茗草雨中摘，千团不值一匹绢。

钱少称大价未除，口唤卖茶泪先咽；官家摧茶岁算缗，赘胡垄断术尤神。

佣奴贩妇百苦辛，犹得食力饱其身。就中最苦种茶人。

（二）英中茶叶贸易背后的尖锐冲突

通过前面内容学习，我们知道从 17 世纪至 19 世纪后期，中国成为世界各国进口茶叶的垄断供应者，销区遍及欧洲、美洲、亚洲、非洲、大洋洲等各大洲。英国每年要花数

---

① 　1886 年中国茶出口量为 13.4 万吨。

千万两白银购买中国茶叶,而英国的洋货在中国不具丝毫吸引力。这种贸易上的不平衡使英国人逐渐把进口茶叶的目标转变为在殖民地种植茶叶。

同时,为抵抗中国茶叶在英国的压倒性销售,英国人出口鸦片给中国[①]。1840年的第一次鸦片战争由此爆发,中国以对英国中断茶叶销售的方法,抵抗英帝国主义的侵略,而英国人则加快在其殖民地印度和斯里兰卡发展茶叶生产的速度,以此与中国抗衡,逐渐挤占中国茶在英国乃至世界的市场份额。1858年,英国还迫使清政府签订《中英续约》,允许印度茶叶销入西藏。

知识拓展

英国在其殖民地印度的茶叶种植史与东印度公司密切相关。1833年,东印度公司被剥夺了华茶垄断权,他们急于寻找茶叶种植地,殖民地印度成为首选。1835年,Bruce兄弟让东印度公司相信印度阿萨姆茶比中国茶更好,茶业委员会派专家到实地考察,结果认为阿萨姆种是中国茶树的变种,且品质劣于当时的中国茶。他们派人前往中国收购大量的武夷山茶籽运往印度加尔各答,还请了中国雅安的茶师去传习种茶。翌年又派人到中国来取茶苗和茶籽,并在阿萨姆建立茶苗圃种植园,以后又源源不断引进中国茶种,与当地原有茶树交融,终于试种成功。1838年,首批8箱阿萨姆茶叶运到了伦敦。1840年,英国在印度阿萨姆成立了主营茶叶的阿萨姆公司。1848年,英国人福琼从中国购买茶苗,雇了8个中国茶人,到印度指导种茶。1850年到1851年间,英国人又向加尔各答运去20万株中国茶苗,携去大批茶树茶具,并带去一批华人茶工。

1852年,这种新的茶叶开始获利,而从1853开始,从印度运往英国的茶叶达到了23.2万吨。1871年,印度运往英国的茶叶达到了1531.16万吨,是20多年前的66倍。1872年印度输出茶叶2000多万磅;1890年增加到1亿磅,增长约4倍,1900年更是达到了2亿磅。

正是在这样的背景下,有人提出了茶的原产地为印度,此种观点严重违背了科学事实。1922年25岁的中国青年吴觉农东渡日本留学时便写下了《茶树原产地考》。

二、低谷中顽强跋涉的华茶

20世纪是中华民族历史上灾难深重的一百年,也是中华茶文化史上最不幸的百年。在此历史阶段中,社会每个阶层都失去了精神品饮的基本条件。国家分裂动荡,人们流离失所,两次世界大战,包括14年抗战,使中国人丧失了品饮茶的外在条件和内在心情。执政者们也不讲究喝茶,蒋介石(1887—1975年)提倡新生活运动,其中一项重要内容就是专喝白开水。中国社会渐渐失落了品茶传统。

即便在如此艰难的局势下,中国茶业依旧在艰苦中跋涉。诸多有志之士和有担当的茶人挑起中国茶业之担。

这一时期出现多个茶业教育组织。如1898年,萧文昭(清光绪年间任刑部主事)建

---

① 1800年英国出口给中国的鸦片竟达2000箱。

议:设立茶务学堂,讲究种植,尽地力和使用机器。经光绪批准,在通商口岸及产丝茶省份,迅速开设茶务学堂及蚕桑公院。旋即,这一教育改良举动因百日维新失败而告终。1905 年,中国首次组织茶叶考察团,赴印度、斯里兰卡考察茶叶产制,回国时购得部分制茶机械,宣传机械制茶方法和先进产制技术。1907 年,中国茶业协会在伦敦成立;"植茶公所"在南京钟山设立;四川灌县开办四川通省茶务讲习所,该所后迁成都,改名为"四川省立高等茶叶学校",学制为 3 年制。1914 年,云南省派朱文精去日本学习茶技,这是中国第一位公派出国学习茶业的留学生;1917 年,长沙设立"湖南茶业讲习所";1919 年,浙江省派吴觉农、葛敬业赴日本留学;1920 年,昆明设立"云南茶务讲习所";1923 年,安徽六安省立第三农业学校创设茶业专业。1940 年,在复旦大学教务长孙寒冰和财政部贸易委员会茶叶处处长、中国茶叶公司协理和总技师吴觉农的倡议和推动下,迁址重庆的复旦大学增设茶叶系(科),吴觉农兼任系主任,并于 1940 年秋开始在各产茶省招生。这是中国高等院校中最早创建的茶叶专业系科。

这一时期还建立多个现代茶业机构。1915 年,中国在安徽祁门设立"安徽模范种茶场",在四川宜宾设立"四川省立茶业试验场",在浙江温州设立"永嘉茶叶检验处",查禁假茶出口。1923 年,云南设立"云南省立第一茶业试验场",台湾设立茶叶检验所;1928 年,湖南安化设立"安化示范茶业场"。1931 年,中国制订茶叶检验规程,在上海、汉口成立检验机构,办理茶叶出口检验。1932 年,国民政府行政院成立"农村复兴委员会",稻、麦、棉、丝、茶五项被列为中心改良事业。1937 年,中国实业部及安徽、江西、湖南、湖北、浙江、福建六产茶省政府及上海、汉口、福州诸商埠茶商,联合组织了中国茶业公司,旨在提高茶叶品质,确定茶叶标准,改进茶叶产制运销事宜,以扩大贸易,复兴茶业。1938 年,中国财政部公布茶叶出口贸易大纲,实行茶叶统购统销。同年,由吴觉农代表中国与苏联签订易货协定,指定茶叶为主要易货物资。同年,中国在香港设立华易公司,负责华茶交苏任务。中国茶叶就以这样的方式参与了伟大的抗日战争,以茶换得苏联武器。1941 年,由吴觉农领衔,在"东南茶业改良总场"基础上筹建了我国第一个全国性的茶叶研究所,所址设在当时的福建省崇安县的福建示范茶区,于 1945 年抗战胜利后迁移,现属武夷山茶叶科学研究所。

屈辱岁月中,华茶也出现些许光荣印记。如 1910 年江苏碧螺春茶获南洋劝业会金奖;1915 年,中国送展的多种茶品在巴拿马万国博览会上获金奖,浙江省丽水市的"惠明茶"被尊为"金奖惠明"。

第八节　新中国茶文化之复兴

一、中华人民共和国成立后茶的快速恢复(1949—1966 年)

中华人民共和国成立后的茶业,几乎是在 1949 年完全崩溃的情况下重新收拾起来的。这一时期的重要举措有以下几点。

（一）建立了相应的各级组织，行使对茶叶的管理权

中华人民共和国成立之初，中国茶业的领军人物吴觉农先生便作为社会科学组成员，进入中国政协，同时担任中华人民共和国农业部首任副部长。1949 年 12 月，北京召开中华人民共和国成立后的第一次全国茶叶会议，旋即成立了中国茶业公司，这是中华人民共和国成立的首家国营专业公司。吴觉农亲任经理，并在各有关省市设立分公司。

1952 年，贸易部、农业部为了加强今后茶叶工作，对产销两部门的工作做了分工：茶叶生产、初制归农业部领导，茶叶收购、精制、贸易由贸易部领导，吴觉农从此不再直接担负茶叶管理的领导责任。

1954 年，全国实行预购茶叶协议书，以中央人民政府对外贸易部为甲方，以中华全国合作社联合总社为乙方，由甲方委托乙方办理一切有关茶叶预购的事宜。从这些组织机构的建立中，可见国家对茶的重视和掌控程度。

（二）建立了规范的茶科研与茶教育机构

1949 年中华人民共和国成立之后，复旦大学茶叶专修科恢复招生[①]，1952 年并入安徽大学农学院。1950 年 10 月，在中国茶叶公司中南区公司的资助下，武汉大学创办茶叶专修科，两年后调入华中农学院。与此同时，浙江农学院创办茶叶专修科。1954年 10 月，华中农学院茶叶专修科并入浙江农学院茶叶专修科。1955 年，浙江农学院和安徽农学院茶叶专修科均改为茶叶系，同时招收四年制本科生。同年，浙江农学院茶叶系招收苏联留学生 2 名，这也是中国茶叶专业首次招收外国留学生。

茶叶技术干部的短期培训，一直就是现代茶学教育的一个传统。抗日战争期间，吴觉农就是运用这个手法，培养了许多茶人，他们几乎都成了新中国的茶叶骨干。1950年，中国茶业公司在杭州举办茶叶干部训练班，吴觉农亲自到杭州来讲话。以后，这样的短训班在茶学界经常进行，有力地辅助了茶学高等教育工作。

与此同时，一系列的茶科研机构也陆续建立起来。中国茶叶标准研究会在北京成立，开始着手研究中国茶叶分级及标准问题。1958 年 9 月，中国农业科学院茶叶研究所在杭州成立，蒋芸生担任了首任所长。

1964 年 8 月，中国茶叶学会在杭州成立，浙江农业大学副校长蒋芸生教授[②]任第一任理事长。同年，中国茶叶学会编辑的《茶叶科学》创刊，刊名由朱德委员长题写。

（三）制定了一系列茶叶生产标准和政策

1931 年吴觉农在上海主持建立了中国茶叶生产检验标准。1950 年 3 月，新中国成立后的第一次全国商品检验会议在北京召开，会上制定并颁布输出茶叶检验暂行标准。

---

① 复旦大学茶叶专修科建立于 1940 年，在抗日战争和之后的内战期间，一度停止招生。

② 蒋芸生（1901—1971 年）：江苏安东（今涟水）人，我国现代园艺家、茶叶科学家和教育家。长期从事农业教育、科研工作。历任浙江农学院教授、茶叶系主任、浙江农业大学副校长，中国农业科学院茶叶研究所名誉所长，中国茶叶学会第一任理事长，浙江省茶叶学会第一、二任理事长。

次年第二次全国商品检验会议中进一步讨论修订。1952年正式颁布第一次修订的输出茶叶检验暂行标准。1953年,全国商品检验局在武汉召开茶叶检验技术会议,继续修订完善茶叶输出检验暂行标准,并重点研究订立茶叶分级检验的标准问题。1955年,中国颁布第二次修订的输出茶叶检验暂行标准。1957年1月,中华全国供销合作总社颁布《关于茶叶制造技术经济定额管理办法》,中华全国供销合作总社颁布省、自治区、直辖市间茶叶调拨办法。

1950年,中苏两国签订了中华人民共和国成立之后的第一个贸易协定,中国茶叶公司与全苏粮谷公司根据协定,签订了全年的茶叶贸易合同。

1952年,农业部、贸易部对茶叶生产和收购工作发布联合指示,要求做好外销和内销工作,并保证兄弟民族的茶叶供应。1954年,北京召开全国茶叶生产会议,确定"大力发展茶叶生产"的方针。自此,中国茶叶生产进入一个崭新的阶段。

1955年,农业部、对外贸易部、中华全国供销合作总社联合召开全国茶叶会议,研究了茶叶生产的方针、任务、政策及主要增产措施。对外贸易部《关于茶叶收购价格情况和调高收购价格意见的报告》经国务院批准下达执行。

1956年11月,国务院下达《关于新辟和移植桑园、茶园、果园及其他经济林木减免农业税的规定》,在没有收益时,一律免征农业税。1957年,农业部和中华全国供销合作总社联合通知,继续进行茶叶收购。

1958年3月,农业部在杭州召开全国茶叶生产会议,提出了10年(1958—1967年)茶叶生产发展规划意见。半年之后的9月16日,毛泽东主席在安徽省舒城县舒茶公社视察时,发出"以后山坡上要多多开辟茶园"的号召。

1959年3月,中国农业科学院茶叶研究所在杭州召开第一次全国茶叶科学院研究工作会议,拟订了7项重点研究任务。11月,国务院颁发商品分级管理规定,茶叶被列为一类商品。

1960年2月,中国农业科学院茶叶研究所在杭州召开第二次全国茶叶科学院研究工作会议,着重讨论1960—1962年茶叶科研规划。一年之后的1961年2月,中国农业科学院茶叶研究所在杭州召开第三次全国茶叶科学院研究工作会议,讨论茶叶科学10年远景规划。

1962年,中国改变内销高级茶和中级茶销售办法,对茶叶实行补贴价格的办法,以促进茶叶生产和收购。中央下达茶叶收购奖售办法,实行按质论奖、好茶多奖、次茶少奖的规定。同年,山东省开展了"南茶北引"试验。

1963年,全国物价委员会发布关于安排茶叶收购价格的通知,各地仍按1962年牌价和价外补贴办法执行。同年,农业部召开全国蚕茶生产会议,总结经验教训,提出恢复茶叶生产的主要措施。

1964年,中央通知各产茶省(区),从1964年起,将茶叶的20%价外补贴改为正式价格。中央转发《关于国营茶场生产亏损的弥补问题》,提出在茶场亏损仍未扭转前,在一定时期内,可由地方财政按计划给亏损企业以补贴。

1965年,中央要求各地进一步加强茶叶、蚕茧、畜产品代购工作,决定对收购分级红茶给予价外补贴。

（四）向海外尤其是非洲输出茶叶技术

中国对海外的茶叶技术输出，是建立在 1955 年中国对外交往"和平共处五项原则"之上的。20 世纪 50 年代，邻国阿富汗开始试种茶。1968 年，应阿富汗政府邀请，中国派遣专家将中国群体茶叶品种引入阿富汗，成活率达 90％以上。1958 年，巴基斯坦开始试种茶，但未形成生产规模。1982 年，中国派遣专家赴巴基斯坦再度进行合作。1962 年，中国派遣专家赴几内亚考察与种茶，并帮助设计与建设规模为 100 公顷的玛桑达茶场及相应的机械化制茶厂。20 世纪 60 年代，玻利维亚共和国最初从秘鲁引进茶种试种。20 世纪 70 年代，中国台湾农业技术团赴玻利维亚考察设计与投资，开始规模种植茶园。1987 年应玻利维亚政府请求，中国政府派遣茶专家赴玻利维亚，帮助建设 200 公顷的茶场及相应的机械化制茶厂。

1962 年，中国政府开始了对马里种茶技术的输出，派遣茶叶专家赴马里考察，并协助发展茶叶生产。中国派去种茶专家，一年试种成功，三年制成第一批茶。马里总统凯塔品尝后认为茶叶的质量上乘，让中国专家加工两筒专程送给好友毛里塔尼亚总统达达赫，以实物说明中国是可以信赖的朋友。此举促使犹豫不决的达达赫总统下决心与中国建交，并在 20 世纪 70 年代初用自身的经历，说服了五个非洲国家与中国建交。1965 年，应马里总统的请求，中国政府又分批派遣了茶农场专家赴马里，帮助考察设计与建设附有自流灌溉设施的锡加索茶农场和经过热源改造具有国际水平的年产 100 吨的绿茶厂。

今天的非洲，肯尼亚茶叶种植面积和产量均占非洲总量的一半以上，乌干达、马拉维、坦桑尼亚、卢旺达、莫桑比克等 20 余个国家均有茶叶生产。

1983 年，中国向朝鲜民主主义人民共和国提供茶种试种，并在黄海南道临近的西海岸的登岩里成功种植。

（五）国内处于较少喝茶时期

在这一历史时期，好茶多用于出口，以助国内建设，全国上下都喝不到足够的好茶，而极"左"思潮干扰也使人们缺少兴致喝茶。另外，"大跃进"大大地伤了茶的元气，到 20 世纪 60 年代又逢"文化大革命"，整个行业并不真正景气，茶文化更呈现出严重的倒退状态。虽然如此，作为各民族饮食文化重要内容之一的饮茶习俗，依旧保留并蓄势待发。

二、劫难中的探索（1966—1976 年）

这一时期茶叶的命运与国家民族的命运一样，也遭受了巨大的劫难，但茶叶工作者们依然在勤恳工作，为中国茶叶的科技进步做着自己应有的贡献。1966 年，国务院农林办和财贸办公室联合召开茶叶专业会议，贯彻"以粮为纲，多种经营，全面发展"方针。1974 年，农林部、商业部、外贸部在北京联合召开全国茶叶会议，讨论进一步发展茶叶生产、提高品质的任务和措施。1976 年，中国茶叶总产量再次突破 20 万吨大关，超过斯里兰卡。

三、茶文化复兴(1977年至当下)

改革开放以来,茶叶经济与茶文化发展的现状与远景之特点如下:一为茶叶生产发展方面,开始重视恢复和发展;二为开始了一系列茶文化方面的活动并成立组织。其中包括茶为国饮的提倡、茶文化组织的建立、茶文化产业的形成、茶文化学术活动的开展、茶文物古迹的保护、茶文化活动的举办、茶文化著作的出版等。

(一)茶叶经济、组织及活动方面

中华人民共和国成立至今,中国茶产业发生了翻天覆地的巨变。2017年全国茶叶产量达到260.9万吨,出口量达到35.5万吨,国内销售量达到190万吨,全国茶园面积达到4 588.7万亩。与中华人民共和国成立之初的1950年相比,茶叶产量增长了38倍,出口量增长了18倍,国内销量增长了560倍。中国现有茶农八九千万人,加上相应人员,涉及人口一亿左右。目前中国茶园面积占世界第一,产量占世界第二,出口量占世界第三,绿茶出口量占世界茶叶贸易总量的70%。

1984年,中国茶叶出口量创当时的历史最高纪录,达13.9万吨。这是一个特别重要的数字,因为我们的民族过了整整98年之后,终于超过了近百年前曾经达到的茶叶最高出口量13.4万吨。茶叶机构、组织、活动的完善与兴建,也在此时开始。标志性的事件,便是在整整12年之后,中国茶叶学会终于又开始了正常的活动。1978年11月,中国茶叶学会在云南昆明召开第二次全国代表大会暨学术讨论会,会上选举产生了第二届理事会。王泽农当选为理事长,刘家坤、庄晚芳、李联标、沈其铸、贡惠英当选为副理事长。同年,商业部在浙江杭州筹建了杭州茶叶加工研究所。

1984年,商业部在郑州举办全国首届茶叶交易会,有29个省、自治区、直辖市代表参加。

这一历史阶段,政府出台了一系列发展茶叶的政策。1984年,中国茶叶流通体制实行重大改革。除边销茶继续实行派购外,内销茶和出口茶的经营实行议购议销,按经济区划组织多渠道流通和开放市场。同年,农业部全国茶树良种审定委员会在福建厦门召开茶树品种审定会议,认定首批国家级茶树自种30个,这些品种均系地方良种。

中国茶叶的国际交流有了长足进步。1979年1月,中国派出茶叶代表团,出席在日内瓦召开的联合国贸易和发展会议。1980年,茶叶出口国会议在津巴布韦召开,会议要求联合国贸易和发展委员会与粮农组织秘书处就茶叶出口品质标准问题开展工作,以估计应用国际标准化组织(ISO)所提出的茶叶标准可能性及其有关问题。同年10月,中国、印度、斯里兰卡、肯尼亚、印度尼西亚5个主要产茶国在日内瓦参加了关于出口茶叶配额问题的讨论会。

1981年4月至5月间,中国土产畜产进出口总公司首次在日本举办中华人民共和国茶叶展览会。1982年,联合国贸易和发展委员会第三次茶叶筹备会于5月间在日内瓦召开,有17个茶叶生产国和26个消费国的代表出席。联合国粮农组织、欧洲茶叶委员会等均派代表出席了会议。

1982年3月,在浙江杭州举办中国首次专业性茶叶出口交易会,全国10个口岸公

司参加洽谈,共接待欧洲、美洲、亚洲、大洋洲等四大洲外商150余人。

1986年10月,中国有10种优质名茶在巴黎荣获国际美食旅游协会颁发的国际商品金牌奖"金桂奖"。

一系列茶事活动成功举办,茶行业的经济与文化组织如雨后春笋般建立,在21世纪的头10年后,更是在全球视野中呈现出朝气蓬勃、欣欣向荣的态势。

(二)一系列茶文化方面组织成立

1983年,中华医学会浙江分会、中华全国中医学会浙江分会、浙江省茶叶学会在杭州联合召开"茶叶与健康·文化学术研讨会",来自北京、上海、天津等8省市的著名学者、教授、研究员和有关领导等纷纷出席。这是中华人民共和国成立以来茶学界最早把茶与文化结合起来的研讨活动。

1984年,停刊近20年的中国茶叶学会主办的学术性期刊《茶叶科学》,终于在当年的12月复刊。

1985年,根据著名茶学家庄晚芳(1908—1996年)教授的倡议,在浙江杭州建成全国第一个以弘扬茶文化为宗旨的"茶人之家",同时创办了《茶人之家》杂志。

1985年,彭真委员长会见日本茶道大师千宗室一行。

1986年,经国务院学位委员会批准通过,浙江农业大学茶学系成为全国第一个茶学博士点。同时张堂恒(1917—1996年)教授、阮宇成(1918—2007年)教授获批成为博士生导师。

1987年4月,中国茶叶学会在北京举行大型茶话会,隆重庆祝该会名誉理事长、当代茶圣吴觉农先生90大寿,并编纂出版了《吴觉农选集》,全体到会茶人联合签名倡议成立中国茶叶博物馆。

1987年11月,中国农业科学院茶叶研究所在杭州主持召开"茶—品质—人类健康"国际学术讨论会。出席会议的有11个国家和地区的130余位科学家,收到论文105篇。

1991年5月,中国茶叶博物馆建成开馆。

进入21世纪,在杭"国字号"茶叶机构联合向全社会提出设立"全民饮茶日"的倡议。2009年始,在八家"国字号"茶叶机构的引领下,由杭州中国茶都品牌促进会具体牵头组织的全民饮茶日在谷雨之日正式创立。2012年,谷雨日的全民饮茶日成为杭州市法定节日。

在我国主导推动下,2019年11月27日,第74届联合国大会宣布将每年5月21日设为"国际茶日",以赞美茶叶对经济、社会和文化的价值。这是世界对中国茶文化的认同,将有助于我国同各国茶文化的交融互鉴,促进我国茶行业的协同发展,共同维护茶农利益。

2022年11月29日晚,我国申报的"中国传统制茶技艺及其相关习俗"在摩洛哥拉巴特召开的联合国教科文组织保护非物质文化遗产政府间委员会第17届常会上通过评审,列入联合国教科文组织人类非物质文化遗产代表作名录。至此,我国共有43个项目列入联合国教科文组织非物质文化遗产名录、名册,居世界第一。

（三）茶业与茶文化事象的蓬勃发展

中华人民共和国成立以后，我国茶业经济开始恢复和发展，茶叶出口贸易不断增加。1978年改革开放后，茶业经济大幅增长。从20世纪80年代中期开始，随着茶业流通领域的改革，茶业经济结构和茶类结构的调整，名优茶的大力发展以及茶叶出口经营权的扩大，我国茶业经济实力增强，成为世界茶叶生产、出口大国。随后，我国也积极地探索茶业产业化、现代化新途径，把健康持续发展的茶业经济带入21世纪。

茶叶产区北延西扩，新增了西藏、山东茶区和上海种植区，茶园面积占世界茶园总面积的44.15％，居第一位；茶叶产量占世界茶叶总产量的1/4，居第二位；内销量占世界茶叶总产量的15.40％，居第二位；出口量居世界第三位，其中出口绿茶和特种茶量占世界首位。

科教兴茶促进发展。中国现有茶叶研究所15所，有10余所高校中设立茶学系专业，有的还培养硕士和博士，并接收国外的研究生。在高校改革中，茶学专业作为重要专业被保留下来。

扩大内需推动消费。中国许多大中城市中的茶叶店、茶叶公司和茶馆、茶楼、茶坊的兴起，推动了全国的茶叶消费。全国和部分省市先后成立茶文化研究会、研究中心、促进会，多次举办茶叶节、茶文化节、茶文化研讨会、茶叶博览会、国际名茶博览会，兴建中国茶叶博物馆以及大中城市涌现茶艺馆，促进新时期茶文化的发展，促进茶叶消费持续增长。

21世纪是茶饮料的世纪，一系列的茶文化活动如火如荼地进行着。其中，包括"茶为国饮"口号提出；各地不少茶文化展示馆建成开馆；各地纷纷举办茶文化节、国际茶会和学术讨论会；各新型茶艺馆在各大中城市涌现，如1975年在台湾诞生新型的茶艺馆，1990年在福建博物馆开办的福建茶艺馆为大陆第一家茶艺馆。截至当前，全国已有上万家茶艺馆；茶艺师行业诞生并发展，促进了茶艺表演事业的发展；茶器具呈现新的审美风貌；茶文化景观成为旅游亮点；茶文化学术研究取得丰硕成果；茶文化专业杂志出版；一批以茶事为题材的文学作品问世；茶文物古迹得到了保护；茶文化教育更加蓬勃兴起；一批茶文化研究团体成立，最有影响力的为1992年正式成立的中国国际茶文化研究会。

台湾地区在此历史阶段的茶事值得在此专门介绍。1980年以前，台茶以外销为主。随着台湾茶人对茶文化的重视程度日益提高，两岸茶文化交流的程度日益频繁，台湾对大陆和本岛的内销市场崛起。1989年，罐装饮料与泡沫红茶店兴起，给台湾地区抹上了一道亮丽的茶文化风景线。传统的茶馆越来越被时尚、风雅的茶艺馆取代。今天的台湾地区已成为大陆茶叶的主要销售窗口之一。

目前，中国茶叶已行销世界五大洲的上百个国家和地区，世界上有超过60个国家引种了中国的茶籽、茶树。中国是茶的故乡，中国为世界奉献了茶，让世界充满了茶的馨香。

第八章　中国茶道

第一节　中国茶道内涵

唐代茶僧皎然在其茶诗《饮茶歌·诮崔石使君》中写道："……孰知茶道全尔真，唯有丹丘得如此。"第一次提到"茶道"一词。唐代封演《封氏闻见录》记载："又因鸿渐之论，广润色之，于是茶道大行。"

一、茶道基本含义

中国文化中的"道"，本是指宇宙万物的本体及其运动的规律与准则。中国"茶道"的基本含义则是指以一定的环境气氛为基调，以品茶、置茶、烹茶、点茶为核心，以语言、动作、器具、装饰为体现，以饮茶过程中的思想和精神追求为内涵的，有关修身养性、学习礼仪和进行交际的综合文化活动与特有风俗。它是品茶约会的整套礼仪和个人修养的全面体现，具有一定的时代性和民族性，因而茶道涉及艺术、道德、哲学、宗教等各个方面。

二、茶道形成与发展

（一）中国茶道成熟于唐代

唐代陆羽是中国茶道的鼻祖。其所著的《茶经》首创了法度周全的茶道。唐代茶道以文人为主要群体,许多文人以茶修道并有建树。如诗僧皎然在其《饮茶歌·诮崔石使君》诗中写道:"……三饮便得道,何须苦心破烦恼……孰知茶道全尔真,唯有丹丘得如此。"诗人卢全"七碗茶"诗和钱起的《与赵莒茶宴》、温庭筠的《西陵道士茶歌》等诗文,都是说饮茶能让人"通仙灵""通杳冥""尘心洗尽""羽化登仙",胜于炼丹服药。唐末刘贞亮《茶十德》认为饮茶使人恭敬、有礼、仁爱、志雅,可行大道。

(二) 宋代茶道则走向深化多极

宋代文人对饮茶之道和饮茶悟道有着更为细腻入微的描述。陆游、黄庭坚等在茶诗中十分精细地表现了饮茶后怡情悦志的感受。宫廷茶道则突出茶叶精美,茶艺精湛、礼仪繁缛等级鲜明等特点,以教化民风为目的,致清导和为宗旨。

宋徽宗赵佶《大观茶论》中记载"祛襟涤滞,致清导和","冲淡简洁,韵高致静","天下之士,励志清白,竟为闲暇修索之玩",这就是宫廷茶道有代表性的思想和精神追求。佛家则以"茶禅一味"悟茶道。径山茶宴是个典型例子:一群和尚办"茶宴"待客,僧徒围坐,边品茗边论佛,边议事边叙景,意畅心清,清静无为,茶佛一味,别有一番情趣。

(三) 宋明时期是中国茶道发展的鼎盛时期

明代朱权改革传统茶道,在传其所著《茶谱》中记载"取京茶之法,末茶之具,崇新改易,自成一家"。朱权晚年崇尚道家思想,认为茶发"自然之性",饮者要"清心神""参造化""通仙灵",追求秉于性灵、回归自然的境界。

明末冯可宾在其《芥茶笺》一书中提到"茶宜"13个条件:"无事、佳客、幽坐、吟咏、挥翰、徜徉、睡起、宿醒、清供、精舍、会心、赏鉴、文僮";亦提出"茶忌"7条:"不如法、恶具、主客不韵、冠裳苛礼、荤肴杂陈、忙冗、壁间案头多恶趣",反映了中国茶道是以中国古代哲学为指导思想,以中国道德观念为追求目标。

(四) 明清茶道程序由繁转简

茶道程序虽有所简化,但茶道仍强调水质、茶具、茶叶俱佳,并要"造时精,藏时燥,泡时洁。精、燥、洁,茶道尽矣",还要重视饮茶环境,"饮茶以客少为贵,客众则喧,喧则雅趣乏矣"。(明代张源《茶录》)

明末清初的杜浚在《茶喜》一诗的序言中则指出:"夫予论茶四妙:日湛、日幽、日灵、日远,用以澡吾根器,美吾智意,改吾闻见,导吾杳冥。"所谓茶之四妙,是说茶艺具有四个美妙的特性。"湛"是指深湛、清湛;"幽"是指幽静、幽深;"灵"是指灵性、灵透;"远"是指深远、悠远。这四项都是品茶意境上的不同层面,是对茶道精神的一种概括。所谓"澡吾根器"是说品茶可以使自己的道德修养更高尚。"美吾智意"是说可以使自己的学识智慧更完美。"改吾闻见"是说可以开阔和提高自己的视野。"导吾杳冥"则是使自己彻悟人生真谛进入到一个空灵的仙境。这正是饮茶的社会功能,是茶人所追求的目标。

现代古茶道经历近代中国的羸弱发展,虽然衰微但未失传。20世纪80年代以来,中国传统茶道又得到复兴和弘扬。

三、中国茶道内涵

中国茶道是以饮茶为契机的综合文化体系,其内涵融会了中国传统文化中道、儒、佛三家的思想精华。从历史的角度看,道家与茶文化的渊源最为久远;从发展角度看,茶道的核心思想应归之于儒家学说;佛教禅宗则体现在茶文化的兴盛与发展上。

(一)自然茶道,茶道"自然"

"自然"作为一个完整的概念最早出自老子。在道家看来,茶道只是"自然"大道的一部分。茶的天然性质决定了人们从发现它到利用它、享受它,都必然要以上述观念灌注它的起始发生的全过程。

中国茶道强调"道法自然",包含了物质、行为和精神三个层面。在物质方面,认为茶是"南方之嘉木",是大自然恩赐的"珍木灵芽",在种茶、采茶、制茶时必须顺应大自然的规律才能生产出好茶;在行为上,讲究在茶事活动中,一切都要以自然为美,以朴素为美,动则如行云流水,静则如山岳磐石,笑则如春花自开,言则如山泉吟诉,举手投足都应发自自然,任由心性,毫无弄巧造作;在精神方面,"道法自然,返璞归真",表现为使自己的心性得到完全的解放,心境清静、怡然、寂寞、无为,仿佛与宇宙相融合,升华到"无我"的境界。

(二)以茶雅志,以茶行道

中国茶道与儒家学说有着千丝万缕的联系。儒生们把品茶看作品味人生,酸甜苦涩,各人有各人的感受、偏爱和追求。儒生与茶道的关系是道心文趣兼备,比佛家和道家要复杂得多,但其主体是倡导"以茶可雅志,以茶可行道"(刘贞亮《茶十德》),怀有积极的入世观。

"以茶可雅志",贯穿着儒家的人格思想。儒家心目中的理想人格,概而言之,就是修身为本、修己爱人、自省慎独、自尊尊人、敬业乐群的君子人格,旨在建立一个有文化修养的高度文明的"优雅社会"。"以茶可雅志"中的"雅志"两字,"雅"指文明、教养、高尚、美好、正当,"志"指人格精神趋向于一个较恒定的、具有真正价值的目标。

儒家茶文化代表着中庸、和谐、积极入世的儒家精神。"以茶可行道",实质上就是指中庸之道。因为无论"以茶利礼仁","以茶表敬意",还是"以茶可雅志",都是为"以茶行道"开路。概而言之,"中",也就是适度,什么时候该做什么就做什么,"庸"可视为合情合理。因此,中庸之道,乃是修身之道,是处世做人的态度与方法。

(三)茶禅一味,修炼身心

相传,"茶禅一味"是宋代四川成都昭觉禅师佛果克勤的手书,他以此四字赠予留学日僧珠光。"日僧珠光访华,就学于著名的克勤禅师。珠光学成回国,克勤书'茶禅一味'相赠,今藏日本奈良大德寺中。"(《佛学典故汇释·茶禅·赵州茶》)尽管学术界对这一记载存有质疑,但"茶禅一味"把茶与禅等同,无疑是一种创造性的智慧境界。日本人正是看准这一点,经过一代代禅师们的继承发展,终将其发展成为极具规模、颇有影响力的茶道。

作为自然界植物的茶,怎么同禅结合在一起呢?茶与禅的碰撞点,最早发生于茶的药用功能,僧侣打坐要瞌睡,饮茶可提神醒脑。在浓郁的崇禅风气中,茶本身的生命启示及清高静寂的品性特征无不暗含或揭示禅机,表达"禅"的妙境。

"吃茶去"三字,成为禅林法语,就是"直指人心,见心成佛"的悟道方式。唐高僧从谂禅师,常住赵州观音寺,人称"赵州古佛"。因其嗜茶成癖,所以每次说话之前总要说声"吃茶去"。茶禅一味,道就寓于吃茶的日常生活之中。道不用修,吃茶即修道。后世禅门中"吃茶去"广泛流传。当代佛学大师赵朴初也题有"空持百千偈,不如吃茶去。"

禅宗是中国士大夫的佛教,浸染中国思想文化最深。"饭后三碗茶"的"和尚家风"的实行,把佛家清规、饮茶谈经与佛学哲理、人生观念融为一体。正是在这种背景下,"'茶禅一味'之说应运而生,意指禅味与茶味同是一种兴味,品茶成了参禅的前奏,参禅又成了品茶的目的,二位一体,水乳交融"(余悦《禅悦之风》)。

中国茶文化,是在道、儒、佛"三教合一"的中国传统文化背景及其整体直观的思维方式下产生的。茶道,既为道、儒、佛三家所共同造就,又因为它能够同时融会道、儒、佛三家的基本原则,而体现大道特有的精神。道家的自然境界、儒家的人生境界和佛家的禅悟境界融会成中国茶道的基本格调与风貌。

第二节　《茶经》与茶道

陆羽(733—约804年),唐复州竟陵(今湖北天门市)人,字鸿渐,一名疾,字季疵,号竟陵子、桑苎翁、东冈子。他一生嗜茶,精于茶道,工于诗词,善于书法,其代表作《茶经》提出了中国茶道的基本内涵,陆羽也因此成为"茶道"的创始者。

一、《茶经》内容概况

《茶经》全书分上、中、下三卷,共10章,展示了一个异彩纷呈的茶叶大世界。上卷有一之源、二之具、三之造;中卷仅有四之器;下卷包括五之煮、六之饮、七之事、八之出、九之略、十之图。

一之源:着重阐述了茶之起源、性状、名称、功效等。

二之具:介绍了各种采茶和制茶的工具,以及制作工具的用料、规格、用途和操作方法。

三之造:主要介绍了采茶的时间节令、选茶的标准和制茶的方法。

四之器:主要介绍了饼茶的炙、碾、煮、饮的各种器皿共28件,详细地说明了各种茶器的造型和质地以及尺寸大小,还介绍了使用这些茶器的规则和对茶汤品质的影响。

五之煮:介绍了煮茶的方法、茶汤的调制及水的品第、煮茶燃料的选择等。

六之饮:考证了饮茶源流,介绍了饮茶方法,提出了对烹饮的意见。

七之事:引录了上古至唐代有关茶事的历史文献48则。

八之出:对唐代全国主要产茶区和茶叶品质做全面的叙述和比较。

九之略:论述在某些情况下,如何简省制茶和饮茶工具。

十之图:教人将《茶经》内容写于素绢,张挂于壁,让人一目了然。

二、《茶经》中的茶道理论

(一) 陆羽对"道"的追求

《茶经》书名以"经"名茶,本身就表明了陆羽对茶有着"道"的追求。陆羽是一个被遗弃的孤儿,被唐代名僧智积收养在龙盖寺里学文识字,习诵佛经,还学会煮茶等事务。但他不愿皈依佛法,削发为僧,因而逃出龙盖寺,为维持生计到戏班里演戏、写戏,做了"伶人"。唐代法律规定包括伶人在内的"工商杂类"是不允许取得和士大夫一样的社会地位的。所以陆羽的"伶人"经历对他想通过科举进入士大夫阶层的道路造成了障碍,但不能通过科举入仕并未阻止陆羽对社会的关注,以及他要对社会有所作为的理想。魏晋以降门阀制度解体,原来主要存在于世家大族中的礼仪开始向帝王之礼和国家之礼转移,初唐至盛唐盛行制定礼仪的历史潮流。在开元、天宝盛世时期出生的陆羽自然深切地感受到了这一潮流。在无缘进入庙堂参与国家礼仪制定的情况下,陆羽撰著以"经"名茶的《茶经》,用茶的品质、礼仪规范个人行为,希望给社会提供关于个人的行为之礼。

(二) "精行俭德"的理想人格

陆羽《茶经》在"一之源"就开宗明义地指出"茶之为用,味至寒,为饮最宜精行俭德之人",首次把"品行"引入茶事之中。这是以茶示俭,以茶示廉,倡导的是一种茶人之德,也是一种理想人格。在陆羽心目中,"精行俭德"既是做人的标准,又是处世的原则。从时代背景来看,在陆羽之前的魏晋南北朝时期,社会风气普遍奢侈糜烂,这种风气在唐代仍在延续。他针对人们追求刺激、贪图享受的不良风气,提出"精行俭德"的理想人格,反映了作为儒者的淡泊明志、宁静致远的心态。这一茶道道德观,贯穿于《茶经》全文,也是他一生的行为准则。

(三) "风炉"设计的"中"道思想

陆羽为文,惜墨如金,但他在《茶经》中却不惜用了 244 个字来描述他所设计的风炉。风炉是唐代烹茶专用的小型炉灶。《茶经》中有关风炉的描述,译成白话文为:风炉用铜或铁铸造,像古代的鼎。炉壁厚 3 分,边沿宽 9 分,比炉壁多出的 6 分让它虚悬在口沿之下,用于涂泥。风炉共 3 只脚,铸古体字 21 个。一只脚上铸:"坎上巽下离于中";一只脚上铸:"体均五行去百疾";另一只脚上铸:"圣唐灭胡明年铸。"在鼎的 3 足之间,设置 3 个窗户,底下再开一窗用来通风漏灰。3 个窗户上共铸 6 个古体字:一只窗上铸"伊公"二字,一只窗上铸"羹陆"二字,一只窗上铸"氏茶"二字,连起来读就是"伊公羹""陆氏茶"。炉口放置一个可堆放东西的支垛,内分 3 格:一格铸上一只小老虎,虎属于风兽,铸上巽卦的符号"☴";一格上铸一只野鸡,野鸡是火禽,铸上离卦的符号"☲";一格上铸一条鱼,鱼是水族,铸上坎卦的符号"☵"。巽代表风,离代表火,坎代表水,风使火旺盛,火把水煮沸,所以窗上铸这 3 个卦的符号。炉壁上还铸上连缀的花朵、垂悬的草蔓、回曲的水波或者方块图案等作装饰。风炉可以用熟铁制作,也可以用泥塑造。至于灰承,是制成 3 只脚的铁盘,承托着风炉。

从风炉的设计思想来看，因"巽"主风，"离"主火，"坎"主水；风能兴火，火能熟水，故备其三卦，以此表达茶事，即煮茶过程中的风助火、火熟水、水煮茶，三者相生相助，以茶协调五行，以达到一种和谐的平衡态。风炉一只脚上铸有"坎上巽下离于中"，另一只脚上铸有"体均五行去百疾"，所反映的也是"中"道原则和儒家阴阳五行思想的糅合。"体"指炉体。"五行"即金、木、水、火、土。风炉因其以铜铁铸成，所以得"金"之象；而上面有盛水器皿，又得"水"之象；中有木炭，还得到"木"之象；以木生火，得"火"之象；炉置地上，得"土"之象。煎茶的过程，实际上就是通过风炉，使金、木、水、火、土五行相生相克达到平衡，而煮出有益于人体健康的茶汤的过程。

（四）"伊公羹，陆氏茶"的以茶论道

风炉上所铸的"伊公羹，陆氏茶"6 个字，隐喻了陆羽写《茶经》的目的以及《茶经》这本书的性质。伊公"以羹论道""以味说汤"的典故在《史记·殷本纪》、《帝王世纪》、《楚辞·天问》以及《吕氏春秋·本味篇》中均有记载。陆羽在风炉中刻上"伊公羹""陆氏茶"，将"陆氏茶"与"伊公羹"相提并论，其用意十分明显。

伊尹是个弃婴，陆羽也是个弃婴，伊尹借羹说味，来阐发治国平天下的大道理，而陆羽则是以茶论道，通过著《茶经》来阐发修身、养性、齐家、治国、平天下的大道理。

此外，风炉另一只脚上铸的"圣唐灭胡明年铸"，是讲这只风炉是在大唐平息了安史之乱之后的第二年（764 年）铸造的。在铸风炉时，铸上这 7 个字，足见陆羽对国家兴亡的关心程度。从这 7 个字我们可以看出陆羽"处江湖之远而忧其君"的精神，同时也可以看出陆羽在"风炉"中注入了儒家积极入世的思想和茶人以身许国的高尚情怀。

第三节　中国茶道精神

中国虽然自古就有茶道，但宗教色彩并不浓，而是将道、儒、佛三家的思想融合在一起，给人们留下了选择和发挥的余地。各层次的人可以根据自己的情况和爱好选择不同的茶艺形式和思想内容，不断加以发挥创造，因而也就没有严格的组织形式和清规戒律。20 世纪 80 年代以后，随着现代茶文化热潮的兴起，许多人觉得应该对中国茶道精神加以总结，归纳出几条便于人们理解和运用的文字。如陈文华教授提出中国茶道本质特征为"和、静、雅"，其中"和"是茶之魂，"静"是茶之性，"雅"是茶之韵。也有一些专家倾向于把"和、静、怡、真"作为中国茶道的"四谛"。其中，"和"是中国哲学思想的核心，"静"是中国茶道修习的必由之路，"怡"是中国茶道修习实践中的心灵感受，"真"是中国茶道的终极追求。已故浙江农业大学茶学专家庄晚芳教授也提出了"廉、美、和、敬"的中国茶德以及上海茶人提出了"茶人精神"。当然，上述提法仅是现代茶人对中国茶道的理解和阐述，并不等于中国古代就有如此丰富和完备的理论体系。

一、中国茶道精神的核心是"和"

"和"是道、儒、佛三教共通的哲学思想理念，源于《周易》中的"保合太和"。"和"又

叫"中和",原为儒家思想的精神核心。实际上,"中和"指的就是不同事物或对立事物的和谐统一,它涉及世间万物,内涵极为丰富,主要包括:和谐、和平、和蔼、和好、和解、和美、和睦、和气、和善、和顺、和悦等意义。"和"的思想在儒家文人的脑海里根深蒂固,当他们煮饮秉性平和的茶叶时,自然会将该思想反映到茶道的精神中去。所以,裴汶的《茶述》就提出茶叶"其功致和";宋徽宗的《大观茶论》也说茶叶"致清导和"。

中国茶道中的"和"字,还意味着天和、地和、人和。因此,"和"也是道家的重要思想。老子的《道德经》说:"万物负阴而抱阳,冲气以为和。"就是说自然界万物都是阴阳两气相和而生,本为一体,其性必然亲和。道家追求"物我两忘""天人合一""知和日常"的和美境界,也正是它的一个有力证明。

"和"作为"中道妙理",在佛学的思想中也占有重要地位。《无量经》中佛陀说"家室内外亲属,当相敬爱……言色常和"也是劝导世人要和睦相处,和诚相爱。

因此,作为道、儒、佛三教共通的哲学思想理念的"和",也是中国茶道哲学思想的核心。

二、中国茶德四字守则

庄晚芳教授 1990 年明确主张"发扬茶德,妥用茶艺,为茶人修养之道"(《茶文化浅议》)。他提出中国茶德应是"廉、美、和、敬",并解释为:廉俭育德,美真康乐,和诚处世,敬爱为人。

庄晚芳教授认为,中国的茶,能用来养性、联谊、示礼、传情、育德,直至陶冶情操,美化生活。茶之所以能适应各种层次,各个阶层,众多场合,是因为茶的功用、茶的情操、茶的本性符合中华民族的平凡实在、和诚相处、重情好客、勤俭育德、尊老爱幼的民族精神。所以,继承与发扬茶文化的优良传统,弘扬中华茶德,对促进我国的精神文明建设是十分有益的。

三、茶人精神

所谓茶人精神是指茶人的形象及茶人应有的道德情操、风范、精神面貌。"茶人精神"是已故原上海市茶叶学会理事长钱梁教授在 20 世纪 90 年代提出的。"默默地无私奉献,为人类造福"是"茶人精神"的朴素表达,是从茶树风格、茶叶品性引申过来的茶人的道德风范。茶树,不论生长的环境如何,如高山、坡地、深谷僻野,从不计较土质厚薄,也不怕酷暑严寒,总是坚持植根大地,四季常青,绿化大地,净化空气。春回大地时它尽情抽发新芽,任人采用,采了又发,常采不败,周而复始地默默地为人类无私奉献,直到生命尽头。茶给世界带来清新,给人类带来健康。以茶喻人,以茶树为榜样的茶人,应具有这种博大胸怀和无私奉献精神。

1992 年 2 月,著名科学家、中科院院士、上海市茶叶学会名誉会长谈家桢教授挥毫题写了"发扬茶人精神,献身茶叶事业"12 个大字,进一步肯定了"茶人精神"。在 1997 年 4 月,纪念当代茶圣吴觉农先生 100 周年诞辰座谈会上,上海茶人进一步明确把"爱国、奉献、团结、创新"8 个字作为茶人精神基本内容,在行业范围内进行宣传倡导,号召广大茶人认真学习古代茶圣陆羽、当代茶圣吴觉农、上海茶人谈家桢的茶人精神,献身茶叶事业,默默地无私奉献,为人类造福。

第四节　中国茶道精神的外传

一、中国茶道精神外传形式

中国茶文化具有很大的开放性。当早期中国茶饮传向西亚、东北亚和南亚诸国时,便逐步形成了一个以中国为中心的,以茶的亲和、礼敬、平朴为特征的亚洲茶文化圈。在这个放射的东方茶文化圈内,茶的礼俗具有相似、相近的特点,中国的茶道精神以各种形式隐现其中。而中国茶道作为东方茶文化的源头,对周边国家有较大的渗透性。

(一) 日本是对中国茶道精神借鉴运用最多的国家

追本溯源,日本的茶道来自中国宋代的抹茶法。到了日本南北朝时期,唐式茶会在日本流行起来,其大致是按照如下次序进行的:第一,点心;第二,点茶;第三,斗茶;第四,宴会。虽然唐式茶会所用的点心、点茶方法、器具、字画等都是典型的中国式,每一内容陈设也都是模仿了中国式样,但日本是把中国饮茶的习惯、风味食品、禅宗风趣、园林亭阁融于唐式茶会之中,进而把茶会改进成类似中国的茶馆等,这是中国文化在日本的创新。不难看出,唐式茶会是日本茶道的雏形。

正式创立日本茶道的是 15 世纪奈良称名寺的和尚村田珠光(1423—1502 年),后由其门徒千利休(1522—1591 年)集其大成,把日本茶道真正提高到艺术水平上。千利休把深奥的禅宗思想渗入茶道之中,强调茶道的基本精神是"和、敬、清、寂",并解释说:"和"指和平安全的环境;"敬"指尊敬长者,敬爱朋友;"清"指清静;"寂"指达到悠闲的境界。他认为奢侈有害,提倡朴素廉洁,生活恪守清寂的原则,把茶道作为陶冶性情的修身方法。为贯彻这一精神,千利休对茶道过程进行了一系列改革,即"四规七则"。

日本茶道在江户时代进一步发展,形成了师徒秘传的嫡系相承的组织形式。到了18 世纪茶道的限制就更严了,继承人只能是长子,代代相传,称为"家元制度"。现代的茶道由数十个流派组成,各派都推举了自己流派的家元。最大的流派是以千利休为祖先的不审庵(表千家流)、今日庵(里千家流)和官休庵(武者小路千家流)的三千家,其中以"里千家"影响最大。据统计,在日本学习茶道礼仪的 1 000 万人中,就有 600 万人属"里千家"。茶道靠这种方式代代相传,经久不衰。日本茶道由 4 个要素组成,即宾主、茶室、茶具和茶,其礼仪规范也非常讲究。

中国茶道和日本茶道的关系,正如日本神户大学名誉教授仓泽行洋所说:"中国的茶道是日本茶道的母亲,日本茶道是以中国茶道为母的孩子。她在大海的彼岸长大成人。孩子学着父母的样子长大,做父母的又会从孩子的成长过程中汲取智慧与力量,与孩子共同进步。这是自然之理,造化之功。"(《论茶道》)

（二）韩国茶礼同样源于中国的饮茶习俗

韩国茶礼又称茶仪，是大众共同遵守的传统的美风良俗，是世界茶苑中别具风采的典雅花朵。早在 1 000 多年前的新罗时期，朝廷的宗庙祭礼和佛教仪式中就运用了茶礼。在高丽时期，最初盛行点茶法，高丽末期则开始用泡茶法。进入朝鲜时代，因崇儒抑佛殃及茶叶，茶事一度衰落。至朝鲜末年，经重农学派的著名学者丁若镛及其弟子草衣禅师，还有与草衣禅师同年的金石学家金正喜等人的大力提倡，聚徒授课，种茶、著书、广为宣传，使得濒临废绝的茶礼再度兴盛起来。

在日俄战争之后，朝鲜沦为日本的殖民地（1910—1945 年），日本独占了朝鲜的茶业，并在朝鲜推行日本式的茶道教育，朝鲜茶礼的传统一度中断，但并没有被消灭。

20 世纪 80 年代，韩国经济高速发展，茶文化开始复兴，茶礼再度复兴。近些年来，"复兴茶文化"运动在韩国积极开展，许多学者、僧人研究茶礼的历史，同时，也出现了众多的茶文化组织和茶礼流派。韩国釜山女子专门大学等还开设了茶文化课程，培养了一批高级茶文化人才与茶礼的骨干。

韩国提倡的茶礼以"和""静"为根本精神，其含义泛指"和、敬、俭、真"，韩国茶礼侧重于礼仪，强调茶的亲和、礼敬、欢快。20 世纪 80 年代以来，每年的 5 月 25 日被定为全国茶日，年年举行茶文化盛典。活动内容主要有：韩国茶道协会的传统茶礼表演，韩国茶人联合会的成人茶礼、高丽五行茶礼、新罗茶礼、陆羽品茶法等。其中，高丽五行茶礼气势庄严，规模宏大，是向神农氏神位献茶仪式。唐代陆羽著有《茶经》，被人称为茶圣。韩国则把中国上古时代的部落首领炎帝神农氏称作茶圣。高丽五行茶礼就是韩国为纪念神农氏而编排出来的一种献茶仪式。

（三）在亚洲许多国家和地区的茶俗浸润着中国茶道的精神

印度兴起饮茶之风与中国关系密切，同样有用茶待客的习俗和茶规。印度北方家庭有客人来访，主人先请客人坐到铺在地板上的席子上，然后，献上一杯分了糖的茶水，并摆上水果和甜食作为茶点。献茶时，客人不要马上伸手接，须先客气地推辞、道谢。当主人再一次献茶时，客人才能双手恭敬地接住。于是，一边慢慢品饮，一边吃着茶点，一边亲切交谈。整个献茶和品饮，充满着礼敬、和谐的气氛。又如在阿富汗，家庭煮茶多用铜制圆形的类似中国火锅的"器具"，底部烧火，围炉而饮。无论城市农村，凡是宾客来到，主人总是热情地奉茶，并且也有敬三杯茶的习俗。

（四）中国茶道文化在欧美国家和地区的茶礼风俗中的反映

虽然这些国家同中国的文化传统不同，但他们的饮茶风俗还是受到了东方文明包括茶道精神的影响。如在 17 世纪最早风行茶俗的荷兰，许多富裕家庭，布置专门茶室，茶饮有早茶、午茶、晚茶之分，待客有迎宾、敬茶、品茶之礼。英国流行"午后茶"。当时，饮茶引发了诗人埃德蒙·沃尔特的灵感和创作激情，他在凯瑟琳王后的诞辰上特意写了一首热情洋溢的茶饮赞美诗："月桂与秋色，美难与茶比。……物阜称东土，携来感勇士；助我清明思，湛然祛烦累。"类似的茶诗在苏格兰、法国等国家都有不少，可见其中有中国茶道精神的浸润和影响。

二、现代国际茶文化的交流

在中国茶外传相当长的时间里,基本上是中国向外国的一脉流向。但随着时间的推移,单向流动变成双向流动,共同促进了中外茶文化的发展。自中国改革开放以来,中国茶文化与外国的交流出现历史上前所未有的新局面。其中,最频繁交流的时期是近20年。具体表现在茶艺表演日益增多,各种风格流派不断出现;各地茶艺馆之类的饮茶场所繁荣发达,越来越多的人享受到茶艺的乐趣;茶文化已不是陌生的字眼,引起社会各界的共鸣。如日本茶道界频频与中国、韩国和其他国家交流,里千家、表千家等许多流派都曾到中国参加国际茶文化研讨会或是其他相关学术活动,里千家还在中国建了两处茶室,并常有学员来中国学习茶文化,给中国吹来了一股新风,也促进了日本茶道的发展。近20多年来,日本"丹月流"一直热心于中日茶文化交流,访问中国已有几十次。

与中国茶文化界的交流使韩国茶道界受益匪浅。韩国陆羽茶经研究会受中国文化的熏陶,潜心于茶文化研究已有半个多世纪,该会崔会长已编著出版《锦堂茶话》、《现代人与茶》、《中国茶文化纪行》等书,还翻译明代许次纾的《茶疏》以及我国当代茶学专家庄晚芳等著的《饮茶漫话》等书。精于茶并潜心研究茶文化、成就卓著的韩国茶道协会会长郑相九先生也常来中国,并亲自率团表演韩国传统茶礼。由他领导的"韩国茶道协会",在很多地方设有分会,会员及准会员多达几千人,其宗旨是:修炼、发扬茶道精神,发扬东洋传统文化,改造人间生活。他们常常举行"韩国茶道表演",介绍现代仪式的"朝国茶礼"和"家常茶礼",以促进社会的和谐与世界和平。

正是在国际大交流的氛围中,新加坡茶文化也得到了发展。新加坡约有76%是华人,喝茶早已是新加坡华人生活的一部分。但只是为了解渴而喝茶,不带"艺术",不考究"品茶",极少人考究到买好茶、泡好茶、喝好茶。由于国际茶文化交流打开了眼界,在近些年来,新加坡也出现了多家茶馆。这些茶馆各具特色,别致巧妙,典雅有致。总体而言,都是以弘扬茶文化为主旨,除了卖茶、泡茶、品茶之外,还开班授课,教导茶艺,有的甚至兼开插花班、壶艺班等。还成立了"新加坡茶艺联谊会",经常聚会煮茶交流,切磋茶艺。

第九章　制茶技术发展

第一节　中国制茶技术的发展

我国制茶的历史、精巧与茶类的多样,是世界其他产茶国家远不能及的。中国六大茶类是不断发明的,每种茶类各有特色。

一、生晒原始制茶法与生煮羹饮

神农尝百草,日遇七十二毒,得茶而解之。神农发现野生茶树的鲜叶可以解毒,茶叶尤其是鲜叶如同草药一般,煮饮治病。但此为传说,没有历史资料印证。

周朝设置管茶官吏,聚集茶叶,以供丧事之用,茶为祭品。当时茶叶制法类似现在白茶制法,晒干,便于储存和取用。

西汉末期王褒遣家僮去武阳买茶的记载。武阳是当时四川茶叶的初级市场。茶叶集中到市场,必然要晒干,才不会腐烂。晒干是保持鲜叶不腐的技术措施。

茶叶鲜叶亦有直接生煮羹饮治病之用。如春秋晏婴炙三弋五卵茗菜,指的就是未经晒干的鲜茶叶。生晒制法与生煮羹饮持续 1 000 余年。

二、制造饼茶碾末泡饮

改进茶味、方便贮藏是饼茶(又叫团茶或片茶)制造的直接驱动力。东晋十六国北魏拓跋珪时期(386 年)已有史料记载:"蜀鄂间居民制茶成饼烘干,然后捣成碎末,和以水。"

张揖《广雅》"荆巴间,采茶做饼。"说明三国北魏以前就有制作饼茶的方法。唐宋以后,茶更是普及大众,鲜叶都是先制成饼片,临用碾碎。唐卢仝所谓"首阅月团"、宋范仲淹所谓"碾畔尘飞"等诗句都是描写那时制茶饮茶的情景。

三、蒸青制茶法(绿茶)

蒸青技术亦是在不断改进茶味的反复研究下发展出现的。经过蒸青后,饼茶的青草味可以有效去掉,而且,还可以迅速而均匀地杀青,降低制茶苦涩味。

(一) 蒸青制茶方法复杂

蒸青团茶制茶方法,复杂地说,包括六个步骤,陆羽《茶经·三之造》中曰:"晴采之,蒸之,捣之,拍之,焙之,穿之,封之,茶之干矣。"简单地说,包括三个步骤,《茶经·九之略》中"乃蒸,乃舂,乃复以火干之"。

茶饼重量不等,小的重 1 斤,大的重 50 两。《新唐书·食货志》中写道"贞元(785—805 年)江淮茶为大模,一斤至五十两"。

(二) 蒸青技术要求高

1. 蒸青技术不易掌握

《大观茶论》:"蒸太生,则芽滑,故色青而味烈;过熟则芽烂,故茶色赤而不胶……蒸芽欲及熟而香。"《东溪试茶录》记载:"蒸芽未熟,则草木气存。"《品茶要录》亦指出:"蒸有不熟之病,过熟之病。蒸不熟,则虽精芽,所损已多,试时色青易沉。味为桃仁之气者,不蒸熟之病也。唯正熟者味甘香。……茶芽方蒸,以气为候,视之不可以不谨也。试时色黄而粟纹大者,过熟之病也。然虽过熟,愈于不熟,甘香之味胜也。……茶,蒸不可以逾久。久而过熟,又久则汤干而焦釜之气上,茶工有泛新汤以益之。是致蒸损茶黄。试时色多昏黯,气焦味恶者,焦釜之病也。"

2. 唐宋蒸青制茶方法差异

唐代制造蒸青团茶,既要达到内质变化的"制",又要达到外形美观的"造"。制茶技术要求极高,反映了中国劳动人民的制造技术和智慧的重要体现。此时茶味已无青草味,味道更好。于是皇室需求更高,出现专门生产贡茶的"御茶园"。

宋时蒸青制茶方法又有不同。饼茶经过蒸青处理之后,青草味去之,然茶汁苦涩问题又成主要问题。于是蒸青方法不断发展改良,将鲜叶洗净后蒸,蒸后压榨去汁,然后再制饼。赵佶《大观茶论》:"涤芽惟洁,濯器惟净,蒸压惟其宜,研膏惟熟,焙火惟良。饮而有少砂者,涤濯之不精也。文理爆赤者,焙火之过热也。"

1 000 多年来,日本一贯采用我国蒸青方法制造绿茶。到了 20 世纪初,发明了送带式蒸青机。日本继承了我国劳动人民的传统制茶方法,发挥其优点,并进一步实现了制茶机械化。

知识拓展

北宋末南宋初,贡茶制法分为蒸茶、榨茶、研茶、造茶、过黄、烘茶等工序,制作精细。茶芽采下来,先浸泡于水中,然后蒸;蒸好后用冷水冲洗,使其快速冷却,即可保持茶之绿色不变。冷后先用小榨去水,然后再用大榨压去茶汁,夺茶真味。榨汁榨水的次数有多有少。去汁后放在瓦盆里兑水研细,造饼烘干。烘干次数根据茶饼厚薄而定,10 次至 15 次不等。团茶外形无奇不有。

这些技术可以有效保持茶的本色,但是榨水去汁,夺了茶的本来滋味。好坏相依,时代各有所需。

宋腊面茶,既蒸且研,建州特产。《宋史·食货志》"茶有二类,曰片茶,曰散茶。片茶蒸造,实棬模中串之,惟建剑则既蒸而研,编竹为格,置焙室中,最为精洁,他处不能造。有龙凤、石乳、白乳之类十二等"。

其中龙团茶在宋太祖开宝年间(968—976 年)就开始制造了。咸平元年(998 年)设置龙凤模型制造团茶。在团茶面上加饰龙凤花纹,花纹都是用金装饰的。这种团茶制法便是日后制造砖茶和云南饼茶的始源。小龙团是上等龙团茶,其制法的改进,就是现在珠茶的来源。庆历(1041—1048 年)中,蔡襄在龙凤茶的基础上改制为小龙团。所以说,龙团茶始创于丁谓,形成于蔡襄。

四、蒸青团茶发展到炒青散茶

(一)蒸青团茶至蒸青散茶

为了更好去掉蒸青团茶的苦味,中国劳动人民在实践中不断探索改良,发现蒸后不揉不压,直接烘干的制茶方法。将蒸青团茶改为蒸青散茶,既可保持茶的香味,又不失茶味醇正。饮用时,全叶冲泡,不再碾成碎末。

(二)蒸青散茶至炒青散茶

蒸青制茶法自唐历宋至元代。元代散茶多,片茶少。全叶冲泡,可以有效鉴别茶的优劣。元代人们感到蒸青绿茶香气可以改进,炒青则顺势发展。人们不断研究如何改进炒法以提高香气。至于何时何人发明,尚待进一步考证。

蒸青改为炒青是一项具有非常意义的发明,不仅克服了蒸青程度难以掌握的弊病,而且充分发挥了茶叶原有真香,同时还降低了制茶工本。明朱元璋废团改散,促进了炒青散茶的全面发展。明代已广泛采用锅炒杀青。一直到现在,炒青仍是制茶重要的方法。

也有学者提出,我国宋代就出现了炒青绿茶。据日本资料,光宗赵惇绍熙元年(1190 年),荣西和尚来我国留学,将釜熬茶制法引进日本,可以证明这一说法。

(三)炒青散茶至各种名茶

随着炒青绿茶的不断发展,茶叶花色越来越多。如松萝、龙井、珠茶、瓜片等名茶相继出现。虽然都属于炒青绿茶,但品味不同,各有特点。

在我国历史上的周朝,制茶如同中草药一般,晒干或阴干,与现在的白茶制造方法大致相同。东汉时,鲜叶捣碎制造饼茶。唐朝时,鲜叶先蒸后碎,制造团块茶;由于对制造技术掌握不同,茶色有绿有黄有黑。北宋时,发明蒸青散茶,保持茶的真味。南宋时,发明炒青散茶,进而发展到黄和黑的散茶。明时,发明红茶制法。清时,发明青茶制法。至此,六大茶类齐全。

第二节 从绿茶到六大茶类的发展

元末明初,研究绿茶制法风气异盛,有些制法实际上已经接触到绿茶以外的茶类了,如出现杀青后揉捻和烘焙的技术。田艺蘅通过试制,认为以生晒不炒不揉为佳,这就是制造红茶和白茶的开端。

以绿茶制法为基础,经过不断演变,遂有现在种种复杂的制法。炒青绿茶的发展,可以说是制茶工业领域里的大革命。从炒青绿茶发展到各色茶类的时间上的顺序如何,未看到确切记述。如果根据现今各色茶类的制法来判断,茶学家陈椽教授认为可能是黄茶、黑茶在先,白茶、红茶和青茶在后。

(一) 从炒青绿茶发展到黄茶和黑茶

从绿茶先发展到黄茶或黑茶,尚未有定论。按现时的制茶技术来说,应当是黄茶在先,黑茶在后,因为黑茶的加工技术比黄茶复杂。

唐朝名茶寿州(今寿县)黄芽,中唐就已远销西藏。代宗大历十四年(779 年),淮西节度使李希烈赠宦官邵光超黄茶 200 斤。可以说明安徽在唐代就出产黄茶。但那时是团茶,不是现在的叶茶。

"黑茶"两字在宋神宗熙宁年代(1068—1077 年)就已出现了,但当时指四川绿毛茶加工做色为黑茶,不是现在所指的黑茶。《明会典》:"明穆宗隆庆五年(1571 年)令买茶中马事宜,各商自备资本。……收买真细好茶,毋分黑黄正附,一例蒸晒。每篦重不过七斤。……运至汉中府辨验真假。黑黄斤篦各令称盘。"这是四川的黑茶和黄茶蒸压为长方形的篦包边销茶,每包 7 斤,运往陕西汉中出卖。这些茶是由粗绿毛茶演变而来。

咸丰十一年(1861 年)绿茶、黄茶和花茶从海路输入俄国。《甘肃通志·茶法》:"光绪三十三年(1907 年)附十一案茶叶课银疏所云:阿拉善王因蒙人喜食黄黑晋茶[1],不食湖茶(湖南安化黑茶),咨商改办前来。……且蒙古向为甘私引地,既不愿食湖茶,亦拟援照南商运销伊塔晋茶章程,责成宁商改办川字黄、黑二茶,俾顺蒙情,而保引额。"这里所说不是现时的黄茶和黑茶,而是湖北羊楼峒的老青压造的青砖茶和红茶末压造的米砖茶。

鲜叶杀青后,不及时揉捻,揉捻后不及时烘干或炒干,而堆积过久,都会变黄。炒青

---

[1] 山西不产茶,山西帮茶商贩运湖北羊楼峒砖茶,西北习惯叫晋茶。

杀青温度低,蒸青杀青时间过长,都会发黄。在制造绿茶过程中,很难避免这些缺陷,绿茶贮藏不好也会变黄。

绿茶内质的特点是制止或限制类黄酮化合物的酶促和非酶促氧化,如果变黄就是类黄酮化合物氧化,色香味与绿茶不同,别有可口风味。在炒制绿茶的实践中,就有意或无意发明了黄茶类。

安化黑毛茶的加工,鲜叶比较粗老,杀青叶量又多,火温不高,杀青后叶色已变为近似黑色的深褐绿色。揉捻后渥堆做色、烘干。黑茶当在明末清初开始制造的,比黄茶为迟。

(二) 从绿茶发展到红茶

由绿茶发展到红茶,可从以下几个方面来说明。《广雅》:"荆巴间采茶作饼成以米膏出之,欲饮先炙令赤色。"这说明三国魏时茶饼经过烘后会变红色。鲜叶机械损伤变红,提高了人们对制茶的认识。由此绿茶发展到红茶就毋庸置疑了。

1. 小种红茶首先发明,简化制法后又产生工夫红茶

田艺蘅说生晒好。生晒就是日光萎凋,鲜叶经过日光萎凋后变得柔软并散发出一种兰花的清香,是绿茶所没有的。这是质的变化。日晒代替杀青,是杀青的简化,是在炒青基础上的进一步发展,揉捻后发觉叶色变红更快,于是逐渐认识了变色的规律。人们便在揉捻后堆放片刻,使其发红更明显,质的变化更大,而后炒和烘,则色香味完全改变。工夫红茶是以后简化制法的缘由。工夫红茶由生晒、揉捻而直接晒干,简单而又省工。

2. 16 世纪中期以前即有红茶

关于何时何地何人发明制造红茶,没有确切的记载,无从肯定。但根据乌克斯《茶叶全书》中相关记载可知 1560 年以前,就有红茶了。

乌克斯《茶叶全书》中记有传教士中有葡萄牙人柯鲁兹神父,是到中国传播天主教的第一个人,于 1556 年(明世宗嘉靖三十五年)到达中国。1560 年左右回葡,以葡文写成有关茶叶的书,旋即出版。内说:"凡上等人家皆以茶敬客。此物味略苦,呈红色,可以治病,为一种药草煎成的液汁。"呈红色就是指红茶汤。林奈(Carl Von Linné,1707—1778 年)在 1762 年第 2 版《植物种类》中,把茶树分作两个品种。一为 Thea Bohea(武夷)种,代表红茶;一为 Thea Viridis 种,代表绿茶。英国植物学家希尔(John Hill,1716—1775 年)也分红茶种、绿茶种。由是可以初步得出结论:红茶产生时间是在 16 世纪中期与 17 世纪初之间,且福建武夷山首创小种红茶制法。

福建红茶,清同治年间(1862—1874 年)产量很多,政和一县就有数十家私营小茶厂(毛茶加工厂,因此称工夫红茶),出茶多至万余箱。道光八年(1828 年),日本把我国台湾地区红茶样品送到伦敦和纽约市场。台湾制茶方法是从福建传入。

祁门工夫红茶是光绪二年(1876 年)从福建传入的。先在历口试制,翌年传到闪里。1936 年祁门开始由绿茶转制红茶。

知识拓展

1950 年,中国茶叶公司屯溪分公司编写的《皖南茶叶概述》记有:"1875 年盛产绿茶,运往两广地区销售,大都模仿福建安溪茶的采制方法,叫安茶。1875 年从福建罢官回籍的官僚资本家余干臣在至德尧渡街设立红茶庄试制红茶成功,翌年在祁门历口设分庄试制。1878 年又增设红茶庄于闪里。同年,祁门南乡有大园户胡仰儒采自园鲜叶试制红茶,先后创造出祁红试制的良好成绩,相率仿制,掀起了一个由安茶改制祁红的伟大的生产转变运动。"

祁门工夫红茶比福建小种红茶晚 200 多年。之所以能后来居上,是因为毛茶加工特别精细。工夫红茶的鲜叶加工是小种红茶的简化,毛茶加工是小种红茶的多次反复,所以叫工夫红茶。

(三) 从绿茶结合红茶发展到青茶

1. 19 世纪中期安溪始制青茶

1939 年,陈椽访问 80 多岁的范列五先生(创造白毫莲心的老茶人)时,范老说:"光绪初年(1875 年),各县工夫红茶衰败,乃渐发明一种非红非绿的'半发酵'茶。兴起初时,销路很好,仿效日多。安溪开始创制是采乌龙品种的鲜叶,因此叫乌龙茶。后来传到闽北和台湾各地。"

福州最早经营青茶的中州高丰茶栈,创立于同治元年(1862 年)。这与范列五口述的时间相差不远,可以初步肯定乌龙青茶是在咸丰年间(1851—1861 年)开始生产的。安溪劳动人民在清雍正年间(1723—1735 年)创制的青茶首先传入闽北,然后传入台湾地区。

同治十年(1871 年),台湾地区制造乌龙茶试销美国,因美国禁止"劣茶"输入而受到排斥。遂于光绪七年(1881 年)简化乌龙茶制法,由厦门茶商改制如安溪的包种茶,品质靠近绿茶,远销南洋各地。

2. 青茶制法演变

青茶种类很多,制法繁简差异很大。最简单的是白毛猴(白毫莲心),最繁的是武夷岩茶,中间的是摇青乌龙。青茶制法是先日光萎凋而后炒青、揉捻及烘干。乌龙青茶萎凋后摇青做青,是工夫红茶日光萎凋技术的提高,由简到繁。乌龙青茶制法传到闽北后,更进一步提高技术措施,摇青做青改为筛动做青,这就是岩茶的制法。闽北的制茶技术,自古以来创造发明最多。制法精巧,工艺高超,绝不是偶然的。

青茶出现顺应客观需求,19 世纪中后期工夫红茶品质下降,绿茶遭到印度红茶冲击,销路不好,这一变化极大地推动了制茶技术的革新,青茶随之出现。红茶结合绿茶由简到繁制乌龙青茶,乌龙青茶由繁到简制包种,乌龙青茶的技术提高一步,制岩茶,岩茶的简化制白毫莲心……

（四）从红茶结合青茶发展到近代的白茶

1. 大白茶树最早发现在政和

近代白茶是指由大白茶树种采制的茶。大白茶树的芽叶和梗都披有很多白毛，是其他品种所少见的；树态比一般的小叶树显高大，所以得名。大白茶树最早发现在政和。起源有两种传说：一说，光绪五年（1879年），铁山乡农民魏春生家院中野生一棵树，初未注意，后来墙塌压倒，自然压条繁殖，衍生新苗数株，很像茶树，遂移植铁山高仑山头；一说，在咸丰年间（1851—1861年），铁山乡堪舆者走遍山中勘觅风水，一日在黄畬山无意发现一丛奇树，摘数叶回家尝试，味道和茶叶相同，就压条繁殖，长大后嫩芽肥大，制成茶叶，味道很香。由于生长迅速，人们争相传植，逐渐推广。

《政和县志》记载："清咸同年间（1851—1874年）草茶最盛，均制红茶，以销外洋。嗣后逐渐衰落，邑人改植大白茶。"说明光绪前就有大白茶，光绪初年发源于铁山。

2. 福鼎大白茶树始发现于大姥山

福鼎大白茶树传说是光绪十一或十二年（1885年左右）林头乡陈焕在大姥山峰发现而移植住宅附近山上。到底是当地野生的，或是从政和传去的，无可断定。

白茶自古有之。宋赵佶《大观茶论》："白茶自为一种，与常茶不同，其条敷阐，其叶莹薄，崖林之间，偶然生出。虽非人力所可致。正焙之有者不过四五家，生者不过一二株。"于是白茶遂为第一。白茶与当时的一般茶树不同。北苑（即现建瓯）是政和邻近地方，偶然吻合。当时的白茶可能就是现今的大白茶种。

3. 白茶制法

白茶最初是指"白毫银针"，简称银针或白毫，古时称芽茶。后来发展到白牡丹、贡眉和寿眉。银针是大白茶的肥大嫩芽制成的，形如针，色白如银，因叫银针。古时叫芽茶，是否与银针相同，还待考证。明田艺蘅《煮泉小品》："芽茶以火作者为次，生晒者为上。"不仅说明很早就有芽茶，而且指出了两种制法的好坏。

闻龙《茶笺》："田艺蘅以生晒不炒不揉为佳，亦未之试耳。"说明与现在的白茶制法完全相同。

福鼎制造银针，据传是陈焕在光绪十一年（1885年）开始的。第一年仅采叶4～5斤，外形特异，卖价比一般的高10倍以上，引人注意，逐渐获得发展，至光绪十六年（1890年）开始外销。

政和在光绪十五年（1889年）开始生产银针。当时下里铁山周少白看到白毫工夫受欧美欢迎，就试制4箱运到福州洋行探销。翌年，又与邱国梁合制4箱，运往国外销售。销路很好，以后愈制愈多。

4. 白茶创制于19世纪中期

同治十三年（1874年），左宗棠奏以督印官票代引办法第7条："所领理藩院茶票，原止运销白毫、武夷、香片、珠兰、大叶、普洱六色杂茶，皆产自闽滇，并非湖南所产，亦非'藩眼'所尚。"若此处为白茶，那么福建的白茶在1874年就有了，与政和发现大白茶树的年代相近。所以,可以初步断定白茶是在 19 世纪五六十年代开始创制的。

白茶是从古代绿茶的三色细芽、银丝水芽和明朝的白毫小种红茶(俗叫白尾工夫)发展而来的。田艺蘅说不炒不揉为佳,也是对工艺改革的一个贡献。近代白茶制造技术牵涉许多方面,也可说是在绿茶和红茶的基础上逐步发展形成的。

第三节 毛茶加工发展再加工茶类

我国在发明六大茶类的同时,还努力扩充茶类的花色,创造了各种花茶和蒸压茶,使茶叶生产不断向前发展。

一、窨制花茶的创始和发展

窨制花茶的历史虽然不长,但茶引花香增益味道,自古有之。

(一)宋时即有茶加龙脑香料制造的记载

宋蔡襄《茶录》:"茶有真香,而入贡者微以龙脑(香料)和膏,欲助其香。建安民间试茶皆不入香,恐夺其真。若烹点之际,又杂珍果香草,其夺益甚,正当不用。"可见在 1 000 多年前的宋初贡茶,是加龙脑香料制造的。民间制茶不加香料,恐夺茶的真香,而在烹煮时掺入香草。虽然方法不同,但以花增加茶的香气,是相同的。

(二)明朝多种方法窨制花茶

明顾元庆《茶谱》记载窨制花茶多种方法,如橙茶、莲花茶等[1]。程荣在 1592 年前后写的《茶谱》中更是提到"木樨、茉莉、玫瑰、蔷薇、兰蕙、橘花、栀子、木香、梅花皆可作茶"[2]。可知各种香花都可熏茶。

(三)商品花茶源于咸丰年间

咸丰年间(1851—1861 年),北京汪正大商行来长乐用茉莉熏制鼻烟,烟的香味很好。长乐茉莉花来自广州,花色清白,香气浓郁。长乐茶号如李祥春等就用茉莉花熏茶,试制结果很好。古田帮茶号万年春也仿效制作。但当时规模不大。

---

[1] 顾元庆《茶谱》(1541 年)记有:"橙茶,将橙皮切作细丝一斤,以好茶五斤焙干,入橙丝间和,用密麻布衬垫火箱,置茶于上,烘热,净棉被罨之三两时,随用建连纸袋封裹,仍以被罨焙干收用。"详细说明了花茶制法,虽与现行熏花制法稍有不同,但可证明用香花窨茶的事实。《茶谱》又说:"莲花茶,于日未出时,将半含莲花拨开,放细茶一撮纳满蕊中,以麻皮略絷,令其经宿,次早摘花,倾出茶叶,用连纸包茶焙干。再如前法,又将茶叶入别蕊中,如此数次,取其焙干收用,不胜香美。"这种方法比现今还精细,是数窨一提的规范。

[2] 程荣在 1592 年前后写的《茶谱》说:"木樨、茉莉、玫瑰、蔷薇、兰蕙、橘花、栀子、木香、梅花皆可作茶。诸花开时,摘其半含半放,蕊之香气全者,量其茶叶多少,摘花为拌。花多则太香而脱茶韵,花少则不香而不尽美。三停茶叶,一停花始称。假如木樨花须去其枝蒂及尘垢虫蚁。用瓷罐一层茶、一层花投间至满,纸箬扎固入锅,重汤煮之,取出待冷,用纸封裹置火上焙干收用,诸花仿此。"

（四）花茶窨制地的变化

福州开始种植茉莉花，是北门外战坂乡一二农民把长乐的花种栽为盆景，供人观赏，有时也摘卖为妇女妆饰品，产量很少。后来花茶销路日盛一日，逐渐推销到华北各地，花茶商号日益增多，长乐产花供不应求，福州闽侯农村也继战坂之后，争种茉莉，很快遍及全县。到光绪中（1880 年左右）开设花茶厂大量窨制。

花茶销华北，以天津为集散地。天津茶商来福州设厂的，叫天津帮。徽州或北京茶商来福州设厂的，叫平徽帮。他们最初在广州开设茶厂，运徽州茶到广州窨花，剥削茶工极甚，茶工屡屡反抗，于是茶商巨贾在 1890 年被迫把工厂迁至福州，运大量皖茶来福州窨花，福州遂成为熏制花茶的中心。以后又扩大到建瓯、宁德、安溪及四川成都、安徽徽州、台湾台北。苏州虽然在光绪年间也开始建立花茶工场，但产量也很少。一直到了抗日战争时期，福州花茶无法运到华北，苏州进而取代福州成为花茶生产与兴旺之地。中华人民共和国成立后，为满足广大人民的生活需要，东南各省主要城市都建立了花茶厂，扩大了花类。除茉莉花外，还有珠兰、白兰、柚花、栀子、代代等，但以茉莉花为最多，花茶品质也最好。

二、蒸压茶类的发展和演变

古时西北交通困难，茶叶运到市场，再转运销区，时间短则数月，长则一两年。为了便于运输和交易并能够耐久贮藏，势必要设法制造蒸压茶。

（一）茶马交易"治边"与蒸压茶的发展

明初西北茶马交易为"治边"的重要政策。当时的茶叶主要是叶茶，体积庞大，运输不便，容易霉烂。压缩体积后可以消除种种困难。然压缩必须蒸热才能紧实。这便成为四川晒青开始蒸压为边销茶推销西北的起因。

《明会典》记载茶事，首先就提及蒸压茶："茶课国初招商中茶，上引五千斤，中引四千斤，下引三千斤，每七斤蒸晒一篦，运至茶司，官商对分，官茶易马，商茶给卖。"虽然没有提及在何地加工，但从朱祁镇正统九年（1444 年）题准起倩四川军夫，把茶陆续运到陕西界褒城县茶厂的记载，可知当时四川茶叶运到陕西加工，如湖南安化黑茶运到泾阳加工一样。

《明史·食货志》："凡易马，正德十年（1515 年），以每年招易，'番人'不辨称衡，止订篦中马，篦大则官亏其值，小则商病其繁。令巡茶御史王汝舟乃酌为中制，每一千斤定三百三十篦，以六斤四两为准作，正茶三斤，篦绳三斤。"这是茶封的开始，后演变成泾阳砖茶。

《西宁府志》："顺治二年（1645 年），每引百斤，征茶五篦，每篦五斤。"至此已成现时茶封（泾阳砖茶）的形状。以后青砖茶、米砖茶和黑砖茶都是在筑造泾砖的基础上，改用机器蒸压而成，是筑泾砖茶技术的发展。

1850 年前后，羊楼峒茶区红茶的最盛时期有 70 多家茶号，出产红茶达 30 万箱，每箱 25 公斤，都被英俄洋行抢购一空。

（二）青砖茶压造历史

青砖茶压造历史迄今已有 200 多年了。最初不叫砖茶，而叫帽盒茶。经人工用脚踩制成椭圆形的茶块，形状与旧时的帽盒一样。每盒重量正料 7 斤 11 两至 8 斤不等，每 3 盒 1 串。经营这种茶的山西人，叫盒茶帮。咸丰年间改用半人力的螺旋压机。

1900 年，羊楼峒茶区红茶国外市场受印度红茶冲击无销路。山西茶商大批在羊楼峒设庄改压青砖茶，扩大边销。1913 年改用蒸压机，大量生产青砖茶。1910 年至 1915 年是老青茶产制最旺时期，压造的老青砖茶几乎全部为俄商所抢购而侵入边销市场。当时，俄商阜昌、顺丰、新春、惠昌等茶号在羊楼峒设庄，在汉口设厂，年压造砖茶 40 余万箱，运往西北市场倾销。山西茶商也增至 30 余家，年压砖茶也达 30 余万箱，合计达 70 余箱之多。

十月革命后，俄商停业。山西茶商维持边销，年产降至 8 万余箱。1925 年，苏联在汉口成立协商会，在羊楼峒托华商兴商茶号收购老青茶，在汉口设厂压造，产量回升至 30 余万箱。1937 年，抗日战争开始后，日本帝国主义侵占羊楼峒茶区，大肆摧残我国民族茶业，同时设立制茶株式会社，在羊楼峒和汉口设厂压造砖茶，年产 5 万箱，运往西北市场倾销，推行经济侵略政策。1939 年，国民党政府为维持青砖茶市场，由"中茶公司"设立屯溪砖茶厂，利用绿茶产品，仿制青砖茶。抗日战争胜利后，国民党政府与美国签订《中美商约》，阻碍茶叶外销，边销无路，年产量降至 2 万余箱。

（三）米砖茶压造历史

米砖茶压造，只有 100 多年。米砖茶是在青砖茶的基础上发展起来的。1842 年（道光二十二年）8 月 29 日，清朝政府和英国签订了中国近代史上第一个丧权辱国的不平等条约——《南京条约》。除赔款和割让香港外，并开放上海、福州、厦门、宁波、广州为通商口岸。英、俄、日帝国主义就相继侵入我国主要茶区，抢运茶叶，破坏茶叶生产。

19 世纪 70 年代，俄商开始在福州设厂压造米砖茶。随后，英国洋行也连设 3 家砖茶厂，采用英国进口的机器压造。咸丰十一年（1861 年），汉口开放为对外通商口岸。俄商又在汉口开设砖茶厂，同时改进砖茶压造技术，后来改用蒸汽压力机，1878 年使用水压机。1879 年，米砖茶生产达到高峰，年产 1 370 万磅，大部分为俄销。当时，宁红、湖红等后起之秀，质量比闽红好。1891 年，俄商认为福州砖茶汤色不浓，味道淡薄，不耐烹煮，不合要求，因而转向汉口、九江设厂压造米砖茶。1891—1901 年的 10 年间，俄商在九江大量压造米砖茶，1895 年达 87.293 1 万磅，于是福州砖茶厂也相继停工，纷纷移设于汉口、九江。后因汉口压造米砖茶的半成品来源丰富，就都集中在汉口压造。米砖中心产地由福州而移到汉口，福州只剩南台致和砖茶厂了。

俄商在汉口设砖茶厂后，大量压造米砖茶，兼压造青砖茶。1915 年，俄商在汉口有 4 家茶厂，华商只有兴商茶厂。到 1927 年，国民党政府断绝中苏邦交，俄商回国，汉口米砖茶生产停顿下来。

抗日战争期间，福建红茶销路困难。1942 年"中茶公司"在福州设立砖茶压造站，压制米砖茶运香港转销苏联。中华人民共和国成立后，青砖茶和米砖茶都集中在赵李桥茶厂大量生产,以满足边销的需要。

(四) 黑砖茶压造历史

黑砖茶压造历史较短,始于抗日战争时期。黑砖茶的创制是以青砖茶的生产为基础。黑茶是安化的特产,原来以甘引、陕引运往陕西泾阳筑造泾砖茶。抗日战争期间,交通隔绝,运输阻塞。虽有少数茶商设法从襄河北运转紫荆关,再转折运泾阳加工,但崇山峻岭,路途艰难,有三四年尚未运到者。即或运到一点,数量很少,不能满足西北地区的需要。如果由湖南入川经广元、宝鸡再转泾阳,路程既远,险阻又多,经济和时间都很浪费。因此,泾砖的毛茶中断,西北边销茶叶匮竭,于是在安化设立砖茶厂,改进压造方法。

1939年3月,湖南成立茶叶管理处,在安化江南坪仿效青砖茶的压造技术,试验压造黑砖茶。1940年3月,设立砖茶厂开工压造。1941年1月,湖南省砖茶厂在桃源沙坪设立分厂,1943年5月改为沙坪工作站。1942年6月改为"国营中茶公司"湖南砖茶厂,10月增设硒州分厂。1943年商营两仪砖茶厂在江南坪建成,压造小型京砖茶。

抗日战争胜利后,国营砖茶厂停业,改由省农业改进所安化茶场设立砖茶部。1946年8月成立湖南制茶厂,安化茶场并入研究单位。从此以后,砖茶压造就成为官僚资本和当地豪商争夺的阵地,所谓"官商合营"了。

1946年硒州设立私营华湘和华安砖茶厂。1947年4月,成立安化茶叶公司,在小淹和东坪设制茶厂。江南坪开设私营安泰和天义庆砖茶厂。1948年两仪茶厂和原制红茶的大中华茶厂都改压造2公斤的黑砖茶。短短10年,发生了如此复杂的变化。由这件小事也可以看到旧中国政治的腐朽,官僚富商互相争利,根本谈不到改进技术,发展茶业。

第四节　近代中国制茶技术发展受阻

我国历代劳动人民创造了很多的制茶方法,制茶技术发展很快,居于世界产茶国家的前列。但近百年来,由于外受帝国主义抢掠,内遭封建主义摧残,制茶技术不仅停滞不前,而且落后于他国,茶业几乎破产。

世界资本主义产茶国家,制茶历史很短,方法单调,而且都是近百年来引入我国制茶技术,加以资本化和机械化而开始本国茶叶生产的。虽然成本很低,但品质远不及我国茶叶。因此想尽办法,采取种种野蛮手段,力图控制我国的茶叶生产和销售,阻碍我国制茶技术向前发展。

新中国成立前,国内反动统治阶级对茶工茶农进行残酷剥削,只知巧取豪夺。1910年开始,各地军阀长期混战,茶农大批逃亡,不少茶园荒芜。自1937年至1949年,国民党的外汇政策是奖励进口,压制出口,使出口茶商蒙受很大打击。农商茶叶交易停滞不前,茶农生活日益穷困,茶叶生产日趋衰落。在这种情况下,当然谈不上改进制茶技术,发展茶业科学,实现茶叶生产机械化了。

第十章　饮茶的发展

本章教学目标

■ **知识目标：**

了解国内饮茶的发展过程；了解饮茶的国外传播过程；掌握国内各个历史阶段饮茶方式方法；熟悉国外部分经典饮茶方式方法。

■ **情感价值目标：**

培养对中国茶文化的认同感和自豪感；培养对中外茶文化交流的重要性的认识；培养学生对多元文化的尊重和包容心态。

■ **课程思政目标：**

增强学生的文化自信心，弘扬民族优秀传统文化；引导学生正确价值观，倡导健康的生活方式；培养对保护和传承茶文化的责任感和使命感。

第一节　国内饮茶的发展

茶叶、咖啡、可可为人类的三大饮料。茶为世界上最普遍的饮料，历史也最悠久，茶叶产量和消费量也最多。

饮茶的作用，约可分为五个发展时期：一是从神农时期到春秋前期，作为祭品；二是从春秋后期到两汉初期，作为菜食；三是从西汉初期到西汉中期，发展为药用；四是从西汉后期到三国，成为宫廷高贵饮料；五是从西晋到隋朝，逐渐成为普通饮料；至唐宋遂为"人家一日不可无"了（明邱濬《大学衍义补》）。其实各个时期互相交错。

茶作饮料的开始时期，古人所见不同，所说的时期也不同。有人根据《三国志》记载孙皓以茶代酒密赐韦曜，认为饮茶始自三国。唐斐汶《茶述》说，饮茶之风尚起于东晋（317—420年），而盛于唐代。明王象晋（1599—1659年）在1621年写的《群芳谱》说，饮茶由药用转变为饮料，最初当在隋代（581—618年）。

茶作饮料，各个时期的饮法不同，因而对饮茶的概念，各人也不同。五个时期的初步划分，是以历史资料为依据的。

一、饮茶从无到有

茶作饮料，始见于西汉。王褒《僮约》规定，家僮既要在家里烹茶，又要去武阳买茶，来成都出卖贸利。武阳是当时有名的茶叶初级市场。西汉时,茶叶已成为商品,但不知制法,多把茶和蔬菜共煮而食之。唐皮日休说,陆羽以前,言茗饮者,必浑以烹之,与夫瀹蔬者无异也。

《僮约》订于公元前 59 年,距今已有 2 000 多年了。那时饮茶已普及于士大夫阶层,而茶叶开始作为饮料,当然比王褒写《僮约》的年代更要早很多。

《广阳杂记》引《赵飞燕别传》讲了成帝(刘骜)死后,皇后梦中见帝,帝赐茶饮的故事。从这一记载里,可知西汉时,在西北的皇宫内,茶叶已是特殊的饮料。

西汉常有饮茶之说,饮茶始于西汉可以肯定。但开始时是帝王将相的专利品,未及民间。到了东汉,饮茶进一步发展,饮茶方法也有改进。曹魏时(220—265 年)张揖《广雅》:"赤色饼茶捣末置瓷器中,以汤浇覆之,用姜、葱、橘子芼之,其饮醒酒,令人不眠。"这也可作醒酒之药解释。

三国,茶叶已是皇宫的普通饮料。《吴志·韦曜传》说,东吴最后的皇帝孙皓(242—283 年,在位自元兴元年至天纪四年,264—280 年)每次宴客要坐到日落,不论酒量多少,都限饮七升,饮不完也要入口后再吐出。韦曜素饮酒不过二升,初见孙皓,孙皓特别礼待,减少酒量,以茶代酒。因此,宋杜小山(名耒,字子野,号小山。见《宋诗记事》卷六五),有"寒夜客来茶当语"的诗句。

西晋武帝太康年间(280—289 年)作《三都赋》的左思《娇女》有"吾家有娇女……止丁为荼荈剧,吹嘘对鼎立"的诗句。说明饮茶在妇女中已经普及了。西晋张载(字孟阳,武帝司马炎时,即 265—290 年佐著作郎)《登成都白菟楼诗》有"芳茶冠六清,溢味播九区"的诗句。晋四王起事(300—303 年),惠帝司马衷蒙尘返洛阳,黄门张孟阳以瓦盂盛茶上至尊。

到了东晋,市上已有煮好的茶汤零售。《广陵耆老传》说,晋元帝时(317—323 年)有老姥每旦独提一器茗,往市鬻之。

到了南北朝(420—589 年),佛教盛行,和尚坐禅破睡,饮茶发挥了很大功效。饮茶风气流传各大小寺庙,茶叶生产都掌握在寺庙的大和尚手里。推广佛教的同时,也推广了饮茶。饮茶和佛教是分不开的,因此俗语说"茶佛一味"。

《宋录》:"豫章王子尚,诣昙济道人于八公山,道人设茶茗,子尚味之曰,此甘露也,何言茶茗。"饮茶为"上流"社会不可缺少的交际方式。

二、饮茶从有到普遍化

唐代发明了蒸青制茶,茶叶品质大大提高,饮茶风气普及民间。唐人认为,春中始生嫩叶,蒸焙去苦水,末之乃可饮,与古所食殊不同也。

陆羽《茶经》引《桐君录》:"西阳、武昌、庐江、晋陵好茗,皆东人作清茗,茗有饽,饮之宜人。"说的是西阳、武昌、庐江、晋陵等地的人爱好饮茶,皆为主人家为客人提供的。茶里面含有汤花的精华,饮用了对人有益处。可见饮茶在民间的普及。

《封氏闻见记》也记有:"南人好饮之(茶),北人初不多饮。开元中(723 年左右),泰山灵岩寺有降魔师,大兴禅教。学禅,务于不寐,又不夕食,皆许其饮茶。人自怀挟,到处煮茶。从此转相仿效,遂成风俗。"佛教深入民间,饮茶风气益盛。唐时,南方饮茶已很普遍,而北方有些地方则认为是奇异风俗。后来,北方人向南方人学习,逐渐也有了饮茶的习惯。东汉华佗《食论》已经指出,长期饮茶,可以提高思维能力。于是饮茶就为脑力劳动者所爱好。到了唐初(618年后),文人学士饮茶成癖,大开饮茶风气。有些人就著文写诗,宣传饮茶的好处。随着茶叶生产的大发展,饮茶风气愈加盛行。

太宗贞观十五年(641年),文成公主出嫁第32世藏王松赞干布,带去当时湖南岳州的名茶"溈湖含膏",饮茶习俗传到西藏。

到了中唐(766—840年),北方饮茶逐渐普及,江南大批茶叶长途运往华北。《封氏闻见记》载,开元中(728年左右),"自邹、齐、沧、棣,渐至京邑城市,多开店铺煮茶卖之。不问道俗,投钱取饮"。民间亦养成饮茶习惯了。到处有茶馆,可以随便用钱饮茶,茶叶已不是贵族和士大夫阶层所特有的享受品了,而成为普通百姓的日常饮料。封建社会有句俗语:"开门七件事,柴米油盐酱醋茶。"这句俗语流传已有相当长久的历史。据《封氏闻见记》,"按古人亦饮茶耳,但不如今人溺之甚。穷日尽夜,殆成风俗,始自中地,流于塞外"。

到了8世纪中叶,东南出产的茶叶大量向北方推销,至肃宗至德(756—758年)、乾元(758—760年)年间,茶马交易开始后,茶叶更进一步向西北推销。

德宗建中时(780年后),康藏少数民族也开始到四川买茶。各地名茶大量运销西北。李肇《唐国史补》说,藏王用四川昌明所产名茶招待唐使。同时发展以茶换马的"茶马交易"。到了唐末(905年前),发明蒸青散茶,类似日本现在的碾茶,但是全叶冲泡,且逐渐成为人家不可缺少的日常饮料。

到了宋已订出审评茶叶色香味的方法,辨别茶味的好坏。所以,"斗茶"(茶叶品质比赛)很盛行。蔡襄(1012—1067年)是宋代最有名的品茶专家。

《金史》:金章宗泰和六年(1206年)"尚书省奏:茶,饮食之余,非必用之物,比岁上下竞啜,农民尤甚,市井茶肆相属,商旅多以丝绢易茶,岁费不下百万……遂命七品以上官,其家方许食茶"。

三、饮茶从普遍化到生活必需品

宋时边区少数民族已离不开茶,有"宁可日无油盐,不可一日无茶"的俗语①。金宣宗元光二年(1223年),省臣以国蹙财竭为由,颁布法律,禁止河南、陕西人民饮茶,以免每年枉费民银30余万,流入南宋。但是人民不顾禁令,继续饮茶,茶叶交易仍愈来愈旺盛。

到了元代(1271—1368年),开放西北茶市,饮茶风气普及边区少数民族,边茶开始大量生产。

到了明代(1368—1644年),制茶技术不断改进,茶叶品质进一步提高,茶类增多,

---

① 南宋淳熙四年(1177年),吏部阎苍舒向朝廷陈茶马之弊时,就提到这种情况。

学者们总结茶叶生产经验和饮茶好处的专著陆续出现,促进饮茶风气更加普及①。

到了清代,饮茶的盛况空前,睡觉、起床、吃饭前后以及应酬送礼,都离不开茶叶。市街乡村到处可见茶楼茶馆。

第二节　饮茶的国外传播

世界各国饮茶之风,皆先后由我国传入。

一、亚洲及邻国开始饮茶

日本是继中国之后第二个开始饮茶的国家。1956 年日本福冈市长说,汉时中国茶叶就传到福冈了。汉昭帝刘弗陵时期(前 86—前 74 年)我国文化开始输入日本②。到了 6 世纪末,汉文化和佛教一同传入,亦伴有少量茶叶。这也是我国茶叶海运出口的开始。

中国茶叶传入土耳其,是在 5 世纪末,土耳其商人至蒙古边境以物易茶。自此,开启我国茶叶正式外销的时代。9 世纪,饮茶风气也传到许多阿拉伯国家。阿拉伯商人出入我国各港口,商品贸易十分兴盛,其中包括茶叶。

到了明初,航海事业大力发展,为饮茶风气向外扩大创造了有利条件,茶叶传播到东南亚和部分非洲国家,开启海外饮茶之风③。

19 世纪初,与我国西南部接壤的缅甸、越南、老挝等国家,开始传入我国栽茶、制茶的方法。印度也传入我国云南人所传授的制茶方法。

二、欧洲国家开始饮茶

16 世纪初期,葡萄牙侵入我国,欧洲人开始学习饮茶。到了清代末年,帝国主义列强的武装商船直接侵入我国茶区,抢运茶叶回国。自神宗万历三十五年(1607 年),荷兰船队从爪哇来澳门运走绿茶,至 1610 年转运欧洲以后,开启了欧洲饮茶风气。自此之后,中国茶叶不断输往欧洲各国。

1618 年,我国茶叶从西北陆路输入俄国。1650 年,饮茶风气传到英国咖啡馆,但只

---

① 明邱濬《大学衍义补》说:茶之名,始见于王褒《僮约》,而盛于陆羽《茶经》。唐宋以来,成为人家一日不可无之物。许次纾在 1592 年写的《茶疏》说:古人结婚必以茶为礼。可见茶在此前已是一种珍贵礼品,人人喜欢的饮料。

② 汉武帝元封三年(前 108 年),在汉朝境外原来朝鲜卫右渠统治地区,设置玄菟、乐浪、真番、临屯 4 郡。后来刘弗陵废真番、临屯,只留玄菟、乐浪两郡。乐浪海外的倭人(在日本),分立百余小国,通过乐浪得与中国接触,汉文化开始输入日本。

③ 郑和率领船队,从明成祖永乐三年(1405 年)到宣宗宣德八年(1433 年)7 次下西洋,把茶叶运到东南亚和一部分非洲国家。

有贵族才有机会享用①。此后,中国茶叶大量输入欧洲,饮茶风气才逐渐遍及欧洲各国。有些国家养成嗜好,有些国家偶然试饮。

三、美洲国家开始饮茶

美洲的饮茶习惯是由荷兰人传入的。1640年,荷属新爱姆斯丹(即今纽约)的荷兰侨居贵族首先饮茶。以后,荷兰人带至纽约的茶叶不断增多。自1660年至1680年,饮茶风气陆续传到各地。1690年,波士顿最先出售中国红茶。1700年,开始用牛乳和乳酪掺茶饮用。

1678年,英国东印度公司把4 717磅茶叶从万丹运到美洲各地,使饮茶风气进一步扩大。1712年,波士顿的包尔斯东药房出售中国绿茶。1784年,美国快轮开始来我国直接运载茶叶回国,于是我国茶叶大量输入美国,饮茶风气遍及美国各地。

世界各国的饮茶历史,有早有迟,甚至还有最近才开始饮茶的国家。饮茶历史长短相差数百年。欧洲饮茶以英国发展为最快,消费量也最多。英国人饮茶像吃饭一样,有早茶、午茶和晚茶之分。大洋洲以新西兰发展较快,消费量也多。美洲以加拿大发展较快,消费量也多。非洲以摩洛哥发展较快,消费量比其他非洲国家多。

第三节 国内饮茶的方式方法发展

一、我国当前主要泡饮方法

我国现在的饮茶方法,以闽南的云霄、漳州、东山、厦门和广东的汕头等地最为考究,设有烹茶"四宝"专用饮茶器具,包括:① 玉书茶碨,为赭色扁形薄瓷的水壶,容水约四两,水沸眼碨一开一阖,卜卜有声,好像叫人泡茶;② 汕头风炉,指烧开水的火炉,娇小玲珑,可以调节通风;③ 孟臣罐,指紫砂壶,用江苏宜兴紫泥制成;④ 若深瓯,指饮茶杯,多用小瓷杯,常选河北定县生产的"纯白定瓯"。

"四宝"既备,即可品茶。先取清洁的泉水,洗涤茶具,等待茶眼水开,先用开水烫孟臣罐、若深瓯,继而放入茶叶,冲入开水,刮去泡沫,加盖候汤,进而开启品饮。

二、文献中涉及饮茶方法

古代文献中对饮茶方法多有记载。《东坡志林》记有:"唐人煎茶用姜,故薛能诗云:盐损添常戒,姜宜煮更夸……近世有用此二物者,辄大笑之。然茶之中等者,若用姜煎,信佳也,盐则不可。"陆羽之前,唐人煮茶,多用姜盐等添味,陆羽之后,煮茶只保留添盐。

《鹤林玉露》卷三丙编有候汤煮茶之法,"余同年李南金云:《茶经》以鱼目涌泉连珠为煮水之节,然近世瀹茶,鲜以鼎镬,用瓶煮水,难以候视,则当以声辨一沸、二沸、三沸

---

① 1657年,英国有一家咖啡店出售由荷兰转口的中国茶叶,每磅售价6～10英镑。

之节。又陆氏之法,以未就茶镬,故以第二沸为合量而下末,若以今汤就茶瓯瀹之,则当用背二涉三之际为合量,乃为声辨之……然瀹茶之法,汤欲嫩而不欲老,盖汤嫩则茶味甘,老则过苦矣。若声如松风涧水而遽瀹之,岂不过于老而苦哉!惟移瓶去火,少待其沸止而瀹之,然后汤适中而茶味甘"。

《云林遗事》有关于莲花茶的饮之法,"莲花茶,就池沼中,早饭前,日初出时,择取莲花蕊略破者,以手指拨开,入茶满其中,用麻丝缚扎定,经一宿,明早莲花摘之,取茶纸包晒,如此三次,锡罐盛,扎口收藏"。

《广阳杂记》也有饮茶制法的介绍,"古时之茶,曰煮、曰烹、曰煎。须汤如蟹眼,茶味方中。今之茶,惟用沸汤投之,稍着火,即色黄而味涩,不中饮矣。乃知古今之法亦自不同也"。

《清稗类钞》记有花茶饮用方法、茶器选择等,"花点茶之法,以锡瓶置茗,杂花其中,隔水煮之,一沸即起,令干。将此点茶,则皆作花香,梅、兰、桂、菊、莲、茉莉、玫瑰、蔷薇、木樨、橘诸花皆可。诸花开时,摘其半含半放之蕊,其香气全者,量茶叶之多少以加之。花多,则太香而分茶韵;花少,则不香而不尽其美,必三分茶叶,一分花,而始称也"。《清稗类钞》另记有"茶之功用,仍恃水之热力。食后饮之可助消化力。茶中妨害消化最甚者,为制革盐。此物不易融化,惟大烹久浸始出,若仅加以沸水,味足即倾出,饮之无害也。吾人饮茶颇合法,特有时浸渍过久,为可忧耳。久煮之茶,味苦色黄,以之制革则佳,置之腹中不可也。青年男女年在十五六岁以下者,以不近茶为宜。其神经系统,幼而易伤,又健于胃,无须茶之必要,为父母者宜戒之"。

据《群芳谱》载:上好细茶,忌用花香,及夺真味,是香在茶中,实非上品也,京津闽人皆嗜饮之。冯正卿《岕茶笺·论烹茶》说,先以上品泉水涤烹器,务鲜务洁,次以热水涤茶叶;水不可太滚,滚则一涤无余味矣。以竹筋夹茶于涤器中,反复涤荡,去尘土、黄叶、老梗,使净,以手搦干,置涤器内盖定,少顷开视,色青香烈,急取沸水泼之。夏则先贮水,而后入茶叶;冬则先贮茶叶,而后入水。饮岕茶者,壶以小为贵。每一客,壶一把,任其自斟自饮,方为得趣。盖壶小则香不涣散,味不耽搁。况茶中香味,不先不后,只有一时。太早则未足,太迟则已过,见得恰好一泻而尽,化而裁之,存乎其人,施于它茶,亦无不可。此冯正卿言也。

昔人饮茶,有煮茶、烹茶、煎茶、点茶等,与现在的冲泡不同。除有些理论还可适用于少数民族地区外,大多与当今泡茶无关。然当今中国茶文化复兴,仿古茶道正逐渐融入百姓休闲生活。

三、秦汉时代烹饮饼茶的方法

秦汉时期,采来的鲜叶需要加工,茶原来味道已改。饮茶,半为药用,半为款待宾客,且有专门器皿。据魏张揖《广雅》记载,采鲜叶做成饼状团茶,沾沫米膏,炙炭火无焰直接烘干变赤色;泡饮方法是捣成碎末放入瓷壶,并注入水,加上葱姜调味。这时候已有专门的烹饮方法,掺入其他食物用以调和茶的苦涩味。

四、唐代烹饮蒸青团茶的方法

到了唐初,不仅加入葱姜,还有枣子和薄荷,茶叶原有味道已然尝不到。蒸青制法的出现,不仅去掉饼茶的草青气味,而且品尝到茶自有香味。茶逐渐成为普遍饮料,伴随着烹饮方法也发生改变。

中唐陆羽时期,烹饮方法更为讲究,甚至茶叶花色不同,烹煮前的处理方法也不同。《茶经·四之器、五之煮》中有详细记述。陆羽说,茶叶分粗茶、散茶、末茶、饼茶四种花色。粗茶要先击细,散茶要先干煎,末茶要先炙焙,饼茶要先捣碎,然后置入瓶中,注开水烹煮。

关于烹煮方法,陆羽说:煮茶与烹茶同,但用锅较大,听到微微有声,气泡像鱼目,是一沸;烧壶缘边的气泡像连珠涌起,是二沸;腾沸像波浪做声,是三沸;过了三沸,就嫌老了,不能饮。煮到一沸时,加盐调味。二沸时,舀水一瓢,用竹筷环激汤心,稍顷,腾沸溅沫,倒入所出水止之。煮茶三沸,所有内含物精华一并浸出。

关于饮茶方法,陆羽说,每炉烧水 1 升,酌分 5 碗。至少 3 碗,至多 5 碗。若使人多,要 10 碗,就分两炉。茶汤要趁热连饮。冷饮,则香味散失。如饮一半,香味更差。汤色嫩绿,香味至美,入口微苦,过喉生津,就是好茶。

关于泡茶用水,陆羽说,山水最好,江水次,井水最差。陆羽对天下水也有品评,认为庐山康王谷水帘水第一,桐庐严陵滩水第十九,及至雪水(不可太冷)第二十。张又新《煎茶水记》以及他的前辈刘伯当认为,宜茶之水,有七等。扬子江南零水第一,淮水最下第七。苏廙《十六汤品》把茶汤分为十六种。

综上所述,我们可知唐时非常重视泡茶用水,对影响茶汤是否可口的因素有深入的研究和分析。煮茶有 24 件精致茶具,包括碾茶、泡茶、饮茶等器具,同时还有收藏器具的精巧小橱子,便于携带,便于斗茶。

五、宋及以后泡茶方法

宋代主要饮茶方式为点茶,人们对烹饮方法特别讲究。蔡襄在皇祐元年至五年(1049—1053 年)间写的《茶录》是当时的代表作。《茶录》分上下两篇。上篇茶论,论茶色、茶香、茶味、藏茶、炙茶、碾茶、罗茶、候汤、焰盏、点茶等烹茶技术;下篇论器,详述茶焙、茶笼、砧椎、茶铃、茶碾、茶罗、茶盏、茶匙、汤瓶的性质和用法与茶汤品质的关系。

宋时茶室兴盛,名称雅致,如八才子、纯乐、粉珠、莞家室、二与二、三与三等。茶室每饰以芬芳鲜花,并罗列"名雷花"所制的葱茶和肉羹茶出售。

蒸青散茶制法在宋代已经出现。饮用散茶时,不需要碾成碎末,全叶冲泡;不用盐调味,重视茶叶原有香味。

到了明代,烹饮方法更加考究,很多茶业专著都有详细记述。例如,陈师 1593 年写的《茶考》记载:"杭俗烹茶,用细茗置茶瓯,以沸汤点之,名为搓泡。北客多哂之,予亦不满。一则味不尽出,一则泡一次而不用,亦费而可惜,殊失古人蟹眼鹧鸪斑之意。"反映了古今烹茶法的变化。

许次纾1592年写的《茶疏》说"量茶五分",其余按比例增减。茶壶宜小,不宜过大;小则香气易保存,大则容易散失,大约以盛容半升水为度。独自饮用,茶壶愈小愈好。关于烹煮技术,说水一入铫,就赶快烹煮,听到像松叶摇动声音,就开盖查看老嫩。起泡像蟹眼,水有微涛,就是恰好;大涛鼎鼎,到于无声,就已过头;过头汤老而香散,决不堪用。关于泡茶技术,则说,茶壶茶杯要用开水洗涤,用布巾擦干。茶杯残渣,必先倒掉,然后再斟。这样烹饮方法,到现在还流行于闽南、粤东各地。

明文震亨《长物志》:"构一斗室,相旁山斋,内设茶具,教一童专主茶役,以供长日清谈,寒宵兀坐,幽人首务不可废者。""茶瓶茶盏不洁,皆损茶味,须先时洗涤,净布拭之,以备用。""茶洗:以砂为之,制如碗式,上下层,上层底穿数孔,用洗茶,沙垢皆从孔中流出,最便。""茶炉汤瓶:有姜(人名)铜饕餮兽面火炉及纯素者,有铜铸如鼎彝者,皆可用。汤瓶铅者为上,锡者次之,铜者不可用。形如竹筒者,既不漏火,又易点注。瓷瓶虽不夺汤气,然不适用,亦不雅观。""候汤:活火煎,缓火炙。活火谓炭火之有焰者。始如鱼目为一沸,缘边泉涌为二沸,奔涛溅沫为三沸。若薪火方交,水釜才炽,急取旋倾,水气未消,谓之嫩。若水逾十沸,汤已失性,谓之老,皆不能发茶香。"

关于茶壶选择:"以砂者为上,盖既不夺香,又无熟汤气。供春最贵,第形不雅,亦无差小者。时大彬所制又太小,若得受水半升而形制古洁者,取以注茶,更为适用。其提梁卧瓜、双桃扇面、八棱细花、夹锡茶替、青花白地诸俗式者俱不可用。锡壶有赵良璧者,亦佳。然宜冬月间用。近时吴中归锡、嘉禾黄锡,价然是高,然制小而俗,金假俱不入品。"明朝茶壶样式多。

对茶盏选择:"宣朝有尖足茶笺,料精式雅,质厚难冷,洁白如玉,可试茶色,盏中第一。世庙有檀盏,中有茶汤果酒,后有金篆大醮檀用等字者,亦佳。他如白定等窑,藏为玩器,不宜日用。盖点茶斟茶须熁盏令热,则茶面聚乳,旧窑器焰则易损,不可不知。又有一种,名崔公窑,差大,可置果实,果亦仅可用榛、松、新笋、鸡豆、莲实,不夺香味者,它如柑、橙、茉莉、木樨之类,断不可用。"

清初还有一种鸡蛋糖茶。把两个新鲜鸡蛋黄搅匀,加入砂糖,倒入泡好的茶汤,在饥饿而不及正式备餐时调和饮用。清顺治十三年(1656年),在福临皇帝招待荷兰公使的宴会上,曾以热牛乳掺入茶中饮用。

六、我国边区少数民族饮茶方法

边区少数民族饮茶与汉族差异较大。川藏高原地区各民族,多以茶叶为生活必需品,需求量较大,每人每天要饮浓茶3~5升,方能防止喉咙干渴,有人甚至饮用更多,特别是藏族。一般而言,每天藏民一定要熬茶①,每餐后都要饮茶,或边餐边饮,以茶代汤,常把茶壶放在炭炉上,随时取饮。饮茶方法与汉人不同,以 10 人早餐为例,砖茶和苏打各约 30 克,加水 1 升,烹煮 1 小时,过滤后掺入开水 1 公斤,再加食盐 140 克。全部倾入一个狭细圆筒形的搅拌器中,加入牛乳搅拌,使成为一种细匀油腻的褐色汤汁,然后倾入茶壶,以供饮用。在午餐时,备茶饮,佐以麦饼,可配以麦面奶油和糖混合的糊。茶壶,或银制,或铜镀银,或黄铜,或瓷质。

现在的藏民,偏爱"糌粑茶"或"酥油茶"。先把茶叶放在锅内加水煮沸,滤出茶汁,倒入先放有酥油和食盐的茶桶内,再用一个特制的搅拌工具插入茶桶内,不断搅拌,使茶汁与酥油混成白色浆汁,即可饮用。人们对茶叶都非常珍惜,要熬到茶汁已尽方止,茶渣则作为牲口饲料。

蒙古族喜欢饮奶茶,将茶与牛奶一同煮饮。奶茶是先把砖茶捣碎,抓取约 15 克,放入盛水 2～3 公斤的铜壶或铁锅内,用开水(或冷水)冲泡后,烹煮数分钟,掺入约为水量五分之一的奶,再放入一把青盐,就成咸甜可口的奶茶。然后,一边喝茶,一边吃炒米和酪蛋子,直至吃饱为止。有的把炒米、酪蛋子和酥油泡在茶汁内,连茶带炒米一齐吃,就成了美味的早餐。除正餐外,如从外面放牧回来,也要增加一次奶茶。如果晚餐吃了牛羊肉,要喝完茶才能睡觉。一般青年人多饮淡茶,老年人爱饮浓茶。蒙民招待客人,以茶为上品。当客人走入蒙古包,献完鼻烟和酥油礼(见面礼)后,接着就端上奶茶、炒米、酪蛋子,作为款待客人的食品。

第四节 国外饮茶的方式方法

各国饮茶的历史,随中国茶传入先后而不同。日本第一个传入中国茶,其次是伊朗、印度。欧洲 16 世纪开始饮茶,最早饮茶之人为到中国和日本的教士。17 世纪初,海牙东印度公司有少数"高贵"人士,视饮茶为珍奇事物,只在会见贵宾或举行典礼仪式时才饮茶。1635 年,茶叶成为荷兰宫廷的时尚饮料。到 1680 年,荷兰许多主妇于家中设茶室,以茶和饼招待来客。17 世纪中叶,英国少数贵族时常泡制中国茶作为一种万能妙药,或用来招待客人。宫中饮茶始于 1661 年查理二世娶凯瑟琳公主时。其他欧洲国家开始饮茶的时期,则依东印度公司运入中国茶叶的先后,而有所不同。美洲饮茶,是从荷兰和英国的富裕侨民自备美丽的茶具与本国的时尚茶具进行竞赛开始的。当时,饮茶是上层社会的一种待客礼仪。

一、日本饮茶方式

日本是第一个传入中国饮茶的国家。饮茶传入日本伊始,茶被视为神圣的药剂,可

---

① 熬茶(像熬中草药),不是泡茶。原因有二:一是茶类不同,不像内地汉族饮用散茶,而是饮用各种不同的紧实砖茶,开水冲泡很难浸出;二是高原气压低,沸水不到 100 ℃,如果用冲泡法,茶汁不易泡出,因而用锅煮熬。

医百病。后来,茶叶逐渐发展为普通饮料。日本学习我国宋代烹饮方法,将茶叶碾碎为细末,加入开水,搅汁成沫。

15世纪,在足利义政时期(1435—1490年),与茶相伴而发展起来的美学理论逐渐形成一种信条,一种礼仪,一种哲学,尽显宗教仪式的茶会应运而生。禅宗僧徒在庄严的达摩像前行饮茶礼,奠定了著名的"茶道"仪式的基础。

茶道在茶室内举行。茶室本为会客室的一部分,用屏风隔开,谓之"围"。后来成为茶室,再后来发展成为独立的"茶屋",谓之"数寄屋"。京都银阁寺最早的茶室,至今仍吸引大批游客及巡礼者。

茶道最早是在寺院中举行,整个仪式非常庄严。后来传入城市俗间,在花园中僻静的小屋内举行,周围环境像郊野,仪式严格依照规则和时定礼节进行,穿插有最简单的动作表演,其中含有一种微妙的哲学意义。这种风俗到现在还未改变。

日本人的习惯,每次请客一般不超过4人。首席客人,一般皆选择精于茶道者,作为其余诸客的发言人。茶碗是最重要的饮具,颇受品茶者所重视。有唐津烧、萨摩烧、相马烧、仁清烧、乐烧等制品,皆正合用。尤以乐烧最受茶客珍重。乐烧的构造非常实用:涂有一层海绵状的厚糊,不易传热;表面粗糙,易于掌握;边沿微向内卷,可防外溢;敷釉光滑,适合口唇。绿茶的泡沫如同在黑色粗瓷中一样明显。

洗茶碗用具(水翻)、搅茶竹帚(茶笼)、茶杓和擦拭茶碗的紫色绢巾(袱纱)等泡茶物器,皆按规定程序,一样一样地取入茶室。袱纱折叠如定式,用后收在主人怀中。主人取入各物后,与众互致敬礼,礼仪正式开始。先把各物洗拭,然后主人自绢袋中取出一茶罐,放二杓半"末茶"于茶碗中。用杓盛热水倾注碗中末茶。滚水太热,茶汤太苦(内含物容易全部浸出),必须先移入"汤冷罐"。将充足热水注放茶上则成"浓茶",其浓度几乎像豆羹,用帚急搅,使其顶层起沫,然后奉予主要客人。客人吮吸,且问此茶从何而来,并赞颂茶好。饮茶时,吸气作响,亦为一种礼貌。

首席客人饮毕,茶碗传给下一位客人。如此依次传递,最后乃达到主人饮。茶碗须托于左手掌中,以右手扶持之。使用茶碗的规定方式:第一,客取碗;第二,举碗齐额;第三,放下;第四,饮茶;第五,再放下;第六,回复第一的原位。主人饮毕,自谦茶劣,常向客人致以歉意。最后,空碗(茶碗常为一贵重古物)乃由众客辗转观赏,于是礼式完毕。

这种茶礼直到现在对社会生活仍有影响。主人仍以末茶奉敬贵客,先以热水注入客人杯中,然后以小刀尖端(或茶匙)满挑末茶,撒入各杯,搅拌至有泡沫而浓厚如羹汤,以供饮用。未婚女子,欲学习古代茶礼,熟悉礼节,至少须要3年时间。

饮茶已成为日本男女老幼生活一部分,多饮绿茶,亦有红茶。饮茶舒适愉快,风气遍及全国,深入民间。茶室是日本人生活中必不可少的场所。

二、亚洲其他国家和地区的饮茶方法

朝鲜过去大部分人饮用日本茶。茶叶放入锅中沸水烹煮,饮时佐以生鸡蛋及米饼。边喝茶,边吸蛋,蛋吸尽,乃食米饼。现在,有些人改饮中国茶,饮茶方法与我国相同。西伯利亚地区饮用中国砖茶和叶茶。饮茶方法与俄罗斯其他地区相同。蒙古人饮茶方法,是捻碎砖茶,用高台地带的咸性水煮沸,加入盐和脂肪而制成羹汤,过滤混入牛乳、奶油及玉蜀黍粉。越南饮茶方法与我国相同。但喜饮强烈有刺激性的极热浓茶,不注重香气,亦不饮甜茶。住户门前常放一个大茶壶盛茶,供来客及过路人饮用。缅甸饮盐醃茶。新婚夫妇合饮一杯浸于油中的茶叶所泡成的饮料,以祝伉俪的美满姻缘。现在还有以醃茶为茶食的情况。马来西亚和新加坡饮用中国青茶、绿茶及斯里兰卡红茶。华人多饮无糖青茶,欧洲人依英国习惯饮红茶加糖和牛乳。印度人原来不饮茶。由于茶税委员会不断宣传饮茶的好处,就逐渐养成饮茶习惯,喜饮热茶。过去,普通老百姓仅饮用茶末及最低级的茶,而生产的大量茶叶均由英国茶园主运销英国。如今饮茶风气遍及全国。在印度的英国居民则饮用最好的印度茶以及斯里兰卡茶和爪哇茶。斯里兰卡农村居民饮茶,加入棕榈汁制成的粗糖,不加牛乳。伊朗人可以不食肉或蔬菜,惟每日必须饮茶。本国产量不足自给,75%的用茶都自中国、印度、印尼输入,大部分为绿茶。阿拉伯人饮用绿茶。每个咖啡馆都设有茶桌,在抽屉中贮有茶叶和用以击碎茶叶的槌子。不少阿拉伯国家的大城市里有摩尔式建筑的华美茶室。茶叶及糕饼质量,不亚于伦敦、巴黎、纽约的华丽茶室的供应。土耳其的街头小贩出售俄式泡制茶,盛于玻璃杯内。饮用器具有俄式黄铜茶缸、轻便桌、茶盘、玻璃杯、汤匙和碟子,以及柠檬片。同时还有欧式茶壶,供西方顾客使用。克什米尔地区喜饮搅茶和苦茶,苦茶系于夹锡的铜壶中烹煮,加入碳酸钾、大茴香和少许盐。搅茶则于苦茶中加入牛乳搅拌。中亚地区饮用乳酪红茶,即把茶叶放入夹锡铜壶中煮成很浓的茶汁,煮沸时加入乳酪,并以碎面包浸于茶中。

三、荷兰饮茶的发展及其方法

中国茶叶开始输入欧洲时,首先进入荷兰,价格昂贵,为贵族和荷兰东印度公司的要人所独享。到了1637年前后,有些富商的妻子开始以茶请客。东印度公司命令每只货船携带若干罐中国茶或日本茶回国。随着茶叶输入量增多,价格也随即降低,饮茶逐渐开始普及全国①。

饮茶宾客多在午后2时光临,主人郑重接待,礼貌周全。寒暄后,客人足靠火炉准备饮茶。女主人即从镶嵌银丝的小瓷茶盒中取出各种茶叶,放入小瓷茶壶中,每个茶壶皆配有银制的滤器。女主人照例请每位客人自选其所好的茶,然后放入小杯。如果有的客人喜欢在茶中加入其他饮料,则由女主人以小红壶浸泡番红花,另用较大的杯盛较少的茶递与该客,请其自行配饮。

饮茶时须咽吸作响,以表示赞赏女主人的美茶。谈话内容则限于茶及与茶同进的糖果饼干。客人饮多者达10～20杯,少者亦有4～5杯。饮茶后,并进白兰地酒和葡萄

① 1666年,茶价稍有降低,每磅仍相当于80～100美元,仅富人有条件饮茶。其后,输入量增多,价格抑低,饮茶开始普遍一些。从1666年至1680年,饮茶逐步普及全国。富有家庭都布置一间专用茶室。经济困难的市民,尤其是妇女,则在啤酒店饮茶,组成所谓饮茶俱乐部,形成一般妇女饮茶热,为当时作家写作的题材。1701年在阿姆斯特丹上演的喜剧"茶迷贵妇人"就是一例。

干及糖而啜食。茶会的狂潮曾使无数家庭萎靡颓废,因而一段时间社会上开始攻击饮茶。

荷兰家庭中,普遍是早餐时饮茶,午饭后饮茶者也不少。下午、傍晚及晚饭后,多数家庭都有饮茶习惯。午后茶为家家户户的惯例,男女老少以致外宾都饮午后茶。

四、英国饮茶的发展及其方法

1661年,葡萄牙公主凯瑟琳嫁给英王查理二世,把饮茶风气带入英国宫廷。当时,茶在伦敦咖啡馆中专供男子饮用,除单身妇女不能入内外,并无其他特别礼节。茶汤用小桶装盛,像啤酒。宫廷贵族,受到荷兰王室以及凯瑟琳王后饮茶的影响,自成特点。

知识拓展

1664年,东印度公司向英国国王进献两磅中国茶,每磅价值40先令。可见当时茶叶之珍贵。1714—1729年,乔治一世时期,中国绿茶随武夷小种红茶进入英国市场,饮茶风气逐渐在英国流行,茶价亦降至每磅15先令。但英国人仍视茶为贵重物品,在家中设置装潢富丽的茶箱。茶箱用木料龟板、黄铜或银制成,分为盛绿茶与盛红茶两格,加锁珍藏。据勃鲁宾脱(Humphrey Broadbent)说,1722年时,习惯的饮法是把足供一杯或数杯的茶叶,放入茶壶内,然后注入沸水浸泡片刻,再续添沸水,至各人认为适当时而止。

茶壶为高价的中国瓷器,容水量不超过半品脱。茶杯容量则很少超过一大汤匙。稍大些的钟形银茶壶颇受安妮女王(Anne Stuart,1702—1714年在位)欣赏。女王在位时,考究人士都以茶代替早餐时的麦酒。1785年,伦敦茶价仍很高。茶叶浸泡数次,以尽其味。由此而规定武夷小种红茶泡3次,工夫茶泡2次,普通绿茶、贡熙或珠茶则泡3~5次。

英国人泡茶常用银壶、瓷壶或陶壶。泡中国茶常用瓷壶或陶壶。泡茶时,将一茶匙茶叶放入预先烫热的茶壶中,然后开水冲泡,约5分钟即可饮用。有的在茶杯或茶壶内装有滤器,用来取出叶底。普通饮茶都喜欢加入牛乳或乳酪。亦有少数人喜饮俄式茶,在杯中放入一片柠檬。

咖啡馆和饭店,以茶壶供茶。壶的大小不同,适于1人、2人、3人或4人使用。习惯上常以一只与茶壶相称的罐,盛热水供应客人,以备向壶内添水。这样,茶可多泡数次。

英国是世界上最大的茶叶消费国,饮茶方法的讲究亦为其他国家所不及。泡茶饮茶是一种艺术,全国男女老幼都知道如何泡制一杯可口的好茶。

知识拓展

英国下午茶起源

英国下午茶起源于18世纪。1763年,在哈罗门(Harrowgate)诸贵妇轮流供给午后茶与咖啡。到第七世裴德福(Bedford)公爵夫人安娜(Anna,1788—1861 年)时,人皆食丰富的早餐,午餐则类似野餐。直到 20:00 始进晚餐,中间并无其他饮食。晚餐后,则在会客室饮茶。公爵夫人别出心裁,规定 17:00 进茶及饼干,说这样可以产生消除沉思的感觉。此后,午后茶就成为一种时兴的礼仪了。

五、欧洲其他国家饮茶风俗

欧洲饮茶,荷兰最早,英国次之,第三为俄国。饮茶方法,英国最考究,荷兰学习英国,差异不大。法国泡制方法和英国相同。其余诸国,饮茶历史相对较短。泡制方法,一般东欧学习"俄国式",西欧学习"英国式"。

(一) 俄式饮茶风俗

俄国人在 16 世纪末期,开始学习饮茶。泡制方法最初与我国边区少数民族相同,其后自成俄式饮茶法。泡水用铜或黄铜或银制华丽大茶缸,缸中竖立一个金属直筒,筒中放炭,用以烧水。筒有四足和小铁格,顶上有碟形盖,以承茶壶。茶壶常放在烧热缸上,以备注入玻璃高杯中。有时不用玻璃杯而用瓷杯或有柄的大杯。

茶缸未放在桌上时,先注满水。而后燃着直筒中的炭,并另加一格于顶上,以减低火焰。待水开时,就是足够 40 余杯的一缸香茗,乃送入室内,放在女主人右侧的银盘上。

聚会饮茶,男主人坐在桌的一端,女主人则坐在对面的一端管理茶缸。把一小壶泡茶放在缸上,等茶叶泡至相当浓时,女主人即把壶中的茶注入每一杯中,约及其四分之一,后以缸中沸水注满其余四分之三。玻璃杯装有带柄的银托。备有柠檬时,每杯放入一片,不掺入牛乳及乳酪。

每个客人有两只小玻璃碟,一盛果酱,一盛糖。桌上另放个大盆子,盛大块糖。客人用糖夹从大盆中取糖,移放小碟,以小银钳夹碎。

(二) 法国饮茶风俗

法国饮茶者大多是中产人士,以及英、美、俄诸国侨民,在繁华城市,茶叶消费量较大。法国泡制方法同英国一样,普通不用茶袋。饮茶在下午 5—6 时之间,往往推迟晚餐。旅馆、饭店和咖啡馆的午后茶,通常加入牛乳及砂糖或柠檬。巴黎人对"5 时茶"开始不感兴趣,后来逐渐养成了这个习惯。

(三) 德国饮茶风俗

大多数德国人饮茶习惯是在晚餐后,饮"英国式"茶,且仅限于上层人士。泡制方法与英国有差异,常常不备专用泡茶壶。饮茶用的玻璃杯,附有茶漏,以作浸泡之用。在东部各省的家庭中,或有用俄式铜茶缸,茶叶以红茶为主。

六、美洲国家饮茶风俗

美洲饮茶以美国最早,加拿大次之。

(一) 美国饮茶风俗

在 19 世纪,美国人有晚餐以茶为主的习惯,茶叶消费量很大。至 1897 年达到最高峰,每人平均为 1.5 磅。后来,城市居民以午餐代替晚餐,饮茶被咖啡所取代,茶叶消费量大大减少。

美国家庭主妇喜饮袋装茶。美国不同地区饮茶习惯也不同,如南部诸州,冬季稍饮热茶,夏季则饮大量冰茶。

(二) 加拿大饮茶风俗

加拿大茶叶消费量很大,主要饮红茶,泡茶方法是先烫热陶制茶壶,放入一茶匙的茶叶,相当于两杯的茶汤,然后开水冲泡 5～8 分钟。茶汤注入另一热茶壶供饮,通常加入乳酪和糖,很少加入柠檬或单饮茶汤。一般在用餐时和临睡前都饮茶,多用茶袋泡茶。

七、大洋洲的饮茶国家

大洋洲的主要饮茶国家是澳大利亚和新西兰,畜牧业都很发达,肉食多,所以如同我国边区少数民族一样,茶也是主要食品之一。这两个国家开始饮茶比较早,饮茶量亦比较大。尤其是居住在空旷地区的四餐肉食的牧场工人,有机会就必须饮最浓厚的茶汤。

澳大利亚为世界上饮茶最普遍的国家之一,稍逊于英国。在许多家庭和旅馆中,每日早餐前、早餐时、上午 11 时、午餐时、下午 4 时、晚餐时及就寝前共饮茶 7 次。所有部门、公司和商店,都在上午 11 时和下午 4 时向职工供应茶饮。

新西兰如澳大利亚一样,每日也须饮 7 次茶,饮茶量比澳大利亚稍少些。泡茶主要用茶袋,主妇多采用英国式泡制方法。山区牧民则好用烹煮法。

饮茶常用两只壶,一壶盛茶,一壶盛热水。茶汤浓淡,按照饮者口味调剂。一般都饮浓茶。新西兰虽为世界上最大的乳酪产地之一,但大多数人偏爱用牛乳调和茶味。早晨起身时,饮茶一大杯,佐以一片抹奶油的面包,或一片饼干。早餐时又饮茶一大杯,上午 11 时饮早茶。90% 的人都在午餐时饮茶,下午 4 时又饮茶。最后,晚餐时和睡觉前各饮茶一次。80% 的家庭每日饮茶 7 次,每次 1～3 大杯;90% 的人每日饮茶 6 次;99% 以上的人每日至少饮茶 4～5 次。

八、非洲国家的饮茶方法

摩洛哥认为中国绿茶为宝贵的饮料。尤其是摩尔人,无论地位高低,都以绿茶为膳食中的主要食物。红茶仅供侨居的欧洲人饮用。摩尔人用玻璃杯饮茶,掺糖,其浓度之大几成糖浆,并配以强味的薄荷。

阿尔及利亚亦饮中国绿茶。山区居民饮茶时加入大量薄荷和糖。欧洲侨民泡茶方法很像英国。

埃及大多饮红茶。山区居民用玻璃杯泡茶,饮时加糖,不加其他食物。侨居的欧洲人泡茶、饮茶都用英国方式。由于受欧洲的影响,不少居民对"5 时茶"亦习以为常。南非的习惯是在清晨起身时、午前 11 时、午后以及每餐后都要饮茶。泡法、饮法像英国一样。

第三篇

茶文化专题篇

第十一章 茶与水

········ 本章教学目标 ········

■ **知识目标：**

熟悉水质特性与茶汤品质的关系；掌握泡茶用水的基本要求和选用原则；熟悉古代泡水用水选水原理；熟悉中国代表性名泉。

■ **情感价值目标：**

培养对茶文化的兴趣和热爱；培养对优质水源的重视和保护意识；培养对中国名泉的认知和珍惜之心。

■ **课程思政目标：**

弘扬中华传统文化精神，传承中华茶道文化；增强生态环境保护意识，倡导绿色环保的生活方式；激发学生的民族自豪感和文化自信心。

第一节 泡茶用水

水为茶之母，茶汤的优劣与泡茶用水密切相关。目前人们日常饮用的典型水主要是自来水、纯净水和天然矿泉水，天然泉水和饮用天然水等包装饮用水，其感官品质和硬度、酸碱度、矿化度等水质特性存在较大差异。水源地水质情况不同，即使同类型的水，其水质仍存在较大差异。因此，从某种意义上讲，目前简单的商品饮用水分类并不能准确反映水质的好坏及特性。

一、水质特性与茶汤品质

纯净的水一般为无色、无味、无臭，当其他物质溶入水中，水体的感官品质就会随之发生改变。研究显示，水中矿物质含量对水的口感影响很大，矿物质总量和构成在一定程度可体现水的口感和品质。

1. 饮用纯净水（包括蒸馏水）

一般纯净水中基本没有其他物质，具有典型的无色、无味、无臭特征，口感一般尚好，水源地较好的纯净水会有一定的甘甜味。

2. 饮用天然水和饮用天然泉水

它们的口感清爽、滑润，一般都具有一定的甘甜味，口感较好。当然，来自不同水源地的这类水因为矿物质元素构成和比例的不同,感官品质也会存在一定的差异。

3. 天然矿泉水

多数饮用天然矿泉水较饮用纯净水和饮用天然水、饮用天然泉水的滋味更显丰富,特别是充气(含气)天然矿泉水,刺激性较强,具有较强的咸味、鲜味和酸味。

4. 自来水

受水源地的影响较大,品质较优的自来水一般为无色、无味、无臭,甚至会带有少许的甜味,而品质较差的自来水常常带有咸味和漂白粉等消毒液的残留味道。

二、常见饮用水的理化特性

K^+、Na^+、Ca^{2+}、Mg^{2+}、HCO_3^-、SO_4^{2-}、Cl^-、CO_3^{2-} 八大无机离子是水中的主要离子,其含量与构成比例差异会直接导致水的酸碱度、硬度、矿化度等主要理化特性的不同。

1. 纯净水(包括蒸馏水)

纯净水中基本不含离子,其硬度、矿化度等都接近于零,酸碱度一般为微酸到中性。

2. 饮用天然水和饮用天然泉水

大多数天然水和天然泉水的离子含量、硬度、矿化度等都不高,总离子含量一般低于 200 毫克/千克,硬度多低于 80 毫克/千克(以 CaO 计)。

3. 天然矿泉水(包括含气矿泉水)

不同类型的矿泉水水质特性存在较大差异,大多数矿泉水的离子含量、硬度、矿化度等都较高,离子含量一般大于 100 毫克/千克,多数会大于 200 毫克/千克,硬度多高于 50 毫克/千克(以 CaO 计)。

4. 自来水

自来水虽然是一种再加工的水,但其水质特性仍受水源地水质的较大影响。通常,自来水的酸碱度一般为中性偏酸或偏碱;我国北方地区的自来水离子含量、硬度、矿化度等一般相对较高,而南方自来水相对较低。

三、常见饮用水冲泡的茶汤品质特点

各类包装水和优质水源地水一般不会出现有机物和固体悬浮物等问题,但其中的无机离子构成对冲泡茶汤品质有明显的影响。

1. 纯净水和蒸馏水

这些水基本不存在无机离子,冲泡的茶汤可基本体现和反映茶叶"原汁原味"的品质特点。

2. 饮用天然(泉)水

这些水常有一定的离子含量,但因比例不同,存在一定的个性化口感差异,低矿化度天然(泉)水一般具有较好的风味修饰作用,优质的天然(泉)水可以提高茶汤的香气浓郁度和滋味醇和度。

3.天然矿泉水

这些水的无机离子含量通常较高,存在较大的个性化差异,高矿化度的天然矿泉水常常对茶汤风味有较大的修饰或破坏作用,与原茶汤品质差异大,多数会形成较差的色香味品质。

4.自来水

多数大城市的自来水冲泡的茶汤风味会受到较大的影响,通常会出现香气欠纯正、滋味欠醇正等问题。

四、泡茶用水基本要求与选用原则

地球上不同地域、不同时间的水质千差万别,日常饮用水风味及其理化特性也各不相同。了解泡茶用水的基本要求和选用原则,对日常泡茶用水的选择和使用有一定的帮助。

1.泡茶用水的基本要求

由于现代人类各种活动的影响,许多水质受到影响或污染,因此,泡茶用水首先应达到安全卫生和基本的"无色、无味"等感官标准要求。在我国应符合 GB 5749-2006《生活饮用水卫生标准》,应澄清透亮,无色(色度<15 铂钴色度单位),无异臭、异味(不良),无混浊(<1NTU),无肉眼可见物(沉淀)。

2.泡茶用水选用基本原则

不同茶叶、不同需求的人对水的选择也不同,但有基本的选用原则。在符合基本水质指标要求的前提下,泡茶用水一般应"三低",即低矿化度、低硬度、低碱度。

以名优绿茶为例,(1) 水中的无机离子总量<50 毫克/升;(2) $Ca^{2+}+Mg^{2+}<15$ 毫克/升;(3) 水体 pH<7.0(茶汤 pH 低于 6.5)为佳。因此,对要求不高的人而言,一般以选择纯净水、蒸馏水和低矿化度的天然(泉)水泡茶即可。

第二节　古代泡茶用水及中国名泉

一、古代泡茶用水选用

关于泡茶用水古人已有不少经验积累,主要着眼于水源选择、水情观察和水质判断三个方面。

1.择水源

唐代陆羽《茶经》中对泡茶用水,提出"山水上,江水中,井水下"的原则和品质次第。

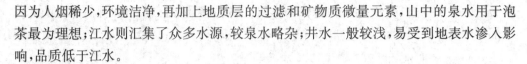

因为人烟稀少,环境洁净,再加上地质层的过滤和矿物质微量元素,山中的泉水用于泡茶最为理想;江水则汇集了众多水源,较泉水略杂;井水一般较浅,易受到地表水渗入影响,品质低于江水。

2. 视水情

水源环境各异,因此也要择善而用。陆羽除了对水源的选择提出原则性要求外,还对具体情况作了区别,如:山水尽管水源属上等,但瀑布、大雨过后的急湍奔流山泉都在不取之列;山水中静止不动的潭水也不用。江水一定要选择远离人们居住地的才行。而井水,则是用得越多的井水越好。

3. 判水质

宋徽宗《大观茶论》对泡茶水质提出了"清轻甘洁"的要求。唐庚在《斗茶论》中说:"水不问江井,要之贵活。"乾隆皇帝又把"轻"作为衡量水质的一个指标,并且以称量水的重量的数字为定量来作判断。总之,古人泡茶水质的要求主要体现为"清、轻、甘、洁、活、冽"六个字。

二、中国名泉

名山大多有名泉。中国很多名泉是泡茶的好水,有的泉水就是由于泡茶品质优良而闻名的,两者相互成就,相得益彰。

1. 庐山康王谷谷帘泉

江西庐山的康王谷谷帘泉在主峰大汉阳峰南面康王谷中(今江西九江市庐山市城内)。《星子县志》记载:"昔始皇并六国,楚康王昭为秦将王翦所窘,逃于此,故名。"泉水如玉帘息于山中,故名。唐代张又新《煎茶水记》记述,陆羽为李季卿评论天下宜茶之水,将水分为二十等,其中"庐山康王谷水帘水第一"。宋代朱熹《康王谷水帘》诗云:"追薪爨绝品,瀹茗浇穷愁。敬酹古陆子,何年复来游。"朱熹称此水为"绝品",茶自然不一般,喝下可"浇穷愁"。"敬酹古陆子,何年复来游"诗结尾追忆了茶圣陆羽。宋代学者王禹偁《谷帘泉序》赞"其味不败,取茶煮之,浮云散雪之状,与并泉绝殊"。

2. 镇江中泠泉

中泠泉也叫南泠泉,位于江苏省镇江市金山寺外。相传陆羽品评天下泉水时,中泠泉名列第七。唐代名士刘伯刍将水分为七等,中泠泉列为第一等,因此被誉为"天下第一泉"。

唐宋之时,中泠泉原在长江之中。江水来自西面,受到石弹山(云根岛)和鹤山的阻挡,水势曲折转流,分为三泠(南泠、中泠、北泠),而泉水就在中间一个水曲之下,故名"中泠泉"。又因位置在金山的西南面,故又称"南泠泉"。"扬子江中水,蒙山顶上茶",在唐代,中泠泉就已蜚声天下。到了清代,由于河道变迁,泉口逐渐变为陆地。

3. 北京玉泉

玉泉在北京西郊玉泉山东麓,颐和园昆明湖畔。元代《一统志》说玉泉"泉极甘冽"。

明人吴宽《饮玉泉》诗："龙唇喷薄净无腥，纯浸西南方叠青……坐临且脱登山屐，汲饮重修调水符。渴吻正须清冷好，寺僧犹自置茶炉。"明蒋一葵在《长安客话》中对玉泉山水做了生动的描绘："山以泉名。泉出石罅间，储而为池，广三丈许，名玉泉池，池内如明珠万斗，拥起不绝，知为源也。水色清而碧，细石流沙，绿藻翠荇，一一可辨。"玉泉水流量大而稳定，明永乐皇帝迁都北京后，就把玉泉定为宫廷饮用水的水源地。清康熙年间，在玉泉山之阳建澄心园，后更名为静明园，玉泉即在该园中。

清乾隆在《玉泉山天下第一泉记》中说："……京师玉泉之水斗重一两……则凡出山下而有洌者，诚无过京师之玉泉……则定以玉泉为天下第一矣……"

4. 济南趵突泉

济南为著名的泉城，趵突泉位于山东省济南市历下区，南靠千佛山，东临泉城广场，北望大明湖、五龙潭。趵突泉位居济南72名泉之首。

趵突泉成名于宋代。"趵突"二字生动地体现了该泉瀑流跳跃的特点。泉分三股涌出平地，澄激清洌。清代学者魏源于《趵突泉》诗中称："三潜三见后，一喷一醒中。万斛珠玑玉，连潭雷雨风。"趵突泉边立有石碑一块，上题"第一泉"，为清同治年间历城王钟霖所题。趵突泉北有宋代建筑"深源堂"（现为清代重建），堂厅两旁楹柱上悬挂有元代书法家赵孟頫所题的对联"云雾润蒸华不注，波涛声震大明湖"。泉西南有明代建筑"观澜亭"，亭前水中矗立的石碑上书"趵突泉"三字，为明代书法家胡缵宗所写。

趵突泉水清醇甘洌适合泡茶，所沏之茶，汤色明亮，滋味甘醇。宋代曾有"润泽春茶味更真"之赞誉。

5. 峨眉山玉液泉

峨眉山是国家级重点风景名胜区，又是佛教四大名山之一。峨眉山上分布着众多的流泉飞瀑。玉液泉不仅以湛碧的秀色悦人，而且还以其绝奇的水品，被称之为"第一泉"。玉液泉位于大峨寺旁的神水阁前，四周风光清幽。玉液泉前立有石碑一块，上镌唐宋以来名人诗文，也为玉液泉增加了浓厚的人文气息。

其水品，古人有"饮水诧得仙"之句，终年不竭，清澈明亮，饮如琼浆玉液，因此泉以玉液为名。此泉水中含有多种矿物质，泉水鲜美，是一种极为难得的优质饮用矿泉水。用玉液泉水沏峨眉茶，可谓茶水双绝，茶汤色嫩绿清亮，香气悠长，滋味醇爽回甘，使人神清气爽。

6. 无锡惠山泉

惠山泉位于江苏省无锡市西郊惠山，今锡惠公园内。惠山泉为唐大历元年至十二年（766—777年）无锡令敬澄所开凿，被唐代陆羽评为"第二"，亦名陆子泉。惠山泉水源于若冰洞，呈伏流而出成泉，水色透明，甘洌可口。相传唐代刘伯刍、陆羽均评惠山泉为第二，所以也称为"二泉"。唐代宰相李德裕专门通过递铺把水送到长安煮茶。中唐诗人李绅曾赞道："惠山书堂前，松竹之下，有泉甘爽，乃人间灵液，清监肌骨，漱开神虑，茶得此水，皆尽芳味也。"宋代苏东坡留下"独携天上小圆月，来试人间第二泉"的美妙诗句。宋代，惠山泉还是珍贵的礼品。元代赵孟頫专为惠山泉书写了"天下第二泉"五个大字,至今仍完好地保存在泉亭后壁上。惠山泉水以质轻、味甘著名,故特别宜于烹茶。明代,因为茶叶多为芽叶散茶,因此更能显示出惠山泉的优点。文人们对惠山泉热爱有加,更有文人如文徵明等到惠山泉边举办雅集,留下了著名的画作《惠山茶会图》。清代乾隆皇帝曾以银斗计量,以水质轻重分水之上下,惠山泉与杭州虎跑泉并列第三。

7. 扬州大明寺天下第五泉

大明寺天下第五泉位于扬州蜀岗中峰大明寺,寺内有平山堂,平山堂后是苏东坡为纪念恩师欧阳修所建的谷林堂,谷林堂后面为欧阳祠。此外,还有1973年建的鉴真纪念堂。大明寺西面,即是建于乾隆元年(1736年)的西园。园内有池,池中建覆井亭,由此向南石隙中有非泉,旁有嘉靖中叶巡盐御史徐九皋书"第五泉"三字石刻。唐代张又新《煎茶水记》所载,唐代刑部侍郎刘伯刍将此泉列为第五、茶圣陆羽将此泉列为第十二。过去此处一直有塔井和下院井之说,明代大明寺僧沧溟曾掘地得井,并称此为"下院井"。另有一井,则是乾隆二年汪应庚开凿山池种莲花而得,并于井上建环亭,由著名书法家、吏部王澍书"天下第五泉"。

五代毛文锡《茶谱》中称"扬州禅智寺,隋之故宫,寺旁蜀岗有茶园,其茶甘香,味如蒙顶"。当时蜀岗茶还作为贡品进贡。宋欧阳修赞"此井于扬,水之美者也"。

8. 苏州虎丘庙第三泉

苏州名泉,多在姑苏城阊门外西北的虎丘。虎丘是苏州最古老的名胜之一,春秋晚期,吴王夫差葬其父阖闾于此,相传葬后三日有白虎踞其上,或云山丘形状犹如蹲虎,故名虎丘。名泉就处在这一静幽秀美的环境里。其中"陆羽井"因水质清甘味美,以"天下第三泉"名传于世。据《苏州府志》记载,陆羽曾在虎丘寓居,发现虎丘泉水清亮透明,甘美可口,便在虎丘山上挖一口泉井,所以得名。明大学士王鏊撰《虎丘复第三泉记》有"虎丘第三泉,其始出于陆鸿渐品定"之说。唐朝刑部侍郎刘伯刍遍尝天下名泉佳水,将虎丘石井列为第三,张又新又以《煎茶水记》记之,第三泉便从此扬名。

9. 杭州虎跑泉

虎跑泉位于杭州市西南大慈山白鹤峰下虎跑寺。虎跑寺原名广福寺,唐大中八年(854年)改为大慈禅寺。僖宗乾符三年加"定慧"二字。宋末毁。元大德七年重建。又毁。明朝时期又多次重建。

相传,唐元和十四年(819年)高僧性空来此,见风景灵秀,便住了下来。后来,由于附近无水源,就准备迁往别处。一天晚上,性空梦见有人告诉他:"南岳有一童子泉,当遣两虎将其搬到这里来。"第二天,他果然看见两虎刨地作穴,清澈的泉水随即涌出。"跑"通"刨"故名为虎跑泉。楹联"虎移泉眼至南岳童子,历百千万劫留此真源"说的就是这个典故。

袁宏道《虎跑泉》诗:"竹林松涧净无尘,僧老当知寺亦贫。饥鸟共分香积米,枯枝常足道人薪。碑头字识开山偈,炉里灰寒护法神。汲取清泉三四盏,芽茶烹得与尝新。"

虎跑泉终年不断,水质晶莹甘洌,水中还含有多种微量元素。它的总矿化度低,泉水分子密度高,表面张力大。明代高濂在他的《四时幽赏录》中说:"西湖之泉,以虎跑为最。两山之茶,以龙井为最。"虎跑泉与西湖龙井茶合称西湖双绝,世有"龙井茶虎跑水"之美誉。此外,虎跑还是"济公"归葬的地方。近代艺术大师李叔同在此出家,法号弘一,此地建有弘一法师纪念馆。

10. 杭州龙井泉

龙井泉位于西湖西面的风篁岭上,本名龙泓,由于大旱不涸,古人以为泉与大海相通,有神龙潜居,故名为龙井。龙井泉四季不涸,清可鉴人,水味甘甜。所在地龙井村又是西湖龙井茶的核心产区。

据明代田汝成《西湖游览志》记载,龙井泉发现于三国东吴赤乌年间(238—251年)。龙井泉旁,斜立一块巨石,高约两米,状似游龙,上刻有"神运"两字,故称神运石。

西湖龙井茶因具有色翠、香郁、味醇、形美之"四绝"而著称于世。以龙井水泡龙井茶,古人从明代开始就感受到了其中的美妙。明孙一元《饮龙井》诗曰:"眼底闲云乱不开,偶随麋鹿入云来。平生于物元无取,消受山中水一杯。"屠隆《龙井茶歌》中有:"采取龙井茶,还烹龙井水……一杯入口宿醒解,耳畔飒飒来松风。"古往今来,许多文人雅士慕名前来龙井游历,饮茶品泉,留下了许多优美诗篇。

11. 湖南长沙白沙井

白沙井位于湖南省长沙市城南的回龙山下西侧,自古为江南名泉之一。泉水从井底汩汩涌出,清澈透明,清冽甘甜。明崇祯《长沙府志》记载:"白沙井……井仅尺许,清香甘美,通城官员汲之不绝,长沙第一泉。"自明清以来,长沙居民饮用此水,取水者络绎不绝,即使西城区、北城区一带的居民也挑桶而来。清末以后,挑卖水者多居于井旁,遂形成白沙街。白沙井可说是长沙生命之泉。白沙井泉水明净甘美,夏凉而冬温,不盈不竭。白沙古泉一带的水文地质优异,其下为1～5米厚的卵砾石层,底部为不透水的页岩,卵砾石层大部分由干净、圆滑的石英岩构成,对在其中流动的水进一步澄清过滤,形成"长沙水,水无沙"的状况,达到极高的透明度。白沙泉水清冽甘美,不仅煮茶芬芳甘洁,用来酿酒、煎药、饮食均称上品。

第十二章　茶与器

第一节　茶具简史

水为茶之母，器为茶之父。欲治好茶，先择好器。在历代不同饮茶方式的主导下，茶具呈现不同的形态和功能。茶具的材质丰富多元，除以陶、瓷、金属为主要材质外，竹、木、牙、角、漆、石等都可以用来制作茶具。随着中华茶文化的复兴和当代科学饮茶的兴起，茶与器的搭配更为讲究。中国茶具历史上大致可分为唐代以前茶具、唐代茶具、宋（辽、金西夏）茶具、元明清茶具及当代茶具。

一、唐以前一器多用

自古人利用茶叶之日起，茶具就应运而生。但在唐代之前，茶具基本上处于一器多用状态，专用且成系列的茶具在唐代才开始出现。

最早记载茶具的文献出现于汉代,三国时张揖《广雅》中记载巴蜀一带的饮茶方式:"荆巴间采茶作饼,叶老者饼成以米膏出之。欲煮茗饮,先炙令赤色,捣末置瓷器中,以汤浇覆之,用葱姜橘子芼之。"这种早期的混煮法简称为"茗粥",煮茶类似煮羹汤,需加入葱、姜等调味品,这时期的茶具基本上与食具、酒具或水具混用。

二、唐以后茶具的演变

(一)唐代茶具

唐代是中国茶文化兴起与成熟的时期,诞生了茶圣陆羽,完成茶学经典《茶经》。这一时期,饮茶方式以煎茶为主,茶具讲究精美,陆羽在《茶经·四之器》中专门介绍,分别为风炉、筥、炭挝、火筴、鍑、交床、夹、纸囊、碾、罗合、则、水方、漉水囊、瓢、竹筴、鹾簋、熟盂、碗、畚、札、涤方、滓方、巾、具列、都篮等。

唐朝崇尚越瓷,认为越瓷类玉、类冰,越瓷青而茶色绿,邢(白瓷)不如越(青瓷)。1987年,法门寺地宫出土了一整套唐代皇室宫廷使用的金、银、琉璃、瓷等食用及饮茶器具,在国内外产生了巨大的轰动。

知识拓展

唐代茶具

风炉:风炉以铜铁铸之,如古鼎形,厚三分,缘阔九分,令六分虚中,致其圬墁。凡三足,古文书二十一字,一足云"坎上巽下离于中",一足云"体均五行去百疾",一足云"圣唐灭胡明年铸"。其三足之间设三窗,底一窗,以为通飚漏烬之所,上并古文书六字:一窗之上书"伊公"二字,一窗之上书"羹陆"二字,一窗之上书"氏茶"二字,所谓"伊公羹陆氏茶"也。置墆㙍(dì niè)于其内,设三格:其一格有翟焉,翟者,火禽也,画一卦曰离;其一格有彪焉,彪者,风兽也,画一卦曰巽;其一格有鱼焉,鱼者,水虫也,画一卦曰坎。巽主风,离主火,坎主水。风能兴火,火能熟水,故备其三卦焉。其饰以连葩、垂蔓、曲水、方文之类。其炉或锻铁为之,或运泥为之,其灰承,作三足铁柈台之。

筥(jū):筥以竹织之,高一尺二寸,径阔七寸,或用藤作,木楦(xuàn),如筥形,织之六出,固眼其底,盖若利箧口,铄之。

炭挝(zhuā):炭挝以铁六棱制之,长一尺,锐一丰,中执细头,系一小环,以饰挝也。若今之河陇军人木吾也,或作鎚(chuí),或作斧,随其便也。

火筴:火筴一名箸,若常用者圆直一尺三寸,顶平截,无葱台勾锁之属,以铁或熟铜制之。

鍑(fù):鍑以生铁为之,今人有业冶者所谓急铁。其铁以耕刀之趄炼而铸之,内摸土而外摸沙土。滑于内,易其摩涤;沙涩于外,吸其炎焰。方其耳,以正令也;广其缘,以务远也;长其脐,以守中也。脐长则沸中,沸中则末易扬,末易扬则其味淳也。洪州以瓷为之,莱州以石为之,瓷与石皆雅器也,性非坚实,难可持久。用银为之,至洁,但涉于侈丽。雅则雅矣,洁亦洁矣,若用之恒,而卒归于银也。

交床:交床以十字交之,剜中令虚,以支鍑也。

夹:夹以小青竹为之,长一尺二寸,令一寸有节,节已上剖之,以炙茶也。彼竹之筱津润于火,假其香洁以益茶味,恐非林谷间莫之致。或用精铁熟铜之类,取其久也。

纸囊:纸囊以剡藤纸白厚者夹缝之,以贮所炙茶,使不泄其香也。

碾:碾以橘木为之,次以梨、桑、桐柘为臼,内圆而外方。内圆备于运行也,外方制其倾危也。内容堕而外无余木,堕形如车轮,不辐而轴焉,长九寸,阔一寸七分,堕径三寸八分,中厚一寸,边厚半寸,轴中方而执圆,其拂末以鸟羽制之。

罗合:罗末,以合贮之,以则置合中,用巨竹剖而屈之,以纱绢衣之,其合以竹节为之,或屈杉以漆之。高三寸,盖一寸,底二寸,口径四寸。

则:则以海贝蛎蛤之属,或以铜铁竹匕策之类。则者,量也,准也,度也。凡煮水一升,用末方寸匕。若好薄者减之,嗜浓者增之,故云则也。

水方:水方以椆木、槐、楸、梓等合之,其里并外缝漆之,受一斗。

漉水囊:漉水囊,若常用者,其格以生铜铸之,以备水湿,无有苔秽腥涩。意以熟铜苔秽、铁腥涩也。林栖谷隐者或用之竹木,木与竹非持久涉远之具,故用之生铜。其囊织青竹以卷之,裁碧缣以缝之,纽翠钿以缀之,又作绿油囊以贮之,圆径五寸,柄一寸五分。

瓢:瓢一曰牺杓,剖瓠为之,或刊木为之。晋舍人杜毓《荈赋》云:"酌之以匏。"匏,瓢也,口阔胫薄柄短。永嘉中,馀姚人虞洪入瀑布山采茗,遇一道士云:"吾丹丘子,祈子他日瓯牺之余乞相遗也。"牺,木杓也,今常用以梨木为之。

竹筴:竹筴或以桃、柳、蒲、葵木为之,或以柿心木为之,长一尺,银裹两头。

鹾簋(cuó guǐ):鹾簋以瓷为之,圆径四寸。若合形,或瓶或罍(léi),贮盐花也。其揭竹制,长四寸一分,阔九分。揭,策也。

熟盂:熟盂以贮熟水,或瓷或沙,受二升。

碗:碗,越州上,鼎州次,婺州次;岳州上,寿州、洪州次。或者以邢州处越州上,殊为不然。若邢瓷类银,越瓷类玉,邢不如越一也;若邢瓷类雪,则越瓷类冰,邢不如越二也;邢瓷白而茶色丹,越瓷青而茶色绿,邢不如越三也。晋·杜毓《荈赋》所谓器择陶拣,出自东瓯。瓯,越也。瓯,越州上口唇不卷,底卷而浅,受半升已下。越州瓷、岳瓷皆青,青则益茶,茶作红白之色。邢州瓷白,茶色红;寿州瓷黄,茶色紫;洪州瓷褐,茶色黑:悉不宜茶。

畚(běn):畚以白蒲卷而编之,可贮碗十枚。或用筥,其纸帕,以剡纸夹缝令方,亦十之也。

札:札缉栟榈皮以茱萸木夹而缚之。或截竹束而管之,若巨笔形。

涤方:涤方以贮涤洗之余,用楸木合之,制如水方,受八升。

滓方:滓方以集诸滓,制如涤方,处五升。

巾:巾以绝布为之,长二尺,作二枚,玄用之以洁诸器。

具列:具列或作床,或作架,或纯木纯竹而制之,或木法竹黄黑可扃而漆者,长三尺,阔二尺,高六寸,其到者悉敛诸器物,悉以陈列也。

都篮:都篮以悉设诸器而名之。以竹篾内作三角方眼,外以双篾阔者经之,以单篾纤者缚之,递压双经作方眼,使玲珑。高一尺五寸,底阔一尺,高二寸,长二尺四寸,阔二尺。

(二)宋代茶具

宋代是茶文化繁荣兴盛时期,上至王公贵族、文人士大夫,下到平民百姓都热衷于点茶。如宋徽宗赵佶著有《大观茶论》,是点茶高手,独创了"七汤点茶法"。点茶器具异常讲究,追求极致。宋代点茶茶具12件,分别为烘茶炉、茶臼、茶碾、茶磨、水杓、茶罗、茶帚、盏托、茶盏、汤瓶、茶筅、茶巾等。

宋代审安老人选取点茶道中的12种器具,根据其特性和功用,以拟人化手法赋予其姓,配以名、字、号,拟以官爵,系以赞,并附以图,绘成《茶具图赞》,趣称它们为"十二先生"。

(1)韦鸿胪

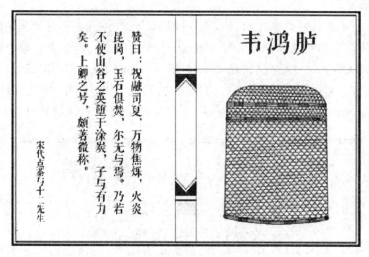

图 12-1

韦鸿胪,名文鼎,字景旸,号四窗闲叟,此处指炙茶用的烘茶炉。古代竹简多用"韦编",即用皮绳编连竹板,故以"韦"为姓。又因茶焙乃编竹围盖之,取"韦"为姓,谐音"围"。鸿胪原为掌朝庆贺吊之官,这里取其与"烘笼""烘炉"音近。茶焙炉火常温,故名"文鼎",意为文火之炉。又字"景旸",旸为日出,取意始温。茶焙为编,四周围满布孔隙,故号"四窗闲叟"。

(2)木待制

木待制,名利济,字忘机,号隔竹居人。木待制指的是捣茶用的茶臼。砧以木为之,故以"木"为姓。待制原为典守文物之官职。砧椎用以碎茶以待碾磨之用,用"待制"表其义。碎茶以利碾磨之用,故名利济。茶臼中空(心虚),无心则"忘机"。捣茶是紧接焙茶之后,茶臼与茶焙总是同时使用,故号其为"隔竹居人"。

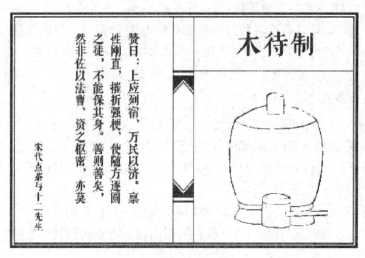

赞曰：上应列宿，万民以济。禀性刚直，摧折强梗，使随方逐圆之徒，不能保其身，善则善矣。然非佐以法曹、资之枢密，亦莫

宋代点茶与十二先生

图 12－2

（3）金法曹

金法曹，名研古、轹古，字元锴、仲铿，号雍之旧民、和琴先生。金法曹指的是碾茶用的茶碾。茶碾以金属制成，故以"金"为姓。法曹是司法官吏，掌刑狱讼事。茶碾由碾槽和碾轮构成，《大观茶论·罗碾》："凡碾为制，槽欲深而峻，轮欲锐而薄。"爵以"法曹"，是因为曹、槽同音。其名研古、轹古，取义于碾轮的碾轧。其字元锴，锴为好铁，元锴喻铁制圆碾轮。又字仲铿，铿乃象声词，仲铿取义于碾茶时的声音，所以其号有"和琴先生"。

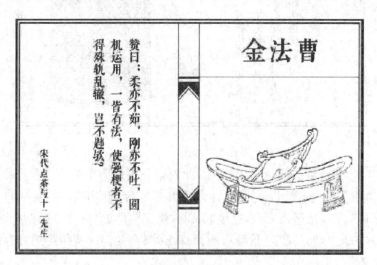

赞曰：柔亦不茹，刚亦不吐，圆机运用，一皆有法，使强梗者不得殊轨乱辙，岂不韪欤？

宋代点茶与十二先生

图 12－3

（4）石转运

石转运，名凿齿，字遄行，号香屋隐君。石转运指的是磨茶用的茶磨。茶磨以石为之，故即以石为姓。转运乃"转运使"的略称，原是宋代地方行政——路的长官，如蔡襄曾任福建路转运使。转运取义于茶磨的运转功能。磨必有齿，故名"凿齿"。磨的工作是不停地旋转，故以"遄行"为字。以石屋喻石磨，香茶出自石磨，故号"香屋隐君"。苏轼在《次韵黄夷仲茶磨》诗中写道:"前人初用茗饮时,煮之无问叶与骨。浸穷厥味白始用,复计其初碾方出。计尽功极至于磨,信哉智者能创物。"可见茶磨的使用功能。

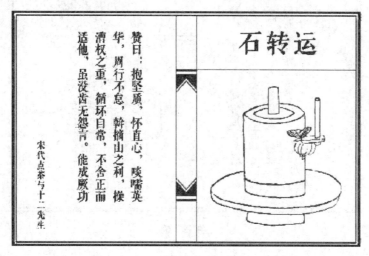

图 12-4

（5）胡员外

胡员外,名惟一,字宗许,号贮月仙翁。胡员外指的是量水用的水杓。老葫芦剖开制成瓢(匏瓢),故以胡为姓。员外是员外郎的略称。葫芦乃圆形,员外谐音其形。夜晚用瓢在月下汲水,月映瓢中,恰似贮月而归,苏轼《汲江煎茶》诗便有"大瓢贮月归春瓮"句,故号"贮月仙翁"。

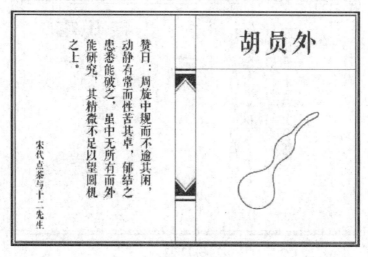

图 12-5

（6）罗枢密

罗枢密,名若药,字传师,号思隐寮长。罗枢密指的是筛茶用的茶罗。

罗筛,以罗为姓。枢密是枢密使的略称,掌军国机密要务。茶罗绢纱细密,与枢密谐音。蔡襄《茶录·茶罗》:"茶罗以绝细为佳。罗底用蜀东川鹅溪画绢之密者,投汤中揉洗以幂之。"

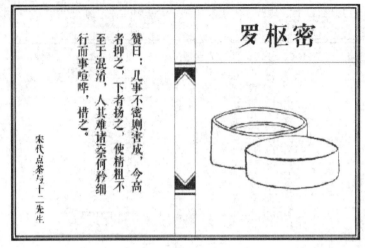

图 12－6

（7）宗从事

宗从事，名子弗，字不遗，号扫云溪友。宗从事指的是清茶用的茶帚。

茶刷用棕丝制作，故以宗为姓，盖宗、棕同音。从事乃辅佐州官之吏，而茶帚亦为辅助之用具，故爵以从事。茶帚用以拂扫茶粉、茶末，聚其散落，故名子弗，字不遗，号扫云溪友。茶帚用以拂扫茶末，聚其散落，故谓"洒扫应对事之末者，亦所不弃"，"萃其既散、拾其已遗，运寸毫而使边尘不飞"。

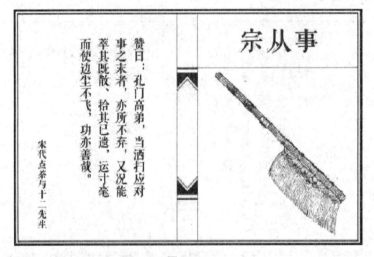

图 12－7

（8）漆雕秘阁

漆雕秘阁，名承之，字易持，号古台老人。漆雕秘阁指的是盛茶末用的盏托。盏托以漆雕故姓"漆雕"。秘阁指尚书省，又可指皇家藏书馆。阁、搁同音，故爵以秘阁。盏托以承搁茶盏，方便端用，故名承之，字易持，号古台老人。

宋代盏托多木制,大概取其隔热与轻便。从辽墓壁画来看,茶托施漆,且常以红黑二色。"漆雕"是一种工艺。南宋时期,漆雕中有一种工艺称为"剔犀",是用两种或三种色漆在器物上有规律地逐层积累起来,至相当厚度,趁漆未干时用刀剔刻出云钩、香草等图案花纹,在刀口断面上可以看见不同的色层。

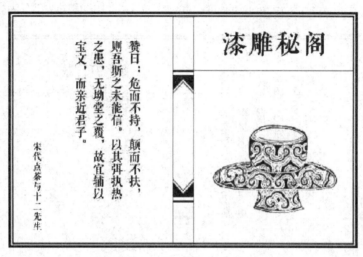

赞曰:危而不持,颠而不扶,则吾斯之未能信。以其弹执热之患,无坳堂之覆,故宜辅以宝文,而亲近君子。

漆雕秘阁

宋代点茶与十二先生

图 12-8

（9）陶宝文

陶宝文,名去越,字自厚,号兔园上客。陶宝文指的是喝茶用的茶盏。

茶盏一般为陶瓷质,故以陶为姓。宝文指宝文阁,为皇家藏书馆。盏、托配套,托为秘阁,则盏当为宝文。又文者"纹"也,指兔毫纹,兔毫纹非常名贵,故称宝文。唐、五代煎茶,茶盏最重越窑青瓷。宋代点茶,最重建窑黑瓷,舍越窑而用建窑,故名"去越"。因建窑盏"其坯微厚",故字"自厚"。建盏"纹如兔毫",因号"兔园上客"。

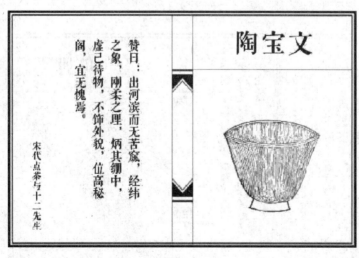

赞曰:出河滨而无苦窳,经纬之象,刚柔之理,炳其绷中,虚己待物,不饰外貌,位高秘阁,宜无愧焉。

陶宝文

宋代点茶与十二先生

图 12-9

（10）汤提点

汤提点，名发新，字一鸣，号温谷遗老。汤提点指的是注汤用的汤瓶。

提点乃宋代武官提举点检的略称。提瓶点茶，故爵以"提点"。汤瓶盛以新泉活水，故名发新。煮水候汤，汤响松风，故字一鸣。瓶盛热水，故号温谷遗老。蔡襄《茶录·汤瓶》："瓶要小者易候汤，又点茶注汤有准。黄金为上，人间以银铁或瓷石为之。"

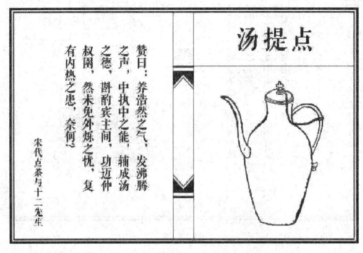

赞曰：养浩然之气，发沸腾之声，中执中之能，辅成汤之德，斟酌宾主间，功迈仲叔圉，然未免外烁之忧，复有内热之患，奈何？

宋代点茶与十二先生

图 12 - 10

（11）竺副帅

竺副帅，名善调，字希点，号雪涛公子。竺副帅指的是调沸茶汤用的茶筅。

茶筅截竹为之，竺、竹同音，故以竺为姓。茶筅配合汤瓶点茶，用于击拂，故称副帅。茶筅于茶盏内击拂，调制茶汤，故名善调，字希点。《大观茶论·筅》："茶筅以著竹老者为之，身欲厚重，筅欲疏劲，本欲壮而未必眇，当如剑瘠之状。盖身厚重，则操之有力而易于运用；筅疏劲如剑瘠，则击拂虽过而浮沫不生。"

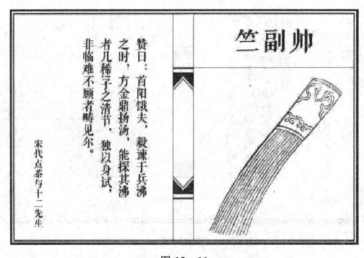

赞曰：首阳饿夫，毂涑子兵沸之时，方金鼎扬汤，能探其沸者几稀子之清节，独以身试，非临难不顾者畴见尔。

宋代点茶与十二先生

图 12 - 11

（12）司职方

司职方，名成式，字如素，号洁斋居士。司职方指提清洁茶具用的茶巾。

茶巾以丝或纱织成，丝、司同音，故以司为姓。职方源于《周礼》之官，宋代尚书省所属四司之一。职谐音织，方指方巾，丝织方巾，故爵以职方。因其功能在于拭净茶具，拭、式同音，故名成式。又因其素朴，故字如素。茶巾供清洁茶具用，故号洁斋居士。

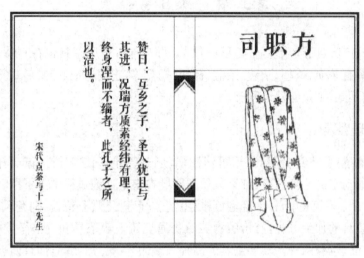

图 12-12

宋代最具代表性的点茶器具当属汤瓶、茶匙（茶筅）和茶盏。宋代汤瓶腹部较唐茶盏更深，以福建建阳生产的建盏最为典型。宋代还出现了茶磨，唐代已有茶臼、茶碾等研磨茶饼或散茶的器具，但北宋中晚期出现了效率更高的茶磨，南宋一直流行，元代也延续使用。

（三）元明清茶具

元代茶文化发展史上属于过渡期，上承宋、下启明，茶品以团饼茶和散茶为主，相关茶具延续宋时风格。同时，适合游牧民族习性的奶茶也很流行。

明清饮茶方式"罢团改散"，散茶成为主流，团茶只在边疆地区持续饮用。与之相对应的茶具也发生了革命性变化，之前流行的茶臼、茶碾、茶磨、茶罗、茶筅等走下历史舞台，取而代之的是茶壶、茶杯、茶盘、茶叶罐等，还出现了用于洗去茶灰尘的茶洗。由于散茶讲究的是观其形，品其汤，于是景德镇的白瓷及在白瓷基础上发展起来的青花、五彩、斗彩和颜色釉瓷的茶具受到当时人们的喜爱。

盖碗在明末清初时出现，并成为清代的主流品饮器。紫砂茶具在明代中期开始出现，以其材质透气性好、可塑性强等优势，成为重要的泡茶器，并一直流行至今。

清代的饮茶方式与明代无异，茶具也基本沿袭明代，只是在茶具的材质上更加丰富多彩，景德镇瓷茶具出现珐琅彩、粉彩等新品种。

（四）当代茶具

当代茶具呈现多元化风格。首先，茶类的多样化让茶具更加丰富，绿茶、黄茶、白茶、乌龙茶、红茶及黑茶六大茶类以及再加工茶,茶类品种丰富,各具特色,相应地对茶具也提出更高的要求。其次,随着科技的发展,材料的应用更加广泛,当代茶具的材质更加多元,花色品种也更加丰富,满足了不同层次人群的不同需求。

第二节　茶具的种类

中国地域广阔、民族众多,各地居民饮茶习俗不同,所用茶具也各有特色。人们最常使用的茶具有茶壶、茶杯、茶碗、茶盏、杯托、托盘等,它们质地迥异、形式复杂、花色丰富,按材质的不同,主要有以下种类。

一、玻璃茶具

玻璃质地透明,光泽夺目,外形可塑性强,形态各异,用途广泛。玻璃杯晶莹剔透,用其泡茶犹如动态的艺术欣赏,细嫩柔软的茶叶在整个冲泡过程中上下翻动,叶片逐渐舒展,芽叶朵朵、亭亭玉立,杯中轻雾缥缈、澄清碧绿,观之赏心悦目,别有风趣。

按玻璃茶具的加工分类,有价廉物美的普通烧铸玻璃茶具和价格昂贵华丽的刻花玻璃(俗称水晶玻璃)两种。玻璃茶具的品种大多为杯、盘、瓶制品,如直筒玻璃杯、玻璃煮水器、玻璃公道杯、玻璃茶壶、玻璃飘逸杯、玻璃盖碗、玻璃品茗杯等。目前,玻璃茶具的制造者又结合市场的需求,开发出了玻璃闻香杯、小品杯、玻璃同心杯等品种,丰富了玻璃茶具的种类。

二、瓷质茶具

我国茶具最早以陶器为主,再发展为表而敷釉的釉陶。瓷器发明之后,陶制茶具就逐渐为瓷制茶具所替代。江西景德镇所产的薄胎瓷器素有"白如玉,薄如纸,明如镜,声如磬"的美誉。瓷质茶具的硬度、透光度低于玻璃但高于紫砂。瓷器质地细腻、光洁,能充分表达茶汤之美,保温性高于玻璃,在工艺特色上,特别是在表现华夏文化风格上优于玻璃器皿。

三、紫砂茶具

紫砂茶具硬度、密度低于瓷器,不透光,但具有一定的透气性、吸水性、保温性,这"三性"对滋育茶汤大有益处,并能用来冲泡粗老茶叶。

四、漆器茶具

漆器茶具始于清代,主要产于福建福州一带。福州生产的漆器茶具多姿多彩,有宝砂闪光、金丝玛瑙、釉变金丝、仿古瓷、雕填、高雕和嵌白银等品种,特别是创造了红如宝石的赤金砂和暗花等新工艺,更加鲜丽夺目,惹人喜爱。

五、金属茶具

我国历来也有用金、银、铜、锡等金属制作的茶具。对于用金属器作为泡茶用具，行家评价并不高。明代张谦德所著《茶经》就把瓷质茶具列为上等，金、银壶次之，铜、锡壶则属下等，为斗茶行家所不屑采用。但铜、锡茶具不易破碎，且金银造价较昂贵，一般老百姓无法使用，所以民间多半用铜、锡代替。时至今日，铜、锡茶具也多用于泡茶辅助用具，如制成茶叶罐，有密封、防潮、防氧化、防光、防异味的效果，或是做成煮水器、茶则、茶匙等。到了现代，很多人为了追求古风，开始时兴用金银来做成主要泡茶用具或煮水用具。

玻璃茶具的缺点是质地坚脆，易裂易碎，比陶瓷茶具烫手。不过现代科学技术已能将普通玻璃经过热处理，改变玻璃分子的排列，制成有弹性、耐冲击、热稳定性好的钢化玻璃，使茶具性能大为改善。

用金银制成的饮茶用具，按质地分类，以银为质地者称银茶具，以金为质地者称金茶具，银质而外饰金箔或鎏金称饰金茶具。金银延展性强、耐腐蚀，又有美丽色彩和光泽，故制作极为精致，价值很高，多为富贵之家使用或作供奉之品。

除金银茶具外，还有其他材质的金属茶具如下。

1. 锡茶具

用锡制成的饮茶用具。采用高纯精锡，经熔化、下料、车光、绘图、刻字雕花、打磨等多道工序制成。精锡刚中带柔，密封性能好，延展性强，所制茶具多为储茶用的茶叶罐。

2. 铜茶具

铜制饮茶用具，以白铜为上，少锈味，器型以壶为主。三千年前中国已有铜器，但因铜器易生锈气，损茶味，故很少应用，至清代才因国外传入而流行。

北京、天津传统小吃茶汤即用大铜壶煮水冲泡而成，在四川等地，用长嘴铜壶沏泡盖碗茶的情景时常可见，云南撒尼族人将茶投入铜壶，煮好的茶即称"铜壶茶"。

3. 景泰蓝茶具

亦称"铜胎掐丝珐琅茶具"，北京著名的特种工艺。用铜胎制成，少有金银制品。一说始于唐代，一说始于明代。通过掐丝、点蓝、烧蓝、磨光、镀金等多种工序制作而成。因其蓝色珐琅烧著名，且流行于明代景泰年间，故名。此类茶具大多为盖碗、盏托等，制作精细，花纹繁复，内壁光洁，蓝光闪烁，气派华贵。

4. 不锈钢茶具

用不锈钢制成的饮茶用具，其材料是含铬量不低于 12％ 的合金钢，能抵抗大气中酸、碱、盐的腐蚀。外表光洁明亮，造型规整有现代感。其传热快、不透气，多用作旅游用品，如保温水壶、双层保温杯。现代茶具中，最有代表性的不锈钢茶具应属电热壶（也称"随手泡"），是专门为泡茶设计的煮水器，一般有温度自动控制和人工控制两种功能，深受广大茶艺爱好者和茶艺馆的喜爱。

六、竹木茶具

由于竹木茶具价廉物美、经济实惠，在我国历史上，广大农村包括产茶区，很多使用竹或木碗泡茶，至于用木罐、竹罐装茶，更是随处可见。

现代人崇尚返璞归真，对可塑性强、易于加工的竹木茶具更加偏爱，如较珍贵的木材，再赋予能工巧匠雕琢，即可成为极具观赏性和收藏价值的艺术品。用竹木材质加工的茶具有茶盘、茶碗、杯盘、茶则、茶夹、茶针、茶叶罐等。

竹木茶具制品，古已有之。陆羽《茶经》所载的竹木茶具达十余种，有高床、夹、碾、罗、则、水方、瓢、竹夹、具列、都篮等。宋代沿袭，并发展用木盒储茶。

目前市场上还有用玉石、水晶、玛瑙、麦饭石等材料制作的茶具，这些器具价格昂贵、制作困难，对饮茶的实用价值低，主要作为礼品或摆设，供人们观赏。

第三节　常用茶具之瓷器茶具

中国茶具的发展，大体是伴随喝茶方式演变而变化的。茶具的发展史和中国陶瓷发展史可谓共生共荣，有时往往合二为一。直至今日，茶具主要还是以瓷器为主。

魏晋南北朝时期，中国瓷器开始飞速发展，隋唐以来我国瓷器生产进入一个繁荣阶段，时人评价唐代的瓷器制品曰"圆、滑、轻薄"。故唐代著名诗人与茶人皮日休诗云："邢客与越人，皆能造磁器，圆似月魂堕，轻如云魄起。"邢客指的是北方邢窑制造工，而当时的越人多指浙江东部地区之人。越人造的瓷器形如圆月，轻如浮云，因此还有"金陵碗，越瓷器"的美誉，故陆龟蒙诗云："九州风露越窑开，夺得千峰翠色来。"

宋代制瓷工艺独具风格，名窑辈出，北宋政和年间，京都自置窑烧造瓷器，名为"官窑"。南宋遵北宋法，置窑于修内司，名为"内窑"。内窑瓷器油色莹彻，为世所珍。两宋的建盏可谓名冠华夏，远播东洋。宋大观年间（1107—1110 年），景德镇陶器色变如丹砂，也是为了上贡的需要。大观年间朝廷贡瓷要求"端正合制，莹无瑕疵，色泽如一"。宋朝廷命汝州造"青窑器"，其器用玛瑙细末为釉，更是色泽洁莹。当时只有贡御宫廷后余剩的青窑器方可出卖，因此世尤难得。"汝官哥钧定"中汝窑被视为宋代瓷窑之尊，史料记载当时的茶盏、茶罂昂贵到了"鬻诸富室，价与金玉等"。官窑之外，宋代亦有不少民窑，如乌泥窑、余杭窑等生产的瓷器也都精美可观。

明代散茶冲泡已成时代主流，茶具多在盛茶汤的器皿上下功夫。明清以降，以景德镇瓷茶器具和宜兴紫砂茶具为代表的茶具一直风行大江南北，直到今天，它们依然代表着品茗茶具的高峰。

瓷质茶具按品类大致可分为青瓷、白瓷、黑瓷、彩瓷四大类。

一、青瓷茶具

青瓷的出现始于东汉末年，浙江上虞的小仙坛窑是最早生产青瓷的窑址之一。青瓷器具应用广泛,可做生活用具、陈设用具,部分又做丧葬用具。茶具是青瓷器物中的一大类,品种有茶盏及盏托、茶瓶、执壶、茶罐等。历代茶具重青瓷器具,一方面人们倾慕其釉色之美。青为自然之美,为东方之色,又有美玉之色,可与君子比德。另一方面,它质地细腻,造型端庄,纹饰雅致,常刻画有莲纹、水波、缠枝牡丹、双鱼等纹饰,或釉面有开片,如蟹爪、冰裂、鱼子等。用青瓷茶具来冲泡绿茶,更有益汤色之美。历史上青瓷窑口众多,浙江越窑、瓯窑、龙泉窑、南宋官窑、哥窑、陕西耀州窑、河南汝窑等。现青瓷茶具的主要产地包括浙江丽水地区的龙泉窑、河南平顶山地区的汝窑等。

(一) 龙泉窑

龙泉窑是在浙江西南部龙泉域内,从出土、传世器物来看,龙泉窑大规模的烧造历史从宋代一直延续至今。大约在南宋中晚期,其产品逐渐形成了独特的风格,由于熟练掌握了胎釉配方、多次上釉技术以及烧成气氛的控制,龙泉窑瓷器釉色纯正,釉层厚,成功烧制出粉青和梅子青釉,以釉色之美而备受推崇。自元代开始,龙泉窑产品开始大量销往海外。16世纪末,龙泉青瓷在法国大受改迎,人们用当时风靡欧洲的名剧《牧羊女亚斯泰来》中男主角雪拉同的美丽青袍颜色与之相比,称龙泉窑青瓷为"雪拉同",视其为稀世珍品。受其影响,我国浙江、福建、广东、江西乃至周边国家如泰国、韩国、日本等地瓷窑先后仿烧龙泉窑青瓷产品,形成了一个庞大的龙泉窑系。

龙泉青瓷茶具中以宋代的长流执壶和青瓷斗笠盏、莲瓣盛较为有名,这种造型的茶具与宋代饮茶方式密切相关。宋代以点茶为主,又有斗茶竞技的风靡,为了保证茶汤的效果,对注水也提出了新要求。长流执壶注嘴较长,且呈抛物线形,注嘴的出水口圆小俊俏,嘴与瓶身的接口较大,从而保证出水迅速、流畅,水量适中。斗笠盏则呈深腹、斜腹壁和散口造型,也有利于茶末与热汤直接接触混合,用竹筅击拂能更好地产生汤花。

纹饰方面,龙泉窑青瓷多采用划、刻、印、贴、露、堆等多种方法,纹饰题材十分丰富,除宋代的莲瓣、双鱼等纹饰外,元、明两代还出现了云龙、飞凤、云鹤、鹿含灵芝、八仙等吉祥寓意的纹饰,以及"金玉满莹""福如东海"等汉字吉语。经元、明两代,龙泉青瓷虽有衰退之势,但传世器物中仍不乏精品,如荷叶盖罐、菊瓣碗等器物,可作存放茶叶、品饮之用。

如今,龙泉窑青瓷茶具中仍保留着"东方之青"的釉色感,类冰,似玉,冲泡绿茶时,与茶汤交融,正如宋代诗人笔下"玉瓯乳花""乳雾冰瓷"的描绘,能唤起人们内心的清韵与美好感受。此外。龙泉青瓷茶具在造型方面多保留宋代器物的雅正,流畅的线条、自然的形态,使人更得喝茶之趣,可陶冶性情,颐养身心。

(二) 汝窑

汝窑位于河南平顶山的宝丰县,是宋代五大名窑之一。因宝丰在宋代隶属汝州,故瓷窑称为汝窑,在北宋后期曾为宫廷烧制御用青瓷。汝窑器物胎较薄,质地细腻,呈香灰色,修坯精细,一丝不苟。釉以天青色为主,釉面匀净滋润,光泽内含,除一些细小开片外,几乎不带装饰,将装饰的意韵蕴于如玉的釉质和古雅的造型中,把静穆含蓄之美推到了极致,是中国艺术的典型代表。

汝窑瓷曾被作为御用之瓷使用,产品多为宋代宫廷生活用具及陈设器。宋代皇室喜饮茶,所以应大量生产过汝窑茶具。然而,汝窑因金兵南下而停烧,生产时间较短,故传世汝窑瓷器不足百件,汝窑茶具更是稀少。传世器物中有大英博物馆馆藏汝窑茶盏托一件。茶盏托为茶盏底座,在宋、金时期较为流行,汝窑、钧窑、官窑、定窑等均有烧造,但以汝窑烧制的盏托釉色、器形最为优美。器物釉色青中泛蓝,俗称"雨过天青之色",胎体厚薄处理适度、形态比例协调,均达到近乎完美的境界,为宋代茶具的典范。

汝窑胎土略显粗松,颜色颇似焚香时燃过的香灰之色,俗称"香灰胎"。不少器物釉面均开有片纹,片纹细碎如冰块开裂,俗称"冰裂纹",底部多有"芝麻细小挣针",俗称"芝麻挣钉"。后世多仿汝窑产品,明宣德时期,景德镇御窑厂开始仿制汝釉瓷器,清雍正、乾隆两帝更是钟爱汝窑器,仿制汝窑瓷器,器形有盘、瓶、炉、盏等。

现代仿汝窑茶具,釉色方面多有创新,不仅有宛如清澈湖水的天青色釉,有似玉非玉之美的月白釉,也有宛若天空之色的天蓝釉以及豆青之色的豆青釉等,器物有茶壶、茶杯等。汝窑茶具的美感,在于釉色清淡含蓄、不温不火,符合中国古代文人雅士的审美喜好,亦与品茶之雅趣相合。

二、黑瓷茶具

黑瓷为施黑色釉的高温瓷器,它与青瓷相伴而生。在东汉时期,以烧制青瓷著称的浙江上虞窑亦烧制黑瓷。后世黑瓷中以东晋时期德清窑黑瓷较为有名,釉厚如堆脂,色黑如漆,器形有盘、尊、罐等。唐代南方诸窑中也多烧制黑瓷,入宋以后,黑釉瓷器大量烧制,其中黑釉茶盏最为典型。这与宋代开始流行的斗茶有着密切的关系,宋人衡量斗茶的效果:一看茶面汤花色泽和均匀度,以"鲜白"为优;二看汤花与茶盏相接处水痕的有无和出现的迟早,以"盏无水痕"为上。所以,宋代的黑瓷茶盏成了瓷茶具中最大宗的品种。黑瓷茶具主要产地为福建建阳的建窑和江西吉安的古州窑。

(一) 建窑

建窑是我国烧造黑瓷声誉最高的一处窑场。与别的窑场不同,建窑以生产茶盏为主。在建窑窑址还发现有刻"供御""进盏"字铭的盏,是宋代为宫廷烧造的御用茶盏。茶盏造型多样,有大、小、敛口、敞口等不同形式,圈足小而浅。器物外壁釉至近足部,有明显垂流现象。其胎土富含铁质,呈黑紫色,在漆黑的釉面上布满形若兔毫或油滴、鹧鸪斑的结晶纹斑,极富装饰意趣。更精彩的是曜变,在较大的结晶斑点周缘闪现出瑰奇的彩色,犹如日晕,美妙至极,传世品仅在日本有几件收藏。

宋代茶盏"贵青黑",主要是因为黑色盏托最能衬托白色茶汤。两宋文献诗文中常出现对黑釉茶盏的吟咏,如陶毅《清异录》中载"闽中造盏,花纹鹧鸪斑点,试茶家珍之"。又如杨万里的"鹰爪新茶蟹眼汤,松风鸣雪兔毫霜"等句,其记述绝大多数为福建建阳所产的建窑黑瓷产品。福建建窑黑釉茶盏除了釉面有兔毫、鹧鸪斑纹等变化外,还有坯体厚、盏腹深的特点,这对宋人点茶十分有利。因为盏深扣之才见"浮乳",而坯体较厚保温持久,才能有"鹧鸪斑中吸春露"之景象。其他地方的茶盏,坯体太薄,或者颜色发紫,都比不上建盏。

元明以后,因饮茶方式的改变,以建窑为代表的黑釉茶盏逐渐退出了历史的舞台。然而在邻国日本,这类黑釉茶盏仍旧受到推崇,在成书于1511年(明正德六年)介绍将军家御用之物的《君台观左右帐记》中记载,曜变建盏是当时的"无上神品""罕见之物","其地黑,有小而薄之星斑,围绕之玉白色晕,美如织锦,万匹之物也",而油滴盏则是"第二重宝,值五千匹绢"。

如今建盏烧制技艺不断完善,产品种类依旧以黑釉茶盏为主。黑色是人类对于早期世界的最初的色彩感知,器物中的黑釉则能包容各种釉色,调和各种色彩。正是建窑茶盏的黑釉的深远以及釉色的多变,让品茶人延伸出无限的想象空间。

(二) 吉州窑

吉州窑创烧于唐代,宋、元瓷业有较大发展,产品面貌极为丰富,几乎无施不巧。但最能代表吉州窑特色的品种是黑釉器,除油滴、玳瑁、鹧鸪斑等釉里的"文章"外,还有木叶纹、剪纸贴花等匠心独运的装饰,展现出匠人巨大的创造才能。木叶纹是把天然树叶直接烧在黑釉碗上,以黑釉衬托出黄色的叶子剪影。玳瑁釉是在黑釉上饰以浅黄色斑点,色泽质感有如海洋动物玳瑁的甲壳。剪纸贴花主要装饰于碗内,效果极似民间的剪纸,题材广泛,多吉祥寓意。在吉州窑茶器中,以上提到的几种装饰物较常见。

吉州窑的茶盏装饰,与禅宗思想的影响有关。以木叶盏为例,盏内施黑釉,碗底以木叶装饰,或舒展,或卷曲,或折叠,其树叶多取枯败的桑叶。这种装饰极富禅意,而且与著名的禅宗公案——"体露金风"所蕴含的禅理相近。公案出自宋代的《五灯会元》,其借"树叶凋落",暗喻妄念、烦恼已断的清纯心境,而"体露金风"则好比历经苦行的禅者,在摆脱烦恼妄想之后,进入真空无我的"身心脱落"之境。又有宋代白杨法顺禅师道"一叶飘空天似水,临川人唤渡头船",盛满茶水后的吉州窑木叶盏,宛如天空澄澈的倒影,给人以视觉和精神的愉悦,也恰是"禅茶一味"的有力说明。

元代以后,吉州窑逐渐衰微。现代吉州窑的复兴工艺,不少能烧制出曾经吉州窑茶具的风韵。人们品茗时,看到茶盏上偶然幻化出某一物象,或是浮现枯叶,或是月影梅花,或是剪纸贴花吉语,便成为心头的一份惊喜。

三、白瓷茶具

白瓷始现于北朝晚期(北齐),隋唐时白瓷工艺日臻成熟,历经宋、元、明、清,白瓷的生产始终不衰,且涌现出较多优质白瓷代表品种。唐代时,河北邢窑白瓷成为风靡一时的"天下无贵贱通用"的名瓷,河南巩义市、鹤壁、登封、陕西平定等北方地区均生产白瓷,在当时形成了"南青北白"的局面。宋代时,河北的定窑后来居上,成为宋代五大名窑之一。元代景德镇产枢府窑以"卵白釉"著称,其釉呈失透状,色白微清,恰似鹅蛋色泽,是元代官府机构在景德镇定烧的瓷器。明代瓷器中白瓷在各朝均有烧制,较具代表性的是永乐时期的"甜白",器物多薄胎,能够光照见影,釉色莹彻,给人一种"甜"感。清代的白瓷则以福建德化白瓷为代表。

白瓷多以日用器为主,碗、盏、杯、壶等茶具造型为大类。白瓷茶具具有坯体致密、高温烧制,无吸水性,音清韵长等特点。白瓷因釉色洁白,能反映出茶汤色泽,传热、保温性能适中,实为饮茶器具中的基本款。白瓷茶具产地较多,这里主要介绍河北定窑、江西景德镇窑以及福建的德化窑。

(一) 定窑

定窑在河北曲阳,因曲阳在宋代隶属定州,故名定窑。定窑创烧于唐代,至宋代因发明覆烧工艺而产量大增,形成自己独特的风格,曾为宫廷和官府烧制瓷器。其产品特色是胎质洁白细腻,造型规整纤巧,装饰以风格典雅的白釉刻、划花和印花为主;盘、碗口沿因覆烧无釉,常以金属片扣口,亦起到装饰作用。定窑器物的装饰图案十分丰富,有花卉、禽鸟、云龙、游鱼、婴戏等,极富生活气息。其器型也多样,如碗、盘、瓶、罐、炉、枕、壶等,目前传世及出土定窑器物中,茶具主要以碗、盏、盏托以及执壶为主。

定窑花瓷盏是活跃在宋代茶事中的器物,北宋僧释德洪有诗《郭祐之太尉试新龙团索诗》曰"政和官焙雨前贡,苍璧密云盘小凤","定花破盂何足道,分尝但欠纤纤捧"。此处说的是使用定窑白瓷盏饮用龙纹团茶。在江苏江阴夏港的一座北宋末年墓葬中也曾出土一件银扣定窑白瓷盏,同时还有三件漆盏托和一对或作茶饼储放之用的漆盖罐,均是定窑瓷盏在宋代时用于饮茶的有力证明。

定窑除以白瓷驰名之外,还兼烧黑釉、酱釉和绿釉器,同时定窑的印花及覆烧工艺又影响了当时一批瓷窑,河南、山西、江西、四川都有窑场模仿定窑烧白瓷,形成以定窑为中心的定窑系。

(二) 景德镇窑

宋代的景德镇窑以生产青白瓷著称,器型丰富,造型和装饰受定窑影响很大。因其釉色青中显白,白中泛青,又称"影青"。其产品胎薄质坚,造型秀雅,釉质纯净。目前景德镇烧青白瓷的窑址已发现有湖田、湘湖、胜梅亭、南市街等多处。南宋时景德镇青白瓷影响至安徽、广东、福建等地,有"江湖川广,器尚青白"的盛名。

青白釉瓷器釉质如玉,在宋代人的日用器中数量较大,如杯、碗、盘、盏、碟、执壶、瓜棱罐、瓷枕、香炉、香盒等。茶具中以斗笠盏最为常见,宋代时亦受世人喜爱。如北宋彭汝砺的《答赵温甫见谢茶瓯韵》中写道,景德镇的青白釉茶盏"我盂不野亦不文,浑然美璞含天真。光沉未入土人爱,德洁成为天下珍"。又有宋诗中明确记载用景德镇青白茶盏品饮,如"江南双井用鄱阳白薄盏点鲜为上",双井为茶名,点鲜即为点茶方式。另景德镇湖田窑遗址出土过一件印有"茶"字的青白釉碗,合肥北宋马氏家族墓中出土一件青白釉斗笠盏,圈足底部墨书一"甘"字,均为饮茶之用。

青白釉瓷器的生产在元代继续延续,釉色较宋代略显青色,没有宋代那样清澈透亮,亦作外销器。

明、清两代景德镇以单色釉和青花等彩瓷为主,青白种瓷的生产逐渐衰微。景德镇青白瓷茶具,以器形优美圆润著称,其器形口腹过渡营造出优美的线条弧度,圆润而不失细腻,即使是瓜形、果形等方形器具造型,都采用圆角处理,其又以青白釉色取胜,色纯净淡雅,青中泛白,白中带青,有玉质的晶莹与光泽。与青瓷茶具相比,用青白瓷饮茶更有淡远之意。

（三）德化窑

德化窑位于福建省中部的德化,已发现窑址近两百处,是我国古代沿海地区外销瓷的重要产地。德化窑在宋元时期以烧制青白瓷为主,明清时期进一步烧制出质地坚硬、釉呈牙白色的器物。其釉如凝脂,纯洁细腻,产品大量外销,在欧洲声誉很高。德化窑除出产极富表现力的雕塑作品外,也生产大量的杯、盘、碗、炉等日用品。

德化白瓷茶具的大量出现是在明代,这与饮茶方式的改变及明代文人的追捧有关。明人王罩及张潮在《檀几丛书》中认为"品茶用瓯,白瓷为良"。散泡法茶汤多为黄绿之色,白釉瓷器能将绿茶的自然之色衬托展示出来,因此成为茶具主流。明代德化窑有乳白、猪油白、象牙白、葱根白之称,流传至欧洲之后,法国人又称之为"鹅绒白""中国白"等。

精巧别致的德化窑堆贴梅花杯可视为茶器的典型代表。梅花因其高洁、坚韧不屈,与松、竹并称为"岁寒三友",受到历代文人的喜爱。堆贴梅花杯将梅花装饰在有"象牙白"的釉色之上,更显其高雅,同时造型方面又有犀角、圆口、瓜棱、手形梅花杯等。堆贴梅花工艺是德化窑的一种创新装饰手法,它结合了堆花和贴花两种工艺,装饰效果立体感更强。除了梅花杯,德化窑中杯身呈八角、器身外壁印有八仙的八仙杯也较为典型。其器胎薄,特别是腹部能见手指的影子,若放在灯光或日光下能显示出肉红色,与文献中所记载的"以白中闪红者为贵"相一致。

清代德化窑在明人的基础上又有进一步发展,釉色微微泛青,主要以生活用具为主。德化窑釉色的洁白,与当地优质瓷土有着莫大关系。其瓷土具备玉石的内涵,加工之后胎土呈"糯米胎",釉色则有黄玉、白玉的神韵。因瓷土优质,品茗时用德化杯,热香上扬,泛香持久。

四、彩瓷茶具

彩瓷为带有色彩装饰的瓷器,中国历史上彩瓷品种繁多,尤其是明、清两代,景德镇生产的彩瓷品种可达数十种或上百种。

根据工艺方法,中国彩瓷可划分为釉下彩、釉上彩两大类。釉下彩为彩色纹饰在瓷器表面釉下,典型的窑口有三国、南北朝时期的越窑青瓷釉下彩,其次是唐代长沙窑、越窑釉下褐彩,宋代磁州窑系及元、明、清代景德镇的青花、釉里红等。釉上彩则为彩色纹饰在瓷器表面釉色的上面,典型代表为六朝时期的越窑点彩装饰,宋金磁州窑、河南黑釉铁绣花、金代红绿彩、吉州窑金彩描花,以及元、明、清景德镇的五彩、珐琅彩、粉彩、墨彩,民国的浅绛彩以及各种颜色釉上加彩等。此外,还有釉下青花与釉上彩结合的斗彩工艺,如流行于明代成化年间的斗彩鸡缸杯、清雍正年间的粉彩斗彩等。

彩瓷茶具是明、清茶具中的一大类,器型有盖碗、茶杯、茶碗、茶壶等。人们用其品茶时,醉心于其胎骨透亮。又因其釉表各色花草图案或诗文,常被品茶人视为珍品,现以磁州窑、景德镇窑为例作主要介绍。

（一）磁州窑

磁州窑是北方重要的制瓷窑口,创烧于宋,延续至今。窑址在今河北省邯郸市彭城镇和磁县的观台镇。磁州窑烧瓷品种最为丰富,除白釉、黑釉之外,还有白釉划花、白釉剔花、白釉绿斑、珍珠地划花、白釉红绿彩和低温铅釉三彩等十二种之多,其中宋、金时期大量生产的白地黑花装饰产品最具特色,其黑白分明,有浓郁的民间生活气息。

磁州窑纹饰常选用日常生活中喜闻乐见的素材,用简单、纯熟的概括手法生动地表现出来,常见的题材有婴戏、花草、鸟兽、波浪或诗词曲文装饰等。磁州窑产品影响深远,有一批瓷窑相继模仿,如河南、陕西、山西、山东乃至浙江、江西、广东、福建等地,形成了地域分布广泛的磁州窑系。

磁州窑作茶具,应从烧制仿建盏的黑瓷茶盏说起。受宋代"盏色贵黑青"的审美喜好,磁州窑利用本地资源和烧制工艺仿制建窑兔毫、油滴和玳瑁盏等。元代彭城磁州窑烧制黑釉天目碗,器型硕大,碗口径在 15～20 厘米之间,最大者在 31 厘米左右,符合北方人喝大碗茶的习惯。彭城磁州窑中还有一种梅花点彩装饰的碗,其碗在胎体上施一层化妆土,外壁施釉不到底,外壁上方又涂抹一条带状色釉,在色釉带上点彩梅花,别有情趣。磁州窑茶具介于黑白之间,黑白化境中又有些世俗的情怀,用其品茶,自有一番滋味。

(二) 景德镇窑

景德镇自元代开始成为全国的制瓷中心,产品包括青花、釉里红及一些釉下彩绘品种。至明、清代彩绘瓷得到极大发展,釉上彩、斗彩、素三彩、五彩、粉彩、珐琅彩等品种相继出现,达到非常高的制作水平,各种颜色釉瓷更是大放异彩。明清时期景德镇瓷器大量销往海外,制瓷技术也随贸易文化交往传播国外,对亚非及欧洲瓷器的出现起到关键作用。茶器类别的产品常见于元明清景德镇的瓷器中,如茶器中常见的元代高足杯、明代的压手杯、清代的盖碗茶壶。

清代皇帝品茗,小器称为杯,大杯则叫碗、钟,较为有名的有用青花渲染"分水皴"效果的青花山水杯,注入茶汤,与山水有机结合渲染。清代康熙时期的青花十二月令花卉纹杯,胎质极薄,一杯绘一花,有草木水石,并以青花书写五言或七言诗。用其来品饮,在四季花境中感受茶的美好,品完轻携赏玩,诗语画境、娇翠欲滴。又有清代乾隆时期三清茶钟,多装饰有梅花、佛手、松枝等,主要以雪水烹茶,沃梅花、佛手、松实吸啜之,名曰三清茶。1949 年以后相当长的时期内,景德镇窑几乎是一家独大的日用瓷器生产基地。著名的 7501 毛瓷,即为此期景德镇彩瓷茶具的经典代表。

五、骨瓷茶具

骨瓷属于软质瓷,是以骨粉加上石英混合而成的瓷土烧制而成。骨瓷始创于 17 世纪末 18 世纪初的英国,是世界上唯一由西方人发明的瓷种。

它质地轻盈,呈奶白色。骨瓷茶具比起普通陶瓷质地更加轻巧,器壁虽薄,却致密坚硬,不易破损,釉面光滑,瓷质细腻,便于清洁。

从 18 世纪开始,骨瓷就在欧洲王室大放光彩,成为贵族餐桌上的常用品。骨瓷茶具更是受到英国皇室、美国中上层的青睐,他们用骨瓷茶具品饮红茶、花茶。骨瓷柔和的奶白色、温婉的造型,无不透着贵族骨子里的典雅。

20 世纪 80 年代,中国唐山成功烧制出了我国第一炉得到国际公认的骨瓷产品,并大量出口。迄今,我国河北、山东、上海、浙江等地均有品质精湛的骨瓷茶具出品。

第四节　常用茶具之紫砂茶具

明末清初大文人张岱眼中的闵老子茶室,"明窗净几,荆溪壶、成宣窑瓷瓯十余种,皆精绝"。张岱所说的荆溪壶,就是紫砂壶。明代书画大家徐渭有诗:"青箬旧封题谷雨,紫砂新罐买宜兴。"诗中的"紫砂新罐",指的也是紫砂壶。张岱在《陶庵梦忆》,也称紫砂壶为宜兴罐,他写道:"宜兴罐,以龚春为上,时大彬次之。"徐渭去宜兴买紫砂壶的原因,就是为了泡名闻天下的虎丘绿茶。他在《某伯子惠虎丘春茗谢之》首句写道:"虎丘春茗妙烘蒸,七碗何愁不上升。"仅仅这段明确的记载,就可击破当下很多人认为"紫砂壶不能泡绿茶"的谎言。紫砂壶诞生于明朝正德年间,除了白茶、绿茶之外,其他茶类还没有明确出现。尤其是在江浙,它们本是著名的绿茶主产区,可以认为紫砂壶就是为了泡绿茶而诞生的专用茶器。

一、紫砂茶具发展历史

紫砂茶具属于陶土类,江苏宜兴丁蜀镇紫砂茶具是陶土器具中的佼佼者。"人间珠宝何足取,岂如阳羡溪头一丸泥"的赞誉道出了紫砂陶的珍贵(江苏省宜兴市,古时称"阳羡")。

宜兴市位于江苏太湖西滨,南北分别与浙江的长兴县和江苏的常州市相邻,境内山岭起伏、河流纵横,盛产陶器,有陶都之称。早在 4000 年前,这里的原始居民就掌握了制陶技术。从宜兴发现的新石器时期的文化遗址中,发掘出大量的夹砂红陶、泥质红陶、白衣黑陶和灰陶的碎片。

紫砂茶具始于宋代,盛于明清,流传至今。北宋梅尧臣在《依韵和杜相公谢蔡君谟寄茶》中说道:"小石冷泉留早味,紫泥新品泛春华。"其说的是紫砂茶具在北宋刚开始兴起的情景。至于紫砂茶具由何人所创,已无从考证,但从确切有文字记载角度而言,紫砂茶具则创造于明代正德年间。

明清时期,随着饮茶方法的转变,紫砂也迎来了发展的高峰期。明代开始废除饼茶,而普遍饮用与现在的炒青绿茶相似的芽茶,饮茶的方法也一改煎煮为冲泡,逐渐形成用紫砂茶壶或瓷茶壶冲泡茶叶的风尚。这种饮茶方式的改变,也促进了茶壶的发展。

紫砂色泽含蓄温雅,具有高贵的气质,与文人的清雅气质相吻合,因而备受青睐。许多文人雅士竞相收藏,并且参与制作,相传现在被人们熟知的"东坡提梁大壶"就是当年苏东坡设计的。

文人参与紫砂壶的制作,对紫砂陶的发展产生了极大的推进作用。不少文人在定做紫砂壶或提供图样后,不仅提出自己的看法和意见,甚至还亲自监制。他们的喜好意趣对制壶工匠潜移默化,提高了他们的审美和鉴赏水平,特别是有一定文化的工匠受到文人的启发,在创作上展现出新貌。文人与工匠的交往协作,产生了一种商品化的紫砂文化。文人设计或文人和工匠一起制作的紫砂壶的出现和流行,对世俗产生了很大的影响,市民也纷纷附庸风雅,具有文化色彩的商品茶壶大量面市。进一步推动了紫砂壶艺的发展,并使这种实用工艺品跃上更高的台阶。

二、紫砂茶具烧制

紫砂茶具是用紫金泥烧制而成的,含铁量高,有良好的可塑性,烧制温度以1 150 ℃左右为宜。可利用紫泥色泽和质地的差别,经过"澄""洗",使紫砂茶具呈现不同的色彩。优质的原料,天然的色泽,为烧制优良紫砂茶具奠定了物质基础。

在紫砂的烧制过程中,在600～1 050 ℃的温度区间内,是氧化铁、氧化锰等着色氧化物的呈色阶段,其后的温度区间,往往烧结温度相差10 ℃,紫砂壶的色泽可能会不尽相同。同一把紫砂壶,在不同的烧结温度下,可能会呈现出黄、橙、褐、红等不同的颜色。烧结温度越高,颜色就会越深沉凝重。紫砂壶烧成的色泽,主要取决于砂料中含铁量的多寡。至于一把紫砂壶的烧结温度,究竟以多高为佳?这主要取决于创作者对紫砂壶的质地、烧成率和色彩的要求而论。但从健康的角度考虑,紫砂壶的烧结温度,不应低于1 100 ℃。

紫砂矿料是含有较多铁质、经过地质沉积岩化的、具有晶相砂性的陶土。这个定义,决定了紫砂矿料不同于一般的陶泥,这也是好的砂料不能拉坯、不能灌浆制作紫砂壶的主要原因。紫砂矿料的含砂量越高,泥性就会越低,经过一定温度烧结后,壶的色泽才会凝重沉稳,其致密度和玻化程度才能较高,吸水率才能保持在较低的水平,利于茶的滋味、香气的客观表达,故文震亨说,"壶一砂者为上"。许次纾"盖皆以粗砂制之,正取的无土气耳"的观点,极其准确地表达出了紫砂壶的真正内涵,这有助于我们正确选择紫砂、认识紫砂。

紫砂属于粉砂质沉积岩,按照外观与烧成的呈色,大概可分为紫泥、红泥、绿泥、团泥(段泥)四大类别。

紫泥,古时又称青泥,是含铁量最高的泥料。砂料的含铁量越高,烧出的紫砂壶颜色就会越深,同时也会在壶面产生黑色的铁熔点。壶面上一定量的铁熔点的存在,恰恰也证实了砂料的天然性、纯粹性与烧结温度的到位程度。

红泥,是以烧成后按其呈色命名的紫砂类,它包括含砂量较高的红泥和质地细腻的朱泥两类。朱泥原料的泥性重而砂性较弱,故收缩变形率高,较难烧制。朱泥的成品壶,多会红中泛黄而有皱纹,其色泽也会因含铁量的高低而略有差异,故原矿朱泥的"无朱不皱",是有科学依据的。

绿泥,也称本山绿泥,是含砂量较高外观呈绿色的矿料。

团泥,又称段泥,"团"和"段"在宜兴当地方言里同音,故混用至今。所谓团泥,即是紫泥和本山绿泥的天然共生泥料。本山绿泥的含铁量最低,故烧成后壶体色泽偏浅。

尽管如此,一把未经使用的紫砂壶的色泽,应该是低沉含蓄、不艳不扬,有黯然之光才对。如果色泽过于鲜艳,砂料中可能添加了性质稳定的金属氧化物,其添加量按照规定,不宜超过千分之五。添加了呈色剂的壶,一定要高温烧透,否则会有害健康。

三、紫砂茶具制作名家与紫砂壶式样

一般认为明代的供春(约 1506—1566 年)为制紫砂壶第一人。供春曾为进士吴颐山的书童,天资聪慧,虚心好学,随主人陪读于宜兴金沙寺,闲时常帮寺里老僧抟坯制壶。传说寺院里有银杏参天,盘根错节,树瘤多姿。他朝夕观赏,模拟树瘤,捏制树瘤壶,造型独特,生动异常。老僧见了拍案叫绝,便把平生制壶技艺倾囊相授,使他最终成为著名制壶大师。供春的制品被称为"供春壶",造型新颖精巧,质地薄而坚实,被誉为"供春之壶,胜如金玉""栗色暗暗,如古金石;敦庞用心,怎称神明"。

"供春壶"闻名后,相继出现的制壶大师有明中晚期的董翰、赵梁、元畅、时朋"四大名家",后有时大彬(1573—1648 年)、李仲芳(万历年间人)、徐友泉(1573—1620 年)"三大妙手",清代有陈鸣远、杨彭年和杨凤年兄妹、邵大亨(1796—1861 年)、黄玉麟(1842—1914 年)、程寿珍(1858—1939 年)、俞国良(1874—1939 年)等。

时大彬作品点缀在精舍几案之上,更加符合饮茶品茗的趣味,当时就有十分推崇的诗句"千奇万状信手出""宫中艳说大彬壶"。

清初陈鸣远和嘉庆年间杨彭年制作的茶壶尤其驰名于世。陈鸣远制作的茶壶线条清晰,轮廓明显,壶盖有行书"鸣远"印章,至今被视为珍藏。杨彭年的制品雅致玲珑,不用模子,随手捏成,天衣无缝,被人推为"当世杰作"。

顾景洲(1913—1996 年),又名景舟,为现代最著名的紫砂壶大师,是位学者型的陶艺家,中国知名的现代壶艺名家多半出自他的门下,被尊称为"壶艺泰斗""一代宗师"。顾景洲技艺全面,各类造型的紫砂壶作品极精致,他尤其擅长造型简练的形制,浑朴儒雅,周正含蓄。作品的线条干净利落、挺括沉稳。即使普通的低档款式,一经他手,神韵格调即可不同凡响。

紫砂茶具式样繁多,所谓"方非一式,圆不一相"。在紫砂壶上雕刻花鸟、山水和各体书法,始自晚明而盛于清嘉庆以后,并逐渐成为紫砂工艺中所独具的艺术装饰。不少著名的诗人、艺术家曾在紫砂壶上亲笔题诗刻字。著名的以陈曼生(1768—1822 年)为代表。当时江苏溧阳知县钱塘人陈曼生,酷爱茶壶,工于诗文、书画、篆刻,特意和杨彭年配合制壶。陈曼生设计,杨彭年制作,再由陈氏镌刻书画,其作品世称"曼生壶",一直为鉴赏家们所珍藏。

清代宜兴紫砂壶壶形和装饰变化多端,千姿百态,在国内外均受欢迎,当时中国闽南、潮州一带煮泡工夫茶使用的小茶壶,几乎全为宜兴紫砂器具。名手所作紫砂壶造型精美,色泽古朴,光彩夺目,成为美术作品。有人说,一两重的紫砂茶具,价值一二十金,能使土与黄金争价。明代大文人张岱在《陶庵梦忆》中说:"宜兴罐,以龚春为上……一砂罐、一锡注,直跻商彝周鼎之列而毫无愧色。"

紫砂茶具不仅为我国人民所喜爱,也为海外一些国家的人民所珍重。早在 15 世纪,日本人来到中国学会了制壶技术,他们所仿制的壶,至今仍被日本人民视为珍品。17 世纪,中国的茶叶和紫砂能同时由海船传到西方,西方人称之为"红色瓷器"。18 世

纪初,德国人约·佛·包特格尔不仅制成了紫砂陶,而且在 1908 年还写了一篇题为《朱砂瓷》的论文。20 世纪初,中国紫砂陶曾在巴拿马、伦敦、巴黎的博览会上展出,并在 1932 年的芝加哥博览会上获奖,为中国茶具史增添了光彩。

四、紫砂特点与审美

(一) 紫砂茶具特点

紫砂茶具有三大特点:泡茶不走味,贮茶不变色,盛暑不易馊。成陶火温较高,烧结密致,胎质细腻,既不渗漏,又有肉眼看不见的气孔,经久使用,还能吸附茶汁,蕴蓄茶味,且传热不快,不致烫手。若热天盛茶,不易酸馊,即使冷热剧变,也不会破裂。如有必要,甚至还可直接将紫砂茶具放在炉灶上煨炖。

(二) 紫砂茶具之审美

历代锦心巧手的紫砂艺人,以宜兴独有的紫砂土制成的茶具、文玩和花盆,深得文人墨客的钟爱与竞相参与,究其缘由,紫砂茶具泡茶透气蕴香,材质天下无匹以及造型语言的古朴典雅密不可分。多年文化积淀,使紫砂工艺品融诗词文学、书法绘画、篆刻雕塑诸艺于一体,成为一种独特的既具优良的实用价值,又具审美、把玩及收藏价值的工艺美术精品。

欣赏紫砂壶,已成了一门特殊的学问。欣赏紫砂壶大约包括以下几方面内容。

一是对紫砂壶神韵的品味。人们一般认为古拙为上佳,大度次之,清秀再次之,趣味又次之,道理正在壶茶一味。因为紫砂壶属整个茶文化的组成部分,追求的意境应与茶道意境暗合,即厚德载物,雅志和平,而古拙与这种意境最为融洽。

二是对紫砂壶形态的品味。紫砂壶的器型,可分为光器、花器和筋囊器三大类。光器是几何体的,花器主要模拟植物和生物形态,筋囊器依据瓜果和植物花形提炼而成。这其中有一句话,叫"方非一式,圆不一相"。紫砂壶之形是存世各类器皿中最丰富的。壶之神韵要从形中体现,无形不可见神。紫砂壶成形技法十分严谨,点、线、面是构成紫砂壶形体的基本元素,大小高矮,厚薄方圆,曲直转折,抑扬顿挫,差之毫厘,失之千里。

三是对紫砂壶款的品味。款即壶的款识。欣赏紫砂壶款的意思有两层:一层意思是鉴别壶的作者是谁或题词镌铭的作者是谁,这是品壶,也就是品制壶人,是对生生不息的美的深远怀想与崇高致意。紫砂壶的历史也是茶人的历史,世界上茶具纵有千万,也唯有紫砂壶是有记载的名家留下落款的传世之作。当我们说其他造型艺术品时,我们往往用年号或者产地来指代,比如宣德炉、官窑、越瓷、景泰蓝……而我们提到紫砂壶时,就说时大彬、陈鸣远、陈曼生、朱可心、顾景舟、蒋蓉……因此我们又可以说,紫砂壶是真正个性化的具有个人风格的艺术作品。另一层意思是欣赏题词的内容、镌刻的书画以及印款(金石篆刻)。紫砂壶艺术具有中国传统艺术"诗、书、画、印"四位一体的显著特点。把文学、书法、绘画、金石诸多方面从纸上移到泥上,是中国文人异想天开的成功实践,给赏壶人以深切的精神享受。

四是对紫砂壶功能的品味。紫砂壶美的重要标志之一,就是越具有艺术性,越具备功能性,是美与实用的高度统一。它的"艺"全在"用"中"品",如果失去"用"的意义,"艺"亦不复存在。其功能美主要表现在容量适度、高矮得当、口盖严紧、出水流畅上。按中国人的饮茶习惯,一般二至五人会饮,紫砂壶容量为四杯左右,手摸手提,都只需一手之劳,所以称为"一手壶"。

五是对紫砂壶色的品味。老子说:"一生二,二生三,三生万物。"紫泥、绿泥和红泥这三种泥烧出了几十种颜色,创造了无与伦比的美,他们分别是海棠红、朱砂紫、葵黄、墨绿、白砂、淡墨、沉香、水碧、冷金、闪色、葡萄紫、榴皮、梨皮、豆青、新铜绿等,各色所呈现的都是原料自身的美。

综上所述,所谓"器为茶之父",其深刻的意义,正在于茶具中所包含的人文精神。诚如当代作家王小波所说的那样:在器物的背后,是人的方法和技能;在方法和技能的背后,是人对自然的了解;在人对自然了解的背后,是人类了解现在、过去与未来的万丈雄心。

五、紫砂壶选择、使用与保养

(一) 一般选用方法

茶壶的好坏和其价位一般来说是成正比的。壶艺爱好者和收藏家,拥有较强的经济实力,收藏名家在挑选稀贵茶壶(即具有文物历史收藏价值的壶)时,其标准自然和一般选用不同。一般在选用时,要注意以下几点:

1. 看造型、外观

不论是什么形状的茶壶,首先要注意嘴、把、体的均衡,最要紧的是自己要认同、满意和接受。对壶的选择,体现了一个人的审美观点和态度。如果在拥有一定数量藏品时,就可在泥色的变化、造型的类别变化上有扩展地选择。

2. 看质地

不管是何种泥色的壶,一定要温润。温润是一种感觉,即大多数人觉得好看和舒服的。温润与否,与壶本身的质地有直接的关系。有的壶一看就是死色不活,或差一点点,这有可能是在烧制过程中来达到适宜温度造成的。

3. 看功能

注意出水的流畅与否,看壶嘴内是否畅通,以及与壶身相接处的内孔是否阻水,并检查壶嘴是否流涎。另外,壶盖紧密不紧密,倾倒时有无落帽之忧也需要注意。从目前的紫砂市场情况看,全手工的茶壶远比模具成型的茶壶更具工艺性。选购时,应注意两者的区别。全手工制作的圆壶,因为是采用打泥片的成型方法,只有一道泥接头,故在壶身的装把处有一条并不明显的竖接线,不细心观察就不易发现。而用模具制作烧造出来的壶,在壶嘴和虚把处各有一条略明显的接缝,这种接缝不论在烧造前如何用刀修平,出炉后均会从里向外显现出来。要说明的是,模型的使用应该说对紫砂壶的造型准确起到了规范的作用。一些异形、复杂的壶,借助模型作雏形,是技术发展的进步。不过制作技艺水平的高低,主要体现在手工制作技能上。如果只能用模制作茶壶,只能说明制作者技艺低下。

(二)用壶、养壶方法

1. 用壶方法

紫砂壶的使用,因其材质的特点,表现出一种其他器皿无法企及的优点,那就是它能与使用者进行感情交流。对紫砂壶倾注的感情越多,常加摩挲保养,它对使用者的回报也越深沉,越发光润古雅。所以茶壶不要束之高阁,而应该经常使用把玩。明人周高起就说过:"壶经用久,涤拭日加,自发黯然之光,入手可鉴。"这句话,实际上是用壶、养壶的根本之法。具体做法和步骤大致如下:

(1)新壶购置回来后,可用细砂布稍加磨擦,千万不要用粗砂布打磨,以免伤及壶的表面。先用水或布洗擦去表面的尘灰和内里的陶屑,然后放入较浓的茶水里,连同茶叶小火煮沸,沸后不久即可熄火,用余热焖壶直到茶水稍凉,再点火煮沸。如此再三,可使新壶土味尽去,也可使新壶初次受到滋养。待完成此道工序后,将新壶自然晾干便可沏茶使用。如能按上述做法操作最好,但这并不是必要的程序。新壶到手,洗净后用开水泡上两次,即可沏茶。

(2)不论新壶,还是旧壶,用开水沏茶后,壶体表面温度较高,此时可用干净湿布或湿毛巾擦抹壶体,水印旋擦旋干。反复多次,壶温稍降后,亦可用手磨擦,因手掌有油汗,有利壶体光润。如此坚持三四月后,新壶大体可发"黯然之光"。

(3)茶壶长期不用,或因疏忽未及时将茶渣倾出,会发生霉变或产生异味。此时可在倒出霉变异味茶渣后,注满开水,稍晃数下倾出,旋即没入凉水之中,异味可除。若一次不行,可反复 2~3 次,即可达到满意效果,且不用担心茶壶会因热凉急变而发生爆裂。这就是古人所说的:"壶宿杂气,满贮沸汤,但亦急出水泻之,元气复矣。"

(4)茶壶最忌沾上油污。明人周高起就指出:"若腻滓烂斑,油光烁烁,是曰和尚光,最为贱相。"壶体若沾上油污,可用手摩挲擦去。若油污过重,亦可用细布稍蘸洗涤剂轻轻擦拭,然后再用手摩挲,让壶体发光,出现本质美感。但古壶古物就没有必要去改头换面,留下时间的印记也是年代久远的见证。总之要对具体对象作具体处理,不能一概而论。

(5)不要用将茶渣长期存放在壶内的方法来养壶。虽然紫砂茶壶有"越宿不馊"之说,但时间稍长,仍然会产生异味,特别是夏天,茶叶更易发酸发馊,会影响壶内茶山的形成和积累。应把茶汤留在壶内阴干,日久累积茶山,但也要注意适时、适度掌握分寸,以茶汤不变质为宜。

(6)台湾地区已有一套完整的符合台湾茶道的养壶、用壶方法。黄墩岩编著的《中国茶道》一书就有如下文字:壶的保养通称为"养壶",养壶的目的在于使其能善于"蕴味育香",并使壶能焕发本身浑朴的光泽。此乃由于陶壶有吸水性,若是长久吸附茶质,确有"助茶"的功能。

对于茶道中人而言,养壶绝不是品茗的目的,但一把维护得法的茶壶,能够提升品茗目的之实践,却是被肯定的。

2. 养壶方法

养壶就如培养树苗般,揠苗助长则难免有失自然形成之功,所以养壶也不必急于一时，只要平常多加使用并维护得法，就能如同接受天地自然滋养的幼苗，不必人为附加补养也可成器，而且更加珍贵。具体方法如下：

（1）新壶新泡。

先决定一把紫砂壶将用来配泡何种茶，如是重香气的茶，还是重滋味的茶，甚至常品用的各种成茶，都应有专门备泡的壶等。但是如果不讲究的话也无妨。

使用前，用茶汤烫煮壶，不仅有去除土味的作用，也可使壶接受第一趟较浓重的滋养。方法是用干净且无异味的锅器盛水，将新壶置于内，然后用小火加热，一直到将滚未滚时，再把茶叶（最好是焙火程度较高的）放入锅中同煮。等滚开后，捞出茶渣，再继续以小火加温或熄火亦可，然后再等一些时候，取出新壶置于干燥且无异味的地方，让壶自然阴干即可。这样处理过的壶就可以用来泡茶了。

（2）旧壶重泡。

每次泡完茶后，将茶渣倒掉，并用热水涤去残汤以保持清洁。

注重"壶里茶山"的人，往往在泡完茶后，只除去茶渣，而将茶汤留在壶内让其阴干，这样累积茶山的速度相当快。但如果维护不当，易生异味，所以在泡用前应加滚沸的开水冲烫一番。

以上两种方式，随个人喜好参考应用，至于说把茶渣留在壶里来养壶的方式，一方面茶渣闷在壶里易有酸馊异味而有害于壶，另一方面是壶乃吸附热香茶味之质，残渣剩味实也无益于壶。

壶应经常擦拭，才能焕发出本身泥质的光泽，一把浑朴润雅的壶确是比呆滞无泽的壶来得美观。但如果揠苗助长而用油剂或茶水涂之，则所产生的光泽或垢泽，俗称为"和尚光"。

在清洗壶的表面时，可用手加以擦洗，洗后再用干净的细棉布或其他较柔细的布擦拭，然后放于干燥通风且无异味的地方阴干，久而久之，自会与这把壶产生感情。

第十三章 茶文化艺术作品赏析

本章教学目标

■ **知识目标：**

熟悉历代代表性茶诗、茶词、茶赋作品；理解历代代表性茶散文作品的文学风格和主题思想；欣赏历代代表性茶绘画作品的艺术价值；理解历代代表性茶对联作品的结构特点和表达技巧。

■ **情感价值目标：**

培养对传统茶文化的兴趣和热爱；增强对古代文人墨客的艺术鉴赏能力；弘扬茶文化的美好情感和价值观；提升对艺术作品的审美情趣和品味。

■ **课程思政目标：**

弘扬中华传统文化，增强民族文化自信；关注文化传承与创新的重要性；培养学生的审美情操和文化素养；引导学生积极参与传统文化的传承与发展。

第一节 茶与诗词赋

一、茶诗词赋作品

(一) 晋代 杜育《荈赋》

晋代杜育(? —311 年)著有《荈赋》，是至今见到的最早吟咏茶事的赋。此赋是杜育以秋季的茶为题材而创作的，可惜原作已经散失，现在我们所见到的是根据唐宋时代的类书收集起来的断简残片。从诗歌夸张的描写中，我们可以清晰地了解当时喝茶的状况，茶的药效已经不是重点，它的芳香和滋味才是重点。

荈赋

晋 杜育

灵山惟岳，奇产所钟。瞻彼卷阿，实曰夕阳。厥生荈草，弥谷被岗。承丰壤之滋润，受甘露之霄降。月惟初秋，农功少休；结偶同旅，是采是求。水则岷方之注，挹彼清流；器择陶简，出自东瓯；酌之以匏，取式公刘。惟兹初成，沫沉华浮。焕如积雪，晔若春敷。若乃淳染真辰，色绩青霜；氲氤馨香，白黄若虚。调神和内，倦解慵除。

《荈赋》是现在能见到的最早专门歌吟茶事的诗词曲赋类作品。荈，音 chuǎn，指采摘时间较晚的茶。晋郭璞："早采者为荼（即茶），晚取者为茗，一名荈。"此赋所涉及的范围包括自茶树生长至茶叶饮用的全部过程。从"灵山惟岳"到"受甘霖之霄降"是写茶叶的生长环境、态势及条件；自"月惟初秋"至"是采是求"描写了尽管在初秋季节，茶农也不辞辛劳地结伴采茶的情景；接着写到烹茶所用之水当为"清流"，所用茶具，无论精粗，都采用"东隅"（东南地带）所产的陶瓷；当一切准备停当，烹出的茶汤则有"焕如积雪，晔若春敷"的艺术美感；最后写饮茶的奇妙功效。

（二）唐代茶诗代表

唐朝中期茶诗真正繁荣。唐高宗至唐玄宗开元末（628—741 年）基本上无人写茶诗。唐玄宗开元末至唐宪宗元和末（741—820 年）吟写茶诗成风，共有 58 人写了 158 首诗。唐穆宗至唐亡（821—907 年）有 55 人写了 233 首。以下几首是具有一定代表性的作品。

1. 韦应物《喜园中茶生》

喜园中茶生
唐　韦应物

洁性不可污，为饮涤尘烦；
此物信灵味，本自出山原。
聊因理郡余，率尔植荒园；
喜随众草长，得与幽人言。

韦应物（737—791 年），唐代诗人。此诗借茶言志，饮茶修身，种茶育德。开头一句"洁性不可污，为饮涤尘烦"，通过赞茶至纯洁和功效，比喻人品德高洁、高雅。全篇讲茶，也是讲人，希望通过饮茶、种茶，来培养自己一生淡泊、不图名利、勤劳廉政的道德情操。

2. 卢仝《走笔谢孟谏议寄新茶》

走笔谢孟谏议寄新茶
唐　卢仝

日高丈五睡正浓，军将打门惊周公。
口云谏议送书信，白绢斜封三道印。
开缄宛见谏议面，手阅月团三百片。
闻道新年入山里，蛰虫惊动春风起。
天子须尝阳羡茶，百草不敢先开花。
仁风暗结珠琲瓃，先春抽出黄金芽。
摘鲜焙芳旋封裹，至精至好且不奢。
至尊之余合王公，何事便到山人家。

柴门反关无俗客,纱帽笼头自煎吃。

碧云引风吹不断,白花浮光凝碗面。

一碗喉吻润,两碗破孤闷。

三碗搜枯肠,唯有文字五千卷。

四碗发轻汗,平生不平事,尽向毛孔散。

五碗肌骨清,六碗通仙灵。

七碗吃不得也,唯觉两腋习习清风生。

蓬莱山,在何处?

玉川子,乘此清风欲归去。

山上群仙司下土,地位清高隔风雨。

安得知百万亿苍生命,堕在巅崖受辛苦!

便为谏议问苍生,到头还得苏息否?

卢仝(795—835年),自号玉川子。他喜欢饮茶,在品尝有人谏议大夫孟简所赠新茶之后,即兴而作,即《饮茶歌》或"七碗茶诗"。此诗成功之处,主要是将品茶的审美体验的奥妙之处描绘得出神入化,淋漓尽致。你看那一碗到七碗品茗感觉,是每饮完一碗,即开拓出一层极为愉悦的审美天地,就这样层层递进,从口腹之欲升华到精神享受,从世俗红尘展翼飞翔到幻想王国。一切百虑千愁,万种情结,在这里都得到化解,变成了习习而生的清风,飘飘欲仙。这是一种对宇宙生命的总体感悟,人生情感的彻底净化。这种纯洁灵魂的神奇之饮的全过程,在卢仝的笔下得到充分展现。

3. 皎然《饮茶歌·诮崔石使君》

饮茶歌·诮崔石使君
唐　皎然

越人遗我剡溪茗,采得金芽爨金鼎。

素瓷雪色缥沫香,何似诸仙琼蕊浆。

一饮涤昏寐,情思朗爽满天地。

再饮清我神,忽如飞雨洒轻尘。

三饮便得道,何须苦心破烦恼。

此物清高世莫知,世人饮酒多自欺。

愁看毕卓瓮间夜,笑向陶潜篱下时。

崔侯啜之意不已,狂歌一曲惊人耳。

孰知茶道全尔真,唯有丹丘得如此。

《饮茶歌·诮崔石使君》是一首皎然所作的五、七言古体茶歌。该诗约作于公元785年(唐德宗贞元元年),题中虽冠以"诮"字,微含讥嘲之意,乃为诙谐之言。其意在倡导以茶代酒,探讨茗饮艺术境界。皎然在茶诗中,探索品茗意境的鲜明艺术风格,对唐代中后期中国茶文学——咏茶诗歌的创作和发展,产生了潜移默化的积极影响。

4. 李白《答族侄僧中孚赠玉泉仙人掌茶并序》

答族侄僧中孚赠玉泉仙人掌茶并序
唐　李白

余闻荆州玉泉寺、近清溪诸山,山洞往往有乳窟、窟中多玉泉交流。其中有白蝙蝠,大如鸦。按仙经,蝙蝠一名仙鼠,千岁之后,体白如雪、栖则倒悬,盖饮乳水而长生也。其水边处处有茗草罗生,枝叶如碧玉。惟玉泉真公常采而饮之,年八十余岁,颜色如桃花。而此茗清香滑熟异于他者,所以能还童振枯扶人寿也。余游金陵、见宗僧中孚,示余茶数十片,拳然重叠,其状如手,号为"仙人掌茶",盖新出乎玉泉之山,旷古未觌。因特之见遗,兼赠诗,要余答之,遂有此作。后之高僧大隐,知仙人掌茶,发乎中孚禅子及青莲居士李白也。

常闻玉泉山,山洞多乳窟。

仙鼠如白鸦,倒悬清溪月。

茗生此中石,玉泉流不歇。

根柯洒芳津,采服润肌骨。

丛老卷绿叶,枝枝相接连。

曝成仙人掌,似拍洪崖肩。

举世未见之,其名定谁传。

宗英乃禅伯,投赠有佳篇。

清镜烛无盐,顾惭西子妍。

朝坐有余兴,长吟播诸天。

李白(701—762年),字太白,唐代著名诗人,我国伟大的浪漫主义诗人。天宝三载(744年),李白因在长安遭权贵谗毁,抱负不得施展,离长安,开始第二次游历。后来李白在金陵与他的族侄中孚禅师相遇,蒙其赠诗与玉泉寺茶,诗人以此诗为谢。

此诗状写当阳玉泉仙人掌茶,全诗采用白描的手法,对仙人掌茶的生长环境、品质和神奇功效等作了细腻描述,风格雄奇豪放,系名茶入诗的最早诗篇。

在序里,李白介绍了仙人掌茶的产地、自然环境、茶树生长规模及仙人掌茶的外形特征、命名缘由。从"曝成仙人掌,似拍洪崖肩"文句来看,李白笔下的仙人掌茶当属蒸制压平之后,经过日晒干燥的散叶茶。该诗是研究唐代茶叶历史的重要资料。

5. 刘禹锡《西山兰若试茶歌》

西山兰若试茶歌
唐　刘禹锡

山僧后檐茶数丛,春来映竹抽新茸。

宛然为客振衣起,自傍芳丛摘鹰觜。

斯须炒成满室香,便酌砌下金沙水。

骤雨松声入鼎来,白云满碗花徘徊。

悠扬喷鼻宿醒散,清峭彻骨烦襟开。

阳崖阴岭各殊气,未若竹下莓苔地。

炎帝虽尝未解煎,桐君有箓那知味。

新芽连拳半未舒,自摘至煎俄顷馀。

木兰沾露香微似,瑶草临波色不如。

僧言灵味宜幽寂,采采翘英为嘉客。

不辞缄封寄郡斋,砖井铜炉损标格。

何况蒙山顾渚春,白泥赤印走风尘。

欲知花乳清冷味,须是眠云跂石人。

刘禹锡(772—842 年),唐代文学家、哲学家,洛阳人,和柳宗元合称"刘柳"。后与白居易唱和往还,也称"刘白"。

本诗是作者任朗州(今湖南常德)司马时所作的一首赞茶诗。作者盛赞常德西山寺背北竹阴处生长的好茶,把采茶、制茶、煎茶、尝茶及其功效都描述得生动、细腻、形象。诗中对茶树栽培环境除肯定"阳崖阴岭各殊气"外,提出"未若竹下莓苔地"之说;对茶的香型指出"木兰沾露香微似";对茶效指出要使"宿醒散"靠的是茶的香气悠扬扑鼻;要使"烦襟开",靠的是茶味"清峭彻骨";真正懂得茶之清味的只有住在幽僻的山寺里的僧人。全诗"灵味"很浓,写出了佛家饮茶文化的真谛。

"斯须炒成满室香",可见一会儿就炒得满室茶香,此种旋摘旋炒的快速制茶法,是炒青绿茶的最早文字记载,说明唐代少数地区出现了炒青绿茶制作工艺。这首诗是我国公认的记录炒青绿茶最早的史料。

6. 白居易《谢李六郎中寄新蜀茶》

谢李六郎中寄新蜀茶
唐 白居易

故情周匝向交亲,新茗分张及病身。

红纸一封书后信,绿芽十片火前春。

汤添勺水煎鱼眼,末下刀圭搅曲尘。

不寄他人先寄我,应缘我是别茶人。

白居易(772—846 年),字乐天,自号醉吟先生,晚年号香山居士,祖籍山西太原,其曾祖父迁居下邽,生于河南新郑,唐代杰出的现实主义诗人。白居易信佛,酷爱茶,鉴茶、品水、看火、择器无一不能,自称"别茶人"。白居易终身与琴茶相伴,留存茶诗 50 余首,为唐人创作茶诗之魁。

白居易嗜茶似命,常以茶宣泄沉郁,浇开胸中块垒。以茶为伴,既是与闲适相伴,也是与伤感为侣,于忧愤苦恼中寻求自拔之道,这是他爱茶的又一用意。

李六郎中,即李宣,元和十一年(816 年)九月调任忠州刺史。此时,诗人被贬为江州司马,整日闷闷不乐。不料清明节刚过,李宣就给他寄来了新蜀茶。"唐以前茶,惟贵蜀中所产……唐茶品虽多,亦以蜀茶为重。"(《苕溪渔隐丛话》)蜀茶本就属珍品,更何况是清明时节的茶!病中的白居易赶紧手碾茶、煎水……品尝珍贵新茶,诗人感受到了朋友的高谊浓情,欣喜异常,便写下这首诗。"不寄他人先寄我,应缘我是别茶人"写尽了这位茶痴对朋友和自己善于鉴赏茶而非常自得的心境与情态。整首诗以品茶为线索,将老朋友间的默契感情展现得淋漓尽致。

(三) 宋代茶诗茶词

1. 王禹偁《龙凤茶》

龙凤茶
宋 王禹偁

样标龙凤号题新,赐得还因作近臣。
烹处岂期商岭水,碾时空想建溪春。
香于九畹芳兰气,圆如三秋皓月轮。
爱惜不尝惟恐尽,除将供养白头亲。

王禹偁(954—1001年),宋代诗人、散文家。字元之,今山东省巨野县人。因其晚年被贬黄州,世称王黄州。他性格刚直,遇事敢言,以直躬行道为己任。

此诗称赞龙凤团茶的品位与珍贵。宋太祖置龙凤模,遣使臣去造团茶,专为贡品。一时间,黄金有价茶无价,能喝上龙凤团茶,既是荣耀,更是精神上的享受。王禹偁在中书省时,得到了皇帝赏赐的龙凤团茶,他一直珍藏着,舍不得喝。

颔联二句说哪能期望得到商岭水烹茶,但碾茶时又浮想起北苑建茶,表达了对皇上恩宠的感怀。"香于九畹芳兰气,圆如三秋皓月轮",既是实写龙凤团茶高爽的香气、美如圆月的外形,又是赞美龙凤团茶高贵的品质。最后诗人表述了自己对龙凤团茶的珍爱之情、敬老孝亲的美德。

2. 范仲淹《和章岷从事斗茶歌》

和章岷从事斗茶歌
宋 范仲淹

年年春自东南来,建溪先暖冰微开。
溪边奇茗冠天下,武夷仙人从古栽。
新雷昨夜发何处,家家嬉笑穿云去。
露芽错落一番荣,缀玉含珠散嘉树。
终朝采掇未盈襜,唯求精粹不敢贪。
研膏焙乳有雅制,方中圭兮圆中蟾。
北苑将期献天子,林下雄豪先斗美。
鼎磨云外首山铜,瓶携江上中泠水。
黄金碾畔绿尘飞,碧玉瓯中翠涛起。

斗茶味兮轻醍醐,斗茶香兮薄兰芷。

其间品第胡能欺,十目视而十手指。

胜若登仙不可攀,输同降将无穷耻。

吁嗟天产石上英,论功不愧阶前蓂。

众人之浊我可清,千日之醉我可醒。

屈原试与招魂魄,刘伶却得闻雷霆。

卢仝敢不歌,陆羽须作经。

森然万象中,焉知无茶星。

商山丈人休茹芝,首阳先生休采薇。

长安酒价减千万,成都药市无光辉。

不如仙山一啜好,泠然便欲乘风飞。

君莫羡,花间女郎只斗草,赢得珠玑满斗归。

范仲淹(989—1052年),字希文,北宋名臣,著名政治家、文学家,谥号"文正"。他工于诗词散文,所作的文章多有政治内容,文辞秀美,气度豁达。最初,斗茶只是作为评比茶质优劣的方法,后来成为茶文化生活中一种常见的活动形式。一般分三个层次进行:一是在民间茶山或御焙对新制茶进行品尝评鉴;二是贩茶、嗜茶者在市井上开展的招揽生意的斗茶活动;三是文人雅士以及朝廷命官,在闲适的茗饮中采取的一种高雅的茗饮方式,在斗茶中一争水品、茶品以及诗品和烹茶技艺高下。

这首诗就是作者与章岷从事斗茶后与之唱和的诗。从建茶采摘时令、生长环境、采制要求、品质特征,写到斗茶器具、斗茶场景、斗味斗香、输赢心态,最后写到茶的品质之好、地位之高,堪比宇宙繁星,倘若卢仝、陆羽在世,也会重新作茶歌,把斗茶写进《茶经》。建茶神奇的功效,能醒千日醉,超过任何灵芝仙草,可使药市歇业。

3. 梅尧臣《尝茶和公仪》

尝茶和公仪
宋　梅尧臣

都蓝携具向都堂,碾破云团北焙香。

汤嫩水轻花不散,口甘神爽味偏长。

莫夸李白仙人掌,且作卢仝走笔章。

亦欲清风生两腋,从教吹去月轮旁。

梅尧臣(1002—1060年),北宋现实主义诗人。字圣俞,安徽宣州宣城人。宣城古称宛陵,故世称宛陵先生。公仪,即指梅挚(字公仪)。在艺术上,梅尧臣注重诗歌的形象性、意境含蓄等特点,提倡"平淡"的艺术境界,正如梅尧臣自己的解释:"状难写之景,如在目前。含不尽之意,见于言外。"

这首诗歌非常显著地体现了他的创作风格及对建茶的赞美。前四句写自己携带饮茶用具到都堂之上,亲自碾茶、焙茶、品茶,赞扬建茶色、香、味及效用。后四句写饮茶后的感受。饮了建茶以后,文思泉涌,即使李白歌咏的仙人掌茶也甘居下风,卢仝的七碗茶歌也不在话下。只觉羽化登仙,与月相拥。

4. 欧阳修《双井茶》

双井茶
宋 欧阳修

西江水清江石老,石上生茶如凤爪。

穷腊不寒春气早,双井芽生先百草。

白毛囊以红碧纱,十斤茶养一两芽。

长安富贵五侯家,一啜尤须三日夸。

宝云日注非不精,争新弃旧世人情。

岂知君子有常德,至宝不随时变易。

君不见建溪龙凤团,不改旧时香味色。

欧阳修(1007—1072年),北宋文学家、史学家,字永叔,自号醉翁、六一居士,"唐宋八大家"之一。在散文诗词创作、史传编纂、诗文评论等方面都有较高成就。

双井茶,产于宋洪州分宁县(今江西省修水县城西)双井,当地人汲双井之水造茶,茶味鲜醇胜于他处。欧阳修精于茶理,对双井茶极为推崇,认为可以与产于杭州西湖的宝云茶、绍兴日注(日铸)茶媲美。双井茶曾一时"名震京师",与欧阳公的讴歌赞美不无关系。这首《双井茶》也是诗人辞官隐居后晚年之作。一、二句说明产地特点、外形特点。赞美双井茶先百草而生,采摘细嫩,白毫极多,保管精心,制作精致,品质绝佳。"宝云""争新"两句,诗人借咏茗以喻人,抒发感慨。对人间冷暖世情易变,做了含蓄的讽喻。"岂知"句,阐明君子应以节操自励。即使犹如被"争新弃旧"的世人淡忘了的"建溪"佳茗,但其香气犹存,本色未易,仍不改平生素志。一首茶诗,既有品茶知识,又论及处世哲理。

5. 苏轼《汲江煎茶》

汲江煎茶
宋 苏轼

活水还须活火烹,自临钓石取深清。

大瓢贮月归春瓮,小杓分江入夜瓶。

雪乳(一作茶雨)已翻煎处脚,松风忽作泻时声。

枯肠未易禁三碗,坐听荒城长短更。

苏轼(1037—1101年),字子瞻,又字和仲,号东坡居士。北宋眉州眉山人,祖籍河北栾城,北宋著名文学家、书法家、画家。苏轼是北宋中期文坛领袖,在诗词、散文、书画等方面取得很高成就。其文章纵横恣肆,诗词题材广阔,清新豪健,与黄庭坚并称"苏黄"。特别是词的创作、开爽放一派,与辛弃疾同是豪放派代表,并称"苏辛"。散文著述宏富,豪放自如,与欧阳修并称"欧苏",为"唐宋八大家"之一。此诗是诗人流放儋州(今海南省儋州)时所作,可能是他留给后世的最后一首茶诗。次年宋徽宗即位,他虽被赦还,但他饱经忧患,已风烛残年的苏东坡当年卒于常州,时年65岁。

在艰难困苦的海南岛,苏轼的日子异常艰难,吃穿住行都成了问题,但是生性豁达、豪迈乐观的苏东坡,不惧老迈的身躯,偏要到清深江水中取活水,并亲自生火烹茶。《汲江煎茶》诗题点明煎茶用水选取"活水"。"大瓢"两句实写将江水倒入贮水的瓮里沉淀泥沙物,用勺将澄清的江水分入汤瓶。日常茶事行为,却充满作者的浪漫之思、豪放之情、瑰丽之想,大瓢能贮月,小勺可分江,如此横溢的才思,竟从屡经困顿的鬓发皓白的老人心中流出,那诗意是何等的出类超群!难怪南宋的胡仔会惊叹道:"此诗奇甚,道尽烹茶之妙。"南宋诗人杨万里更赞美道:"七言八句,一篇之中,句句皆奇,古今作者皆难之。"

屡遭谪贬却豁达超脱的苏东坡笑对人生,不仅唱出了"九死南荒吾不悔,兹游奇绝冠平生"的昂扬诗句,更在远离中原文明的蛮风厉雨中,寻找到了生活美色,以煎茶品饮的方式,来滋润饱受创伤的心灵。边境月夜,自取江水煎茶,独自品若,荒漠的意境,凄凉的心境,写出细腻而洒脱。

6. 李南金《茶声》

茶声
宋　李南金

砌虫唧唧万蝉催,忽有千车稇载来。

听得松风并涧水,急呼缥色绿瓷杯。

李南金(生卒年未详),字晋卿,自号三溪冰雪翁。李南金认为:"《茶经》以鱼目、涌泉连珠为煮水之节,然近世瀹茶,鲜以鼎镬,用瓶煮水之节,难以候视,则当以声辨一沸、二沸、三沸之节。"怎么办呢?他提出了一种叫"背二涉三"的辨水法,即水煎过第二沸(背二)刚到第三沸(涉三)时,最适合冲茶,并且写了这首诗来形象地说明。该诗叙写了使文人墨客颇为快意和悦耳的煎茶时沸水发出的声音,根据诗人的不同感受,将茶声演变为虫声、车声、风声、水声等,道出茶人的独特感受。

7. 陆游《八十三吟》

八十三吟
宋　陆游

石帆山下白头人,八十三回见早春。

自爱安闲忘寂寞,天将强健报清贫。

枯桐已爨宁求识,敝帚当捐却自珍。

桑苎家风君勿笑,它年犹得作茶神。

陆游(1125—1210年),南宋诗人,字务观,号放翁,越州山阴人(今浙江绍兴),工诗文,诗名最盛。陆游当过十年茶官,写下300余首茶诗,是留下传世茶诗最多的作家。

茶圣陆羽很崇敬陆纳的高风亮节，隐居在陆纳任过太守的湖州苕溪著书，自称"桑苎翁"，所住草庐称为"桑苎庐"。而陆游又很敬佩陆羽的恬淡志趣和崇俭风尚，也常自名为"桑苎翁""老桑苎"，曾写下诗句"我是江南桑苎家，汲泉闲品故园茶。只应碧缶苍鹰爪，可压红囊白雪芽"。诗人自喻为种植桑麻的一介农夫，效仿陆羽、陆纳，向往闲适的田园生活，崇尚勤俭自持、鄙弃浮华、品茶赋诗、广结茶友的高洁情怀。

此七律一改其铁马横戈、壮怀激烈的气概，显得平和而宁静，充满闲适的心情。诗人置身茶乡，只求承袭"茶神"陆羽的家风，在汲泉品茗之中，坚持操守，度过寂寞清贫的残岁。陆游的晚年，由于政局、年龄、健康等各方面的原因，他已不可能再从事政治活动了，可对诗歌、书艺和茶一直没有离弃过。

8. 苏轼《行香子·茶词》

行香子·茶词

宋 苏轼

绮席才终，欢意犹浓。酒阑时，高兴无穷。

共夸君赐，初拆臣封。

看分香饼，黄金缕，密云龙。

斗赢一水，功敌千钟。

觉凉生、两腋清风。

暂留红袖，少却纱笼。

放笙歌散，庭馆静，略从容。

短短六十六字，以华章丽彩写出了酒后点茶、饮茶时"从容"不迫的神态和"两腋清风"的感受，由闹而"静"，由"浓"而淡，人生慨叹尽在不言之中。上阕写斗茶过程，在精致雅洁的茶室，在花木扶疏的庭院，大家献出各自珍藏的好茶，有皇上亲赐的珍贵名茶，也有自己收藏的茶中精品。围坐在一起，轮流品尝，各试斗茶技巧决出胜负。下阕道胜后快感，那"斗赢一水"胜饮千盅的爽快、舒畅、惬意，直到今天仍在感染着读者，使人颇有如临其境之感。

饮罢席散，全词最后归于一片"从容"、寂静之中，作者与红袖知己似在共同回味适才斗茶的热闹。虽是写茶，实则更像是人生的真实写照。

9. 黄庭坚《品令·茶词》

品令·茶词

宋 黄庭坚

凤舞团团饼。恨分破，教孤令。

金渠体净，只轮慢碾，玉尘光莹。

汤响松风，早减了、二分酒病。

味浓香永。醉乡路，成佳境。

恰如灯下，故人万里，归来对影。

口不能言，心下快活自省。

黄庭坚（1045—1105年），北宋诗人、书法家。字鲁直，号山谷道人，洪州分宁人（今江西修水），"苏门四学士"之一，爱茶，将茶喻为"故人"。这首《品令》是黄庭坚咏茶词的奇作。

词的上阕写碾茶、煮茶。开首写茶之名贵。宋初进贡茶，先制成茶饼，然后以蜡封之，饼上有龙凤图案。这种龙凤团茶，皇帝也往往以少许分赐近臣，足见其珍。

分茶饼、碾茶、候汤、品饮，这是宋代文人雅集饮茶的规定程序。但在作者笔下，却不见一"茶"，对茶拟人化的怜惜、疼爱溢于言表，用最精美的茶碾来碾这个茶，才算是对得起"她"的珍贵高洁。加工之精细，成色之纯净，如此碾成琼粉玉屑，加好水煎之，一时水沸如松涛之声。点成的茶，清香袭人。不需品饮，先已清神醒酒了。

换头处以"味浓香永"承接前后。正待写茶味之美，作者忽然翻空出奇，"醉乡路，成佳境。恰如灯下，故人万里，归来对影"，以如饮醇醪，如对故人来比拟，可见其惬心之极。

词中用"恰如"二字，明明白白是用以喻品茶。其妙处只可意会，不能言传。这几句话，原本见于苏轼《和钱安道寄惠建茶》诗："我官于南（时苏轼任杭州通判）今几时，尝尽溪茶与山茗，胸中似记故人面，口不能言心自省。"但作者稍加点染，添上"灯下""归来对影"等字，意境又深一层，形象也更鲜明。这样，作者就将风马牛不相及的两桩事，巧妙地与品茶糅合起来，将口不能言之味，变成人人常有之情。

黄庭坚这首词的佳处，就在于把人们日常生活中心里虽有而言下所无的感受、情趣，表达得十分新鲜具体，通过写茶的形象、功用，赋予茶以生命、情感，显得生动传神、灵动飞扬，深具审美趣味。

（四）明清经典茶诗歌茶词

1. 高启《采茶词》

采茶词

明　高启

雷过溪山碧云暖，幽丛半吐枪旗短。

银钗女儿相应歌，筐中摘得谁最多？

归来清香犹在手，高品先将呈太守。

竹炉新焙未得尝，笼盛贩与湖南商。

山家不解种禾黍，衣食年年在春雨。

高启（1336—1374年），字季迪，长洲（今江苏苏州）人。元末曾隐居吴淞江畔的青丘，因自号"青丘子"。明初著名诗人，与杨基、张羽、徐贲合称"吴中四杰"。作品崇尚写实，描摹景物时细致入微。

诗的开篇描绘了一派欢快景象：惊蛰伊始，雨过天晴，溪山渐暖，茗芽初吐，银钗女儿,对歌采茶,相互竞赛,其乐融融。然而后半段突然一转。"归来清香犹在手,高品先将呈太守。竹炉新焙未得尝,笼盛贩与湖南商。"言说茶香犹在手,采制的茶叶自己还未来得及品尝,就要将最好的献给征收贡茶的官府。为了生存,茶农把茶叶供官后,其余全部都卖给商人,自己却舍不得尝新。最后两句实写"山家"茶农,他们不可能种植粮食,赖以生存的唯有这春雨新茶。作者对茶乡女儿的淳朴、天真、可爱进行了生动描述,也对他们生活的艰辛寄予了深切的同情。

2. 唐寅题《品茶图》

品茶图

明　唐寅

买得青山只种茶,峰前峰后摘春芽。

烹煎已得前人法,蟹眼松风娱自嘉。

唐寅(1470—1523年),吴县(今江苏苏州)人,字伯虎,一字子畏,号六如居士、桃花庵主、鲁国唐生、逃禅仙吏等,据传于明宪宗成化六年庚寅年寅月寅日寅时生,故名唐寅。其才气横溢,诗文擅名,与祝允明、文徵明、徐祯卿并称"江南四大才子",画名更著,与沈周、文徵明、仇英并称"吴门四家"。唐伯虎有《事茗图卷》、《品茶图》、《琴士图》、《赋琴品茗图》等多幅茶事绘画,大多格调超逸,富品茗情趣和幽雅意境。

唐寅能诗善画,这首茶诗就是唐寅在他绘制的《品茶图》上亲笔题的诗。《品茶图》中一位雅士稳坐于松竹茅屋中,神情专注地望着身前煎茶煮水的童子,似与之交谈。旁边还有一间草屋,有一童子正在准备茶事。饮茶场景正是明代茶寮的体现。画家在诗中道出了自己的一种理想生活。由于仕途不得志,唐寅在饮茶作画中经常流露出怀才不遇、孤芳自赏的情怀。这首诗格调清新,表达了画家豁达自信和洁身自好的心态。

3. 陆容《送茶僧》

送茶僧

明　陆容

江南风致说僧家,石上清泉竹里茶。

法藏名僧知更好,香烟茶晕满袈裟。

陆容(1436—1497年),字文量,号式斋,太仓人。性至孝,嗜书籍,与张泰等齐名,时号"娄东三凤"。这首《送茶僧》贴切地描述了茶与僧之间的渊源。"天下名山僧占多",名山出名茶,如著名的蒙顶茶、武夷岩茶、黄山毛峰、华顶云雾、雁游毛峰等名茶,无不出自名山。名山多庙寺,茶与僧常因此相辅相成,声名与共。僧侣对茶艺的发展曾起过重要作用。僧人旷日持久地坐禅,需要茶提神驱眠。加之茶树终年常青碧绿,富有生气;茶性净洁平和,久饮益思;助人寂静斯文,稳健开神,故与僧人结下了不解之缘。法藏,唐代名僧,是华严宗三祖,华严体系实际构建者。

4. 王世懋《苏幕遮·夏景题茶》

苏幕遮·夏景题茶
明 王世懋

竹床凉,松影碎,沉水香消,尤自贪残睡。无那多情偏著意,碧碾旗枪,玉沸中冷水。

捧轻瓯,活弱醅,色按双鬟,唤觉江郎起。一片金波谁得似,半入松风,半入丁香味。

王世懋(1536—1588 年),字敬美,别号麟州、少美,今江东太仓人,是明代文学家、史学家王世贞之弟,好学善诗文,著述颇丰,而才气名声亚于其兄。

此词写慵懒夏日,小睡初起,碾碧绿旗枪,烧中冷之水,轻捧茗碗,啜饮佳茗。有了好茶、好器、好水,自然还需佳人在侧相伴。纤纤素手,微微酡颜,阳光下,一杯茶汤泛着金光,似乎听见清风拂松林,闻到丁香悠悠香韵。

在古代文人茶客们眼里,茶似美人,美人似茶,是千古佳话。正如苏轼的名句成联"欲把西湖比西子,从来佳茗似佳人"。

5. 郑燮《竹枝词》

竹枝词
清 郑燮

溢江江口是奴家,郎若闲时来吃茶。

黄土筑墙茅屋盖,门前一树紫荆花。

郑燮(1693—1766 年),字克柔,号板桥,江苏兴化人,清代著名书画家、文学家。作为"扬州八怪"之一,郑板桥诗、书、画世称"三绝",他为官清廉,为政有才干,痛恨官场腐败作风,对下层百姓有深厚的感情。他曾经写过"衙斋斋卧听潇潇竹,疑是民间疾苦声。些小吾曹州县吏,一枝一叶总关情"。

清雅和清贫是郑板桥一生的写照。茶是郑板桥生活中的重要部分,也是他创作的伴侣。茅屋一间,新篁数竿,雪白纸窗,微浸绿色,独坐其中,一盏雨前茶,一方端砚石,一张宣州纸,几笔折枝花。他写下了很多茶诗茶联,其中"墨兰数枝宣德纸,苦茗一杯成化窑""楚尾吴头,一片青山入座;淮南江北,半潭秋水烹茶""从来名士能评水,自古高僧爱斗茶""白菜青盐糙子饭,瓦壶天水菊花茶""不风不雨正清和,翠竹亭亭好节柯。最爱晚凉佳客至,一壶新茗泡松萝"都是非常有名的茶联诗句。郑板桥喜欢将茶饮与书画并论,饮茶的境界和书画创作的境界往往十分契合。

竹枝词是古代巴蜀民歌演变而成的一种诗体,以吟咏风土为特色。这首竹枝词是一首清新淳朴的情歌,也是一首明快、晓畅的茶诗,是用恬淡、自然的风格营造出水墨画一样写意的江南风光,勾画出一个性格开朗、大胆执着、春心萌动的江南少女形象,表现出她的温柔多情、朴素清雅。

6. 乾隆《观采茶作歌》

观采茶作歌

清　乾隆

火前嫩,火后老,惟有骑火品最好。

西湖龙井旧擅名,适来试一观其道。

村男接踵下层椒,倾筐雀舌还鹰爪。

地炉文火续续添,乾釜柔风旋旋炒。

慢炒细焙有次第,辛苦工夫殊不少。

王肃酪奴惜不知,陆羽茶经太精讨。

我虽贡茗未求佳,防微犹恐开奇巧。

防微犹恐开奇巧,采茶竭览民艰晓。

乾隆(1711—1799 年),清高宗,在位六十年,励精图治,使清朝进入鼎盛时期。乾隆是一位嗜茶者,几乎尝遍天下名茶。相传乾隆在品饮狮子峰胡公庙前的龙井茶后,对其香醇的滋味赞不绝口,封庙前十八棵茶树为"御茶",至今,这里已成为一个著名的旅游景点。乾隆还是一位品泉大家,他有一个特制的银斗,用以量取全国名泉的轻重,以此来评定泉水优劣。

乾隆对茶非常钟情,在紫禁城以及其他皇家园林中拥有众多茶室。他首创的重华宫三清茶宴,豪华隆重,极为讲究,可谓当今春节茶宴活动的起始。晚年退位后,还在北海镜清斋内专设"焙茶坞",用以品鉴茶水。乾隆享年 88 岁,是历代帝王中的高寿者。

乾隆性喜游览,曾六次南巡,巡视江南期间,多次到西湖茶产地龙井泉畔品茶,也写过《观采茶作歌》、《坐龙井上烹茶偶成》、《再游龙井》等多首关于龙井茶的诗。

此首七言古诗是乾隆第一次游西湖天竺观采茶时所作,对炒制龙井茶的火候、技艺、工序作了很详细的描述,其中"地炉文火续续添,乾釜柔风旋旋炒。慢炒细焙有次第,辛苦工夫殊不少"几句,十分贴切准确。

诗歌描述作者以帝王之尊亲眼看见龙井茶区采茶时间、采摘标准、茶叶加工的环境、制茶的工艺及茶农们的"辛苦工夫",以王肃酪奴之典故、陆羽《茶经》之精繁做比较,强调自己执政纳贡的茶,不一定要最精良的,而是要注重每个细节的把握,绝对不允许投机取巧来加重茶农的负担,表达了对民生问题的关注。

7. 陈章《采茶歌》

采茶歌

清　陈章

凤凰岭头吞露香,青裙女儿指爪长。

度涧穿云采茶去,日午归来不满筐。

催贡文移下官府,那管山寒芽未吐。

焙成粒粒比莲心,谁知依比莲心苦。

陈章(生卒年不详),清代诗人,字授衣,一字竹町,号绂斋,钱塘(今杭州)人,以布衣举"博学鸿词",力辞不就。

这首七言古诗写采茶之艰辛。茶叶是劳动密集型的农产品,尤其是在古代社会,制茶、采茶等都要依靠手工劳动,"茶树是个时辰草,早采三天是个宝,迟采三天变成草",因此必须争时间、抢速度,及时加以采摘。采茶是非常艰辛的体力活。再加上日益加重的茶税,广大茶农不堪重负。这首诗歌充分揭露了贡茶给人民带来的苦难。

8.蔡廷弼《卖花声·焙茶》

卖花声·焙茶
清　蔡廷弼

三板小桥斜,几稜桑麻。旗枪半展采断茶。十五溪娘纤手焙,似蟹爬沙。

人影隔窗纱,两鬓堆鸦。碧螺山下是侬家。吟渴书生思斗益,雨脚云花。

蔡廷弼(1741—1821年),号古香,别号看云山人,浙江德清人。

这首词用词浅显明丽,格调清新优雅。一开篇就为我们描绘出一幅生机盎然的茶山图,桑麻、茶园、小桥、流水、半展的旗枪、清丽的农舍、采茶焙茶的少女,还有吟诗的书生,一切都是那么和谐、美好。

这首词用清丽婉转的语言描绘了炒制碧螺春茶的情景:碧螺山下,溪泉之畔,有制茶经验的农家少女正用纤纤素手焙制碧螺春茶。诗人透过窗纱,悄悄地凝视着少女浓密的秀发和娴熟焙茶的身影。想象中,似乎已经看到茶盏中游移如云的美丽汤花,闻到了悠悠茶香,产生了想立刻品尝新茶的强烈欲望。

二、茶相关散文作品

中国是散文大国,历代描写茶事的散文佳作自然不少。然而真正以茶事为主题的散文佳作是从唐代开始的,历宋元明清而不衰。这些散文不但寄托着作者借茶抒发内心世界的种种感怀,也记录着当时茶事活动的许多具体事物和现象,使我们在古代的茶书和茶诗之外,得以了解更多的茶史资料。由于有关茶的散文实在太多,只能选择几篇艺术性、学术性较强,具有一定代表性的文章加以赏析。

(一) 茶宴神醉的《三月三日茶宴序》

三月三日茶宴序
唐　吕温

三月三日,上巳禊饮之日也。诸子议以茶酌而代焉。乃拨花砌,憩庭阴,清风逐人,日色留兴。卧指青霭,坐攀香枝。闲莺近席而未飞,红蕊拂衣而不散。乃命酌香沫,浮素杯,殷凝琥珀之色。不令人醉,微觉清思。虽五云仙浆,无复加也。座右才子,南阳邹子,高阳许侯,与二三子顷为尘外之赏,而曷不言诗矣。

唐代歌咏茶宴茶会的诗歌很多，但反映茶宴的文章却极为罕见，《全唐文》中仅存一篇，这就是吕温《三月三日茶宴序》。吕温（772—811年），字和叔，河中（今山西永济）人，贞元十四年（798年）进士。此文所记的茶宴属于最富于情趣的野宴的形式，惟其有这样的茶饮，人生才见真谛，自然才显风韵，天人方能合一。真是神醉情驰的茶宴！

（二）被誉为"千古奇文"的《叶嘉传》

叶嘉传
宋　苏东坡

叶嘉，闽人也，其先处上谷，曾祖茂先，高不仕，好游名山，至武夷，悦之，遂家焉。尝曰："吾植功种德，不为时采，然遗香后世，吾子孙必盛于中土，当饮其惠矣。"茂先葬郝源，子孙遂为郝源民。

至嘉，少植节操，或劝之业武，曰："吾当为天下英武之精。一枪一旗，岂吾事哉！"因而游见陆先生，先生奇之，为著其《行录》，传于世。方汉帝嗜阅经史，时建安人为谒者，侍上。上读其《行录》而善之，曰："吾独不得与此人同时哉！"曰："臣邑人叶嘉，风味恬淡，清白可爱，颇负其名，有济世之才。虽羽知，犹未详也。"上惊，敕建安太守召嘉，给传遗诣京师。

郡守始令访嘉所在，命赍书示之，嘉未就遣。使臣督促，郡守曰："叶先生方闭门制作，研味经史，志图挺立，必不屑进，未可促之。"亲至山中，为之劝驾，始行登车，遇相者揖之曰："先生容质异常，矫然有龙凤之姿，后当大贵。"

嘉以皂囊上封事，天子见之曰："吾久跃卿名，但未知其实耳。我其试哉！"因顾谓侍臣，曰："视嘉容貌如铁，资质刚劲，难以遽用，必槌提顿挫之乃可。"遂以言恐嘉曰："砧斧在前，鼎镬在后，将以烹子，子视之如何？"嘉勃然吐气曰："臣山薮猥士，幸惟陛下采择至此，可以利主，虽粉身碎骨，臣不辞也。"上笑，命以名曹处之，又加枢要之务焉。因诚小黄门监之。有顷报曰："嘉之所为犹若粗疏然。"上曰："吾知其才，第以独学，未经师耳。"嘉为之屑屑就师，顷刻就事，已精熟矣。上乃敕御使欧阳高、金紫光禄大夫郑当时、甘泉侯陈平三人与之同事。欧阳嫉嘉初进有宠，曰："吾属且为之下矣！"计欲倾之。会天子御延英，促召四人，欧但热中而已，当时以足击嘉，而平亦以口侵凌之。嘉虽见侮，为之起立，颜色不变。欧阳悔曰："陛下以叶嘉见托吾辈，亦不可忽之也。"因同见帝，欧阳称嘉美，而阴以轻浮鄙之。嘉亦诉于上，上为责欧阳，怜嘉，视其颜色久之，曰："叶嘉真清白之士也，其气飘然若浮云矣。"遂引而宴。少选间，上鼓舌欣然曰："始吾见嘉，未甚好也，久味之，殊令人爱，朕之精魂不觉洒然而醒。"乃曰："启乃心，沃朕心，嘉之谓也。"于是封嘉为钜合侯，位尚书。曰："尚书，朕喉舌之任也。"由是宠爱日加，朝廷宾客，遇会宴享，未始不推于嘉。上日引对，至于再三。后因侍宴苑中，上饮逾度，嘉辄苦谏，上不悦，曰："卿司朕喉舌，而以苦辞逆我，我岂堪哉！"遂唾之。命左右仆于地。嘉正色曰："陛下必欲甘辞利口，然后爱耶？臣言虽苦，久则有效。陛下亦尝试之，岂不知乎？"上顾左右曰："始吾言嘉刚劲难用，今果见矣。"因含容之，然亦以是疏嘉。嘉既不得志，退去闽中。既而，曰："吾未如之何也已矣。"上以不见嘉月余，劳于万机，神茶思困，颇思嘉，因命召至,喜甚,以手抚嘉曰:"吾渴见卿……久矣。"遂恩遇如故。上方欲以兵革为事,而大司农奏计国用不足。上深患之。以问嘉。嘉为进三策,其一曰榷天下之利、山海之资,一切籍于县官。行之一年,财用丰赡,上大悦,兵兴有功而还。上利其财,故榷法不罢。管山海之利,自嘉始也。

居一年,嘉告老,上曰:"钜合侯其忠可谓尽矣。"遂得爵其子,又令郡守择其宗支之良者,每岁贡焉。嘉子二人,长曰抟,有父风,袭爵。次子挺,抱黄白之术,比于抟其志尤淡泊也。尝散其资,拯乡闾之困,人皆德之,故乡人以春秋伐鼓大会山中,求之以为常。

赞曰:今叶氏散居天下,皆不喜城邑,惟乐山居。氏于闽中者,盖嘉之苗裔也。天下叶氏虽夥,然风味德馨为世所贵,皆不及闽。闽之居者又多,而以郝源之族为甲。嘉以布衣遇天子,爵彻侯位入座,可谓荣矣。然其正色苦谏,竭力许国,不为身计,盖有以取之。夫先王用于国有节,取于民有制,至于山林川泽之利,一切与民。嘉为策以榷之,虽救一时之急,非先王之举也。君子讥之,或云:管山海之利,始于盐铁丞孔馑、桑弘羊之谋也。嘉之策未行于时,至唐,赵赞始举而用之。

苏轼(1037—1101年),字子瞻,号东坡居士,眉山(今四川眉山市)人,是我国宋代杰出的文学家,同时也是一个种茶、烹茶、品茶样样精通的著名茶人。苏东坡生性聪慧,22岁便进士及第,可以说是少年得志,但因秉性正直,所以仕途坎坷,屡遭贬谪,受尽磨难。在他宦海沉浮的一生中,茶始终是润泽其人生的甘露。他一生写有近百首茶诗词,还用拟人的笔法写了这篇千古奇文《叶嘉传》。在此文中,苏东坡凭借其生花妙笔,以滑稽有趣的独特手法,把茶拟人化,叙述了茶的历史和茶的德行,既描写了宋人的饮茶方式和对茶的认识,又刻画了"叶嘉"淡雅清高的品德。同时,《叶嘉传》也是苏东坡个人终身郁郁不得志的写照。

(三)体现茶道古风要义的《煮茶梦记》

煮茶梦记 元

元 杨维桢

铁龙道人卧石床,移二更,月微明及纸帐,梅影亦及半窗,鹤孤立不鸣。命小芸童汲白莲泉,燃槁湘竹,授以凌霄芽,为饮供。道人乃游心太虚,雍雍凉凉,若鸿蒙,若皇芒,会天地之未生,适阴阳之若亡,恍兮不知入梦。

遂坐清真银晖之堂,堂上香云帘拂地,中著紫桂榻,绿琼几。看太初《易》一集,集内悉星斗文,焕烨火燫熠,金流玉错,莫别爻画,若烟云日月,交丽乎中天。欬玉露凉,月冷如冰,入齿者易刻。因作《太虚吟》,吟曰:"道无形兮兆无声,妙无心兮一以贞,百象斯融兮太虚以清。"歌已,光飚起林末,激华氛,郁郁霏霏,绚烂淫艳。乃有扈绿衣若仙子者,从容来谒云:"名淡香,小字绿花。"乃捧太玄杯,酌太清神明之醴,以寿予。有以词曰:"心不行,神不行,无为而万化清。"寿毕,纡徐而退,复令小玉环侍笔牍,遂书歌遗之曰:"道可受兮不可传,天无形兮四时以言,妙乎天兮天天之先,天天之先兮复何仙?"

移间,白云微消,绿衣化烟,月反明予内间,予亦悟矣。遂冥神合元,月光尚隐隐于梅花间。小芸呼曰:"凌霄芽熟矣!"

　　杨维桢(1296—1370年),著名文学家,此文记叙道教与茶、茶道一体,是显示本土宗教思想绚丽之花的代表作之一。作者以优美的文字描绘出一个茶人缥缈而美妙的梦,表现出茶人拓落出尘,以明月为伴,与仙子为友,在太空中无拘无束地漫游的精神追求。这种人、茶、境、思浑然一气,在品茶过程中,空灵虚静,心驰宏宇,神冥自然的境界,正是老庄道学所追求的"含道独往,弃智遗身"的境界,也正是茶道的最高境界。

(四) 绘声绘色的《闵老子茶》

陶庵梦忆·闵老子茶
明　张岱

　　周墨农向余道,闵汶水茶不置口。戊寅九月,至留都,抵岸,即访汶水于桃叶渡。日晡,汶水他出。迟其归,乃婆娑一老,方叙话,遽起曰:"杖忘某所。"又去,余曰:"今日岂可空去。"迟之又久,汶水返,更定矣。睨余曰:"客尚在耶,客在奚为者。"余曰:"慕汶老久矣,今日不畅饮汶老茶,决不去。"汶水喜,自起当炉,茶旋煮,速如风雨。导至一室,明窗净几,荆溪壶、成宣窑瓷瓯十余种,皆精绝。灯下视茶色,与瓷瓯无别,而香气逼人。余叫绝。余问汶水曰:"此茶何产?"汶水曰:"阆苑茶也。"余再啜之,曰:"莫绐余,是阆苑制法,而味不似。"汶水匿笑曰:"客知是何产?"余再啜之,曰:"何其似罗岕甚也。"汶水吐舌曰:"奇! 奇!"余问:"水何水?"曰:"惠泉。"余又曰:"莫绐余! 惠泉走千里,水劳而圭角不动,何也?"汶水曰:"不复敢隐。真取惠泉,必淘井,静夜候新泉至,旋汲之,山石磊磊藉瓮底,舟非风则勿行,故水不生磊,即寻常惠水,犹逊一头地,况他水耶?"又吐舌曰:"奇! 奇!"言未毕,汶水去,少顷,持一壶满斟余曰:"客啜此。"余曰:"香扑烈,味甚浑厚,此春茶耶。向瀹者是秋采。"汶水大笑曰:"予年七十,精赏鉴者无客比。"遂定交。

　　张岱(1597—1689年),字石公,号陶庵,自称为"茶淫橘虐",山阴(今浙江绍兴)人,可以说是明代末年茶文化终结式的人物。其所著《陶庵梦忆》是一部随笔杂著,其中的《兰雪茶》、《闵老子茶》、《王月生》、《露兄》等都是反映晚明时期茶事生活的重要文献。此文是一篇令人叫绝的小品文。这种既有实事,又有对话,更有情节的茶文献比较少见。

第二节　茶与书画

　　有关描绘茶事、煮茶、品茶、茶具等内容的绘画、书法等统称为茶书画艺术作品,它们与中国茶文化发展、中国书画艺术的发展紧密相连。这些与茶有关的独特的艺术作品显露出的永恒魅力,令我们回味无穷。

一、茶画作品赏析

(一) 唐代经典绘画

1. 阎立本《萧翼赚兰亭图》

阎立本(？—673年)，雍州万年(今陕西西安)人，出身贵族，唐代早期画家。画作描绘了唐太宗派萧翼从辩才和尚手中诱骗晋代书法家王羲之书《兰亭序》真迹的故事。客观上不仅记载了古代僧人以茶待客的史实，而且再现了1 000多年前饮茶所用的茶器、茶具以及烹茶方法。

图13-1　唐　阎立本《萧翼赚兰亭图》

2. 周昉《调琴啜茗图》

《调琴啜茗图》是唐代画家周昉的作品。周昉，生卒年不详，字仲朗，又字景玄，京兆(今陕西西安)人，唐代中期重要的人物画家，尤其擅长画仕女人物。周昉是极有才华的画家，在贞元年间，新罗(朝鲜半岛)人曾经高价收购数十卷他的画带回本国，其画风对异国也有一定的影响。因为周昉出身于官宦之家，经常悠游于上层社会，故对宫廷生活方式很熟悉。宋代的《宣和画谱》评论他是"多见贵而美者"，善于创作描绘"浓丽丰肥"之态。《调琴啜茗图》就是一个典型的例子。此画现藏于美国约尔逊艾金斯艺术博物馆。

这幅作品以工笔重彩描绘了唐代宫廷妃嫔品茗听琴的悠闲华丽生活，画中五人，由人物姿态即可见为三主两仆，有一人抚琴，两人倾听，倾听者中一女身着红装，执盏品茗，注目抚琴之人，另一人侧首遥视。在抚琴仕女和侧首仕女旁各有一女仆侍茶。

虽然全图以"调琴"为重点，但茶饮在画面中非常引人注目。图中要人手执茶盏，边品茗，边听琴。饮茶与听琴，两个不同内容集于同一画面，生动地体现了茶饮在当时当地文化娱乐生活中已有了相当重要的地位。

图13-2 唐 周昉《调琴啜茗图》

3.《宫乐图》

《宫乐图》为唐人佚名之作。画面宏大,人物众多,生动地反映了这个历史阶段特定的社会阶层的茶饮生活。《宫乐图》也是工笔重彩,描绘的是宫廷中仕女吹奏、饮茶聚会的场面。宫中设豪华的竹编铺面长案,案上有茶碗,案中一大器皿盛茶汤。从画中可见,一宫女以长勺为众人分酌茶汤。画中人或向背,或正侧,或坐,或立等神态,生动多样。有执纨扇者,有弹吹管弦者,有饮茶者,有侍候者……画中人各具情态,曲尽其妙。

《宫乐图》以宫内品茶热闹为趣,充分表明茶饮在当时已与上层社会生活及高雅艺术有了相当紧密的结合,饮茶环境所具有的浓重的宫廷特色,与民间饮茶环境有着十分明显的区别。

图13-3 《宫乐图》

4.《韩熙载夜宴图》

《韩熙载夜宴图》由南唐画家顾闳中作,现存宋摹本,绢本设色,曾为宋代内府收藏,现藏于北京故宫博物院。

图 13－4　南唐　顾闳中《韩熙载夜宴图》(局部)

韩熙载出身北方豪族,诗、书、画、音乐无不通晓,有远大政治抱负。但后主李煜继位后,不思救国图强,终日沉溺于酒色,排斥异己。南唐统治日趋没落之时,李煜要他为相,他无意为官,但又要避祸,只能表现出疏狂自放、装疯卖傻之态,以声色自娱来迷惑李后主。

顾闳中(生卒年不详,约生活于 10 世纪),五代南唐中宗李璟时任画院待诏,善画人物。此作是顾闳中受后主李煜指派窥视韩府夜宴情景,靠目识心记而作。画作以长卷形式分为听乐、观舞、歇息、清吹、送客五个场面,有如连环画,表现了韩熙载放纵不羁的夜生活。

顾闳中技艺高超,造型全面,用笔设色具有深厚的功力。不仅对人物的描绘形象生动,而且对人物内心世界的刻画也非常到位。此外,在服饰、帐幔床屏、樽俎器具等细节描绘上,细致逼真,无不表现出人物的身份和地位,成为构图中不可缺少的因素,也反映了这个时代的特征。茶、酒、饮食器的表现,图中的碗、托、壶、盘及其中的食物等也为五代乃至宋代的茶文化研究提供了形象而真切的参考资料。

(二) 宋元经典绘画

1. 刘松年《撵茶图》

刘松年(生卒年不详),浙江杭州人,为宋代孝宗、光宗、宁宗三朝的宫廷画家,尤其善画人物,后人把他与李唐、马远、夏圭并称为"南宋四家"。其所作《撵茶图》,为我们了解唐宋制茶的历史、碾茶的工具和方法提供了形象的资料。

由于茶叶形制为紧压茶,唐人、宋人的饮茶方式主要是碾茶烹点法,即饮用前需将团饼状的茶块碾成粉末状后,再行煮烹或直接用沸水冲泡。藏于台北故宫博物院的南宋画家刘松年的《撵茶图》，真切地为我们再现了当时的碾茶情景。在画的左侧有一个碾工坐在矮几上，转动碾磨。这个碾子的质地应是石质，其形状正如《茶具图赞》中的"石转运"。另一个人站在桌边，一手执汤瓶，正在往茶瓯中注沸水，茶瓯旁是点茶用的茶筅；另一只手持着茶盏，桌上还有其他茶具，如茶罐、盏托等，桌旁火炉正在煮水。在画面的右侧是一幅截然不同的场面，有三人，一僧伏案作书，一人相对面坐，另一人坐在旁边，双手展卷，而眼神却在欣赏僧人作书。左边的煮茶是劳役之作，与右边的文人生活，虽然是两个截然不同的领域，却示意着茶与文人生活须臾不离的时代特征，具有既生动而又不俗气的艺术美感。

图 13-5　宋　刘松年《撵茶图》

2. 赵佶《文会图》

宋徽宗赵佶（1083—1135 年），宋朝第八位皇帝。宋徽宗酷爱艺术，成立翰林书画院培养了一批杰出的画家，将画家的地位提到中国历史上最高的位置。宋徽宗还组织编撰了《宣和书谱》、《宣和画谱》和《宣和博古图》等书，均成为美术史研究中的珍贵史籍，至今仍有极其重要的参考价值。

他的工笔花鸟画在中国美术史上享有极高声誉。他擅诗文，精书法，特别是"瘦金体"书法，在中国书法史上堪称独树一帜。同样，他在茶的研究与实践上，尤其在点茶方面，也表现出非凡的天赋。徽宗留给后世的遗产有两件最为著名：一是著作《大观茶论》，另一件就是工笔人物画《文会图》。该画收藏在台北故宫博物院，绢本设色，纵184.4厘米，宽123.9厘米。宋徽宗传世的画作不少，但反映茶饮的并不多。此画面中描绘了一个共有 20 人的盛大的文人聚会场面。

《文会图》被认为既是一幅文人品茶图，又是一幅文人品酒图，《文会图》还是一幅君臣茶酒共饮图。

赵佶《大观茶论》论及茶器时曾说："盏色贵青黑，玉毫条达者为上，取其焕发茶采色也。""茶筅以箸竹老者为之，身欲厚重，筅欲疏劲，本欲壮而未必眇，当如剑瘠之状。""瓶宜金银，小大之制，惟所裁给。""杓之大小，当以可受一盏茶为量。"文中所说的这些器具，在《文会图》中能看到的只有"瓶"和"杓"，而并未看到青黑色的盏。在此画中，所有的盏均是浅色，可能是青瓷或白瓷，明显不是《大观茶论》所述的建盏。但有意思的是，托的色彩则有深浅两种。在大桌上已放置入座的盏与托均为浅色，而在操作区域正等待上奉的却是浅色盏深色托。估计是用不同色彩的托，来区别两种不同的饮品。此外，我们似乎也没有看到击打泡沫的"茶筅"。因此，通过与《大观茶论》的文字相对比，可以推断，至少这里的茶，不是为了典型意义上的为斗茶而作的点茶。根据画面中用勺从小口瓶中舀茶分汤的动作来看，《文会图》从侧面向我们展示了茶会中的简易点茶或烹茶之法。此画创作如果有其现实依据的话，则有意无意间展示了宋代文人茶会中的新场景，此画具有很高的艺术欣赏和史料参考价值，除了表现宋代宫廷茶事之外，也丰富了我们对宋代点茶方式多样性的认知。

图 13-6　宋　赵佶《文会图》

此外,宽大的案桌上,有各式丰盛的果品和整齐的杯盏碗箸。文士们围桌而坐,或举盏品饮,或互相交谈,或交首耳语,或独自凝思。操作区域的一个案几上,茶酒司的侍者们各司其职,有的正在炭盆炉上煨着壶具温酒烹水,有的正在瓮中取汤分酌。

从图中可以清晰地看到各种井然有序的器具,其中有炭盆、茶(酒)瓶壶、都篮、茶碗、盏托等。特别显眼处,在操作区域醒目的方桌下,还有一只酒坛。因此,名曰"文会",显然是一次以茶酒宴会为形式的文人雅集。整个画面上的人物神态生动,饮酒谈艺,品茶解酲,场面气氛轻松雅致,而在这轻松的场面后面,则是主人的宏伟愿景。《文会图》的主题,由宋徽宗在画上的题诗点明:"儒林华国古今同,吟咏飞毫醒醉中。多士作新知入彀,画图犹喜见文雄。"左上角则是宰相蔡京所题的和前诗:"明时不与有唐同,八表人归大道中。可笑当年十八士,经纶谁是出群雄。"赵佶所作《文会图》,予后人欣赏、了解末代宫廷茶会的形式之外,其折射出来的内涵也有颇多耐人寻味之处。

3. 刘松年《茗园赌市图》

宋代"斗茶"的场景和茶汤的美感,正如范仲淹诗中写的"黄金碾畔绿尘飞,碧玉瓯中翠涛起。斗茶味兮轻醍醐,斗茶香兮薄兰芷",表现了茶的色、香、味。后来,文人们便专注于这种美的比较和享受,而实用性已退居其次。斗茶在宋人的茶叶著作中有许多记载。如蔡襄《茶录》中所述,几乎都是"斗试品点"的要素:茶色,"黄白者受水昏重,青白者受水鲜明、故建安人斗试以青白胜黄白";茶香,"建安民间试茶皆不入香,恐夺其真";茶味,"主于甘滑""水泉不甘能损茶味"。在所用器具及其操作时也甚讲究,"茶匙要重,击拂有力";汤瓶"要小者、易候汤,又点茶注汤有准……";茶盏,"茶色白,宜黑盏""……其青白盏,斗试家自不用"。

到了宋徽宗《大观茶论》里,点茶虽然依法如前,但是追求的效果和目的则不同,将观赏居于首位了,所谓"天下之士,励志清白,竟为闲暇修索之玩,莫不碎玉锵金,啜英咀华"。点茶更注重其艺术的表现力,甚至成为修身养性的手段。而刘松年《茗园赌市图》,一赌一斗,分明与上述高层文人们作为游戏的斗茶有着明显的不同。

《茗园赌市图》是以人物为主题的茶画,图中所绘的主人公都是平民百姓。画中茶贩有注水点茶的,有提壶的,有举杯品茶的;右前边有一挑茶担卖茶小贩,停肩傍观,另有一妇人一手拎壶另一手携小孩,边走边看斗茶。百姓眼光几乎都集于茶贩们的斗茶,画面中人物形象生动逼真,将宋代街头民间斗茶的景象淋漓尽致地描绘在众人眼前。

需要说明的是,画题名《茗园赌市图》,而画中的赌者,并非赌钱的赌徒,而是造茶者对自己茶品的品赏与推销。茶画的主题突破了古时文人茶文化的局限,从平民百姓中挖掘了茶画的主题,这在当时是难能可贵的。

画面中央有茶贩四人歇担路旁,两两相对,各自夸耀。茶担是竹制小茶桌架与货架的结合物,挑起为担,放下为桌,十分利于经营。当中两棵老树枝干刚劲,细叶初绽,是为早春时节,结合人物身份及器具、场景,画面彰显着浓浓的商业气氛。

图 13—7 宋 刘松年《茗园赌市图》

4. 钱选《卢仝烹茶图》

钱选,字舜举,号玉潭,又号巽峰,浙江湖州人,生于南宋嘉熙三年(1239 年),卒于元大德六年(1302 年)。宋亡后,钱选隐居不仕,他与同乡赵孟頫等有"吴兴八俊"之称。后来,赵孟頫为元朝官,而钱选则依然隐居于乡间,以吟诗作画终其生。大概是其生世与卢仝有相似之处,所以他以"卢仝煮茶"为入画题材,似乎也流露出自己的一种隐逸思想。

《卢仝煮茶图》藏于台北故宫博物院,设色纸本,纵 128.7 厘米,横 37.3 厘米。图中卢仝身着白色衣衫,坐于山冈平石上,蕉林、太湖石旁有仆人烹茶。卢仝身边伫立者当为孟谏议所遣送茶之人。主人、差人、仆人三者同现于画面,三人的目光都投向茶炉,表现了卢仝得到阳羡茶迫不及待地烹饮的惊喜心情,同时又将孟谏议赠茶、卢仝饮茶的过程完整地描摹出来。画面主题突出,人物生动形象,惟妙惟肖,给观者留下了生动的印象。卢仝《走笔谢孟谏议寄新茶》在对饮茶时的各种感受进行描述的同时,表现了一种对"仙境"即对脱尽人间尘俗和世态炎凉的太平世界的向往,极其明显地表露出"出世"之意。当理想实现不了,担负不起"救苍生平天下"的重任,又看不惯人间诸多丑恶现象时,便遁世隐居,以洁身自好来做无声的反抗。卢仝茶诗引起元代画家们的共鸣。

图 13-8　宋　钱选《卢仝烹茶图》

5. 赵孟頫《斗茶图》

赵孟頫(1254—1322 年),元代书画家,字子昂,号松雪道人,是我国画史上影响较大的山水、人物、花鸟、书法等无所不能的大艺术家和文艺理论家。《斗茶图》中的人物造型、用笔线条展现了他古朴、自然、简率的绘画风格。斗茶始于唐末盛于宋,衰于元。作者用心所画的这幅民间农夫《斗茶图》,则是他身在朝廷心在野的真实写照。可以说这幅画倾注了赵孟頫对旧日河山的怀念之情。

该画是茶画中的传神之作,画面上四茶贩在树荫下作"茗战"(斗茶)。人人身边备有茶炉、茶壶、茶碗和茶盏等饮茶用具,轻便的挑担有圆有方,随时随地可烹茶比试。左前一人手持茶杯,一手提茶桶,意态自若;其身后一人手持一杯,一手提壶,作将壶中茶水倾入杯中之态;另两人站立在一旁注视。斗茶者把自制的茶叶拿出来比试,展现了宋代民间茶叶买卖和斗茶的情景。

图13-9 元 赵孟頫《斗茶图》

6. 赵原《陆羽烹茶图》

表现饮茶环境和饮茶情志的茶画大多以山水为主,《陆羽烹茶图》虽然以人物命名,但表现的却是一种清远山水的幽静氛围,是一种比较曲折地反映作者内心世界的艺术形式。

元代以茶为主题的绘画作品不少,而且表现的旨趣也大致相似,反映出身处民族矛盾冲突中的士大夫、艺术家们一种消极抗争的归隐心态。赵原的《陆羽烹茶图》体现出茶饮在文人社会生活中的地位和审美取向。

赵原(？—1372年),一作赵元,字善长,号丹林。山东人,寓姑苏(今江苏苏州),他的山水画主要师法五代董源。

《陆羽烹茶图》藏于台北故宫博物院。该图淡牙色纸本,淡着色。园亭山水,图作茂林茅舍,一轩宏敞,堂上一人,按膝而坐,旁有童子,拥炉烹茶。画上有七律一首,款"窥斑"。还有无名氏题七绝一首。"窥斑"诗为:"睡起山斋渴思长,呼童剪茗涤枯肠。软尘落碾龙团绿,活水翻铛蟹眼黄。耳底雷鸣轻着韵,鼻端风过细闻香。一瓯洗得双瞳豁,饱玩苕溪云水乡。"

从书体笔法来看,那首无名氏所题的七绝似为赵原自题,诗曰:"山中茅屋是谁家,坐闲吟到日斜。俗客不来山鸟散,呼童汲水煮新茶。"该图入大清内府后,乾隆皇帝也有"御笔"题诗于画上之端,诗云:"古弁先坐茅屋闲,课僮煮茗雪云闲。前溪不教浮烟艇,衡沁栖径绝往远。"结合图中多种元素来看,画家系借题发挥,以抒发对自由生活的向往。

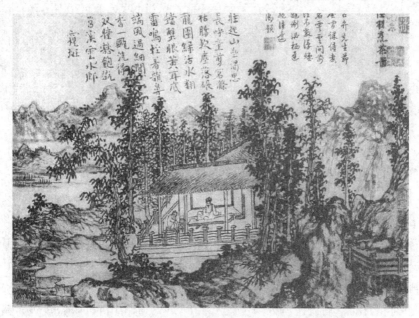

图13-10 《陆羽烹茶图》(局部)藏于台北故宫博物院

(三)明清经典绘画

1.文徵明《惠山茶会图》

《惠山茶会图》系青绿山水风格,是文徵明中期阶段一件较为重要的作品,显示其青绿山水由早期"简淡"趋向"浓丽"的画风转变。本画藏于故宫博物院,纸本,设色,纵21.8厘米,横67.5厘米,无款,有"文徵明印""悟言室印"押于左下角。图中内容是正德十三年(1518年)二月十九日清明时节,文徵明与蔡羽、汤珍等七个好友游于惠山,在二泉亭下以茶会兴的一段雅事。所绘人物神形各异,有的坐于泉井边,谈兴正浓,有的正从松下曲径缓缓踱来,惠泉亭边早已置有汤瓶香茗,桌边有一人双手作揖,正在迎接友人的到来,应是此次活动的东道主。

　　画面上只有待用的茶具和正准备集会的人物,而未画品茶的动作,是一幅茶会之前的序幕图,具有较强的情境纪实性。画面突出了惠泉之井眼,惠山泉水甘冽,宜烹茶,自被唐代陆羽评为"第二泉"后,声名不绝。惠山泉与名茶历来为文人所倾心。同时,惠山赏泉品茶也是文人活动的"保留节目"。文徵明在画中凸显文士雅集山林之乐,也是仰古人之逸趣的企慕心境,体现出远离尘俗纷扰,寄情林壑的自在心境。

图 13-11　明　文徵明《惠山茶会图》

2. 唐寅《事茗图》

　　《事茗图》纵 31.1 厘米,横 105.8 厘米,纸本设色的山水人物画。现藏于故宫博物院。卷图拖尾有名人陆粲手书行楷《事茗辩》一文,文图相配,烘托画的主题。

　　《事茗图》浓缩了传统的中国文化精华,可为难得的佳作。唐寅的"茶画"中,以《事茗图》最享盛誉。画中有自题诗款:"日长何所事,茗碗自赍持。料得南窗下,清风满鬓丝。"该画以"陈子事茗"为题材,反映了明代文人悠闲惬意、以茶悟道的庭院书斋生活。画面左侧有巨石山案,后设茅屋数间于双松之下,远处为群山屏列,瀑布飞泉,瞩瀑流水由远及近,绕屋而行。溪桥上有一人携童子前来。茅屋中有一伏案读书之士,旁设壶盏,隔间里有童子烹茶。图中人物动静相宜,画面层次分明,意境悠闲,诗画相称,表现了文人雅士借烹茗追求一种闲适隐归的生活,多少也流露了唐寅遁迹山林的志趣。

图 13-12　明　唐寅《事茗图》

3. 李方膺《梅兰图》

李方膺(1695—1755 年),字虬仲,号晴江,别号秋池、抑园、白衣山人,清代著名画家,"扬州八怪"之一。他擅长画梅兰竹菊等,代表作有《风竹图》、《游鱼图》、《梅兰图》等。《梅兰图》是李方膺的代表作品。该画纵 127.2 厘米,横 46.7 厘米,现藏于浙江省博物馆。

《梅兰图》画面右侧花瓶中插着一枝梅花,梅影稀疏,孤傲冷艳,左侧有蕙兰一盆,造型婀娜,飘逸洒脱。梅兰前面有一个壶和一个杯,造型朴实笨拙,憨态可掬。在画的下边有一个长题,内容为:"峒山秋片,茶烹惠泉。贮砂壶中,色香乃胜。光福梅花开时,折得一枝归,吃两壶,尤觉眼耳鼻舌俱游清虚世界,非烟人可梦见也。"尤其突出的是,题跋一反传统规矩,很率性地把画面底部几乎填满,生气满满,与画面上部形成疏密对比,并与梅、兰形成呼应与烘托,具有极为强烈的个性和视觉效果。

图 13 - 13　李方膺《梅兰图》

4. 吴昌硕《品茗图》

吴昌硕(1844—1927 年),初名俊,又名俊卿,字昌硕,又署仓石、苍石、老缶、苦铁、大聋、缶道人等。浙江省孝丰县鄣吴村(今湖州市安吉县)人。晚清至民国时期著名国画家、书法家、篆刻家,西泠印社首任社长,与任伯年、蒲华、虚谷合称为"清末海派四大家"。吴昌硕集诗书画印为一身,融金石书画为一炉,在绘画、书法、篆刻上都是旗帜性人物。作品集有《吴昌硕画集》、《苦铁碎金》、《缶庐近墨》、《吴苍石印谱》等。

吴昌硕绘画多以花卉为主,博采徐渭、八大、石涛和"扬州八怪"诸家之长,兼用篆、隶笔意入画,色酣墨饱,雄健古拙。其作品重整体、尚气势,奔放而守有法度,精微而不失气魄。笔墨富有金石气。题款、钤印等的疏密轻重,配合得宜。吴昌硕自言:"我平生得力之处在于能以作书之法作画。"

吴昌硕身在茶乡,对茶有很深的感情,尤其在生活艰苦、精神苦恼的时候,是茶帮他重振精神,走出困惑,助他精力充沛地进行艺术创作。

吴昌硕《品茗图》,作于 1917 年,册页,纸本设色,42 厘米×44 厘米,藏于上海朵云轩。画面中青瓷壶、白瓷杯,墨梅横斜。构图简单,线条朴实厚重,梅花灵动,生机盎然,其题款为"梅梢春雪活火煎,山中人兮仙乎仙",是画家赏梅品茗时,愉快心情真实而生动的写照。

图 13 - 14　吴昌硕《品茗图》

5. 陈鸿寿《茶熟赏秋图》

陈鸿寿(1768—1822 年),字子恭,号曼生、曼寿、种榆道人等,钱塘(今杭州)人。曾任溧阳知县、江南海防同知。工诗文、书画,书法长于行、草、篆、隶诸体。行书峭拔隽雅、分书开张纵横。篆刻师法秦汉玺印,旁涉丁敬、黄易等人,印文笔画方折,而自然随意,古拙恣肆而不失浑厚,为"西泠八家"之一。

陈鸿寿对紫砂艺术有两大贡献:第一,把诗文书画与紫砂壶陶艺结合起来,在壶上刻题诗文绘画;第二,他设计了诸多新奇款式的紫砂壶,为紫砂壶创新带来了勃勃生机。与杨彭年等合作设计制作宜兴紫砂壶,人称"曼生壶"。

《茶熟赏秋图》,册页,纸本设色,纵 24.2 厘米,横 30 厘米,上海博物馆藏。《茶熟赏秋图》所绘紫砂斗笠壶和菊花,虽然是尺幅小品,但在布局上,非常着意,疏密对角相称,紫砂壶的夸张朴拙与秋菊的妍丽婀娜形成反差对比。在设色上,冷色调为主,菊花与押印泥色的鲜红,相互映照,生动有趣。特别是作品的题款:"茶已熟,菊正开,赏秋人,来不来?"内容通俗、清新并带着丰富的感情色彩,使整件作品具有生命感和亲切感,正如他所倡导的那样,诗文书画要见"天趣"。

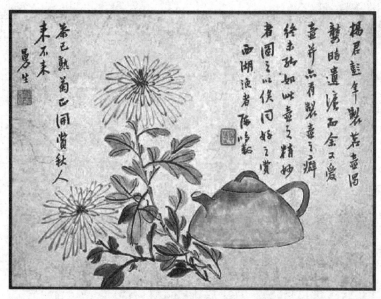

图 13-15　陈鸿寿《茶熟赏秋图》

二、茶书法作品赏析

(一) 唐代经典书法

1. 怀素《苦笋帖》

怀素(725—785 年),唐代名僧,法名藏真,俗姓钱。该帖是现存最早的记述茶事的佛门手札,仅寥寥十几个字:"苦笋及茗异常佳,乃可径来。怀素上。"在怀素存世的书法作品中,相当著名。其书法笔势俊健,穷极变化,行笔迅稳,一气呵成,其字忽大忽小,用笔忽重忽轻,笔意忽断忽连,豪放中透出清秀之气,在线条柔美飞动跳跃之中,可现力可扛鼎之笔。

《苦笋帖》,绢本,长 25.1 厘米,宽 12 厘米,字径约 3.3 厘米,清时曾藏于内府,现藏于上海博物馆。据帖中内容,可知怀素是个爱茶之人。唐代的"茶圣"陆羽曾为他作《僧

图13-16 《苦笋帖》

怀素传》,其中记载着他与颜真卿等人的论书之事。怀素的爱茶,即是他的生活经历使然,也是当时的社会风气使然。因此,怀素《苦笋帖》的产生有非常合理的缘由,同时,从《苦笋帖》中,我们又可以译读到唐代茶文化的无处不在。

2. 顾渚山摩崖石刻

浙江长兴顾渚山麓有不少的摩崖石刻。在《嘉泰吴兴志》卷十八"碑碣"中载:"袁高茶山述,在墨妙亭,唐朝议大夫、使持节湖州诸军事、守湖州刺史、护军、赐紫金鱼袋千顿撰,朝议郎、前滁州长史、上柱国徐(王寿)书,盖述刺史袁高所作茶山诗也。"现主要存有三处:一为《唐兴元甲子袁高题字》,文曰:"大唐州刺史臣袁高,奉诏修茶贡,迄至顾山最高堂,赋茶山诗,兴元甲子岁在三春十日";二为《唐贞元八年于顿题字》,文曰:"使持节湖州诸军事刺史臣于顿,遵奉诏命,诣顾渚□□贡茶院修贡毕,登西顾山最高堂汲泉岩□□茶□□,观前刺史袁公留题,刻茶山诗于石。大唐贞元八年,岁在壬申春三月";三为《唐大中五年杜牧题字》,其文曰:"……大中五年刺史樊川杜牧,奉贡□事……"这三处石刻存于金山外岗村白羊山。另外,在斫射界老鸦窝,还有唐德宗建中元年刻的《唐湖州刺史裴汶题名》和唐会昌二年刻的《张文规题名》二处石刻。

图13-17 公元784年,袁高题名刻石

上述刻石迄今尚存,石刻虽然内容简单,书迹也不如庙堂之作来得精美,却透露着一种苍茫感和质朴感,一点一画反映了历史过往。在众多煌煌唐诗佳作中,袁高、杜牧、

张文规、李郢等著名诗人用他们的作品记述着当时贡茶生产的许多细节,或悲或喜,或详或简,均可与这些摩崖之书相互印证。

(二)宋代经典书法

1. 苏轼《新岁展庆帖》

苏轼是北宋中期文坛领袖,在诗、词、文、赋、书、画等方面取得很高的成就。苏轼书法具有强烈的个人色彩,在书法创作上具有他自己独特的笔墨语言,注重对内在精神的追求,追求"我书意造本无法",擅长写行书、楷书,创作风格融会贯通,自成一家。《新岁展庆帖》也是苏轼给陈季常的一通手札。其主要内容如下:

> 轼启。新岁未获展庆,祝颂无穷……此中有一铸铜匠,欲借所收建州木茶臼子并椎,试令依样造看。兼适有闽中人便或令看过,因往彼买一副也。乞暂付去人,专爱护,便纳上。余寒更乞保重。冗中恕不谨。轼再拜。季常先生丈阁下。正月二日……

当他得知季常家有一副茶臼,便赶快修书去借来,让工匠"依样"制造,以饱眼福,因此写下了这幅《新岁展庆帖》(图 13 - 18)。

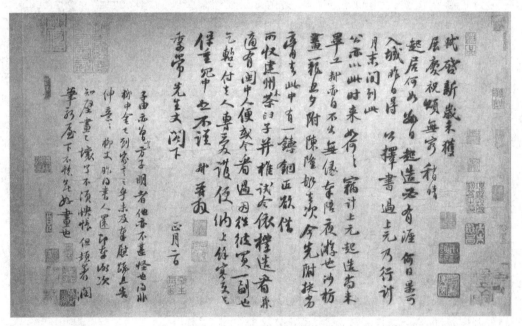

图 13 - 18　苏轼《新岁展庆帖》

2. 蔡襄《茶录》

蔡襄(1012—1067 年),北宋书法家,字君谟,兴化仙游(今福建莆田仙游)人。幼承庭训,天圣九年(1031 年),蔡襄登进士第十名。次年,授漳州军事判官,在职四年。后历任西京留守推官、馆阁校勘、福建路转运使、迁任起居舍人、知制诰兼判注内诠、翰林学士、权理三司使。治平四年(1067 年)逝世,享年五十六岁。他去世后,朝廷追赠吏部侍郎,后加赠少师。欧阳修撰《端明殿学士蔡公墓志铭》。

图 13-19 蔡襄《茶录》局部

蔡襄《茶录·古香斋宝藏蔡帖》小楷,纸本,尺寸 29 厘米×192 厘米。《茶录》是蔡襄书法代表之作,是其难得仅见的小楷法书,无一偬笔,颇有二王楷法,端重飘逸,受到同代及后世的赞誉。

蔡襄《茶录》作于宋皇佑时期,是蔡襄有感于陆羽《茶经》"不第建安之品"而特地向皇帝推荐北苑贡茶之作,是宋代重要的茶学专著,正文约 800 字,全书分为两篇。上篇论茶汤品质和烹饮方法,提出茶色、香、味俱佳;下篇论茶器的功能及其使用方法,其实是对北宋风行"斗茶"的总结和规范。《茶录》是陆羽《茶经》之后最有影响的论茶专著,所反映的美学思想,标志着北宋饮茶提升到了更为艺术的程度。

3. 蔡襄《精茶帖》

蔡襄《精茶帖》于 1052 年书,纸本,宽 23 厘米,长 29.2 厘米,藏于台北故宫博物院。《精茶帖》也称《暑热帖》、《致公谨帖》、《致公瑾尺牍》,为手书墨迹,是蔡襄主要传世作品之一,曾入刻《三希堂法帖》。帖云:

襄启:暑热不及通谒,所苦想已平复。日夕风日酷烦,无处可避。人生缰锁如此,可叹可叹。精茶数片,不一一。襄上。

因为盛夏,天气炎热,"无处可避",顿时生发出"人生缰锁如此"的感叹。帖中所云"精茶数片",是送给"公谨"饮用的,以茶作为消暑清热的佳物,可谓恰逢其时。

《精茶帖》是行书写成,用笔时疾时徐,映带顿挫,随意而行,结构精严而神采奕奕。

图 13-20 蔡襄《精茶帖》局部

(三)明清经典书法

1. 文徵明《游虎丘诗》

文徵明《游虎丘诗》藏于苏州博物馆,书于嘉靖甲午,时年 65 岁。书法长卷形式,大字行书,纸本,510 厘米×43 厘米,共 74 字,每字如拳大。内容如下:

> 短薄祠前树郁蟠,生公台下石巉颜。
> 千年精气池中剑,一壑风烟寺里山。
> 井冽羽泉茶可试,草荒支涧鹤空还。
> 不知清远诗何处,翠蚀苔花细雨斑。
> 高贤寻壑共经丘,偶得追从续旧游。
> 陆羽甘泉春试茗,王珣祠老暮维舟。
> 风檐落落铃相语,雨径登登屐似油。

图 13-21 文徵明《游虎丘诗》局部

怪是酣吟留不去，水云千顷正当楼。

夏月暑酷，无以为遗，偶得佳纸，援笔聊仿山谷墨法。

嘉靖甲午六月既望也　徵明

文徵明晚年学黄山谷书法，此诗就是以黄山谷笔意所写，但其中还是保留着他自己的温文尔雅的风格。诗文中不避重复地使用羽、泉、试、茶、茗等，可见其一片怀古慕贤的真挚情怀。

2. 汪士慎《幼孚斋中试泾县茶》

汪士慎（1686—1759 年），清代著名画家、书法家，"扬州八怪"之一，字近人，号巢林、溪东外史等，安徽休宁人，寓居扬州。其书工分隶，善于画梅，痴迷茶饮。暮年一目失明，仍能为人作书画，自刻一印云："尚留一目看梅花"，后来，双目俱瞽，但仍挥写，署款"心观"二字。著有《巢林集》。

汪巢林的隶书以汉碑为宗，《幼孚斋中试泾县茶》可谓其隶书中的一件精品。值得一提的是，所押白文"左盲生"一印，说明此书作于他左眼失明以后。该诗是汪士慎在管希宁（号幼孚）的斋室中品试泾县茶时所作。全文为：

不知泾邑山之涯，春风茁此香灵芽。

两茎细叶雀舌卷，蒸焙工夫应不浅。

宣州诸茶此绝伦，芳馨那逊龙山春。

一瓯瑟瑟散轻蕊，品题谁比玉川子。

共向幽窗吸白云，令人六腑皆芳芬。

长空霭霭西林晚，疏雨湿烟客忘返。

这首七言长诗通篇气韵生动，笔致动静相宜，方圆合度，结构精到，茂密而不失空灵，整馈而暗相呼应。更为珍贵的是，通过这件书法作品，留下了几百年前泾县茶的神韵。

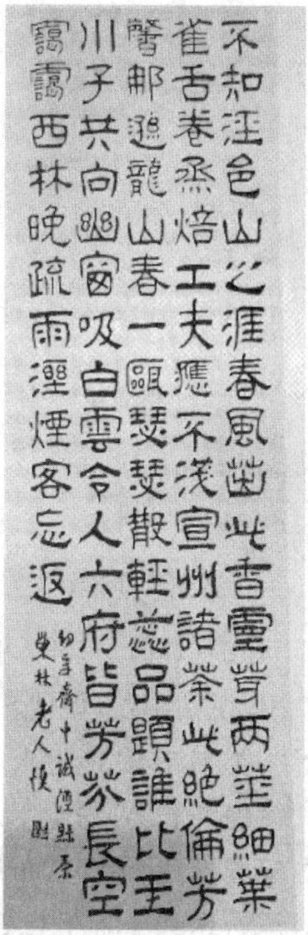

图 13-22　汪士慎《幼孚斋中试泾县茶》

3. 明末清初·朱耷《致方士琯尺牍》

朱耷（1626—1705 年），别号雪个、个山、人屋、八大山人等，明宁王朱权的后裔。顺治二年（1645 年）清军进入南昌。朱耷为了避免灾祸而离开南昌，顺治五年（1648 年），出家为僧，后又弃僧为道，浪迹四方，靠卖书画终其一生。《致方士琯尺牍》上说：

乳茶云可却暑，少佐茗碗，来日为敝寓试新之日也，至于八日，万不敢爽，西翁先生，八大山人顿首。稚老均此。

篇幅短小，语言含蓄，读来令人感到温馨隽永，回味无穷。其行书字体快速流畅、刚劲，转折圆润，字形大小不一，行列长短不齐，构成一个错落有致、高低参差的整体，尺牍纸短情更深、翰墨飞扬意更深的一件书法与茶文化相契合的佳作。

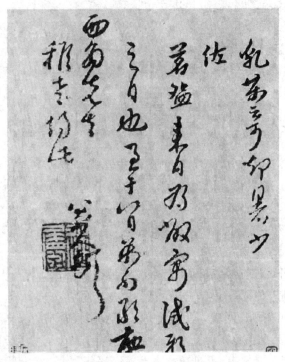

图 13-23　朱耷《致方士琯尺牍》

4. 徐渭《煎茶七类》

徐渭(1521—1593 年),字文长,号天池山人、青藤道人,山阴(今浙江绍兴)人。徐渭一生生活艰苦,但他多才多艺,擅长诗文、书画、戏曲。徐渭在中国书法史上属于"狂士"一类书法家,能追求新意,用笔狂放,不受一般法则的束缚。

《煎茶七类》写于 1575 年前后,藏于北京荣宝斋。此卷行书带有较明显的米芾笔意,笔画挺动而腴润,布局潇洒而不失严谨,纵横流利,奇逸超迈。《煎茶七类》另有刻帖,原石现藏于浙江上虞文化馆。

《煎茶七类》全篇 250 字左右,分为人品、品泉、煎点、尝茶、茶宜、茶侣、茶勋七则,与陆树声《茶寮记》中的"煎茶七类"相同。徐渭对茶文化的贡献是杰出的,他不仅写了不少的茶诗,还依陆羽之范,撰有《茶经》一卷。可惜的是,徐渭的《茶经》今天已经无法看到了。

《煎茶七类》主要文字内容如下:

一,人品。煎茶虽微清小雅,然要须其人与茶品相得,故其法每传于高流大隐、云霞泉石之辈、鱼虾麋鹿之俦。

二,品泉。山水为上,江水次之,井水又次之。并贵汲多,又贵旋汲,汲多水活,味倍清新,汲久贮陈,味减鲜冽。

三,烹点。烹用活火,候汤眼鳞鳞起,沫浡鼓泛,投茗器中,初入汤少许,候汤茗相浃,却复满注。顷间云脚渐开,浮花浮面,味奏全功矣。盖古茶用碾屑团饼,味则易出,今叶茶是尚，骤则味亏，过熟则味昏底滞。

四，尝茶。先涤漱，既乃徐啜，甘津潮舌，孤清自蒙，设杂以他果，香、味俱夺。

五，茶宜。凉台静室，明窗曲几，僧寮道院，松风竹月，晏坐行吟，清谭把卷。

六，茶侣。翰卿墨客，缁流羽士，逸老散人或轩冕之徒，超然世味者。

七，茶勋。除烦雪滞，涤醒破睡，谭渴书倦，此际策勋，不减凌烟。

不独书法，其内容涉及品茶艺术的方方面面，对于我们了解明人的品茶要求、技艺及情趣都有很高的文献价值，足资借鉴。特别是"煎茶虽微清小雅，然要须其人与茶品相得"直击文化核心问题，尤其值得重视与深思。

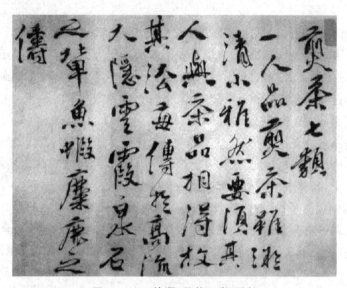

图 13-24　徐渭《煎茶七类》局部

第三节　茶与对联

茶联是楹联的一个分支，是专指以茶事为题材的对联，是楹联百花园中一棵香艳双绝的奇葩。在我国，凡是以茶联谊的场所，特别是在茶馆、茶叶店、茶庄、茶坊、茶室、茶亭、楼台、庭阁、书斋、门院等处，处处可见一些文采风流、含义隽永、启人心智的茶联。它丰富了这些场所的文化内涵，提高了文化品位，升华了饮茶的意境，拓宽了人们的审美视野。由于茶联数量大、佳作多，这里主要选取一些有代表性的名人名联，以供赏析。

一、名人名联

1. 琴里知闻唯渌水；茶中故旧是蒙山。（唐·白居易）

此联摘自白居易《琴茶》一诗中的名句。《渌水》是古琴曲名。诗人有《听弹古渌水》诗云："闻君古渌水，使我心和平。欲积漫流意，为听疏泛声。西窗竹阴下，竟日有余情。""蒙山"是指产于四川剑南的蒙山茶。早在唐代，"蒙顶石花"就是名茶。

2. 泛花邀坐客;代饮引情言。(唐·陆士修)

此联是从唐代颜真卿等人的《五言月夜啜茶联句》中陆士修的联句直接引用过来的。

3. 茶爽添诗句;天清莹道心。(唐·司空图)

司空图(837—908 年)字表圣,河中虞乡人,33 岁登进士第,官至中书舍人,后归隐中条山王官谷。该联反映了司空图的避世观,有澄淡精致之美。

4. 入座半瓯轻泛绿;开缄数片浅含黄。(唐·郑谷)

此联摘自郑谷的诗《峡中尝茶》。"轻泛绿""浅含黄"六个字,清新典雅,是咏茶的传神妙笔。

5. 独携天上小圆月;来试人间第二泉。(宋·苏轼)

此联摘自苏轼的《惠山谒钱道人烹小龙团登绝顶望太湖》一诗。"小团月"是指小龙团茶,这是当时的贡茶。"第二泉"是指惠山泉。此联生动地表现出了苏东坡爱茶之情,以及他不畏劳苦寻访名泉的飘逸英姿,历来被誉为咏茶或咏泉的妙联。

6. 茶笋尽禅味;松杉真法音。(宋·苏轼)

此联摘自苏东坡在宋元祐四年(1089 年)出任杭州知府不久,在智果禅寺一次法会上所写的一首诗。上联写他对"茶禅一味"的感受;下联写风吹寺院内松杉的声音与寺内的诵经声相应和,整个太空似乎都充满着佛法的声音。

7. 欲把西湖比西子;从来佳茗似佳人。(宋·苏轼)

此联的上联摘自苏东坡的《饮湖上初晴后雨》,下联摘自他的另一首诗《次韵曹辅寄壑源试焙新茶》。上下联虽不是出自同一首诗,但却对仗工整,平仄合律,珠联璧合,韵味无穷。

8. 摘带岳华蒸晓露;碾和松粉煮春泉。(唐·齐己)

此联摘自齐己的《闻道林诸友尝茶因有寄》一诗。从联中可见齐己是个精晓品茶妙谛的茶人。该联语出自然,意境幽深,读来如品佳茗。

9. 阳羡春茶瑶草碧;兰陵美酒郁金香。(唐·钱起、李白)

此联的上联出自钱起的诗,下联出自李白的诗,上下联虽出自两位大诗人,但全无拼凑的痕迹,读来妙趣天成,不失为千古佳作。

10. 寒夜客来茶当酒;竹炉汤沸火初红。(宋·杜小山)

此联是从宋代诗人杜小山《寒夜》一诗的头两句转引而成的。

11. 一杯春露暂留客;两腋清风几欲仙。(宋·翁元广)

此联是从宋代诗人翁元广《题临江茶阁》诗中摘取来的。

12. 静院春风传浴鼓;画廊晚雨湿茶烟。(宋·陆游)

13. 秀翠名湖,游目频来过溪处;腴含古井,怡情正及采茶时。(清·乾隆)

14. 汲来江水烹新茗;买尽青山当画屏。(清·郑燮)

15. 扫来竹叶烹茶叶;劈碎松根煮菜根。(清·郑燮)

16. 若能杯酒比名淡;应信村茶比酒香。(清·袁枚)

17. 竹雨松风琴韵;茶烟梧月书声。(清·傅山)

18. 拣茶为款同心友；筑室因藏善本书。(清·张廷济)

19. 肯让湖州夸紫笋；愿同双井斗红纱。(当代·郭沫若)

20. 美酒千杯难成知己；清茶一盏也能醉人。(当代·方毅)

二、茶馆、茶亭中的名联

1. 浙江杭州茶人之家的名联

得与天下同其乐；不可一日无此君。

这副佚名茶联，虽然全联没有一个"茶"字，但是它写出了茶人对茶的酷爱之情，使人读后产生"无茶胜有茶"之感。

2. 广州著名茶楼"陶陶居"茶联

陶潜善饮，易牙善烹，饮烹有度；陶侃惜分，夏禹惜寸，分寸无遗。

这是一副"嵌头联"，作者巧妙地将"陶陶居"招牌的陶陶两个字，分别嵌入了上下联的头一个字。同时茶联中列举了4个名人，引用了4个典故，不仅读起来流畅自然，而且能恰如其分地反映出茶楼的经营特色，所以此联一出，便引来众多文人茶客，使"陶陶居"的生意由清淡变为红火。

3. 四川成都"望江楼"的茶联

花笺茗碗香千载；云影波光活一楼。

此联的上联"花笺茗碗香千载"与苏东坡的"上茶妙墨俱香"有异曲同工之妙。下联"云影波光活一楼"的一个"活"字可与"春风又绿江南岸"的"绿"字媲美，着实令人拍案叫绝。

4. 江苏镇江京江第一楼茶联

酒后高歌，听一曲铁板铜琶，唱大江东去；

茶边话旧，看几番星轺露冕，从淮海南来。

上联中的铁板铜琶，典出于宋代俞文豹《吹剑续录》，原意在赞誉苏东坡学士的豪迈词风，在此联中用来表示该茶楼格调高雅，不同凡响。下联中的"星轺"是古代帝王使者们乘的车，"露冕"是指达官显贵的冠盖，意为来客皆身份非凡之人。

5. 杭州西湖藕香居茶楼茶联

藕叶藕花围曲槛，想当年苏小也向个中来，这绿水光中可余鬓影；

香风香雾拍重堤，问此日放翁竟归何处去，那红霞片里应有诗魂。

上联的"曲槛"即西湖十景之一的"曲院风荷"。苏小即苏小小，才貌双绝，葬于西湖，墓前有一联曰："千载芳名留古迹，六朝韵事著西泠"，故作者想象在曲槛绿水中仍存佳人鬓影。下联的"重堤"是指西湖的苏堤、白堤。"放翁"即宋代爱国大诗人陆游，所以作者发出"红霞片里应有诗魂"的感慨。

6. 浙江嘉兴品芳茶园的茶联

楼上一层，看塔院朝暾，湖天夜月；

客来两地，话武林山水，泸渎莺花。

品芳茶园在嘉兴南湖畔，上联点出南湖月夜清辉满湖"浮光跃金，静影沉璧"的优美景色。下联的"武林山水"是杭州山水之别称,表明了"客来两地"的话题。

7. 四川潜江竹仙寺茶楼的茶联

品泉茶三口白水;竹仙寺两个山人。

这副拆字联,极尽汉字之巧妙。"品"是三口,泉是白水,故上联为"品泉茶三口白水"。竹是两"个",仙是山加单人旁,故下联为"竹仙寺两个山人"。下联不仅写出了茶楼的名称,而且讲明了寺的性质,读来真是妙趣横生。

8. 湖北汉口天一茶园的茶联

天然图画;一曲阳春。

这是一副简洁而内涵丰富、极耐品味的嵌头联。上下联的头一个字"天一"构成茶楼的名称。上联"天然图画",极赞环境景色之美。下联"一曲阳春",表明茶楼格调之高。寥寥八个字,字字珠玑,恰似一曲"阳春白雪",韵高而醉人。

9. 湖南水州东门茶亭的茶联

世路少闲人,春怅萍飘,夏惊瓜及,秋归客燕,冬赏宾鸿。慨仆仆长征,只赢得栉风沐雨,几经历红桥野店,紫塞边关,名利注心头,到处每从忙里过;

郊原无限景,西流湘浦,南峙嵩峰,东卧金牛,北停石马。奈茫茫无际,都付诸远水遥山,止收拾翠竹香茗,绿天息影,图画撑眼底,劝君曷向憩中看?

这是一副难得的长茶联,上联写春夏秋冬四季的感受,下联写在东西南北的美景,对仗工整,寓意深刻,情景交融,读来朗朗上口,让人感慨万千。

10. 广东梅岭菱角凹凸茶亭中的茶联

世间重担实难挑,菱角凹中也好息肩坐凳;

天下长途不易走,梅花岭上何妨歇脚品茶。

该联通俗易懂,但俗中寓有深意,讲透了人生的艰辛。

第四篇

茶艺篇

第十四章　茶艺师习茶礼仪

第一节　习茶礼仪

中华民族是礼仪之邦，"礼"是中国传统文化的核心之一。清华大学彭林教授认为：狭义的礼是指一种适合于道德要求的行为规范，广义的礼包括合于道德要求的治国理念和典章制度，以及切于民生日用的交往方式等。礼仪对于我们中华民族来说，体现出一个人的教养和品位。茶艺礼仪是茶艺工作者高素质的外在体现，茶艺工作者通过得体的仪表、整洁的仪容和优雅的仪态使品茶者得到精神上的享受。

一、茶艺礼仪

（一）仪表

仪表是指茶艺工作者的外表，着装是重要方面之一。茶艺展示时得体的着装不仅可以体现其文化修养，反映其审美品位，而且还能赢得客人的好感，留下良好的印象，提高茶艺服务的质量。在我国的茶楼中，服装式样一般以中式为宜，袖口不宜太宽，否则容易沾到茶具或茶水。服装的颜色不宜太鲜艳，要与茶馆环境、茶具相配套。

图 14-1　湖南农业大学
朱海燕教授

(二) 仪容

仪容是指茶艺工作者的容颜、容貌，着重在修饰方面，要求适度、美观。

1. 整齐的发型

发型原则上要适合自己的脸型和气质，要按泡茶时的要求进行梳理。总的要求是干净整齐，长发要将其束起或盘起，短发要梳理整齐，进行操作时头发不要散落到前面遮挡视线，尤其注意不要让头发掉落到茶具或桌面上，引起客人对于卫生条件的不满。

2. 干净的面容

面部平时要注意护理、保养。女服务员可以淡妆上岗，切忌浓妆艳抹，尤其注意不得使用香水或香气过浓的化妆品，否则茶叶自然的香气会被破坏。男服务员不得留胡须，面部应修饰干净，以整洁的姿态面对客人。

3. 真诚的微笑

茶艺员的脸上永远只能有一种表情，那就是微笑。有魅力的微笑，发自内心的得体的微笑，这对体现茶艺员的身价十分重要。茶艺员每天可以对着镜子练微笑，真诚的微笑要发自内心，这样才会光彩照人。

4. 优美的手形

作为茶艺服务人员，拥有一双白净、细嫩的手是十分必要的。因为在泡茶过程中，双手处于主角地位，客人的目光会自始至终停留在服务员的双手上，因此服务员平时要注意对手部的保养和修护。首先，要做到手的洁净，不要残留肥皂水或化妆品的味道，以免污染茶叶或茶具，也不得留长指甲或染带色的指甲油；其次，手上不要佩戴过多饰物，因为佩戴过于"出色"的首饰，会有喧宾夺主的感觉，体积过大的饰物也容易敲击到茶具，发出不和谐的声音，甚至会打破茶具，影响正常的茶叶冲泡服务。

图 14-2　手形

(三) 仪态

图 14-3　仪态

优雅的举止，洒脱的风度，常常被人们称赞，也最能给人留下深刻印象。举止是一种不说话的语言，但能反映一个人的素质。茶事活动主要是通过泡茶者的一举手一投足，一颦一笑来完成。茶艺中的每一个动作都要圆活、柔和、连贯，而动作之间又要有起伏、虚实、节奏，才能给人一种赏心悦目的感觉。

1. 站姿

站姿是茶艺服务人员的基本功，挺拔的站姿会给人以优美高雅、端庄大方、精力充沛、信心十足和积极向上的印象。

站姿的基本要求：站立时直立站好，从正面看，两脚脚跟相靠，身体重心线应在两脚中间。双脚并拢直立、挺胸、收腹、双肩平正自然放松,女性双手交叉,置于小腹部。双目平视前方,嘴微闭,面带微笑。男性则双脚微呈外八字分开。

2. 坐姿

由于茶艺服务人员在工作中经常要坐着为客人进行茶叶冲泡服务,所以,端正的坐姿也显得格外重要。

正确的坐姿:泡茶时双腿并拢,挺胸、收腹、头正肩平,肩部不能因为操作动作的改变而左右倾斜。双手不操作时,平放在操作台上,面部表情轻松愉悦,自始至终面带微笑。坐姿根据泡茶时具体要求又可分为正式坐姿、侧点坐姿、跪式坐姿和盘腿坐姿四种。

(1) 正式坐姿

入座时,走到座位前转身,右脚后退半步,左脚跟上,轻稳地坐下。但要注意不要将椅子坐满,一般只坐椅子的 1/2 或 1/3。坐下后,上身正直,双肩放松;头正目平,下颌微收,双眼可平视或略垂视,面部表情自然;两膝间的距离,男服务员以松开一拳为宜,女服务员则双腿并拢,与身体垂直放置,或左脚在前,右脚在后,交叉成直线;女性右手在上,双手虎口交握,置放胸前或面前桌沿;男性双手分开与肩同宽,半握拳轻搭于前方桌沿。全身放松,调匀呼吸,集中思想。

(2) 侧点坐姿

如果由于茶椅、茶桌的造型不允许正式坐姿,可采用侧点坐姿的方法。具体方法为:双腿并拢偏向一侧斜坐,脚踝可以交叉,双手向前交握,轻搭腿部。

(3) 跪式坐姿

日本人称的"正坐",常在日本茶道中使用。双膝跪于坐垫上,双脚背相搭。臀部坐在双脚上,腰挺直,上身如站立姿势,头顶有上拔之感,坐姿安稳,双手搭前。

(4) 盘腿坐姿

一般适合于穿长衫的男性或表演宗教茶道。坐时用双手将衣服撩起(佛教中称提半把),徐徐坐下。衣服后层下端铺平,右脚置于左脚下,用双手将前面衣服下摆稍稍提起,不可露膝,再将左脚置于右腿下,最后将右脚置于左腿下。

3. 走姿

走姿是以站姿为基础,上身正直,目光平视,面带微笑;肩部放松,手臂自然前后摆动,手指自然弯曲;行走时身体重心稍向前倾,腹部和臀部要向上提,由大腿带动小腿向前迈进,行走线迹为直线。

行走时,身体的重心可稍向前,落在前脚的大脚趾上,以利于挺胸收腹,身体要保持平衡,切忌上身扭动摇摆。向右转弯时应右足先行,反之亦然。到达客人面前应为侧身状态,需转成正身面对;离开时应先退后两步再侧身转弯,切忌当着对方的面掉头就走,这样显得非常不礼貌。此外,茶艺服务人员在行走时应注意保持一定的步速,不宜过急,否则会使客人感觉不安静、急躁。步幅不宜过大,否则会使客人感觉不舒服。茶艺服务人员在工作中经常是处于行走的状态中,其行云流水般的走姿,可以充分展现茶艺服务人员的温柔端庄、大方得体,轻盈的步态也可以给客人以丰富的动态美感。所以,茶艺服务人员应通过正规训练,熟练掌握正确优美的走姿,并运用到工作中。

4. 蹲姿

茶馆服务中,茶艺服务人员经常处于动态状况,因此身体各躯干的动作都要讲究端庄优雅,灵活得体。在取拿低处物品或为客人奉茶时,应注意不要弯身翘臀,这是极不雅观和极不礼貌的动作。正确的姿势应为:将双脚略微分开,屈膝蹲下,不要低头,更不要弯背,应慢慢低下腰部进行拿取。为客人进行奉茶时可采取交叉式蹲姿或高低式蹲姿的方法以示优雅。

(1) 交叉式蹲姿

下蹲时右脚在前,左脚在后,右小腿垂直于地面,全脚着地。左腿在后,与右腿交叉重叠,左膝由后面伸向右侧,左脚跟抬起脚掌着地。两腿前后靠紧,合力支撑身体。臀部向下,上身稍向前倾。

(2) 高低式蹲姿

下蹲时左脚在前,右脚稍后(不重叠),两腿靠紧下蹲。左脚全脚着地,小腿基本垂直于地面,右脚脚跟提起,脚掌着地。右膝低于左膝,右膝内侧靠于左小腿内侧,形成左膝高右膝低的姿态,臀部向下,基本上以右腿支撑身体。一般男服务员可选用此种姿态。

二、茶艺礼节

礼节是人们在日常生活中,特别是在交际场合中,相互问候、致意、祝愿、慰问以及给予必要的协助与照料的惯用形式,是礼貌在语言、行为和仪态等方面的具体体现。俗话说"十里不同风,百里不同俗",各国、各地区、各民族都有自己的礼节形式,作为肩负传播中国茶文化重要任务的茶艺服务人员,要接待来自世界各地的客人,因此必须熟知他们的礼节形式,这样才能在工作中真正做到热情真诚,以礼相待。礼节的具体表现形式有以下几点。

1. 鞠躬礼

鞠躬礼分为站式、坐式和跪式三种。站式鞠躬与坐式鞠躬比较常见,其动作要领为:两手平贴大腿徐徐下滑,上半身平直弯腰,弯腰时吐气,直身时吸气;弯腰到位后略作停顿,再慢慢直起上身。根据行礼的对象,鞠躬礼又分成"真礼""行礼"和"草礼"。"真礼"要求上半身与地面呈 90°角,用于主客之间;"行礼"用于客人之间;"草礼"用于说话前后。"行礼"与"草礼"弯腰程度较低。

跪式鞠躬礼一般常用于参加茶会,其动作要领为:以"真礼"跪坐姿势为预备,背颈部保持平直,上半身向前倾斜,同时双手从膝上渐渐滑下,全手掌着地,两手指尖斜相对,身体倾至胸部与膝盖间只留一拳空档,切忌低头不弯腰或弯腰不低头;稍作停顿慢慢直起上身,弯腰时吐气,直身时吸气。"行礼"两手仅前半掌着地,"草礼"仅手指第二指节以上着地即可。

2. 伸掌礼

这是习茶过程中使用频率最高的礼仪动作,表示"请"与"谢谢",主客双方均可采用。两人面对面时,均伸右掌行礼对答;两人并坐(列)时,右侧一方伸右掌行礼,左侧方伸左掌行礼。伸掌姿势为:将手斜伸在所敬奉的物品旁边,四指自然并拢,虎口稍分开,手掌略向内凹,手心中要有含着一个小气团的感觉。手腕要含蓄用力,不至于动作轻浮。行伸掌礼的同时应欠身点头微笑,讲究一气呵成。

3. 寓意礼

在长期的茶事活动中,形成了一些寓意美好祝福的礼仪动作,在冲泡时不必使用语言,宾主双方就可进行沟通。最常见的有如下礼仪:

(1) 凤凰三点头

用手提水壶高冲低斟反复三次,寓意为向来宾鞠躬三次以示欢迎。高冲低斟是指右手提壶靠近茶杯口注水,再提腕使水壶提升,接着再压腕将开水壶靠近茶杯口继续注水,如此反复三次,恰好注入所需水量,即提腕断流收水。在进行回转注水、斟茶、温杯、烫壶等动作时如单手回旋,则右手必须按逆时针方向、左手必须按顺时针方向动作,类似于招呼手势,寓意"来,来,来",表示欢迎;双手同时回旋时,按主手方向动作。

(2) 斟茶量

放置茶壶时壶嘴不能正对他人,否则表示请人赶快离开;斟茶时只斟七分即可,暗寓"七分茶三分情"之意,也便于客人握杯品饮。

第二节　行茶基础动作修习

习茶基础动作有简单的动作,如叠茶巾;也有复杂的动作,如温杯。每一个动作含有一定的技术和技巧,既要符合人体工程学原理,又要美观、大方、舒适。泡茶的每一个动作都体现习茶者的基本功,熟练掌握基础动作后,才能进入行茶练习。

一、叠茶巾

茶巾分为两种:一种是用来擦器具底部、外部的有色、方形的全棉织品,称之为"受污";另一种是用来擦器具内部与口部的白色全棉织品,称之为"洁方"。

(一) 叠受污

1. 四叠法

(1) 从下向上折,下边与中线齐,成四分之一折;

(2) 从上向下折,上边与中线齐,成四分之一折;

(3) 以中线为轴再对折,弧形一边对品茗者,有缝一边对习茶者。

2. 八叠法

(1) 从下向上折,下边与中线齐,成四分之一折;

(2) 另一边向中线折,成四分之一折;

(3) 长端向中线对折,再成四分之一折;

（4）以第二次对折的中线为轴，再对折；

（5）弧形一边对品茗者，有缝一边对习茶者。

3. 九叠法

（1）一侧向内三分之一折；

（2）另一侧向内三分之一折；

（3）长端再向内三分之一折；

（4）再对折；

（5）弧形一边对品茗者，有缝一边对习茶者。

（二）叠洁方

（1）三分之一折；

（2）再对折；

（3）弧形一边对品茗者，有缝一边对习茶者。

二、温具

此处以温玻璃杯为例：

（1）注入沸水三分之一杯，双手五指并拢，捧起玻璃杯；

（2）右手中指和大拇指握住玻璃杯底部，其余手指虚握成弧形；

（3）左手五指并拢，中指尖为支撑点顶住杯底边；

（4）双手握杯，双手臂放松成弧形，如抱球状，身体中正，头不偏，双肩平，心静，气沉，神专注；

（5）右手手腕转动，杯口先向习茶者身体方向侧斜，水倾至杯口，眼睛看着杯口；

（6）右手手腕转动，杯口向右旋转；

（7）右手手腕转动，杯口从右侧向前转，水在杯内均匀滚动，眼睛不离开杯口；

（8）从侧面看，杯口继续向左旋转，水在杯内滚动；

（9）从后面看，右手手腕转动，杯口向左转；

（10）从侧面看，杯口从左侧旋转至侧斜向习茶者身体方向，再回正；

（11）从后面看，右手手腕转动，杯口向里转；

（12）杯回正，水沿杯口转360°，身体中正，头不偏，双肩平；

（13）双手移至水盂上方，准备弃水。

三、翻杯

（一）翻玻璃杯

（1）右手手腕放松，五指并拢，握住杯底，护住杯身，中指不超过杯身的二分之一，肘关节下坠，不外翻。左手托住杯底，手心相对。双手护杯，身体中正，头不偏，双肩放松，平衡；

（2）右手手腕向左转动，顺势翻正茶杯，放回；

（3）从侧面看翻杯；

（4）翻正茶杯、放回。

要求（右手五指下垂护住杯身、肘关节不外翻）。

（二）翻品茗杯

1. 女士翻杯

（1）右手单手持杯，虎口呈弧形，手腕松开，手指自然下垂，肘关节下坠，不外翻；

（2）取杯至胸前；

（3）右手手腕转动，翻杯同时左手手掌、手臂成弧形挡住杯子；

（4）右手手腕转动至杯口水平时，左手往里收至胸前，左手的运行轨迹好似画了一个竖圈，右手放下品茗杯。

2. 男士翻杯

（1）右手单手持杯，手腕松弛，手指自然下垂，肘关节下坠，不外翻；

（2）右手手腕转动，翻杯，放下茶杯。

四、开、合茶叶罐盖

（一）瓷罐开盖

（1）手掌心捧茶叶罐身，双手食指与拇指固定罐盖，向上顶，再转动茶叶罐，再往上顶，松开罐盖；

（2）右手托罐盖，一边收回胸前，一边用右手中指拨转盖子，沿向里的半圆弧线轨迹放在桌上；

（3）从侧面看，右手托罐盖，往胸前收，用右手中指拨动，使罐盖口向上，向内，沿半圆弧线轨迹放于桌上。

（二）瓷罐合盖

（1）右手取罐盖，用手指拨动，使罐盖口向下；

（2）向外沿半圆弧线轨迹盖于罐上，与开盖的弧线轨迹形成一个"圆"；

（3）手掌心捧茶叶罐身，双手食指与拇指固定罐盖，向下压、转动茶罐，再向下压，盖严，适当用力，避免发出响声；

（4）左手将茶叶罐放回原位；

（5）从侧面看，将茶叶罐放于原位。

五、取茶、置茶

（一）茶瓢取茶、置茶

本法适用于取紧结、紧实、体积小的茶，左右手可以根据需要互换握茶瓢与茶罐。

1. 取茶

（1）左手握茶罐，右手手心朝下虎口呈圆形，掌心为空，取茶瓢；

（2）茶瓢水平移至茶罐口，头部搁在罐口，右手掌从茶瓢尾部滑下，手心朝上，托住茶瓢；

（3）茶罐侧向身体，罐口向里，在茶罐内上方留出空隙；

（4）右手持茶瓢，从茶罐内空隙插入；

（5）左手握茶罐向外侧，罐口向外，茶瓢尾部同时往外，于是茶瓢中盛满茶叶；

（6）左手手腕转动，罐口转向右侧，右手握茶瓢随茶罐转到右侧；

（7）右手托茶瓢，取出茶叶。

2. 置茶

（1）将取出的茶叶置于泡茶器中；

（2）茶叶罐回正，右手取茶瓢，茶瓢头部搁在罐口，右手掌从茶瓢尾部滑上，手心朝下，放下茶瓢。

（二）茶匙取茶、置茶

本法适用于取松散、体积大的茶叶或抹茶（茶粉）：

（1）左手握茶罐，右手持茶匙，右手拇指与食指固定茶匙，其余手指自然屈，掌心为空，茶匙尾部顶于手掌，手为放松状态；

（2）左手将罐口偏向右侧，罐身平，右手用茶匙拨茶叶入泡茶器；

（3）回正茶罐；

（4）放回茶匙；

（5）置茶完成。

（三）茶荷取茶、置茶

本法适合放一泡茶的量，茶需事先称好，以右手握茶荷为例：

1. 取茶

（1）左手握茶叶罐，右手握茶荷向上翻；

（2）左手倾斜茶叶罐，右手持茶荷；

（3）左手前后转动茶罐，倾倒茶叶；

（4）倾完即停，回正茶罐，放下。

2. 置茶

（1）茶荷中的茶叶置入泡茶器中；

（2）左手握茶荷。

（四）茶匙与茶荷组合取茶、置茶

本法适用于给两个以上茶杯置茶，从茶叶罐中取出总的茶叶量，再均匀分入各杯中。

1. 取茶

（1）左手握茶罐，右手持茶匙，茶匙尾部顶在手掌上，虎口呈圆形；

（2）左手将茶罐向右侧放平，右手持茶匙拨茶叶入茶荷，取茶量视杯的个数及每个茶杯的容量而定；

(3) 取茶毕,右手回正茶叶罐；

(4) 将茶匙搁在茶巾上,茶匙头部伸出茶巾外；

(5) 茶叶罐合盖,放回茶罐。

2. 置茶

(1) 右手心朝下,端起茶荷；

(2) 左手也手心朝下,双手提起茶荷；

(3) 左手从茶荷左边往下滑,向上托住茶荷,掌心为空；

(4) 右手从茶荷右边往下滑,双手向上托住茶荷,掌心为空；

(5) 茶荷向里侧偏 45°；

(6) 左手滑下托茶荷中部；

(7) 右手取茶匙,双手移至玻璃杯上方；

(8) 茶荷向内侧偏 45°,茶荷出口对准第一个茶杯；

(9) 右手持茶匙,分几次将一杯所需的茶量拨入杯；

(10) 第一杯置茶毕,双手移至另一杯上方,再拨茶入杯。

3. 要领

(1) 取茶时以不损伤茶叶为原则；

(2) 手托茶荷时,掌心为空,虎口成弧形,有利于茶荷调整方向；

(3) 给茶匙松口气,持茶匙时手放松,别死死握住。

六、赏茶

(一) 长茶荷赏茶

(1) 右手手心朝下,虎口成弧形,握住茶荷；

(2) 左手手心朝下,虎口成弧形,握住茶荷；

(3) 左手从上滑到下托住茶荷,手心朝上,虎口成弧形；

(4) 右手从上滑到下托住茶荷,手心朝上,虎口成弧形；

(5) 双手托住茶荷,自然弯曲成抱球状,双肩放松,肘关节下坠,腰带着身体向右转,然后腰带着身体从右转向左,从右向左请品茗者赏茶,目光注视品茗者；

(6) 身体回正；

(7) 左手从下往上滑,握茶荷；

(8) 右手从下往上滑,握茶荷；

(9) 赏茶毕,放下茶叶。

(二) 圆茶荷赏茶

(1) 右手手心朝下,虎口成弧形,握住茶荷；

(2) 左手手心朝下,虎口成弧形,握住茶荷；

(3) 左手从上滑到下托住茶荷,手心朝上,虎口成弧形；

（4）右手从上滑到下托住茶荷，手心朝上，虎口成弧形；

（5）双手转动方向，茶荷大口对着品茗者，小口对着习茶者；

（6）双手自然弯曲成抱球状，双肩放松，肘关节下坠，腰带动上身向右转，从右边开始请品茗者赏茶，目光注视着品茗者；

（7）身体回正；

（8）左手从下往上滑，握茶荷；

（9）右手从下往上滑，双手握茶荷；

（10）赏茶毕，放下茶荷。

（三）要领

（1）从右至左赏茶时，腰带动身体转动，而非双手移动；

（2）手掌心始终为空。

七、摇香

（一）玻璃杯摇香

基本动作：

（1）双手五指并拢，捧起玻璃杯至胸前；

（2）双手虎口相对，双手中指与中指相接，中指与大拇指固定住杯底，其余手指自然弯曲，手臂自然弯曲成抱球状，身体中正，头不偏，双肩平衡；

（3）手腕转动，杯口先转向里侧；

（4）手腕转动，杯口向右转；

（5）手腕转动，杯口向前转；

（6）手腕转动，杯口向左转；

（7）杯口由左向里转；

（8）手腕转动，杯口向里转，缓慢摇香一圈；

（9）再快速转动两圈，茶杯回正，摇香完成。

（二）盖碗摇香

1. 基本动作

（1）双手捧起盖碗至胸前；

（2）左手四指并拢与大拇指呈开口向右的 C 形，四指指尖为支撑，托住碗底，大拇指护住碗边下方；

（3）双手持碗，右手食指压住碗盖，手臂自然弯曲成抱球状，身体中正，头不偏，双肩平衡；

（4）杯口先向里压；

（5）手腕转动，杯口向右转；

（6）手腕转动，杯口向前转；

（7）手腕转动，杯口向左转；

（8）手腕转动，杯口向里转；

（9）再快速转动两圈，盖碗回正；

（10）左手掌托碗底，掌心为空，右手持盖；

（11）右手持盖，往外推，留出一条缝隙，可以闻茶香；

（12）盖碗回正，摇香毕。

2. 要领

（1）左手指尖托碗底，大拇指托碗边下方；

（2）手腕转动碗才转动，非手指转动，也非身体转动。

八、提水壶

(一) 男士提水壶

1. 方法一

（1）右手四指并拢，手心朝上，托住水壶提梁。肘关节下坠，肩关节放松；

（2）虎口夹住提梁，靠手腕转动来调整水壶的方向，左手半握拳，与肩同宽搁在桌面上。

2. 方法二

（1）右手四指并拢。手心朝下，握住水壶提梁，肘关节下坠，肩关节放松；

（2）提起壶，掌心紧贴提梁，调整壶嘴方向；

（3）注水。

(二) 女士提水壶

1. 方法一

（1）右手四指并拢，手心朝下，握住水壶提梁；

（2）掌心为空；

（3）肘关节下坠，肩关节放松；

（4）水壶平移靠近身体，右手下滑，掌心紧贴提梁，手腕转动，调整水壶的方向；

（5）左手半握拳，与肩同宽搁在桌面上，右手提壶注水；

（6）放下水壶时，握提梁的方法如提起水壶。

2. 方法二

（1）右手四指并拢，手心朝下，握住水壶提梁，肘关节下坠，肩关节放松；

（2）水壶平移靠近身体，水壶不动，右手右侧半边手掌下压，掌心紧贴提梁，手腕转动，调整水壶的方向，左手取受物；

（3）左手持受物托住水壶底部，右手提壶注水；

（4）放下水壶。

3. 要领

（1）手掌紧贴提梁，可以借助手掌的力量，而不只用手指的力量；

（2）肩关节、腕关节放松，可使水壶灵活调整方向；

（3）切忌抬肘。

九、注水

注水法可分为斟、冲、泡、沏。

注水法		特 点
斟		稳稳地注水
冲	高冲	一次冲水，高处收水，水的冲力较大
	定点冲	由高到低上下三次或一次，水的冲力大
泡		水的冲力小，茶汤柔和
沏		水的冲力更小，注水温柔

（一）斟

斟，即稳稳地注水。手提水壶，往盖碗里注水，水流均匀，沿着碗壁逆时针旋转一圈或几圈，注水至需要的量时收水。

一般斟水法适用于：

（1）注少量的水，温润一下茶叶；

（2）对水温要求不高的茶叶；

（3）原料比较细嫩的茶叶。

（二）冲

冲，又分高冲、定点冲。

1. 高冲

高冲，一般为一次冲水，高处收水，水的冲力较大。用手提水壶，对准泡茶器中心从最高处往下注水，水流均匀，注水至需要的量时在高处收水。

高冲法适用于以下几种情况：① 原料比较成熟的茶叶；② 外形比较紧结或卷紧的茶叶；③ 需要快速出汤的茶叶；④ 用壶作为泡茶器，以便高冲时水不外溅。

2. 定点冲

用右手提水壶，对准玻璃杯 9 点与 12 点之间位置的杯壁，然后从高处往下注水，水流均匀，注水至需要的量时在低处收水，使茶叶在杯内上下翻滚，以使茶汤浓度上下均匀。上述动作重复三次，茶叶会在容器内快速上下翻滚，以使茶的可溶物质快速溶出，茶汤浓度杯内上下一致。

定点冲法适用于：① 需要快速出汤；② 需要均匀茶汤浓度。

（三）泡

泡，水的冲力小，茶汤柔和。手提水壶，从高处往下注水，水流均匀，水注紧贴着容器的壁逆时针旋转一圈,注水至需要的量时,在高处收水。

泡法适用于:① 原料细嫩的茶叶;② 需要茶汤口感柔和。

(四) 沏

沏茶时,水的冲力更小,注水温柔。一般右手提壶,左手持碗盖成 45°角,水流先慢慢淋在碗盖内壁上,再慢慢流入盖碗中。

沏茶一般适用于:① 使用盖碗泡茶;② 需要快速使水温下降;③ 原料细嫩的茶叶。

十、点茶

(1) 在装有茶粉的茶碗中注入少量热水,茶与水的比例为 1∶50;

(2) 右手取茶筅,从茶碗 3 点位置入碗,左手虎口成弧形,护住碗;

(3) 右手护立茶筅;

(4) 右手手腕放松,略提茶筅,离开碗底,快速前后画"1";

(5) 前后画"1"直到茶沫浓、细、密;

(6) 从茶碗的 6 点位置沿碗壁取出茶筅,置于原位。

十一、取、放器具

(一) 基本要求

1. 双手端取

(1) 双手虎口成弧形,端起茶巾;

(2) 收到胸前;

(3) 放于右侧或左侧。

2. 双重捧取

(1) 水壶

① 双手提水壶,右手为实,左手为虚,左手五指并拢护茶壶;

② 先移至胸前,再移至右侧;

③ 右移,放下水壶。

(2) 茶罐

① 双手五指并拢,捧起茶罐,移至胸前;

② 再从胸前移至左侧,放于茶桌上,右手为虚护。

(3) 玻璃杯

① 双手捧起玻璃杯;

② 移至胸前;

③ 转换成温杯或摇香的手法。

（二）要领

（1）双手取放，轻取轻放，举重若轻；

（2）虚实结合，身体中正。

第三节　奉茶与饮茶基础动作修习

奉茶与饮茶是一组习茶者与品茗者互动的动作，如习茶者奉茶与品茗者受茶，习茶者行礼与品茗者回礼。习茶者的每一个动作都表达对品茗者的尊重、体贴和诚意，品茗者也用心品尝这杯由习茶者用心冲泡的茶汤，心与心借一杯茶进行交流。

一、奉茶

（一）当品茗者坐于桌前，托盘奉茶

1. 基本要求

（1）端茶盘于胸前；

（2）右脚开步，走至品茗者正前方；

（3）转身正面对品茗者；

（4）行奉前礼；

（5）品茗者回礼；

（6）奉前礼毕，回正；

（7）左手托茶盘；

（8）右手端杯；

（9）男士端杯，弯腰将茶杯放至品茗者伸手可及处；

（10）女士右蹲姿，左手托茶盘，右手端杯；

（11）奉中礼，伸出右手，五指并拢，手掌与杯成45°角，示意"请"或"请用茶"；

（12）品茗者回礼；

（13）奉中礼毕，起身，左脚后退一步，右脚跟着并拢；

（14）行奉后礼，意为"请慢用"。

2. 要领

（1）面对面正面奉茶，切忌侧面对着品茗者；

（2）男士重心降低，弯腰即可，切忌下蹲；

（3）女士蹲姿要稳，重心以低于品茗者为宜，切忌蹲"马步"。

（二）品茗者站立，托盘奉茶

1. 基本要求

（1）端茶盘于胸前，走至品茗者正前面；

（2）奉茶者行奉前礼,品茗者回礼;

（3）左手托茶盘,右手端茶杯和托;

（4）将茶杯端至品茗者手上;

（5）习茶者行奉中礼,示意"请"或"请用茶";

（6）端茶盘,左脚往后退一步,右脚跟上;

（7）行奉后礼,轻声说"请慢用"。

2. 要领

品茗者站立,奉茶者不用下蹲,或略下蹲,或略弯腰鞠躬即可。

（三）品茗者围坐圆桌,托盘奉茶

1. 基本要求

（1）左手托盘,蹲姿,重心下移;

（2）右手端杯;

（3）端杯至左边品茗者伸手可及处;

（4）伸出右手,示意"请用茶";

（5）品茗者回礼;

（6）起身;

（7）端盘到胸前;

（8）换右手托盘,蹲姿;

（9）左手端杯;

（10）端杯至右边品茗者伸手可及处;

（11）伸出左手,示意"请",品茗者回礼;

（12）起身;

（13）后退,奉茶毕。

2. 要领

（1）身体中正,下蹲时重心下移,稳重;

（2）可省略奉前礼和奉后礼。

二、品饮

（一）盖碗品饮法

1. 女士盖碗品饮法

（1）右手端取盖碗;

（2）将盖碗交给左手,左手食指与中指成"剪刀状"托底,拇指压住碗托;

（3）右手取盖至鼻前,深吸一口气,闻香;

（4）右手持盖,盖于碗上,靠里侧留一小缝;

（5）右手手腕转动,虎口朝里,小口品饮;

(6) 饮毕,放下盖碗。

注意要领:左手托起碗托,以免烫手;肩放松,双肘下坠;品饮时,虎口朝里,挡住嘴。

2. 男士盖碗品饮法

方法一:

(1) 右手端碗;

(2) 由右手将碗交给左手;

(3) 右手取碗盖,移至鼻前时深吸一口气闻香;

(4) 碗盖向外推,靠里留出一条小缝;

(5) 右手大拇指压盖,手指托碗底,固定盖碗;

(6) 右手端碗托底,左手半握拳,与肩同宽搁于桌上;

(7) 小口品饮。

方法二:

(1) 双手端碗;

(2) 将盖碗移至身前;

(3) 右手取盖;

(4) 闻香;

(5) 盖上碗盖,左侧留一条缝;

(6) 右手食指扣住碗盖拇指,中指端茶碗,其余手指自然并拢;

(7) 右手端起茶碗,虎口朝里;

(8) 小口品饮。

注意要领:动作大气,轻提轻放;双肩放松,双肘下坠;品饮时用虎口挡住嘴。

(二) 品茗杯品饮法

1. 无柄品茗杯品饮

(1) 习茶者奉茶至品茗者伸手可及处;

(2) 双手端杯托;

(3) 将茶杯移近;

(4) 右手五指并拢端杯,食指高于杯口,起遮挡的作用;

(5) 端起茶杯,先观汤色;

(6) 小口品饮,虎口略朝里,以对方正面看不到嘴为度;

(7) 品饮茶汤后,闻杯底香。

2. 有柄小杯品饮

(1) 习茶者奉茶至品茗者伸手可及处,茶杯柄在品茗者的右手边;

(2) 双手端杯;

(3) 将茶杯移近;

(4) 右手端起杯;

（5）观茶汤色；

（6）小口品饮；

（7）闻杯底香。

注意要领：品茗者若是"左撇子"，杯柄朝品茗者的左手边。

3. 双杯（闻香杯、品茗杯）品饮法

（1）双手虎口成弧形，端取杯与托至身前；

（2）右手端小品茗杯，倒扣在闻香杯上，手心朝下；

（3）手心朝上，食指与中指夹住闻香杯，大拇指压住品茗杯，固定手腕垂直上下快速翻转，闻香杯倒在品茗杯上，转成手心朝下；

（4）左手护杯，放于杯托靠右侧（品茗杯原位）；

（5）左手护杯，右手向里转动（逆时针）闻香杯，轻轻往上提起；

（6）右手掌握闻香杯，左手抱右手，由远及近三次闻茶香；

（7）将闻香杯放回杯托左侧原位；

（8）右手端杯，先观汤色；

（9）虎口略朝里，小口品饮。

注意要领：切忌对闻香杯、品茗杯吐气；肘下沉。

4. 玻璃茶杯品饮

（1）习茶者奉茶至品茗者伸手可及处；

（2）品茗者双手端杯将茶杯移近；

（3）右手端起茶杯；

（4）先观汤色；

（5）小口品饮。

三、端盘、收盘

（一）端盘

1. 基本要求

（1）身体为站姿，肩关节放松，双手臂自然下坠，小臂与肘关节平，端起茶盘，高度以舒服为宜；

（2）双手虎口张开，四指托住茶盘；

（3）茶盘离身体的距离为半拳；

2. 要领

（1）肘关节不外撑，手臂不外撑；

（2）茶盘不过低、过高或过远。

（二）收盘

1. 男士收盘

双手握住茶盘短边中间，茶盘靠身体左边，茶盘面与身体平行，茶盘最低一角离身体一拳距离。茶盘靠身体右边亦同。

2. 女士收盘

双手握住茶盘对角，置于身体右边，茶盘面与身体平行，茶盘最低一角与身体一拳距离。茶盘放于身体左边亦同。

3. 要领

（1）男士双手握住茶盘短边中间，女士握对角，双手一上一下；

（2）茶盘最低一角在身体的外侧，不在手上，也不在身体前，以防有水流下，淋湿衣服或手；

（3）茶盘与身体平行；

（4）从泡茶桌的右边入座，茶盘收于身体左边，若是从泡茶桌的左边入座，茶盘收于身体右边，以避免与泡茶桌碰撞，男士、女士同样。

第十五章 冲泡茶艺

本章教学目标

■ **知识目标：**

掌握不同茶叶的冲泡温度、时间和比例；理解茶叶产区地理环境对茶质的影响；了解茶具的材质和制造工艺。

■ **技能目标：**

能够根据需求选择茶叶，并掌握茶水比、冲泡温度和时间；掌握茶具的使用方法和清洁保养技巧；初步掌握茶叶的品尝技巧和评价标准。

■ **情感价值目标：**

培养对冲泡茶艺的热爱和情感投入；培养对细节的关注和追求完美的态度；培养与茶香相伴的宁静、淡定和快乐的心境。

■ **课程思政目标：**

弘扬中华传统文化，传承茶道精神；培养学生的创新意识和实践能力；培养学生的沟通交流和团队合作能力；培养学生的审美情操和人文关怀；培养学生良好的生活习惯和饮食健康意识。

第一节 绿茶冲泡茶艺

绿茶冲泡茶艺

绿茶在六大茶类中产量最多，外形变化最丰富，讲求嫩绿、明亮、清香、醇爽。在六大茶类中，绿茶的冲泡，看似简单，其实极考验功夫。因绿茶不经发酵，保持茶叶本身的鲜嫩，冲泡时略有偏差，易使茶叶泡老焖熟，茶汤黯淡，香气钝浊。所以在冲泡绿茶时，我们要根据绿茶的品种、外形、品质，选用相适宜的茶具，并采用相应的冲泡方法。

一、绿茶冲泡基本要求

（一）茶具配置

名优绿茶适用无盖透明玻璃杯、白瓷、青瓷、青花瓷无盖杯等，最好是无花直筒玻璃杯。这是因为名优绿茶特别细嫩，一般都采摘茶叶的一芽或一芽一叶，或一芽两叶，用无盖的敞口杯泡，可以使水的热气尽快散发，不至于将茶叶焖黄、焖熟；使用无花直角玻璃杯，可以使品饮者在冲泡过程中欣赏到细嫩的茶芽在水中慢慢舒展，享受翩翩起舞的茶趣。但是玻璃杯传热快、不透气,首先,会使茶香容易散失,因此所用茶杯宜小不宜大,大则水量多、热量大,会将茶叶泡熟,使茶叶色泽失去翠绿;其次,会使芽叶软化,不能在汤中林立,失去姿态;再次,会使茶香减弱,甚至产生"熟汤味"。

(二) 泡茶的水温

一般来说,冲泡水温的高低会影响茶中可溶性浸出物的浸出速度,水温越高,浸出速度越快,在相同的时间内,茶汤的滋味越浓。因此,泡茶的水温应考虑茶的老嫩、松紧、大小等因素,茶叶原料粗老、紧实、叶大的,冲泡水温要比原料细嫩、松散、叶碎的高。

具体而言,高级细嫩的名优绿茶,一般只能用 80 ℃左右的水,以保持茶叶色泽嫩绿,滋味鲜爽,维生素 C 不遭破坏。水温过高,会使茶汤变黄,滋味变苦,维生素 C 被大量破坏;水温过低茶叶会浮在水面,有效成分难以浸出,茶味淡薄。大宗绿茶由于茶叶老嫩适中,可用 90 ℃左右的开水冲泡。低档的绿茶则要用 100 ℃的沸水冲泡,水温过低,茶中的有效成分不易浸出,味显得淡薄。

(三) 冲泡的次数

一般茶在第一次冲泡时,茶中的物质能浸出 50%～55%,第二次能浸出 30%,第三次能浸出 10%,第四次只能浸出 2%～3%,与白开水无异。

大宗绿茶中的条形茶,通常只能冲泡两三次;名优绿茶一般只能冲泡一两次。若需续水,则应在喝到　半或 1/3 时就加水,可保持鲜味不变;若喝完再加水,则茶汤无味。

(四) 茶、水比例

茶叶冲泡时,茶与水的比例称为茶水比例。茶水比不同,茶汤香气的高低和滋味浓淡也各异。茶叶与水要有适当的比例,水多茶少,则味道淡薄;茶多水少,则茶汤苦涩不爽。

冲泡绿茶一般用 1∶50～1∶60 的茶水比,即每克茶用 50～60 毫升水冲泡。

此外,饮茶时间不同,对茶汤浓度要求也有区别。饭后或酒后,适饮浓茶,茶水比可大;睡前,饮茶宜淡,茶水比应小。同时,茶水用量还与饮茶者的年龄、性别、爱好有关。

(五) 冲泡时间

茶的滋味会随着冲泡时间的延长而逐渐增浓。一般冲泡后 3 分钟左右饮用最好。时间太短,茶汤色浅,味淡;时间太长,香味会受损失。

一般来说,凡用茶量大或水温偏高,或茶叶细嫩、较松散的,冲泡时间应相对缩短;相反,用茶量小或水温偏低,或茶叶粗老,或紧实的,冲泡时间可相对延长。

任何品类的茶叶都不宜浸泡过久或泡太多次,因为除了茶汤变得味淡、香失之外,茶叶中所含的芳香物质和茶多酚也会自动氧化,不但减低营养价值,还会泡出有害物质,茶叶中的维生素也将荡然无存。

(六) 绿茶的冲泡方法

由于名优绿茶极其细嫩,因此一般选择无花直角玻璃杯冲泡,即杯泡法。由于各类绿茶的外形不同,选择玻璃杯冲泡,也有不同的方法。

1. 下投法

下投法是指冲泡茶叶时,先把茶叶拨入杯中,注入 1/3 的热水润泽干茶,摇杯帮助茶叶吸水的温度和湿度,继而将热水注入七分满的方法。这种方法较适合外形扁平光滑、不易下沉的叶,典型代表是龙井茶。

2. 中投法

中投法是指冲泡茶叶时,先将热水注入杯中约 1/3,然后将茶叶拨入杯中,摇杯帮助茶叶吸收水的温度和湿度,继而再将热水注入杯中七分满的方法。这种方法一般适合外形纤细的茶叶,典型代表是黄山毛峰。

3. 上投法

上投法是指冲泡茶叶时,先将开水注入玻璃杯中七分满,再将茶叶拨入杯中的冲泡方法,这种方法只适合外形较紧实、易下沉的茶叶,典型代表是洞庭碧螺春。

二、代表性绿茶冲泡茶艺展示

龙井茶茶艺表演步骤、操作内容与解说梳理汇总如下表:

表 15-1　龙井茶茶艺表演步骤、操作内容与茶艺解说

步　骤	操作内容	茶艺解说示例
第一道点香:焚香除妄念	点燃一支熏香,将香插入香炉	俗话说"泡茶可修身养性,品茶如品味人生",古今品茶,首先讲究平心静气;熏香可以影响人的心情,使人驱除妄念,心平气和
第二道洗杯:冰心去凡尘	将干净的玻璃杯再烫洗一次	茶是至清至洁、天含地育的灵物,所以要求泡茶的器皿也是冰清玉洁、一尘不染;将本已洗净的玻璃杯再烫洗一遍,一是表示对嘉宾的敬意,二是预热茶具,三是再次清洁茶具
第三道凉汤:玉壶养太和	把开水注入瓷壶中降低水温	狮峰龙井茶芽极细嫩,若直接用开水冲泡,会烫熟茶芽造成熟汤失味,所以要先将开水倒进瓷壶中,待水温降到80℃左右再用以冲茶
第四道投茶:清宫迎佳人	用茶匙将茶叶投入玻璃杯中,每杯3～5克	苏东坡有诗云"戏作小诗君勿笑,从来佳茗似佳人",把优质茶比喻成让人一见倾心的绝代佳人。"清宫迎佳人"就是用茶匙将茶叶投入到冰清玉洁的玻璃杯中
第五道润茶:甘露润莲心	向杯中注入约 1/3 容量的热水,润茶;双手拿起茶杯,摇香	龙井茶属于芽茶类,细嫩无比,一般采用二次冲泡法,即浸润泡;润茶的目的是使茶叶充分浸润,吸收水的温度和湿度,将茶叶中所含物充分地溶解出;采用摇香的方式以使茶香较快地释放出来
第六道冲水:凤凰三点头	采用"凤凰三点头"冲茶	冲泡绿茶也讲究高冲水,在冲水时有节奏的三起三落,为"凤凰三点头";意为凤凰再三向宾客们点头致意,以示对各位客人的尊敬
第七道泡茶:碧玉沉清江	茶叶在热水中舒展、沉浮	龙井茶吸收水分后,逐渐舒展开来并慢慢沉入杯底,"碧玉沉清江"

步　骤	操作内容	茶艺解说示例
第八道奉茶： 观音捧玉瓶	面带微笑，向宾客奉茶	佛教故事中传说：大慈大悲的观音菩萨捧着一个白玉瓶，净瓶中的甘露可消灾祛病，救苦救难。"观音捧玉瓶"意为祝宾客一生平安
第九道赏茶： 春波展旗枪	请客人欣赏在热水的浸泡下，龙井茶的茶姿、茶舞	在热水的浸泡下，龙井茶的茶芽慢慢地舒展开来；尖尖的茶芽如枪，展开的叶片像旗，一芽一叶称为"旗枪"；舒展开来的茶芽矗立在杯底，在清碧、澄静的水中上下浮动或左右晃动，栩栩如生，宛如春兰初绽，又似有生命的精灵在舞蹈；茶艺表演中称为"春波展旗枪"
第十道闻香： 慧心悟茶香	请客人嗅闻龙井茶的茶香	龙井茶被誉为"色绿、香郁、味醇、形美"四绝佳茗；所以品饮龙井要一看、二闻、三品味；龙井茶香高持久，冲泡后，清香若兰，令人心旷神怡
第十一道品茶： 淡中回至味	请客人品尝龙井茶汤的滋味	端杯小口啜饮，品尝茶汤滋味，缓慢吞咽，让茶汤与味蕾充分接触，可领略到名优绿茶的风味；清代茶人陆次之说，龙井茶，真者甘香而不洌，吸之淡然，似乎无味，饮过之后，觉有一种太和之气，弥沦于齿颊之间，此无味之味，乃至味也
第十二道谢茶： 自斟乐无穷	请客人自斟自酌	品茶之乐，乐在闲适，乐在怡然自得；请各位来宾亲自动手，自斟自品，从茶事活动中去感受修身养性、品味人生的无穷乐趣

红茶冲泡茶艺

第二节　红茶冲泡茶艺

一、红茶冲泡基本要求

（一）茶具的配置

红茶既可选用杯泡，也可选用壶泡，还可选用工夫茶具冲泡。一般杯泡最好选择有盖的瓷杯，因为红茶并不细嫩，需要壶盖才能使茶叶尽快吸收水的热气和湿气，有利于茶性的散发。工夫红茶多用壶泡法（紫砂壶）和工夫泡法，因为工夫红茶具有香高、色艳、味醇的特点，用壶泡尤其是紫砂壶冲泡，能更好地体现它的香高、味醇的特点。

一般红碎茶多选择白瓷、红釉瓷、暖色瓷的壶杯具、盖杯或咖啡壶具，侧重点是观赏汤色。欣赏红茶的汤色是红茶品评的重要内容。为了更好地欣赏红茶红艳明亮的汤色，宜选择最能体现其色泽美的白瓷茶具，一般可选择白瓷、红釉瓷、暖色瓷、内挂白釉的紫砂壶等杯具、盖杯，或咖啡壶具，或透明的玻璃壶杯具等。

（二）泡茶的水温

冲泡红茶，可用 90 ℃左右的开水冲泡；对于低档的红茶，要用 100 ℃的沸水冲泡。

（三）冲泡的次数

红茶中的红碎茶只能冲泡一次,而工夫红茶可冲泡两三次。

（四）茶、水比例

冲泡红茶,要用 1：50～1：60 茶水比,即每克茶用 50～60 毫升水冲泡。

（五）冲泡时间

一般冲泡后 3 分钟左右饮用。时间太短,茶汤色浅,味淡;时间太长,香味会受损失。

（六）红茶的冲泡

1. 清饮法

清饮法是指红茶经冲泡后得到的茶汤直接用于饮用,不添加其他调料。清饮法重在领略茶的色、香、醇。清饮法一般分为清饮杯泡和清饮壶泡两类。

（1）清饮杯泡

高档的条茶类型的工夫红茶具有香高、色艳、味醇的特点,多采用清饮杯泡法,使茶的内质得以充分表现。一般采用白瓷杯或茶杯内壁为白色的杯子冲泡,便于观色。

（2）清饮壶泡

中、低档的工夫红茶、红碎茶,一般采用壶泡法(紫砂壶、瓷壶、玻璃壶均可),茶杯可用透明的玻璃杯或内挂白釉的紫砂杯、瓷杯,以便观色。

2. 工夫茶艺

为了使红茶的内质得以充分发挥,采用工夫茶艺冲泡红茶。一般工夫红茶都可采用工夫茶艺。

3. 调饮法

调饮法是指在红茶茶汤中加入调料,以佐汤味的一种方法。红茶不仅色艳味醇,而且收敛性差,茶性温和,兼容性强,调配性好,因此适合配制牛奶红茶、柠檬红茶等。配制方法是将红茶放入茶壶,冲泡后,再在茶汤中加入方糖、牛奶、柠檬、蜂蜜等辅料。这种调配后的红茶,别有风味。

调饮法大多用袋泡红茶(红碎茶),少数也有用工夫红茶的。这是因为袋泡红茶茶汁浸出快、浓度高、去渣容易。其所用茶具一般为瓷质的咖啡茶具,因为更能感受到调饮法饮茶所特有的情趣。

二、代表性红茶冲泡茶艺展示

此处以祁门红茶茶艺表演为例。

（一）训练目的

通过祁门红茶茶艺表演训练,学习茶冲泡的基本方法——壶泡法,并掌握祁门红茶茶艺表演要领。

（二）训练内容

壶泡法的基本程序和方法；祁门红茶茶艺表演。

（三）训练过程

1. 茶具配置

茶盘1个，瓷质茶壶1把，茶杯（青花或白瓷茶杯）3只，随手泡1套，茶道具1套，茶样罐1个，茶荷1只，茶巾1条，水盂1只，祁门红茶若干。

2. 祁门红茶茶艺表演程序

祁门红茶茶艺表演步骤、操作内容和解说词详见下表。

表 15‑2 祁门红茶茶艺表演步骤、操作内容和解说词

步　骤	操作内容	茶艺解说示例
第一道展示茶叶：宝光初现	向客人展示祁门红茶	祁门红茶产于安徽省祁门县，条索紧秀，峰苗好，色泽黑润泽、泛灰光，俗称"宝光"
第二道温杯洁具：流云拂月	用开水洁净壶具	温杯的作用是预热茶具和再次清洁茶具
第三道置茶入壶：王子入宫	用茶匙将茶叶拨入壶中	祁门红茶被誉为"王子茶"，将其拨入壶中也称"王子入宫"
第四道清洗茶叶：养气发香	向壶内注入 2/3 的水，然后盖上盖，迅速将水倒入水盂	头泡茶水，不宜敬上，倒掉为宜，以洗掉茶叶上的灰尘和残渣，同时让茶叶有一个舒展的过程
第五道冲泡茶叶：玉泉催花	将开水从高处注入茶壶中	用高冲水可以更好地激发茶性
第六道敬奉茶水：云腴献主	提起茶壶，轻轻摇晃，待茶汤浓度均匀后，采用循环倾注法倾茶入杯；用双手向宾客奉茶	用循环倾注法斟茶，能使杯中茶汤的色、香、味一致
第七道请客闻香：喜闻幽香	请客人闻茶香	祁门红茶是世界公认的三大高香茶之一，其香浓郁、高长，有蜜糖香，上品蕴含兰花香，号称"祁门香"；由于其品质超群，被誉为"群芳最"，英国人喜爱祁红，皇家贵族把它当时髦饮料，称它为"茶中英豪"
第八道请客观汤：细睹容颜	请客人观赏祁门红茶的汤色	祁门红茶的汤色红艳、鲜亮，杯沿有一围明显的金黄色的光环，被称为"金圈"；再看叶底，鲜红细嫩，披着一身红艳艳的"时装"，赏心悦目
第九道请客品尝：味压群芳	请宾客缓吸品饮	祁门红茶口感以鲜爽、浓醇为主，回味隽久，质压群芳；一口可觉茶香，两口可觉茶味，三口可觉茶香、茶味在口中停留，久久不能散去
第十道向客谢茶：三生盟约	请客人自斟自赏	红茶通常可冲泡 3 次，3 次的口感各不相同，一赏鲜爽，二赏余韵，三番细饮慢品，可得品茶的乐趣

乌龙茶冲泡茶艺

第三节　乌龙茶冲泡茶艺

一、乌龙茶冲泡基本要求

（一）茶具的配置

乌龙茶茶具一般选择紫砂壶杯具或白瓷壶杯具、盖碗、盖杯，也可用黑褐系列的陶器壶杯具。紫砂壶杯具是冲泡乌龙茶最好的茶具。用紫砂茶具泡茶，既无熟汤味，又能保持茶的真香、真味。但紫砂壶茶具色泽多数深、暗，对茶叶汤色均不能起衬托作用，因此一般选用内挂白釉的茶杯，以便观色。

（二）泡茶的水温

乌龙茶由于原料并不细嫩，加之用茶量大，所以需用刚沸腾的开水冲泡。冲泡乌龙茶须用紫砂壶、沸水冲泡，乌龙茶的茶性才能得到极大发挥。如果用玻璃杯或盖碗，或水温过低，乌龙茶就会"真味难出，如饮沟渠之水"。

（三）冲泡的次数

乌龙茶可连续冲泡 4~6 次，甚至更多。

（四）茶、水比例

乌龙茶投茶量大致是茶壶容积的 1/2 到 2/3。此外，用 1：18~1：20 茶水比冲泡铁观音等乌龙茶。

（五）冲泡时间

乌龙茶由于投茶量大，因此第一泡 1 分钟后就可将茶汤倾入杯中。接下来，每泡相应比前泡增加 15 秒钟。

（六）乌龙茶的冲泡

1. 工夫茶艺

乌龙茶是最讲究沏泡技艺的一类茶，人们把乌龙茶茶艺称为"工夫茶艺"，简称工夫茶。当然，称为工夫茶的原因有多种说法，有的说是因为乌龙茶的制作工序复杂，制茶时极费工夫；有的说是因为乌龙茶需细啜慢饮，冲泡时也颇费功夫；有的说乌龙茶最难泡出水平，泡茶的方式最为讲究，泡茶最讲究"真功夫"，所以"工夫茶艺"也称为"工夫茶艺"或"工夫茶"。

工夫茶是适应叶茶撮泡的需要，经过文人雅士的加工提炼而成的品茶技艺，用小壶、小杯冲泡乌龙茶是"工夫茶"的基本特征。它大约在明代形成于江浙一带，后扩展到闽粤等地，在清代到闽南、潮汕一带，是在闽、台、潮汕各地都很流行的茶俗，至今以"潮汕工夫茶"享有盛誉。潮汕工夫茶最古色古香，堪称中国茶道的"活化石"。

工夫茶最体现"工夫"的是"茶具"与"冲法"。

传统的潮汕工夫茶选用"烹茶四宝"——"潮汕风炉、玉书碨、孟臣罐、若琛瓯"冲泡,以鉴赏茶的韵味。这种茶具往往被看作一种艺术品。潮汕风炉是一只缩小了的粗陶炭炉,专作生火加热之用,为广东潮汕地区所制。玉书碨是一把缩小了的瓦陶壶,高栖长嘴,架在风炉上,专作烧水之用,以潮安枫溪所产最为著名。孟臣罐是一把比普通茶壶小一些的紫砂壶,专作泡茶之用,以宜兴出产的紫砂壶最为名贵。选择茶罐的好坏标准有四字诀:小、浅、齐、老,即茶壶"宜小不宜大,宜浅不宜深"。"齐"指"三山齐",即壶嘴、壶口和壶把要在一条线上。若琛瓯是2～4只仅半个乒乓球大小的小茶杯,则每只仅能容纳4毫升茶汤,专供饮茶之用,其以景德镇产的瓷杯为佳。茶杯的选择也有四字诀——"小、浅、薄、白",小则一啜而尽,浅则水不留底,色白如玉以衬托茶的颜色,质薄如纸使其能起香。

潮汕工夫茶的冲法,有一套十分烦琐的程序。其程序包括治器、纳茶、候汤、冲茶、刮沫、淋罐、烫杯、洒茶等。洒茶有四字诀:"低、快、匀、尽。""低"是指洒茶切不可高;"快"是为了使香味不散失,且保持热度;"匀"是保持各个茶盅均匀承茶;"尽"是不让余水留在壶中。

乌龙茶的冲泡技艺在潮汕地区流传五项口诀:"温壶烫杯""高冲低斟""刮沫淋盖""公关巡城""韩信点兵"。这是乌龙茶冲泡的关键所在。

2. 乌龙茶的冲泡

(1) 乌龙茶的冲泡方法

乌龙茶的冲泡因地区和茶具不同,冲泡方法也不同,大致分为壶盅双杯泡法、壶盅单杯泡法、壶杯泡法、盖碗泡法4种。

① 壶盅双杯泡法。它是指冲泡乌龙茶需要紫砂壶、茶盅(茶海)、闻香杯、品茗杯,此泡法在台湾地区较流行,具有一定的观赏性,目前茶艺馆多有采用。

② 壶盅单杯泡法。它是指只有紫砂壶、茶盅(茶海)、品茗杯,没有闻香杯。

③ 壶杯泡法。它是指泡茶只需要茶壶和品茗杯,没有茶盅和闻香杯。分茶时需要采用"关公巡城""韩信点兵"的方法。

④ 盖碗泡法。它是指采用盖碗泡茶。此法又分为有盅泡法和无盅泡法两种。有盅泡法,即泡茶用具包括盖碗、茶盅(茶海)、品茗杯;无盅泡法,即泡茶采用盖碗、品茗杯,而无茶盅。

(2) 乌龙茶冲泡的流派

目前,乌龙茶的冲泡按地区民俗可分为潮汕、台湾、闽南和武夷山四大流派。

四大流派一脉相承,具有许多相同之处。但台式工夫茶与其他流派相比,有两点不同:

第一,为了使各杯茶汤浓度一致,潮汕工夫茶和闽式工夫茶是先经过冲点,再将壶中的茶汤通过循环往复和最终滴沥的方法,将茶汤一一倾入各个茶杯。这种方法,前者俗称"关公巡城",后者俗称"韩信点兵"。而台式工夫茶是将冲点后的茶汤先倾入公道杯,使前后倾入的茶汤混合均匀,再倾入各个茶杯。

第二,潮汕工夫茶和闽式工夫茶的闻香是与品尝同时实现的,而台式工夫茶是先将公道杯中的茶汤一一倾入闻香杯,再将其倒入品茗杯,然后提起闻香杯闻香。

二、代表性乌龙茶茶艺展示

潮汕工夫茶、台式乌龙茶茶艺表演。

(一) 训练目的

通过乌龙茶泡法训练,学习工夫茶艺,掌握乌龙茶茶艺。

(二) 训练内容

潮汕工夫茶、台式乌龙茶茶艺。

(三) 训练过程

1. 潮汕工夫茶

(1) 茶具配置

紫砂壶 1 把,品茗杯 3 只,紫砂茶盘 1 只,茶船 1 只,茶道具 1 套,茶样罐 1 个,白纸 1 张,茶巾 1 条,随手泡 1 套,安溪铁观音若干。

(2) 潮汕工夫茶冲泡程序

潮汕工夫茶冲泡程序如下表所示:

表 15－3　潮汕工夫茶冲泡步骤、操作内容与标准

步　骤	操作内容及标准
展具	(1) 按要求摆好茶具 (2) 向客人介绍茶具
煮水	用随手泡煮水;冲泡乌龙茶,烹煮的水温需达到 100 ℃,才能使乌龙茶的品质得到最大限度发挥
烫壶	(1) 将开水冲入紫砂壶 (2) 将开水依次淋入品茗杯
纳茶	(1) 自制赏茶荷:取一张正方形的白纸,折叠成三角形,再对折一次,将其对角拉出,相邻的两角对折 (2) 拨茶入荷:挑取干茶,较整齐地放在茶荷的前端,碎的叶子放在后面 (3) 请客人欣赏干茶 (4) 拨茶入壶:较整齐的茶叶置于壶的底部及靠近壶流一边,细碎的茶叶放在壶柄的一侧及上层
冲茶	揭开茶壶盖,将滚汤沿壶口、壶边冲入 注意:切忌直冲壶心,冲时开水壶要提高
刮沫	冲茶时溢出的白色茶沫先用茶壶盖刮去,然后把茶壶盖好
淋罐	茶壶盖好后,即用开水冲淋壶盖,既可冲去溢出的茶沫,又可在壶外加热,称为"淋罐"
烫杯	将开水冲入小品杯中,将品茗杯分别放入下一个品杯中,滚杯转洗
洒茶	(1) "关公巡城":把茶壶嘴贴近已整齐摆放好的茶杯,然后连续不断地把茶均匀地筛洒在各个杯中 (2) "韩信点兵":壶中茶汤倾尽,尚有余滴,尽数一滴一滴依次巡回滴入各个茶杯,洒茶有四字诀:低、快、匀、尽
敬茶	向各位宾客敬奉香茗

2. 台式乌龙茶茶艺表演

(1) 茶具配置

茶盘 1 个,紫砂壶 1 把,公道杯 1 只,闻香杯 3 只,品茗杯 3 只,杯托 3 只,滤网 1 个,茶道具 1 套,茶样罐 1 个,茶荷 1 只,茶巾 1 条,随手泡 1 套,水盂 1 只,冻顶乌龙若干。

(2) 台式乌龙茶茶艺表演程序

台式乌龙茶茶艺表演如下表所示:

表 15 - 4　台式乌龙茶茶艺冲泡步骤、操作内容与解说

步　骤	操作内容	茶艺解说(示例)
第一道展示茶具:乌龙茶具	向客人逐一展示泡茶所用的精美茶具,介绍用途	紫砂壶是泡制乌龙的最佳器具;公道杯用以均匀混合茶汤;滤网用以过滤茶渣;闻香杯用以闻茶香,是台式乌龙茶特有的步骤;品茗杯用以品尝香茗
第二道请客赏茶:茶约知音	用茶则将乌龙茶拨入茶荷,请客人欣赏干茶	台湾冻顶乌龙产自 700—1 500 米的高山地带,终年云雾缭绕,注定了冻顶乌龙的优秀品质。其呈淡绿色,略带白毫,呈半球形,紧结而结实
第三道烫具淋壶:沐霖清心	开水温杯洁具	用开水温壶烫盏,在乌龙茶艺中被称为"沐霖清心"。此时的温壶烫盏是为了提高壶、盅、杯的温度,因为冲泡乌龙茶要求水温达到 95 ℃以上
第四道拨茶入壶:乌龙入宫	用茶匙将茶荷中的茶叶拨入壶中	拨茶入壶,被称为"乌龙入宫";乌龙茶的冲泡具有用茶量大的特点,一般根据茶叶的紧结程度,投入量为壶容积的 1/3 到 1/2
第五道浸泡茶叶:乌龙沐春	将开水注入壶中,直到水漫过壶口为止	浸泡茶叶时,茶叶得水而净,遇水而舒展,焕发生气,如沐春风,所以将其称为"乌龙沐春"
第六道倒掉茶汤:乌龙入海	将壶中的头泡茶水倒入水盂	头泡茶水只有茶的汤色而无茶的香气,不宜敬上,倒掉为宜,直接注入水盂,从壶口流向水盂好像蛟龙入海,所以称为"乌龙入海",同时也起到洗茶的作用
第七道冲水入壶:乌龙泻瀑	提起水壶,先低后高冲入,使茶叶随着水流旋转而充分舒展	悬壶高冲在茶艺表演中被称为"乌龙泻瀑""流泉汲翠"或"高山流水";悬壶高冲的手法是为了激发茶性,更好地泡出茶的色、香,同时也可以将茶的残渣及泡沫冲出
第八道刮沫:春风拂面	用壶盖轻轻在壶口上绕一圈,将壶面上的泡沫刮起	用壶盖轻轻刮去壶口的泡沫和残渣,称为"春风拂面"

续　表

步　骤	操作内容	茶艺解说（示例）
第九道淋壶：重洗仙颜	提开水壶，浇淋茶壶外部，将泡沫和残渣冲掉	淋壶，一是起到清洁壶身的作用；二是再次让壶身提高温度，使壶的内外温度一致，利于茶香散发。这个步骤在茶艺中被称为"重洗仙颜"
第十道均匀茶汤：玉液合香	将壶中的茶倒入公道杯中	因为先倒出的茶汤比后倒出的淡，所以用茶盅来综合茶汤。这样每位客人品尝到的茶汤都是相同的，也体现了在茶面前人人平等的茶的精神。这个步骤在茶艺中被称为"玉液合香"
第十一道斟茶入杯：祥龙行雨	将公道杯中的茶汤循环注入闻香杯	这个步骤在茶艺中被称为"共享春阳"或"祥龙行雨"。斟茶只斟出七分满，意寓"七分茶，三分情"，同时也便于握杯
第十二道双杯合扣：龙凤呈祥	将品茗杯扣在闻香杯上	品茗杯为龙，闻香杯为凤，双杯相扣，即"龙凤呈祥"
第十三道扣杯翻转：叩彩叠香	将对扣的两个杯子翻过来	这一操作步骤在茶艺中被称为"叩彩叠香"或"鲤鱼翻身"
第十四道双手敬茶：敬奉香茗	将相扣的茶杯放在杯托上，双手端起，彬彬有礼地向客人敬奉上香茗	这一操作步骤在乌龙茶茶艺中被称为"敬奉香茗"
第十五道刮去水珠：花好月圆	用右手握住闻香杯基部，轻轻转动取出闻香杯，绕品茗杯口一圈，把闻香杯边的茶汤刮掉，不让茶汤滴出杯外	这一操作步骤在乌龙茶茶艺中被称为"花好月圆"
第十六道搓杯闻香：乌龙吐香	双手轻揉杯身，闻取茶香	冻顶乌龙的香气具兰花香，乳香交融；轻揉杯身，闻取茶香的步骤在茶艺表演中被称为"乌龙吐香"；首先闻它的热香，待热气散发之后，再闻它的冷香，冷香更悠长；汤色呈黄绿色，晶莹透明
第十七道请客品茶：品啜甘霖	请客人以"三龙护鼎"的手法托起品茗杯，分三口饮尽杯中茶水	浅浅一杯清茶，汤色中金黄带绿意，体现了自然的神奇；共品这杯香茗以示对自然的虔诚和敬意；冻顶乌龙滋味甘滑爽口；汉字"品"由3个"口"字组成，所以品饮这杯茶汤需要分三口咽下，一口为尝，二口为回，三口为品。如此，三口方知其味，三番才能动心
第十八道向客谢茶：七泡有余香	请客人自斟自酌	乌龙茶素有"七泡有余香"，能使饮者在齿颊留香中感受心灵的芬芳

白茶冲泡茶艺

第四节　白茶、黄茶冲泡茶艺

一、白茶、黄茶冲泡基本要求

（一）茶具配置

白茶以有毫香而闻名，冲泡白茶宜用白瓷壶杯，或内壁挂白釉的壶杯，或黄泥炻器壶杯，或反差极大且内壁有色的黑瓷，以衬托出白毫。黄茶宜用奶白或黄釉瓷及黄、橙为主色的壶杯具、盖碗、盖杯。高档的白茶与黄茶，茶性与绿茶相近，重在观赏，因此，一般也采用无花直筒玻璃杯冲泡，便于欣赏杯中茶的形和色，以及它们的变幻和姿色。

（二）泡茶的水温

细嫩的白、黄茶，一般只能用 80 ℃左右的水冲泡。

（三）冲泡的次数

白茶和黄茶一般只能冲泡一次，最多两次。白毫银针、君山银针一般只能冲泡一次，第二次就没有什么味道了。

（四）茶、水比例

一般用 1∶50～1∶60 的茶水比，即每克茶冲泡 50～60 毫升水。

（五）冲泡时间

黄大茶、黄小茶一般冲泡 3 分钟左右，即可饮用。白茶、黄茶中的黄芽茶由于制作时未经揉捻，茶叶表皮细胞未被破坏，茶叶中的有效成分不易浸出，因此，冲泡时间也需要 10 分钟左右。

（六）白茶、黄茶的冲泡

高档的白茶、黄茶，冲泡方法与名优绿茶的冲泡方法一样，采用玻璃杯泡法。中、低档的白茶、黄茶，冲泡方法与中、低档的绿茶一样，采用盖碗泡法或壶泡法。对于陈年的老白茶，可采用煮茶法。与泡茶相比，煮茶可让茶叶释放出更多的抗癌物质，可更大限度地发挥药用功效。

二、代表性白茶、黄茶茶艺展示

以白毫银针、君山银针茶艺展示为例。

（一）训练目的

学习和掌握白毫银针、君山银针茶艺。

（二）训练内容

白毫银针、君山银针茶艺。

(三) 训练过程

1. 白毫银针茶艺

(1) 茶具配置

茶盘 1 个,无花直筒玻璃杯 3 只,随手泡 1 套,茶道具 1 套,茶荷 1 只,茶巾 1 条,水盂 1 只,香炉 1 个,香 1 支,白毫银针 9 克。

(2) 白毫银针茶艺表演程序

白毫银针茶艺表演程序详见下表:

表 15 - 5　白毫银针茶艺步骤及要点

步　骤	操作内容	茶艺解说(示例)
第一道焚香: 天香生虚空	点燃一支熏香,将香插入香炉	"天香生虚空"是唐代诗仙李白在《庐山东林寺夜怀》中的一句诗,一缕香烟,悠悠袅袅,将饮者的心带到虚无空灵、霜清水白、湛然冥真的境界
第二道鉴茶: 万有一何小	请客人鉴赏干茶	"万有一何小"是南朝诗人江总在《游摄山栖霞寺并序》中的一句诗。"三空豁已悟,万有一何小"这句诗充满了哲理禅机,"三空"是佛家所说的言空、无相、无愿三种解脱;修习茶道也正是要悟出三空。有了这种境界,世界的万事万物才可纳入须弥芥子中;反过来,一花一世界,一沙一乾坤,从小中又可以见大,以这种心境来鉴茶,看重的不是茶的色香味形,而是探求茶中包含的大自然无限的信息
第三道涤器: 空山新雨后	将干净的玻璃杯再烫洗一次	这道程序依旧是小中见大;杯如空山,水如新雨,意味深远
第四道投茶: 花落知多少	用茶匙将茶叶投入玻璃杯中,每杯约 3 克	茶叶如花飘然而下,所以有"花落知多少"
第五道冲水: 泉声满空谷	悬壶高冲	"泉声满空谷"是宋代文学家欧阳修咏《虾蟇碚》中的一句诗,在此借以形容冲水时甘泉飞注,水声悦耳
第六道赏茶: 池塘生春草	请客人欣赏在热水的浸泡下,茶的茶姿、茶舞	"池塘生春草"是晋代大诗人谢灵运在其代表作《登池上楼》中的名句。这句诗语出自然,不加雕饰,看似脱口而出,却生机盎然,恰可借以形容白毫银针在玻璃杯中的趣景;开始白毫银针的茶芽浮于水面,在热水的浸润下,逐渐舒展开来,吸收了水分后沉入杯底,茶芽条条挺立,一棵棵嫩芽娇绿可爱,在碧波中晃动如迎风曼舞,又像是要冲出水面去迎接阳光。这种趣景恰似"池塘生春草",使人观之,尘俗尽去
第七道闻香: 谁解助茶香	请客人嗅闻茶香	"谁解助茶香"是唐代著名诗僧皎然在《九月与陆处士羽饮茶》中的一句话。1 000 多年来,万千茶人都爱闻茶香,但又有几人能说得清、解得透茶那清郁、隽永、神秘的生命之香——大自然之香
第八道品茶: 努力自研考	请客人品尝茶汤的滋味	"努力自研考"是唐代诗人王梵志在《若欲觅佛道》一诗中的结束语。品茶在于探求茶道的奥秘,在于品味人生,契悟自然,这正像王梵志欲觅佛道一样,应当"明识生死因,努力去研考"

2. 君山银针茶艺

（1）茶具配置

茶盘1个，无花直角玻璃杯3只，随手泡1套，茶道具1套，茶荷1只，茶巾1条，水盂1只，香炉1个，香1支，君山银针9克。

（2）君山银针茶艺表演程序

黄茶君山银针茶艺表演操作如下表所示：

表15-6　君山银针茶艺表演步骤及要点

步　骤	操作内容	茶艺解说（示例）
第一道焚香： 焚香静气可通灵	点燃一支熏香，将香插入香炉	"茶须静品，香可通灵"，品饮像君山银针这样文化沉积厚重的茶，则需要静下心来，才能从茶中品味出我们中华民族的传统精神
第二道涤器： 涤尽凡尘心自清	将干净的玻璃杯再烫洗一次	品茶的过程是茶人洗涤自己心灵的过程，烹茶涤器，不仅是洗净茶具上的尘垢，更重要的是在洗涤茶人的灵魂
第三道鉴茶： 娥皇、女英展仙姿	请客人鉴赏君山银针干茶	品茶前，首先要鉴赏干茶的外形、色泽和气味。君山银针茶形似针，满披白毫，芽头肥壮挺直、金黄、明亮，也称为"金镶玉"。相传4 000多年前舜帝"南巡"，不幸驾崩于九嶷山下。他的两个爱妃娥皇和女英前来奔丧，在君山望着烟波浩渺的洞庭湖放声痛哭，她们的泪水滴到竹子上，使竹竿染上永不消退的斑斑泪痕，成为湘妃竹；她们的泪水滴到君山的土地上，便长出了象征忠贞爱情的植物——茶树。茶是娥皇、女英真情化育出的灵物
第四道投茶： 帝子投湖千古情	用茶匙将茶叶投入玻璃杯中，每杯约3克	娥皇、女英是尧帝的女儿，所以也称为"帝子"。她们奔夫丧时乘船到洞庭湖，不幸的是船被风浪打翻而沉入了水中。但她们对舜帝的真情，被世人传颂千古
第五道润茶： 洞庭波涌连天雪	向杯中冲入热水约1/2杯，润茶	润茶的目的是使茶叶充分浸润，吸收水的温度和湿度，将茶叶中所含的物质充分溶解出来；洞庭湖一带的老百姓把湖中不起白花的小浪称为"波"，起白花的浪称为"涌"，冲茶时悬壶高冲，玻璃杯中会泛起一层白色泡沫，所以形象地称为"洞庭波涌连天雪"
第六道冲水： 碧涛再撼岳阳城	向杯中高冲水到七分满	这是第二次高冲水，所以称为"碧涛再撼岳阳城"
第七道闻香： 楚云香染楚王梦	请客人嗅闻茶香	通过润茶后，再冲入开水，茶叶的茶香即随着热气而散发。洞庭湖古属楚国，杯中的水气伴着茶香氤氲上升，如香云缭绕，所以称为"楚云"；"楚王梦"是套用楚王"巫山梦神女，朝为云，暮为雨"的典故，形容茶香如梦如幻，时而清悠淡雅，时而浓郁醉人
第八道赏茶： 湘水浓溶湘女情	请客人欣赏在热水的浸泡下君山银针的茶姿、茶舞	君山银针的茶芽在热水的浸泡下，慢慢地舒展开来，芽头朝上，蒂头下垂，在水中忽升忽降，时浮时沉，经过"三浮三沉"后，最后竖立于杯底，随水波晃动，芽光水色，浑然一体，碧波绿芽，相映成趣。中国自古有"湘女多情"的说法，看杯中的湘女正在舞蹈，这浓浓的茶水恰似湘女浓浓的情

续　表

步　骤	操作内容	茶艺解说（示例）
第九道品茶： 人生三味一杯里	请客人品尝茶汤的滋味	君山银针要在一杯茶中品出三种味来：一要品出湘女芬芳的清泪之味，二要品出柳毅为小龙女传书之后在碧云宫中尝到的甘露之味，三要品出君山银针这潇湘灵物所携带的大自然的无穷妙味
第十道谢茶： 品罢寸心逐白云	请客人自斟自酌	"品罢寸心逐白云"这是精神上的升华，是茶人的追求

黑茶冲泡茶艺

第五节　黑茶冲泡茶艺

一、黑茶冲泡基本要求

（一）茶具的配置

黑茶适合用紫砂壶杯具或白瓷壶杯具、盖碗、盖杯，也可用民间土陶工艺制作的杯具。

紫砂壶泡茶不走味，能较好地保存黑茶的香气和陈味。其良好的透气性和吸附作用，有利于提高普洱茶的醇度和茶汤的亮度。茶壶的容积要相对宽松，便于茶叶条索的舒展和滋味的浸出。

盖碗不吸味，散热快，能泡出黑茶的真实口感，同时又便于观形和观汤色，非常适合冲泡苦涩味较重的新制生茶和用料细嫩的宫廷普洱茶。土陶工艺杯具所特有的古典粗犷美更符合黑茶浓厚的陈韵。

一般来说，普洱散茶宜选用盖碗泡法，普洱紧压茶宜选用壶泡法。

（二）泡茶的水温

冲泡黑茶的水温要因茶而异。一般来说，用料较粗的饼茶、砖茶和存放时间长的陈茶等适合用沸水来冲泡；而用料较细嫩的高档芽茶（如新制的宫廷普洱茶），应适当地降低水温，以 85～90 ℃为宜。

（三）冲泡的次数

黑茶散茶一般冲泡五六次，紧压茶一般可冲泡七八次。如果是久陈的普洱茶，到第十泡以后，茶汤还甘滑、回甜，汤色仍然红艳。如果普洱紧压茶采用煮渍法，则只煮一次。

（四）茶、水比例

品饮普洱茶，茶水比一般为 1∶30～1∶40，即 5～10 克茶加 150～200 毫升水。用煮渍法冲泡金尖、康砖、茯砖和方苞等原料粗老的紧压茶时，应用 1∶80 的茶水比。

（五）冲泡时间

黑茶冲泡的时间，一般来说，陈茶、粗茶浸泡的时间需要长一些，新茶、细嫩的茶浸泡的时间则短一些；紧压茶的浸泡时间要长，散茶的浸泡时间要短。普洱茶冲泡一般第一泡 1 分钟；第二泡 2 分钟；第三泡后，每次冲泡 3 分钟，可冲泡多次。

（六）黑茶的冲泡

1. 定点冲泡法

根据普洱茶的品质和耐泄特性可采用定点冲法。

定点冲泡法，即用盖碗冲泡，用紫砂壶作公道杯。因用盖碗能产生高温宽壶的效果，可以将普洱茶表层的不洁物和异味去除，充分释放出普洱茶的真味；用紫砂壶作公道杯，可去异味，聚香含韵，使韵味不散，得其真香、真味。

2. 壶泡法

普洱紧压茶在外形上观赏性不够，重要的是品味其醇厚的茶香、茶味，因此适合用壶泡法。其琥珀色的茶汤是品评的重要内容之一，所以一般宜用透明、白色或内挂白釉的茶杯品饮，以便观色。

3. 煮饮法

对于贮存年限较长的（如 60 年以上）普洱茶宜用煮饮法，更能将醇厚的陈香、陈韵发挥出来。煮饮法是将茶叶放入煮茶用的茶壶中，冲入 100 ℃的开水，放在火上烧煮，茶汤颜色逐渐加深，一般呈枣红色，随后可将煮好的茶汤倒入杯中饮用。

二、代表性黑茶茶艺展示

此处以普洱紧压熟茶茶艺表演为例。

（一）训练目的

通过普洱熟茶茶艺表演训练、学习紧压茶冲泡的基本方法，并掌握普洱紧压茶茶艺。

（二）训练内容

普洱紧压熟茶茶艺。

（三）训练过程

1. 茶具配置

茶盘 1 个，紫砂壶 1 个，玻璃盅 1 个，滤网 1 个，白瓷杯（或玻璃品杯）3 个，茶道具 1 套，随手泡 1 套，茶巾 1 条，茶刀 1 把，茶荷 1 个，水盂 1 只，普洱茶 1 饼。

2. 普洱紧压熟茶茶艺表演程序

普洱紧压熟茶茶艺表演操作如下表所示：

表 15-7　普洱紧压茶茶艺表演步骤及要点

步　骤	操作内容	茶艺解说（示例）
第一道迎宾：敬致问候	向宾客致礼问候	普洱茶作为一种饮品，它的保健功效得到世界范围的科学证实，普洱茶是健康、时尚和文化品位的体现。它优雅、浓郁的醇香，会让我们感受到岁月留给今天的丰富内涵
第二道赏茶：喜闻陈香	用茶刀在普洱茶上轻轻取下所需冲泡的茶，一般为 5～8 克，请客人鉴赏茶的品质	普洱茶属于后发酵茶，在存放方法得当的条件下，时间越久，氧化程度越完整，茶汤滋味越浓醇，所以有普洱茶"越陈越香"的说法
第三道温杯：抚美运香	用开水洗烫茶壶、茶杯	这一操作步骤在普洱茶茶艺中被称为"抚美运香"
第四道拨茶：神宫入玉	用茶匙将茶叶拨入壶中	这一操作步骤在普洱茶茶艺中被称为"神宫入玉"
第五道浸泡：神玉初醒	将 100 ℃的沸水注入壶中，然后迅速将水倒入公道杯	这一操作步骤在普洱茶茶艺中也被称为"醒茶"；陈年普洱茶需要三泡的醒茶过程，而一般散茶需要二泡，新茶一泡就可以了，目的是让茶整个浸润，使茶质恰到好处地释放，以便品尝到真香、真味
第六道冲水：高山流水	用高冲的手法将沸水注入壶中	用高冲的手法是为了激发茶性，更好地泡出茶的色、香、味；同时高冲可以使茶的残渣和泡沫被冲出
第七道洗壶：春风拂面	用壶盖抹去壶口的茶沫，盖上壶盖；提开水壶，浇淋茶壶外部，将泡沫和残渣冲掉	用壶盖轻轻刮去壶口的泡沫和残渣，称为"春风拂面"
第八道出汤：神玉回宫	将茶汤倒入公道杯中	暗红而深邃的茶汤，犹如神玉，茶盅为宫，在茶艺表演中被称为"神玉回宫"；用茶盅来综合茶汤，也体现了在茶面前人人平等的茶道精神
第九道分茶：凤凰点头	将公道杯中的茶汤逐一倾入每一个茶杯中	倾倒茶汤，犹如凤凰点头，向各位来宾表示敬意
第十道奉茶：敬捧神玉	双手将茶奉给客人	这一操作步骤在茶艺表演中被称为"敬捧神玉"
第十一道品茶：初品奇葩	请客人欣赏普洱茶的汤色、叶底，并品味	一杯好的普洱茶，要观其汤色的明亮度和色泽变化
第十二道谢茶：领悟神韵	请客人自斟自酌	一瓯普洱，千年滋味；我们穿越暗红而深邃的茶汤，在千回百转中，品出茶马古道蹄声踏踏

茉莉花茶冲泡茶艺

第六节　花茶冲泡茶艺

一、花茶冲泡基本要求

（一）茶具的配置

品饮花茶，重在欣赏香气，高档花茶也有较高的观形价值。品饮时，通过观形、闻香、尝味，就能品饮出花茶的特有风韵。

一般而言，高、中档花茶闻香、观形是品饮的重要内容。因此，宜用青瓷、青花瓷等盖碗、盖杯冲泡中、低档的花茶，以尝味为重点，闻香次之，观赏茶形和汤色更在其次。若是以观形为主的花茶，如一些工艺花茶，则宜采用玻璃或玻璃小壶冲泡。

（二）泡茶的水温

冲泡花茶的水温应视茶坯种类而定，一般茶坯较细嫩，水温应掌握在 85 ℃左右，大宗花茶可用 90 ℃左右的开水冲泡，中、低档的花茶则要用 100 ℃的沸水冲泡。如果水温过低，茶中的有效成分不易浸出，会显得茶味淡薄。

（三）冲泡的次数

通常只能冲泡两三次。

（四）茶、水比例

一般花茶的用茶量大致掌握在 1∶50～1∶60 之间，即 1 克茶冲泡 50～60 毫升水。

（五）冲泡时间

一般冲泡 3 分钟左右后饮用。

（六）花茶的冲泡方法

花茶由于品类和品饮的侧重点不同，因此冲泡的方法也有差异。

1. 盖碗泡法

盖碗泡法是花茶最传统的冲泡方法，用盖碗茶艺最有利于表现花茶的花姿韵意，因为碗盖可以轻轻拨动茶叶，使花香茶味能充分释放，既便于启盖闻香，又有利于观赏花茶的茶形、汤色和展示花茶的独有特性。

2. 壶泡法

对于中、低档的花茶，一般宜用壶泡法，既可保持花茶的韵味，又可闻香。

3. 玻璃壶杯法

过去，花茶的品质一般都不如高档绿茶，但是，随着花茶品质的提升，越来越多品质高、观赏性强的花茶出现，因而宜选用透明的玻璃壶杯冲泡。

二、代表性花茶茶艺展示

茉莉花茶茶艺表演：

（一）训练目的

通过茉莉花茶茶艺表演训练，学习泡茶的基本方法——盖碗泡法，掌握茉莉花茶茶艺。

（二）训练内容

盖碗泡法的基本程序和方法；茉莉花茶茶艺。

（三）训练过程

1. 茶具配置

茶盘 1 个，三才杯 3 套，随手泡 1 套，茶道具 1 套，茶荷 1 只，茶巾 1 条，水盂 1 只，茉莉花茶 9 克。

2. 训练过程

花茶茶艺展示技能如下表所示：

表 15-8　花茶茶艺技能展示

步　骤	操作内容	茶艺解说（示例）
第一道烫杯：春江水暖鸭先知	用沸水冲烫盖碗	"竹外桃花三两枝，春江水暖鸭先知"是苏东坡的一句名诗；借助苏东坡的这句诗描述烫杯，请各位宾客充分发挥自己的想象力，看一看在茶盘中经过开水烫洗衣之后，冒着热气的、洁白如玉的茶杯，像不像一只只在春江中游泳的小鸭子
第二道赏茶：香茶绿叶相扶持	请客人欣赏干茶	茉莉花茶茶坯多为优质绿茶，茶坯色绿质嫩，在茶中还混合有少量的茉莉花干，花干的色泽应白净、明亮，这称为"锦上添花"。茉莉花干茶香气悠长，既有茶的清香，又有茉莉花的浓郁，好的花茶真是"香茶绿叶相扶持"，极富诗意，令人心醉
第三道投茶：落英缤纷玉杯里	用茶匙将茶叶投入玻璃杯中，每杯3～5克	"落英缤纷"是晋代文学家陶渊明在《桃花源记》一文中描述的美景。当我们将花茶从茶荷中拨进洁白如玉的茶杯中，花干和茶叶飘然而下，恰似落英缤纷玉杯里
第四道冲水：春潮带雨晚来急	采用悬壶高冲的方法	冲泡花茶讲究"高冲水"，热水从壶中直泻而入，注入杯中，杯中的花茶随水浪上下翻滚，恰似"春潮带雨晚来急"，也称为"香驰天涯"
第五道闷茶："三才"化育甘露美	向杯中冲水后，加盖，以避免香气散失	盖碗又称"三才杯"，碗盖代表"天"，碗托代表"地"，中间的茶碗代表"人"。人们认为，茶是"天含之，地载之，人育之"的灵物；加盖静置的过程象征着天、地、人"三才"合一，共同化育出茶的精华
第六道敬茶：一盏香茗奉知己	面带微笑，向宾客奉茶	带着对生命的敬意，向客献上这杯香茗

步　骤	操作内容	茶艺解说（示例）
第七道闻香： 杯里清香浮清趣	请客人嗅闻茉莉花茶的茶香	花茶既保持了原有茶叶的味，又吸收了花的香，相互交融，有"引花香，益茶味"之说；细心地嗅闻茶香，是一种精神享受，品茶人一定会感悟到在"天、地、人"之间，有一股新鲜、浓郁、纯正的花香伴随着清幽、高雅的茶香，沁人心脾，使人陶醉
第八道品茶： 舌端甘苦入心底	请客人品尝茶汤的滋味	在品茶时，小口喝入茶汤，使茶汤在口腔中稍作停留，这时轻轻用口吸气，使茶汤在舌面流动，茶汤充分地与味蕾接触，有利于更精细地品悟出茶韵；然后闭紧嘴巴，用鼻腔呼气，使茶香直贯脑门，充分领略花茶所独有的"味轻醍醐，香薄兰芷"的花香与茶韵
第九道回味： 茶味人生细品悟	在品茶中领悟人生	茶人们都认为，一杯茶可以品出百味，无论茶是苦涩、甘鲜还是平和、醇厚，都会让人产生许多的感悟和联想，可谓是"茶味人生细品悟"，所以品茶重在回味
第十道谢茶： 饮罢两腋清风起	请客人自斟自酌	茶是致清导和，使人神清气爽、延年益寿的灵物，请各位嘉宾慢慢自斟自品，去领会卢全七碗茶后"两腋习习清风生"的绝妙感受

第十六章　茶叶感官品评

━━━━━━━━━━━━━━　本章教学目标　━━━━━━━━━━━━━━

■ **知识目标:**

熟悉茶叶感官审评基本知识;掌握茶叶感官审评的理论和要求。

■ **技能目标:**

识别茶叶的香气分类及其特点,如清香、浓郁、花香、果香等;熟练掌握茶叶感官审评的方法和程序。

■ **情感价值目标:**

培养对茶叶的敏感性和细致观察的能力,提高对茶叶香气、滋味以及叶底的欣赏和品味。

■ **课程思政目标:**

增强爱国情怀和文化自信,通过学习茶叶感官审评,了解中国传统文化中茶叶的重要地位,培养学生对中国传统文化的认同和热爱;茶叶感官审评是一种高雅的品位体验,通过学习,能够培养学生的审美情操和道德修养;强调科学精神和批判思维,茶叶感官审评需要学生进行观察、分析和评估,培养学生的科学精神和批判性思维能力。

我国茶叶分为基本六大类和再加工茶,每个茶类又各有特点、特征、特性,品质优次、等级划分、价值高低优次皆有不同,专业的审评与检验就格外重要。茶叶感官审评,在茶艺服务行业中应用十分广泛。学会泡好一杯茶,首先应该学会鉴别茶,需要掌握感官审评茶叶的技能。通过学习茶叶审评,我们就可以对茶叶的外形和内质作出客观正确的评定。茶叶品质的审评包括感官审评、法定检验和理化审评三个部分,根据实际工作条件的需要,这里主要介绍感官审评的基本要求和方法。

第一节　基本理论与要求

茶叶的感官品评可以帮助人们更好地了解和欣赏茶叶,从而选择更加优质的茶叶。

一、茶叶感官审评的概念

茶叶感官审评是指依靠具有专业知识,经过训练的评茶人员的视觉、嗅觉、味觉、触觉来判断茶叶品质优次或好坏的一种方法。茶叶审评,通常又称为评茶或看茶,不能与借用仪器设备对茶叶进行物理、化学、卫生、包装等检验相混淆,感官审评也是一种检验方法,但检验与审评两者的含义是不同的。

二、茶叶感官审评的要求

要保证评茶结果的正确性,必须尽最大可能排除外界因素和评茶人员自身情绪的干扰或影响。如光线照射的不同,就会影响评茶人员对茶叶的色泽、汤色的正确反映;评茶室的气味不正常就会影响评茶人员对茶叶香气的判定。又如,评茶用具不齐备或不完善,规格不一致,同样也会对评定结果造成误差。因此,茶叶感官审评必须排除一切外界不利因素,建立比较完备的评茶环境及使评茶用具规格化,确保评茶结果的准确性。

(一) 评茶室的环境要求

1. 评茶室的外部环境要求。茶叶具有吸潮气、吸异味的吸附性。干茶吸附异味的性能很强,因此,在选择评茶室时,其周围环境必须没有任何污染,也不宜与化验室、食堂、卫生间等场所靠得太近。

2. 评茶室朝向与面积要求。评茶室的朝向,宜坐南朝北。评茶室的面积,主要依据评茶人员的多少和日常工作量的大小而定,但最小不得小于 8 m²,否则会给审评工作的开展带来不便,影响审评结果。

3. 评茶室的内部环境要求。评茶室内除了无公害、无异味之外,还必须做到干燥清洁,空气新鲜,严禁在室内吸烟和就餐。要避免地面潮湿,地面不宜打蜡。

4. 评茶室的墙壁、门窗及天花板均宜白色,以增加室内光线的明亮度。地板以浅灰色为宜。在采光方面要求射入评茶室的光线柔和、明亮,无直射阳光、红、黄、紫、蓝、绿等杂色光源。

(二) 评茶室内的设施

1. 干评台。干评台应设置在审评室内靠窗口的位置,用以放置茶罐、茶盘,审评茶叶的外形。

2. 湿评台。一般放置在干评台的后方,用以放置审评杯和泡水开汤,审评茶叶的内质。

3. 样茶柜或架。在评茶室内应配备足够数量的样茶柜或样茶架,用以存放样茶罐。

4. 水斗。评茶室应设有水斗,用以洗涤茶具。

评茶室内的各种设施安放,要求布局合理、美观,以不影响审评工作为原则。

(三) 评茶用具

评茶用具通常有审评盘、审评杯、审评碗、叶底盘、天平、计时器、网匙、茶匙、汤杯、吐茶筒和烧水壶等。

1. 审评盘。也称样茶盘或样盘,用于审评茶叶外形,以薄木板或塑料制成。其形状通常为正方形和长方形,正方形的边长 230 mm、高 30 mm,长方形的长 250 mm、宽 160 mm、高 30 mm,全部漆白色。盘的一角留有缺口,便于倒茶。

2. 评茶杯。开汤审评时,用以冲泡茶叶和审评茶叶的香气,瓷质白色。有 150 mL 和 200 mL 两种规格。150 mL 评茶杯,一般用于精制茶的审评;200 mL 评茶杯,一般用于各种毛茶的审评。两种杯的杯盖上均有一小孔,与杯柄相对的杯口有呈弧形或锯齿形的小缺口,便于倒出茶汤。

此外,审评青茶(乌龙茶)用容量为 110 mL 的呈倒钟形的评茶杯。

3. 评茶碗。用以审评茶汤汤色和滋味的用具,瓷质白色。一般有两种规格,为 200 mL 和 250 mL,分别与 150 mL 和 200 mL 的茶杯配套使用。相同规格的评茶杯、碗要求大小、色泽、厚薄、高低必须一致。

4. 叶底盘。叶底盘是用于审评茶叶叶底的黑色小木盘,有正方形和长方形两种。

三、评茶用水要求

水质的好坏对茶叶审评有很大的影响。

(一) 泡茶水温

泡茶水温标准为 100 ℃。煮沸过度或不到 100 ℃ 的水用来泡茶,都不能达到评茶的良好效果。评茶用水应烧至沸腾起泡为度,这样的水冲泡茶叶才能使茶汤的香味更多地散发出来,水浸出物也溶解较多,茶汤的滋味也较醇厚。如果开水煮沸过久,冲泡出的茶汤必将失去应有的新鲜感。如果水没有煮沸而冲泡茶叶,茶质不能最大限度地浸泡出来,影响茶叶滋味的浓度。

根据试验,在不同水温下,茶叶 3 g,加水 150 mL,浸泡 5 min,茶叶中的咖啡碱和多酚类物质溶解在茶汤中有不同的比率。水温 93 ℃ 与 65 ℃ 的溶解量几乎相差一倍,可见水温对茶叶审评的重要性。

(二) 泡茶时间

泡茶时间长短不同,茶汤中溶解物的量与质是不同的,因此泡茶时间的长短对茶叶品质审评有很大影响。

在一定范围内,冲泡时间越长,茶汤中咖啡碱和多酚类的浸出量也越多。冲泡时间过长,虽然茶汤中水浸出物的含量较多,但滋味不一定好。如泡茶时间少于 5min,不但汤色浅、滋味淡,而且红茶的汤色往往缺乏明亮度。因此一般红茶和绿茶审评冲泡时间均定为 5 min。

(三) 茶与水的用量

茶叶与水用量多少,与茶汤的色、香、味有密切关系。如用茶量多而水少或用茶量少而水多,会引起茶汤色、香、味过浓或过淡,甚至达到难以辨别的程度,有碍正确的茶叶审评。根据试验,用茶量和冲泡时间相同,用水量不同,其浸出的水浸出物就不同。用水量多,茶叶中可浸出的水浸出物量就多,用水量少,可浸出的水浸出物量就少。

假定用了 3 g 茶叶,用水 50 mL 茶汤极浓,100 mL 茶汤太浓,150 mL 茶汤正常,200 mL 茶汤淡。为了正确审评茶汤的色、香、味优次或好坏,用茶与用水量必须一致,国际上审评红、绿茶一般采用 3 g 茶叶用 150 mL 水冲泡,茶水比例为 1∶50;审评青茶类(乌龙茶),由于着重香味,并重视耐泡次数,其用茶量为 5 g,用水为 110 mL,茶水比例约为 1∶22;紧压茶(压制茶),因销售对象或饮用方法不同,审评用茶量和用水量、冲泡或煮泡的时间又有所不同。

四、评茶员的基本条件和要求

茶叶感官审评主要是依靠人的视觉、触觉、嗅觉、味觉和大脑来综合分析做出判断。审评结果的正确与否,除了需要一个良好的外部环境和必要的设施外,评茶人员还必须具备良好的嗅觉、味觉、视觉、触觉,同时还应具备较高的道德修养,敏锐的辨别力和熟练的审评技术。

(一)评茶员的基本条件

1. 评茶员必须身心健康,不得患有传染病。据有关部门规定,凡从事食品工作的人员必须进行卫生体格检查,检查合格后才能上岗。

2. 评茶员的各种感觉器官应有正常的敏感性,如患有色盲、鼻炎、口臭等疾病的人员,就不能当评茶员。

3. 评茶员对本职工作要有兴趣、爱好,无任何偏见,具有实事求是、认真的工作态度。

4. 评茶员应有一定的专业知识。否则,对产品质量、技术措施的改进、提高就无法提出合理的意见和建议。

5. 评茶员要养成良好的个人卫生习惯,无明显的个人气味,否则会影响审评结果的正确性。

(二)评茶员的要求

1. 要求评茶员在评茶工作前 1 小时,不要吸烟,不要食用有强烈刺激性的食物或饮料,如辣椒、葱蒜、酒、糖果等,以保持嗅觉和味觉器官的敏感性。

2. 要求评茶员不要使用有气味的化妆品等。

3. 评茶员身体不适时,如感冒等或情绪不稳定时,不能参加评审工作。

第二节　审评方法与程序

一、茶叶感官审评方法制定的依据与程序

茶叶品质是由茶叶的外形和内质两个方面组成的。茶叶外形与内质,通常又分为评茶的八项因子,即外形因子:条索、整碎、净度和色泽四项;内质因子:香气、滋味、汤色和叶底四项。茶叶感官审评分为干评(干看)和湿评(湿看),干评主要是评外形的四项因子,湿评主要是评内质的四项因子。茶叶品质的优劣主要是针对审评茶叶的八项因

子而言,所以茶叶审评方法是通过对茶叶品质优劣的八项因子的评定来制定的。

茶叶审评的程序通常包括四个阶段,即取样、外形审评、内质审评和评定与记录。每个阶段既是相互联系的,又具有各自的独立性。因此,茶叶审评的四阶段,缺一不可。

二、取样

取样又称扦样、抽样或采样,即从一批茶叶中扦取代表整批茶叶品质特征的最低数量样茶,作为评定茶叶品质的实物样。取样是否正确,能否代表整批茶叶的品质水平,是保证审评结果准确与否的关键所在。

无论是审评毛茶、精制茶,还是再加工茶,取样工作都是一项非常重要的工作,取样工作质量的好坏,主要体现在所取样茶的代表性如何。如果所取样茶不能代表本批茶叶的质量水平,不管检测仪器如何精密,审评人员的技术水平如何高超,经验如何丰富,都不能得出一个对本批茶叶品质水平的正确、客观的判定。

茶叶品质具有不均匀性,就茶叶的外形来说,有大小、长短、粗细、松紧、圆扁和整碎的差异;就茶叶的叶片来讲,也有老叶和嫩叶、芽与叶、嫩茎与老梗之分。此外,还因茶树品种、地区气候、土壤及加工技术条件的不同,茶叶的品质也都有不同的特点。因此,取样工作是一项非常认真细致的工作,对每一个水平段的茶叶都必须取到。

取样工作应在清洁、干燥、光线充足的场所进行,防止外来杂质混入,同时应避免阳光直射,影响取样视线。取样用具和盛器须清洁、干燥、无异味,盛器密闭性应良好。应将取得的平均样品及时装入容器。使用听罐盛装样品,以装满为度,紧密加盖,用胶带封口;若用塑料袋盛装应立即封口;压制茶可用防潮材料包装。

三、茶叶审评

通常讲的茶叶审评是指感官评茶,是评茶人员通过自己的视觉、嗅觉、味觉和触觉等感觉器官来评定茶叶品质的高低与优次。茶叶品质是茶叶色、香、味、形的总称,茶叶色、香、味、形的好坏一般凭评茶人员的感官经验鉴定。正确的评定结果,对指导茶叶生产、加工,促进制茶工艺的改进,提高茶叶品质,合理定价,推动茶叶经济的发展都有重要的作用。

(一) 外形审评

茶叶的外形审评即干评(干看),其操作步骤如下。

1. 取样。首先将已编号的评茶盘及评茶杯、碗,从左到右依次从小到大分别排列在干评台及湿评台上。将茶罐中的样品全部倒出,并充分混匀,从不同的部位取出适量的有代表性茶样(150~200 g)置于评茶盘中,然后依次从每个评茶盘中称取 3 g 茶叶至茶杯中,标准样和参考样可称一杯,被审评茶样最好称双杯,供湿评用。

2. 把盘。把盘俗称摇样匾或摇样盘,是评干茶外形的首要操作用具。评茶人员运用手势前后、左右、上下回旋转动,使评茶盘里的茶叶能按照茶叶的形状和轻重呈现出有序的排列,即评茶人员通常所讲的上中下三层分布。一般来说,条索或颗粒比较粗松的,形状比较长,身骨比较轻飘的茶叶浮在表面,叫面张茶,或称上段茶;细紧重实的茶叶集中于中层,叫中段茶,俗称腰档或肚货;体型较小的碎茶、片茶和末茶都沉积于底层,叫下段茶或下身茶。

3. 审评。将已经把盘后的分层茶样与同样经把盘后的标准样茶对比分析,先对比面张茶即上段茶,次看中段茶,再看下段茶即下身茶。干看主要是从外形的四项因子,即条索、整碎、净度和色泽,逐一对照标准样茶进行比较。

(1)条索。"条索"一词不能仅仅理解为条形茶,而要从广义上理解。其内容是指各种类型茶叶的外形规格,指茶叶的大小、长短、粗细、轻重。通过对茶叶条索的评比,就可以了解制茶鲜叶的老嫩,制茶人员的技术高低。一般来讲,条索细紧、颗粒圆紧的茶叶,制茶鲜叶较嫩;外形粗松、颗粒松黄的茶叶,制茶鲜叶较老。

(2)整碎。既看茶叶的条索是否完整,也看上中下各段茶比例。无论原料老嫩,所制茶叶都应条索完整。在条索完整的基础上如果面张茶过多,表示粗老茶叶多,身骨差;一般以中段茶多为好;如果下段茶过多,对条形茶或圆炒青而言,下段茶断碎片末含量多,表明做工、品质有问题。

(3)净度。茶叶的净度主要是指茶叶中茶类夹杂物(主要是指梗、籽、枝、片和毛衣等)和非茶类夹杂物(主要是指杂草、树叶、泥沙、石子、石灰、竹叶、麻绳和塑料绳等)含量的多少。含量多,说明净度差;反之,含量少,就证明净度好。非茶类夹杂物含量多,还说明茶叶的卫生质量差。

(4)色泽。茶叶外形的色泽主要是从茶叶本身的颜色和光泽度来看。色泽好的茶叶带有油润感,给人一种鲜活的感觉。色泽差的茶叶,看上去带有一种枯死的感觉,无光泽的茶叶,呈暗灰色。一般嫩度好的茶叶色泽较好,嫩度较老的茶叶色泽较差。但如果加工工艺有问题,也会影响茶叶色泽。

总之,评论一盘茶叶外形的好坏,不能单从某一项因子来看,而要四项因子综合评比,才能得出比较客观的、正确的总体结论。

(二)内质审评

将已经称取入杯中的茶叶,用刚煮沸的开水依次迅速冲泡,同时开始计时。冲泡时要将杯中的茶叶全部冲起翻转,开水量以满而不溢为宜。5分钟后,按冲泡顺序依次将杯内的茶汤全部倒入评茶碗中,值得注意的是应将杯中的茶汤滤尽,因为最后的几滴茶汤浓度较高。如果不滤尽,将直接影响到茶汤的浓度,造成错误的审评结果。然后看汤色,嗅香气,尝滋味和评叶底。应将杯中的叶底全部移入叶底盘中,杯中不得留有叶底,否则将会影响叶底的审评结果。

1. 香气。嗅香气是湿看的第一步,是靠评茶人员的嗅觉来完成的。嗅香气可分为热嗅、温嗅、冷嗅三个阶段。热嗅重点是辨别香气正常与否及香气类型和等级,热嗅时应注意,茶杯不应靠鼻孔过近,杯中散发的热气易烫伤鼻子,损坏感觉器官,影响审评结果的正确性。温嗅是嗅香的最佳时期,香气的优次判定主要是在这个时候完成。冷嗅是嗅香气的持久性,一般好的茶叶,香气维持时间长一些,差的茶叶或低档茶叶冷嗅多为粗老气。总之,茶叶的香气以鲜爽、郁香、高长持久为好,高短次之,低而粗为差,有异味的茶叶为劣质茶叶。

2. 汤色。顾名思义,是指茶汤的颜色,即茶叶中内含成分溶解在沸水中的溶液所呈现的色彩。看汤色要快速,因为茶汤中的化学成分和空气接触后,很容易发生变化,而使茶汤变深、变浑,特别是绿茶,变化更快。所以,有些评茶人员把看汤色放在嗅香气之前完成。此外,汤色随着温度下降,颜色会逐渐变深,红茶冷却后还会出现浑浊现象,通常称"冷后浑"。

影响汤色的因素很多,如在观察汤色时,发现评茶碗中留有茶渣残叶,应用网匙将茶渣残叶捞出,否则会影响汤色的判定结果。光线的强弱、评茶碗的规格、容量大小、排列位置、沉淀物的多少、冲泡时间的长短都会对茶汤的颜色造成影响。

此外,茶汤所呈现的颜色与茶树的品种、生长环境、鲜叶的老嫩、茶叶的新陈以及加工方法有很大关系。所以汤色主要评比它本身的正常色和茶汤的亮度,即评比汤色的性质、深浅、明暗和清浊。

所谓"正常色",是指茶叶通过正常的加工工艺和在良好的贮藏条件下,冲泡后的茶汤应具有的各类茶的汤色。如绿茶的汤色应为绿汤或绿中略带黄、明亮;红茶的汤色应为红艳而明亮;青茶汤色则为橙黄明亮;黄茶的汤色应为黄而明亮;白茶的汤色应为浅黄而明亮;黑茶的汤色应为橙黄浅明。

所谓"亮度",是指茶汤明暗的程度。一般品质好的茶叶,汤色较为明亮;品质差的茶叶,汤色则较暗。

3. 滋味。审评茶汤的滋味,应在评茶汤色之后立即进行,品尝茶汤滋味的适宜温度一般在 50 ℃左右。如果茶汤温度太高,易烫坏评茶人员的味觉器官,使之麻木,不能正常品味。如果茶汤温度太低,一方面茶汤对评茶人员的味觉器官刺激不够,影响味觉的灵敏度;另一方面,茶汤中的物质,随着温度的下降,也会逐步被析出,汤味也会由协调变得不协调。审评茶汤的滋味主要按浓淡、强弱、鲜滞、爽涩、苦甜及纯异等来评定优次。

不同种类、不同花色或同一种类、不同品种以及不同地区的茶叶,其滋味各不相同。因此茶叶滋味与茶树的品种、生长环境、生长季节以及加工工艺都有着密切的关系。

4. 叶底。叶底即开汤后的叶片。叶底的老嫩、匀杂、整碎、色泽的亮暗和叶片开展的程度等是评定茶叶优次的一个重要因素。同时,评茶人员通过审评叶底也能了解茶叶中是否含有其他掺杂物。

审评叶底时,先将叶底全部倒入叶底盘中,拌匀、铺开、摊平,观察其嫩度、匀度和色泽。用手指按叶底,感受叶张的软硬,观察叶张的厚薄和完整性,芽头和嫩叶的含量等。必要时将叶底漂在水中观察,从而判定茶叶的优次。

总而言之,茶叶品质的审评一般是通过上述的外形审评和内质评审来综合观察评定的。实践也充分说明,仅审评茶叶的某一项因子或某几项因子,是不能正确反映茶叶品质的。而每个审评因子之间有着密切的关系,不是单独形成和孤立存在的。进行感官审评时,要严格遵守评茶规则,按评茶程序操作才能得出客观、正确的结果。

第三节 评分与评语

一、茶叶审评评分

评分即评茶的记分,是评茶人员通过给分来表示被评茶叶的品质高低和质差大小的一种方法,分数差别越大,质差或级差也就越大。

(一) 评分的依据

茶叶品质的好与差,是相比较而存在的,有比较才能鉴别出差距。比较中的参比物就是评比的依据,这个参比物可以是毛茶收购样、加工样、成交样或其他对比样。凭着这把"尺子",评茶人员就能对被评茶叶的品质做出高低优次的结论。

(二) 评分方法的作用与应用

评茶的记分方法各国有所不同,有的用百分法,有的用 30 分法,有的用 5 分法或零分法,也有用增分法或减分法,还有人把标准样品定为最高分或最低分等。就评茶而言,评分方法只是评茶人员用来表达、记录茶叶品质相对于标准样品高低的一种表示符号,一种可以量化的标记,采用什么方法,评茶人员可以任意选,只要能正确地运用,不影响茶叶品质评定结果即可。

二、茶叶审评评语

评语是"评茶术语"的简称,是用来表达茶叶品质特点和优缺点的专业性用语,通过简短明确的词汇,反映茶叶品质的状况。

评语的作用,不仅在于说明茶叶品质在各个方面的实际情况,并作为评分的依据,而且也用于指导生产,改进加工工艺,不断提高茶叶产品的质量。例如,对工夫红茶的外形条索细紧、秀长,锋苗显露的茶叶,评茶人员通常用"紧秀"这个评语来概括其优点。又如在初制的审评中,因揉捻发酵不足,使部分叶底产生了"青斑"或青块,评茶人员通常用"花青"这个评语来指出其缺点。

不同的茶类,不同的因子,评语有所不同。此外,不同评茶人员,在使用评茶术语方面也不相同。例如红碎茶滋味浓强,有的评茶人员用"浓强",有的评茶人员则用"浓烈",还有的用"味浓并富有收敛性"等。又如对外形色泽不一致的茶样,有的评茶人员用花杂,有的则直接用杂,也有的用"色花"等。虽然评茶人员不同,所使用的评茶术语不一样,但就内容而言都是表达了茶样的某一特征,其含义基本相同。

所有评茶术语概括起来可分为两大类。一类是表达茶叶品质优点的褒义词,另一类是表达品质缺点的贬义词。

1. 表达品质优点的褒义词

用于描述茶叶外形的有细紧、细嫩、紧秀、圆结、重实、匀齐等;

用于描述茶叶香气的有高香持久、清香、花香、板栗香等；

用于描述茶叶滋味的有浓、强、鲜爽、醇厚、纯厚等；

用于描述茶叶汤色的有清澈、红艳、红亮、绿亮等；

用于描述茶叶叶底的有匀嫩、厚实、明亮等。

2. 表达品质缺点的贬义词

描述茶叶外形方面的有松黄、短碎、轻飘、花杂、脱档等；

描述香气方面的有低闷、粗老气、烟气、异气等；

描述滋味方面的有粗淡、苦涩、熟味等；

描述汤色方面的有深暗、泛红、浑浊等；

描述叶底方面的有粗老、瘦薄、暗褐、花青等。

评茶所用术语既反映被审评茶叶的品质特点，同时也反映了加工鲜叶原料的优次、采用的工艺以及加工人员技术水平的高低。如叶底的老嫩、厚薄、壮瘦、含芽头的多少等，都反映了加工鲜叶原料的老嫩。外形的松紧、整碎，色泽的花杂，香气的低闷、老火、烟焦气，叶底的花青、绿茶叶底的红梗红叶等，都反映了制茶方法和制茶人员的技术水平。此外，有些评茶术语反映的是茶叶包装存储条件的好坏，如失风、陈气、木气及其他异气等，反映了茶叶包装存储条件较差，或时间较长。

评语与评分一样也有等级评语和对样评语之分。等级评语反映的是茶叶等级特征，要求上一级茶的评语一定要高于下一级。如长炒青绿茶，特级珍眉条索的评语用"细嫩多毫"，一级珍眉则用"细紧匀齐"等。因此，从评语上就可以看出各级茶叶的品质要求和等级特征。对样评茶则不同，它没有等级特征之分，只是反映被审评茶叶与对比样之间的品质差距。如果没有差距，评语一般用"相符"或相当，评茶术语的运用就没有等级的概念，所有评语都可以自由运用。如"粗松"这个词语，在特级茶中可以用，在最低级茶叶中也可以用，这就是对样审评的特点。

三、评分与评语之间的关系

评分与评语，都是用来表达茶叶品质高低、优次的方法，由于表现方式不同，所以给人们的感受也就不一样。从给分的多少，可以直接看出被审评茶叶的品质差距和级差的大小，但不能看出质差和级差的原因。评语是对被审评茶叶优缺点的描述，指出了被审评茶叶的品质高低、优次的具体原因，但它又不能反映高低、优次的程度。因此，评分和评语是相互依赖，缺一不可的，评分是茶叶品质高低的量化，评语则是茶叶品质优劣的说明。

第四节　审评术语

审评术语，也称评茶术语，简称评语，是茶叶审评的专用词汇。由于我国茶类和花色品种繁多，评语规范化是茶叶感官审评工作中的一个重要内容，这里重点介绍我国大宗产品红、绿、青茶常用评语。

一、外形评语

(一) 形状评语

1. 条形茶形状评语

紧细、紧秀:原料嫩度好,条索卷紧而细,称"紧细";紧细且有锋苗的称为"紧秀"。两者都是外形好的表现。

细嫩:条索紧细、完整、有锋苗,叶质幼嫩,称为"细嫩"。细嫩多毫,表示嫩度高。

紧结:条索卷紧而结实,但嫩度稍低于紧细,少锋苗,称为"紧结",多为中档偏高茶所具有的外形。

重实:条索卷紧,叶质嫩而肥厚、身骨重,茶在手中有沉重感觉,称为重实。

粗壮:条索粗而壮实,条索卷紧。

瘦弱:条索细小,叶质瘦薄,称为"瘦弱";条索瘦弱带扁,称为"扁瘦"。

光滑、粗糙:条索表面平滑,质地重实,称为"光滑";反之称"粗糙"。

松条、粗松:条索不紧结,但嫩度尚好,称为"松条";条索卷紧度很差,粗而松的,称为"粗松"。

弯曲、卷曲:条形似弯弓的,称为"弯曲";条形似螺状捻卷的,称为"卷曲"。

短钝、短秃:条索短而无锋苗的,称为短钝或短秃。

短碎:面张条短,下脚毕露且多,缺乏匀齐、匀称之感。

2. 圆形茶形状评语

细紧、细结:颗粒细嫩圆紧,称为细紧;颗粒小而较紧实,嫩度低于"细紧"的称"细结"。

圆紧、圆结:颗粒卷结很紧,称为"圆紧";颗粒较粗,紧而不松,叶质不及前者重实,称为"圆结"。

圆整:颗粒圆而整齐,圆整而紧实称"圆整紧实"。

重实:颗粒紧实,叶质肥厚,身骨重。

扁块:外形扁而不圆,圆茶未成形而压扁。

3. 扁形茶形状评语

扁削:形状如刀削一样的齐整,平扁光滑,不起丝毫皱纹。原料嫩度高,制工好。此为高级龙井所用的评语。

光滑:茶叶表面光滑、平洁,质地重实,内含夹杂物甚少。

扁平:形状扁直坦平,多用于中、低档茶。

挺直:指扁茶平扁而不弯曲。

挺秀:与"挺直"义相近,而茶叶嫩度、造型好于挺直。

4. 碎形茶形状评语

颗粒状:碎形茶中碎茶为颗粒状,此种颗粒与珠茶颗粒完全不同,珠茶是整片叶子经揉捻造型似珍珠。而碎茶是将叶片揉捻成条后,再经过揉切或绞切成为细小的颗粒。

颗粒紧结匀整,身骨重实含毫尖,净度好。红碎茶以此类产品比例高为好。

片状:呈一片片的样子,但茶片要有皱褶。

末状:体型细小,呈沙粒状为好。

匀整:碎、片、末茶规格(形态)大小相近。

5. 砖形茶形状评语

完整:指砖茶无破损残缺,形态端正。

平滑:砖面平整,无起层落面及茶梗刺出现象。反之称为"粗糙"。

脱面:指饼茶、紧茶、沱茶等面茶脱落。

(二) 色泽评语

1. 红茶色泽评语

乌黑油润:嫩度高,叶色乌黑而具有光泽。这种光泽是叶汁黏附在茶条表面上形成的,说明品质好。

黑褐油润:嫩度较高,叶色黑褐而有光泽。

棕色(栗色):叶质稍差,红叶带褐,似栗壳色。

枯红:色红而枯燥,叶质较老。

2. 绿茶色泽评语

翠绿:色似翠玉而有光泽,是高级绿茶的色泽。

墨绿、深绿、黑绿:叶质尚嫩,色泽浓绿泛黑,有光泽,称为"墨绿"或"深绿"。高级绿茶大都属于这种色泽。无光泽的称为"黑绿",其叶质嫩度一般不如前者。

绿润:色鲜绿有光泽,用于中高档绿茶。

暗绿:色绿而暗,无光泽。

枯黄:色黄而枯燥,叶质老,做工差。

灰褐:色褐泛灰,鲜叶老,不新鲜或做工不当。

灰暗:似陈茶色,色深暗带死灰色。

3. 青茶色泽评语

沙绿:似鳝鱼绿色,富有光泽。

青褐:色泽青褐而带灰光。

青绿:青绿色,少有光泽。

4. 紧压茶色泽评语

猪肝色:红而带暗,类似猪肝颜色,为金尖的正常颜色。

黑润:色黑而深,如涂上一层油而发亮,为紧压茶的正常颜色。

黄褐色:色泽带黄为茯砖的正常颜色。

青褐色:褐中泛青为青砖茶的正常颜色。

二、内质评语

(一) 汤色评语

1. 红茶汤色评语

红艳：汤色红而鲜艳，似琥珀而带有"金边"，称为"红艳"。

红亮、红明：汤色红而透明，有光彩，称为红亮；透明而少光彩的称为红明。

深红、红浓：汤色红而深，缺乏新鲜的光彩但不昏暗，称为"深红"或"红浓"。

姜黄：红碎茶汤加牛奶后，汤色呈姜黄明亮，是一种汤质浓、品质好的标志。

棕红、粉红：红碎茶汤加牛奶后，汤色呈棕红明亮的咖啡色，称为"棕红"；粉红明亮似玫瑰色，称为"粉红"。

灰白：红碎茶茶汤加牛奶后，汤色呈现灰暗浑浊的乳白色，称为"灰白"。

红浊：汤色不管深或浅，汤中浑浊不易见底，称为"红浊"。

2. 绿茶汤色评语

绿黄：绿中微黄的汤色为"绿黄"。

黄绿：汤黄泛绿，称为"黄绿"。

浅黄：汤色黄而浅，亦称"淡黄"。

橙黄：汤色黄中微带红，似橙黄色。

浑暗：汤色浑而晦（与浑浊同义）。

3. 青茶汤色评语

金黄：茶汤清澈，以黄为主，带有橙色的称为"金黄"。

清黄：茶汤黄而清澈。

红汤：常见于陈茶或烘焙过度的青茶，汤色呈浅红色或暗红色。

(二) 香气评语

1. 红茶香气评语

鲜爽：香气新鲜、活泼，具有舒服的感觉。

鲜甜：鲜爽带有甜香。

浓甜、甜和：香气具有糖香且浓郁持久的称"浓甜"；带糖香且纯和的称"甜和"。

强烈、浓烈：香气强烈、浓郁持久，具有充沛活力的香气。高级红碎茶应具有这种香。

2. 绿茶香气评语

鲜嫩：鲜爽悦鼻的嫩茶香气，称为"鲜嫩"。

鲜浓：香气高而新鲜持久。

浓烈：香气充沛持久，有强烈刺激性，冷后仍有余香。

清香：香气清纯爽快，细而持久。

高火：干燥温度较高，时间较长，干度十分充足所产生的香气，盖除了茶叶的本香。

3. 青茶香气评语

岩韵、音韵:指在香味上具有某种茶特有的香味特征。前者用于武夷岩茶,后者用于铁观音。

馥郁、浓郁:带有高级茶浓郁持久的特殊花香,称为浓郁;而比"浓郁"香气更好的称馥郁。

浓烈、强烈:香气浓烈,但未达到"馥郁"或"浓郁"的可用"浓烈"或强烈。

清香、清细:香气清高而细长,称为"清香"或"清细"。

焖火、郁火:指烘焙后的茶叶未适当摊晾而形成的一种火气味。

(三) 滋味评语

1. 红茶滋味评语

浓强:鲜叶嫩度好,或大叶种制成的红碎茶,汤味一般浓强。表现茶汤入口浓厚,刺激性强的感觉。

甜浓:有鲜甜浓厚的感觉,甜厚与此同义。

浓和、醇和:滋味鲜浓纯正,具有甜感。

醇厚:汤味虽浓,缺乏鲜味,但尚有活力。

醇和:汤味欠浓,刺激性不强,但无粗杂味。

2. 绿茶滋味评语

浓烈:汤味入口有苦涩感,旋即味浓不苦,收敛性强,回味甘爽。一般高级炒青或眉茶具有浓烈滋味。

鲜浓:滋味浓厚而鲜快,喉味爽适有活力。"鲜厚"与此同义。

醇和:汤味欠浓,鲜味不足,但属正常。

平淡:味正常清淡,尚适口,无异杂粗老味。

粗淡:口味淡薄,喉味粗糙,为低级或粗老茶的滋味。

苦涩:茶汤入口,味觉麻木,又苦又涩。"青涩"与此同义。

熟味:不新鲜,杀青或炒青焖炒时间过长,产生煮青菜的熟味。

3. 青茶滋味评语

醇厚、浓醇:滋味浓醇适口,是高级青茶的滋味。

鲜爽、鲜甜:汤味新鲜,入口爽有甜感。

纯正、纯和:滋味尚有一定浓度,无粗杂味。

平淡、清淡:滋味平淡,无粗杂味。

(四) 叶底评语

1. 红茶叶底评语

红嫩:叶色红亮,叶质细嫩。

红艳、红亮:叶底红而鲜艳的,称为红艳;红而不鲜艳的,称为红亮。

红匀:叶底老嫩较一致,红色深浅较接近的,称红匀。

红暗：叶底红而带暗的，称为红暗。暗的程度较深的，称"深暗"。都是由于鲜叶加工不及时或发酵过度引起的。红茶陈化，其叶底也常见红暗。

青暗：叶底欠红，青褐带暗。

2. 绿茶叶底评语

柔软：芽叶细嫩，叶质柔软，按之无弹力。

粗老：叶质粗大、硬，叶脉隆起，按之有弹性。

嫩绿：色似苹果绿，有光泽。

黄绿：叶底黄色带绿，即草黄色。

青绿：叶底呈墨绿色或保持青绿原色。

暗绿：绿色暗、色沉无光，陈茶多此色。

红茎、红梗、红叶：叶底的茎、梗、叶片变红色，是绿茶中最差的叶底色泽。

3. 青茶叶底评语

发酵适度：是指绿叶红边，红色明亮鲜艳，是"做青"好的表现。

匀整、均匀：指叶底老嫩一致，叶色均匀。

青张：是指萎凋不足，发酵不够所形成的青色叶片。

暗张、死张：初制不及时，鲜叶受机械损伤，以致叶张发红。在产品中夹杂暗红叶片，称为"暗张"；夹杂死红叶片的，称为死张。

三、评语中常用的副词

为了使对样审评在评茶术语上运用更为确切，通常评茶人员在评茶之前加上一些表示程度上差异的副词，如几个品质相近的茶叶，对照标准样品都不分上下，此时可在评语的前面，加上以表示差异程度的副词，如"稍""较""尚""欠"等。如条索评语"粗松"前面加上稍，即"稍粗松"，说明被评茶叶在条索方面比对比样稍微粗松些。又如加"较"，即"较粗松"，则说明在程度上差异要大一些。但值得注意的是，这些副词的运用也有所讲究和限制，如"尚""欠"等副词只能用在褒义词之前，有些副词褒义词和贬义词都可以用，如"稍""较"等。

1. 尚

指衡量某种茶叶的品质或某一点不够，用在一个具体评语上表示品质一般，基本接近，如"尚嫩""尚浓""尚紧结"等。

2. 欠

指在规格要求或某种程度上还不够，且程度上较严重，如"欠紧结""欠亮""老嫩欠均"等。

3. 微

在程度很轻微时用，如"微扁""微黄""微苦涩"等。

4. 略、稍

用在某种形态上不正及物质含量不多时，如"略扁""略弯曲""稍苦涩""稍暗""略有浑甜""略有花香""稍高"等。由于稍与略两词含义基本相同,程度上差别不大,用时注意语气和习惯即可。

5. 带

在程度轻微时用,如"带有花香""带有烟气""带涩""带扁"等,有时可与其他副词连用,如"略带花香""略带烟气""略带苦涩"等,在程度上又比单独使用时更轻些。

6. 较

用于两茶比较时,表示品质基本接近,但用在褒义的品质评语上,表现品质稍次,如"紧细""较紧细",后者比前者品质稍次。用在贬义的品质评语上,表现品质稍好,如"暗""较暗","梗朴多""梗朴较多",前者比后者品质稍次。

评茶时为进一步明确评语,有时用四字句,如"白毫显露""颗粒紧结""身骨重实""清澈明亮""鲜洁爽口""扁平尖削""翠绿光滑"等。

第五节　茶叶标准

标准是企业生产、加工、贸易、检验和管理部门共同遵守的准则,也是促进技术进步,提高产品质量,降低生产成本,维护国家和人民利益不可缺少的共同依据。当前,我国已制定的茶叶标准有鲜叶与加工标准、贸易标准、检验标准和卫生标准等。

一、制定茶叶标准类别

茶叶检验标准是各产茶国或消费国根据各自的生产水平和消费需要确定的检验项目,如品质水平和理化指标。各国茶叶检验标准,都是通过经济立法的手段,以经济法律或法规的形式予以公布,对内作为生产、加工的准绳和检验依据,对外作为双边贸易和多边贸易的品质指标和检验依据,对生产和贸易都起着提高和促进作用,同时在某些时候被某些国家用来作为贸易技术壁垒。在茶叶服务行业,应了解和熟悉各类茶叶标准,以保证服务质量,维护消费者的利益。

根据我国《标准化法》可将标准统一分为四类:

1. 国家标准(GB)。对需要在全国范围内统一的技术要求应制定国家标准(含标准样品制作)。

2. 行业标准(SN)。对没有国家标准而又需要在全国某行业范围内统一的技术要求,可以制定行业标准(含标准样品制作)。

3. 地方标准(DB)。对没有国家标准和行业标准而又需要在省、自治区、直辖市范围内统一的工业产品的安全、卫生要求,可以制定地方标准。

4. 企业标准(QB)。企业生产和产品没有国家标准和行业标准的,应当制定企业标准,作为组织生产的依据。

根据《标准化法》第七条规定,国家标准、行业标准分为强制性标准和推荐性标准。

出口茶叶属于法定检验商品，所制定的产品标准和检验方法标准均为强制性标准。农产品质量安全标准也是强制性的技术规范。

二、茶叶卫生标准

茶是供人们饮用的饮料，茶叶是否符合卫生指标直接关系着人们的身体健康。早在 20 世纪 50 年代卫生部就已发布《食品卫生管理暂行办法》等规章。70 年代经国务院批准又颁布了《食品卫生管理试行条例》和各类食品标准。

1982 年 11 月 19 日，第五届全国人民代表大会常务委员会第二十五次会议通过了《中华人民共和国食品卫生法》(试行)，并于 1983 年 7 月 1 日起正式实施。1995 年 10 月 30 日第八届全国人民代表大会常务委员会第十六次会议通过了《中华人民共和国食品卫生法》，自 1995 年 10 月 30 日起施行。该法强调"食品应当无毒、无害，符合应当有的营养要求，具有相应的色、香、味等感官性状"。

1981 年由国家卫生部提出，指定安徽、浙江两省卫生防疫站负责起草了 GBN144—1981《绿茶、红茶卫生标准》，1988 年又进行了修订。该标准适用于由茶树鲜叶加工而制成的绿茶、红茶、紧压茶、花茶等茶类，并规定了各类茶叶的感官指标：具有该茶类正常的商品外形及固有的色、香、味，不得混有异种植物叶，不含非茶类物质，无异味、无霉变。

从 2006 年 10 月 1 日起，新的茶叶卫生标准 GB2762、GB2763 替代 GB9679—1988《茶叶卫生标准》。目前，GB 2763—2005《食品中农药最大残留限量》、GB2762—2005《食品中污染物限量》正式文本已经公布，GB2762、GB2763 是依据危险性评估，对应于国际食品法典委员会(CAC)标准(食品中农药最大残留限量法典，2001 年英文版)，一致性程度为非等效。

该标准与茶叶有关的有：

1. GB2762—2005《食品中污染物限量》对 2 种污染物在茶叶中的含量作出限量规定，分别为铅(≤5 mg/kg)和稀土(≤2.0 mg/kg)。

2. GB2763—2005《食品中农药最大残留限量》对 9 种农药在茶叶中的含量作出限量规定，分别为六六六(≤0.2 mg/kg)、滴滴涕(≤0.2 mg/kg)、氯菊酯(红茶、绿茶中≤20 mg/kg)、氯氰菊酯(≤20 mg/kg)、氟氰戊菊酯(红茶、绿茶中≤20 mg/kg)、溴氰菊酯(≤10 mg/kg)、顺式氰戊菊酯(≤2 mg/kg)、乙酰甲胺磷(≤0.1 mg/kg)、杀螟硫磷(≤0.5 mg/kg)。

第十七章　茶席设计

　　━━━━━━━━━ 本章教学目标 ━━━━━━━━━

　　■ **知识目标：**

　　熟悉茶席设计的定义和基本构成要素知识；理解茶文化的传统和发展，对茶席设计中融入文化元素有一定的了解。

　　■ **技能目标：**

　　掌握不同风格茶席的设计技巧，如传统、现代、简约等风格；掌握茶席设计的一般结构方式和表现技巧及服饰和音乐的选择与把握；能够设计茶席并掌握动态演示中茶的冲泡技巧、文案表述和语言表述。

　　■ **情感价值目标：**

　　增强对传统文化的尊重和热爱，培养对茶文化的品位和审美情趣；培养对生活品质的追求，创造一个温馨、舒适、优雅的茶席环境；营造放松身心的氛围，使人们能够在茶席中体验到内心的平静和宁静。

　　■ **课程思政目标：**

　　在灵活应对不同茶席设计的需求中培养学生创新思维和解决问题的能力；弘扬中华传统文化，增强学生的民族自豪感和文化自信心；在茶席设计与展示中，培养学生的团队合作意识和沟通能力、审美情趣和人文素养。

　　茶席设计有着自己的基本构成要素与结构方式。在题材的选择与表现技巧上，也与一般的艺术形式有着不同的侧重点和结合点。在茶席动态演示中，又遵循着一般艺术表演的共同规律。

第一节　茶席构成

一、茶席设计的界定

　　茶席设计是指以茶为灵魂，以茶具为主体，在一定的示茶空间形态中，茶席与其他艺术形式相结合，从而共同组成的有独立主题的茶道艺术组合。

　　茶席，首先是一种物质形态，实用性是它的第一要素。同时，它又是艺术形态，为表达茶席的内容提供了丰富的艺术表现形式。

当茶席独立展示时,茶席是审美的客体;当茶席被作为手段进行演示时,茶席演示便成为审美的客体;当两者共同表达茶的内涵时,常常又互为审美的客体。

茶席是静态的,茶席演示是动态的。静态的茶席只有通过动态的演示,才能更加完美地体现茶的魅力和茶的精神。

二、茶席设计的基本构成要素

任何事物都由其基本的要素构成。每个要素又有其自身的构成成分。茶席设计也有其自身的基本构成要素。

(一) 茶

茶是茶席设计的灵魂,也是茶席设计的物质和思想基础。因茶,而有茶席。因茶,而有茶席设计。茶,在一切茶文化以及相关的艺术表现形式中,既是源头,又是目标。

茶的色彩异常丰富,有绿茶、红茶、黄茶、白茶、黑茶……茶的各种美味和清香,曾醉倒天下多少爱茶人。茶的形状千姿百态,未饮先迷人。茶的名称,浸透诗情画意,如庐山云雾、龙岩斜背、凤凰单从、九曲红梅……有许多很好的茶席设计作品,如"龙井问茶""普洱遗风""大佛钟声"等,都是直接因茶而发。

(二) 茶具组合

茶具组合是茶席构成的主体,其基本特征是实用性和艺术性相融合。实用性决定艺术性,艺术性又服务于实用性。因此,它的质地、造型、体积、色彩、内涵等方面,都应作为茶席设计的重要部分加以考虑,并使其在整个茶席布局中,处于最显著的位置,以便于对茶席进行动态的演示。

茶具组合的类别,一般有金属类、瓷器类、紫砂类、玻璃类和竹木类等。

茶具组合的个件数量一般可按两种类型确定。一是必须使用而又不可替代的个件,如壶、杯、茶叶罐、茶刷、煮水器等;二是齐全组合,包括不可替代和可替代的个件,如备水用具水方(清水罐)、水勺等;泡茶用具茶海、公道杯等;辅助用具茶碟、茶针、茶夹、茶斗、茶滤、茶盘、茶巾、水盂、承托(盖置)、茶几等。

茶具组合既可按传统样式配置,也可进行创意配置;既可基本配置,也可齐全配置。其中,创意配置、基本配置、齐全配置在个件选择上随意性、变化性较大,而传统样式配置,在个件选择上一般比较固定。

(三) 铺垫

铺垫是指茶席整体或局部物件下方的铺垫物。铺垫的直接作用为:一是使茶席中的器物不直接触及桌、地面,以保持器物的清洁;二是以自身的特征和特性,辅助器物共同完成茶席设计的主题。

在茶席中,铺垫与器物的关系,如同家与人的关系,器物只有置于铺垫中,才可任意摆放,亦可体现茶席主题。

铺垫的质地、款式、大小、色彩、花纹,应根据茶席设计的主题与立意要求,以对称、烘托、反差、渲染等手段加以选择。

铺垫的类型,包括棉布、麻布、化纤、蜡染、印花、毛织、织锦、绸缎、手工编织、竹编、草秆编、树叶类、纸类、石类、瓷砖类及布铺类等,不同质地的铺垫,能够体现不同的地域和文化特征。

铺垫的形状一般分为正方形、长方形、三角形、圆形、椭圆形、几何形和不规则形。不同形状的铺垫,不仅能表现不同的图案以及图案所形成的层次感,更重要的是,这些多变的形状,还会给人以不同的想象空间,启发人们进一步理解茶席设计的整体构思。

铺垫的色彩原则是以单色为上,碎花次之,繁花为下。色彩和花式是表达感情的重要手段,不同色彩和花式的铺垫,会不知不觉影响人们的精神、情绪和行为。

铺垫的方法包括平铺、对角铺、三角铺、叠铺、立体铺和帘下铺等。铺垫的方法是获得理想铺垫效果的关键所在。不同方法的铺垫,使铺垫在质地、形状、色彩的不同效果之外,又增加了它的可变化内容,使铺垫的语言更丰富。

(四)插花

插花是指人们以自然界的鲜花、叶草与枝干为材料,通过艺术加工,在不同的线条和造型变化中,融入一定的思想和情感而完成的花卉形象再造。

茶席中的插花,目的在于体现茶的精神,因而具有崇尚自然、朴实秀雅的风格,并富含深刻的寓意。其基本特征是:简洁、淡雅、小巧、精致。鲜花品类繁杂众多,应追求线条、构图的美和变化。

茶席插花的形式一般可分为直立式、倾斜式、悬挂式和平卧式四种。直立式是指鲜花的主枝干基本呈直立状,其他插入的花卉,也都呈自然向上的势头;倾斜式是指第一主枝呈倾斜状的插花;悬挂式是指以第一主枝在花器上悬挂而下为造型特征的插花;平卧式是指全部的花卉在一个平面上的插花样式。茶席插花中,平卧式虽不常用,但在某些特定的茶席布局(如移向式结构及部分地铺)中,平卧式插花可使整体茶席的总线结构得到较为鲜明的体现。

花材是茶席插花的主体,它由花、叶、枝、蔓、草等构成。自然界中,花材的品种数量繁多,称谓也因地域的不同有所不同。茶席插花所选的花材几乎不受限制,所有花材均可采用。

茶席插花的意境创造,一般有具象表现和抽象表现两种表现方法。具象表现是指通过简单设计,使营造的意境清晰明了;抽象表现是指运用夸张和虚拟的手法来表现插花的主题,既可以拟人,也可以拟物,似是而非地表现意境。

茶席插花的花器,是茶席插花的基础和依托。插花造型的结构和变化,在很大程度上得益于花器的型与色。花器的造型既限制了花体,也衬托了花体;茶席中的插花要求花体简约、精巧,这也在一定程度上限制了花器的大小。茶席插花的花器质地一般以竹、木、草编、藤编和陶瓷为主,以体现原始、自然、朴实之美。

(五)焚香

焚香是指人们将天然香料进行加工,使其成为各种不同的香型,并在茶席环境中进行焚熏,以获得嗅觉上的美好享受。

焚香在茶席中的地位一直十分重要。它不仅作为一种艺术形态融于整个茶席中，同时，它美好的气味弥漫于茶席四周的空间，使人在嗅觉上获得非常舒适的感受，从而使品茶的内涵变得更加丰富多彩。

焚香一开始就从人们的生理需求迅速与精神需求结合在一起。唐代就出现了争奇斗香的香文化形式。宋代，它又和挂画、插花、点茶一起被称为"四艺"，一同出现在人们的日常生活中。同时，中国的香文化还影响了日本。日本古典名著《源氏物语》就曾记载了古代日本民族学习唐人的样子所举行的香会，后逐渐形成今天的日本香道。

香料的种类繁多，茶席中所使用的香料，一般以自然香料为主。在自然的香料中，又注重从自然植物中进行香料的选择。因为自然界中具有香成分的植物十分广泛，采集也比较容易。例如，紫罗兰、丁香、茉莉等，可采其鲜花；柠檬、橘子等，可取其果皮；樟脑、沉香等，可采其树木枝干；龙脑等，可采其树脂；丁香、肉桂等，可采其果实。这些原料采集后，用蒸馏、压榨、干燥等方法即可取得。

茶席中的香品，总体上分为熟香与生香，又称为干香与湿香。熟香指的是成品香料，一般可在香店购买。熟香的样式有炷香、线香、盘香和条香等。另有香片、香末等作熏香之用。生香是指在做茶席动态演示之前，临场进行香的制作（又称香道表演）所用的各类香料。生香的临场制作表演，既是一种技术，又是一种艺术，具有可观赏性，对于香道文化的传播，起着非同寻常的作用。

焚香的香炉种类繁多，大多为仿古的样式，如鼎、乳炉、鬲炉、敦炉、钵炉、洗炉、筒炉等。在类别上又分为香炉、熏炉和手脚炉等。在质地上有铜、铁陶、瓷等。茶席中的香炉，应根据茶席所表现的题材和内涵来选择。香炉在茶席中的摆置，应把握不夺香、不抢风、不挡眼三个原则。

（六）挂画

挂画又称挂轴。茶席中的挂画是指以挂轴的形式，悬挂在茶席背景中书与画的统称。书以汉字书法为主，画以中国画为主。

茶席挂画中的内容，可以是字，也可以是画。一般以字为多，也可字、画结合。我国历来就有字、画合一的传统。

字的内容多用来表达某种人生境界、人生态度和人生情趣，以乐生的观念来看待茶事，表现茶事。例如，以各代诗家文豪们对于品茗意境、品茗感受所写的诗文诗句为内容，用挂轴、单条、屏条、扇面等方式陈设于茶席之后作背景。

绘画以水墨画为主。我国茶席中挂轴的绘画内容，相对较为多姿多彩。既有简约笔法，抽象予以暗示，也有工笔浓彩描以花草虫鱼。但还是以表现松、竹、梅的"岁寒三友"及水墨山水为多。

茶席挂画提倡自己写、自己画、自己裱。

（七）相关工艺品

相关工艺品和其他物品一样，是人们某个阶段生活经历的物象标志。当人们想起某段生活，脑海里就会浮现那段生活的人和物。同样，当人们看见某种物品，也会想起以往的那段生活。因此,茶席中不同的相关工艺品与主器具的巧妙配合,往往会唤起人们的某种记忆,使茶席获得意想不到的艺术效果。

相关工艺品范围很广,凡经人们以某种手段对某种物质进行艺术再造的物品,都可称为工艺品。例如,珍玉奇石、植物盆景、花草杆枝、穿戴、首饰、厨房用品、文具、玩具、体育用品、生活用品、乐器、民间艺术品、演艺用品、宗教法器、农业用具、木工用具、纺织用具、铁匠用具、鞋匠用具、泥工用具、古代兵器、文玩古董等,只要能表现茶席的主题,都可进行运用。

在茶席的布局中,相关工艺品不像主器物那样不便移动,而是可由设计者做任何位置的调整。因此,相关工艺品成为最便于设计者运用的物件,在对不断做换位调整后,最终达到满意的设计效果。

相关工艺品,不仅能有效地陪衬、烘托茶席的主题,还能在一定条件下,对茶席的主题起到更加深化的作用。

相关工艺品在选择与摆置上,要注意避免衬托不准确、与主器具相冲突,以及多而淹器、小而不见等错误情况的发生。

(八) 茶果茶点

茶果茶点是指在饮茶过程中佐茶的茶点、茶果和茶食的统称。主要特征为:分量少、体积小、制作精细、样式清雅。

茶点分为干点和湿点两种;茶果分为干果和鲜果两种;茶食主要指瓜果的果实。

茶果茶点的选配方法,应根据茶席中不同的茶品和茶席表现的不同题材、不同季节、不同对象来配制。对不同茶品的配制,台湾范增平先生的规则为——甜配绿,酸配红,瓜子配乌龙。

在茶果茶点的盛器选择上:干点宜用碟,湿点宜用碗;干果宜用篓,鲜果宜用盘,茶食宜用盏。同时,在盛器的质地、形状、色彩上,还要与茶席的主器物相吻合。

茶果茶点一般摆置在茶席的前中位或前边位。总之,只要巧妙配制与摆放,茶果茶点也是茶席中的一道风景。

(九) 背景

茶席的背景是指为获得某种视觉效果设定在茶席之后的某种艺术物态形式。茶席的价值是通过观众的审美而体现的。因此,视觉空间的相对集中和视觉距离的相对稳定就显得特别重要。单从视觉的空间来讲,如果没有一个视觉空间的设立,人们可以从任何一个角度去自由观赏,就使茶席的角度比例和位置方向等设计失去了价值和意义,也使观赏者不能准确获得茶席主题所传递的思想内容。茶席背景的设定,就是解决这一问题的有效方法之一。

背景的设立还反映了某种人性的内容,它能在某种程度上起着视觉的阻隔作用,使人在心理上能获得某种程度的安全感觉。

茶席的背景形式,总体有室外和室内两种形式构成。室外现成背景形式:以树木为背景,以竹子为背景,以假山为背景,以街头屋前为背景等。室内现成背景形式:以舞台作背景,以会议室主席台作背景,以窗作背景,以廊口作背景,以房柱作背景,以装饰墙面作背景,以玄关作背景,以博古架作背景等。除现成背景条件外,还可在室内创造背景。例如,室外背景室内化的利用、织品利用、灯光利用、书画利用、纸伞利用、屏风利用和特别物品的利用。

三、茶席设计的一般结构方式

结构是物质系统内各组成要素之间相互联系、相互作用的规律方式。由于茶席的第一特征是物质形态,因此,茶席也必然拥有自身的结构方式。这种结构方式主要表现在空间距离中物与物的必然视觉联系与相互依存的关系。

茶席是由具体器物所构成,包括茶席依存的铺垫之外的器物,如背景、空中吊挂的相关工艺品等,只要属于茶席的构成部分,铺垫与器物之间,器物与背景及相关工艺品之间,都存在空间距离的结构关系。由于茶席表现形态不同,因此,具体茶席的结构方式也会发生变化。

结构还体现着美的和谐。结构美不仅表现为一般的构图规律,还有以茶席各部位在大小、高低、多少、远近、前后、左右等比例中所表现的以总体和谐为最高目标。其中,任何一个因素的残缺,都会破坏茶席完整美的结构形成。

茶席设计的结构形式多种多样,总体包含中心结构式和多元结构式两大类型。

1. 中心结构式

中心结构式是指在茶席有限的铺垫或茶席总体表现空间内,以空间距离中心为结构核心点,其他各因素均围绕结构核心来表现各自的比例关系的结构方式。

中心结构式的核心,往往都是以主器物的位置来体现。在茶席的诸种器物中,担任茶的泡、饮角色的器物——茶具,是茶席的主器物。而直接供人品饮的茶杯,又是主器物的核心器物。

中心结构式还必须要注意大与小、上与下、高与低、多与少、远与近、前与后、左与右的比例关系。

2. 多元结构式

多元结构式又称非中心结构式。多元是指茶席表面结构中心的丧失,而由空间范围内任一结构形式的自由组成。

多元结构形态自由、不受束缚,可在各个具体结构形态中自行确定其各部位组合的结构核心。结构核心可以在空间距离中心,也可以不在空间距离中心。只要符合整体茶席的结构规律和能呈现一定程度的结构美即可。

多元结构的一般代表形式有流线式、散落式、桌和地面组合式、器物反传统式、主体淹没式等。

流线式以地面结构为多见。一般常表现为地面铺垫的自由倾斜状态。

散落式的主要特征,一般表现为铺垫平整,器物基本规则,其他装饰品自由散落在铺垫之上。

桌和地面组合式基本属现代改良的传统结构方式。其结构核心在地面,地面承以桌面,地面又以器物为结构的核心点。

器物反传统式多用于表演性茶道的茶席。此类茶席,首先表现为茶器具的反传统样式以达到使用动作的创新化,其次在器物的摆置上,也不按传统的基本结构进行。

主体淹没式常见于一些茶馆的环境布置,具体表现为结构大于茶席的空间,器物大于茶具,实用性大于艺术观赏性。

第二节　茶席设计题材与表现方法

凡与茶有关的天象地事、万种风情,只要内容积极、健康,有助于人的美好道德和情操培养,并能给人以美的享受,都可在茶席之中得以反映。

常见的茶席题材主要有如下四大类:

一、以茶品为题材

1. 茶品特征的表现

茶,其名称就已经包含了许多题材的内容。

茶众多不同的产地,就给人以不同地域茶的文化和风情的认识。例如,庐山云雾给人以云遮雾绕之感;洞庭碧螺春,又在人眼前展现一幅碧波荡漾的画面。茶产地的自然景观、人文风情、风俗习惯、制茶手艺、饮茶方式、品茗意趣、茶典志录、故园采风等,都是茶席设计用之不尽的题材。

茶的形态特征,更是多姿多彩。例如,龙井新芽,一旗一枪;金坛雀舌,小鸟唱鸣;汉水银梭,如鱼拨浪……大凡各地的名茶,都有其形状的特征,足以使人眼花缭乱。

2. 茶品特性的表现

茶,性甘,具多种美味及人体所需的营养成分。茶的不同冲泡方式,也给人以不同的艺术感受。特别是将茶的泡饮过程上升到精神享受之后,品茶便常用来满足人们的精神需求。

借茶表现不同的自然景观,以获得回归自然的感受。如常以茶的自然属性去反映连绵的群山、无垠的大地、奔腾的江河、流淌的小溪、初升的旭日、暮色的晚霞、荷塘的月色等,或直接将奇石、树木、花草、落叶、果实等置于茶席之上,让人很直观地与自然时刻亲近。

借茶表现不同的时令季节,以获得不同的生活乐趣。如通过茶在春、夏、秋、冬里不同的表现,让人感受四季带来的无穷快乐。

借茶表现不同的心境,以获得心灵的某种慰藉。如以茶的平和去克制心情的浮躁,以求一片寂静和安宁;以茶的细品去梳理往事,以求清晰的目光去看清前进的方向;以茶的深味去体味生活的甘苦,以求感悟一切来之不易。或直接将禅意佛语书于纸上,挂于屏风,让人一进门来,便与你一起,听梵音玄唱,闻净坛妙香。

3. 茶品特色的表现

茶有绿、红、青、黄、白、黑,正是色彩的构成基色。若画家拥有这六色,即可调遍人间任一色。何况茶之香、之味、之性、之情、之意、之境,无不给人以美的享受。

杭州的高级茶艺师袁勤迹,在《九曲红梅》里写道:请哪家高手,将滇红、祁红之汁和于泥中,再拉坯塑成茶壶、茶杯、茶罐、茶盂、焚香炉,好个红光映照一茶席。如熟透的果儿、李儿,先尝哪一个? 如此用茶色作器色,讨巧又可爱。

反之,以器色衬茶色,同样也可将茶色表现得淋漓尽致。宋时建盏,黑釉欲滴,将白色之茶投于盏内,竹笊轻拨,雪花如沫;明、清喜白,景瓷透色。用皑薄碗盛满红黑普洱,一白一黑,阴阳描成天地物。

二、以茶事为题材

生活与历史事件历来是各类艺术形式主要表现的对象。事件的囊括性强,人与物都可包含其中;同时,它还是一种实证,人们纪念它,常能引起思想的共鸣和情感的宣泄。事件又是过去时态,能为今事与后事提供借鉴。茶席中表现的事件,应与茶有关,即茶事。陆羽在《茶经》中就曾用单独一个章节叙述了以往的茶事,曰"七之事"。

茶席表现事件,主要是通过物象和物象赋予的精神内容来体现。如以一把茶壶、一只黑釉兔毫盏和一个茶笊,即可表现 1 000 多年前宋代著名的斗茶事件。可成为茶席题材的事件,大致有如下三种:

1. 重大的茶文化历史事件

一部中国茶文化史,就是由一个个茶文化的历史事件所构成的。作为茶席,不可能在短时期内将这些事件一一表现周全。人们可以选取一些在茶文化史中重要时期的重大事件,选择某一个角度,在茶席中进行精心的刻画。例如,神农尝草、《茶经》问世、罢造龙团等,都在茶史中信手可得。

2. 特别有影响的茶文化事件

特别有影响的事件是指茶史中虽不属于具有转折意义的重大事件,但也在某个时期特别有代表性的茶事而影响至今。例如,陆羽设计风炉、供春制壶等,都可以通过一器一皿来反映某个历史时期茶文化的代表事件内容。

3. 自己喜爱的茶文化事件

自己喜爱的茶事,不一定具有完美性,也不一定有什么影响力,但亲切、生动、活泼,投入了自己的一定情感,熟知事件的细枝末节,将其作为茶席的题材,往往更能从崭新的角度,开掘出一定的内涵,使茶席的思想内容更加丰富而深刻。

三、以茶人为题材

凡爱茶之人、事茶之人、对茶有所贡献之人、品德之人,均可称作茶人。爱茶之人不一定是事茶之人,事茶之人不一定是对茶有所贡献之人,对茶有所贡献之人不一定是以茶的品德作己品德之人，唯爱茶、事茶、对茶有所贡献、又以茶的品德作己品德之人，才是世上真正的茶人。被誉为"当代茶圣"的吴觉农先生就是这样一个真正的茶人。

以茶人作为茶席的题材，对茶人不应苛求，古代茶人，难免会因时代和社会的局限，与现今这个时代要求的标准茶人有一定的距离，但他们在那个时代，不迷醉于功名利禄，却事茶、迷茶、对茶作出了巨大的贡献，就已经是不易之事。同样，对现今的茶人也不该苛求，只要是一个正直的、对茶有所贡献之人，都可在茶席中得到表现。这样，古代茶人、现代茶人及人们身边的茶人，就会源源不断地走入人们的眼帘……

1. 以古代茶人为题材

古代茶人，历数千年，至今仍为人称颂者，可谓德高望重。神农氏当是第一人，他屡尝百草，将生死置之度外，实为古今茶人之楷模。陆羽苦难成人，发奋研读，踏遍青山只为茶，将爱恨全付一部《茶经》中，是为真圣人。卢仝、苏轼、陆游、皎然，以诗喝茶，以茶著文，品多少茶之深味，吟无数茶之真情……

2. 以现代茶人为题材

现代茶人中有许多是伟人、名人。毛泽东、周恩来、朱德、陈毅、老舍、巴金……人人生前一壶茶，茶事平常也动人。同时，现代茶人中更多的是默默奉献之人。吴觉农、王家扬、王泽农、庄晚芳、陈椽、王镇恒、陈宗懋……他们或著文立说，或授业育人，为振兴我国的茶科技、茶文化、茶产业作出了巨大的贡献。

3. 以身边的茶人为题材

身边茶人，皆是平常之人。同行、同桌、邻里、亲朋，身边的茶人，都在脑海里装着。他们亲切、平和、真诚、友好，以他们为题材设计的茶席也会传递给人以亲切和快乐。

四、茶席题材的表现方法

以事、物、人作为题材的茶席，其一般表现方式有两类。

1. 具象的物态语言方式

具象的物态语言方式是通过对物态形式的准确把握来体现的。例如，表现人，就要精心选择能反映那个人的特殊物品或象征物（要表现吴觉农，吴觉农所著的《茶经评述》就是他典型的物态语言）；反映事件，也同样要精心选择能反映那个事件的典型物品及象征物（反映唐代的宫廷茶事，就必须要有唐代宫廷的茶具及象征物）。

2. 抽象的物态语言方式

抽象的物态语言方式是通过人的感觉系统，即视、听、嗅、味、触以及心对事物获得印象后，运用最能反映这种印象感觉的形态来体现。例如，表现快乐可通过跳跃的音乐节奏和欢快的旋律以及茶席中色彩明快的器物和自由奔放的配置结构来体现。

第三节　茶席设计技巧与演示

一、茶席设计技巧

技巧是指一种科学的方法。技巧的运用,使劳动过程变得更加简单和快捷,也使劳动结果变得更加成功和完美。同时,又使掌握和运用了技巧的人减少了劳动和创造的程度,并从中获得劳动和创造的快乐。

茶席设计既是一种物质创造,也是一种艺术创造;既是一种体力劳动,更是一种智力劳动。因此,技巧的掌握和运用就显得非常重要。

茶席设计的基本技巧具体表现在三个方面。

(一) 获得灵感

灵感是一种综合的心理现象。它表现为在偶然状态下,突然所得到的一种意外启迪和心理收获。它使原先模糊和不明了的心理感受一下子变得清晰起来,从而获得某种行为方式的依据和对未来行为的清晰认识。

灵感的获得,又是在思维和行为的运动中产生的。因此在茶席设计之前,应以积极的态度和方式,不是守株待兔,而是主动出击,从生活的各个方面去促使灵感的获得。

1. 要善于从茶味体验中去获得灵感

茶席由人设计,茶人的典型行为就是饮茶。人们应该试着从茶味的体验中去寻找灵感。这种寻找的方式是依靠联想和象征的手段来体味的。

茶的苦味会使人们联想到茶农种茶、采茶、制茶的辛苦,茶人奋斗的辛苦,中国茶业发展的艰苦以及许多象征茶味之苦的内容;苦味之后是甘甜,人们同样可以联想到茶给生活和世界带来的种种美好;茶的深味,又会使人们联想到许多与茶有着同样意味的事物。总之,只要展开联想的翅膀,就一定会在茶味的体验中,获得茶席设计所需要的许多有价值有意义的表现内容与方法。

2. 要善于从茶具选择中去发现灵感

茶具是茶席的主体。茶具的质地、形状、色彩等决定着茶席的整体风格。因此一旦从满意的茶具中发现了灵感,从某种角度来说,就等于茶席设计已成功一半。

茶具的质地,往往表现一种时代的内容和地域文化。茶具的色彩,最能体现一种情感。茶具的造型,则体现一种性格。

选择茶具最有效的办法就是到茶具市场去寻找。

3. 要善于从生活百态中去捕捉灵感

生活永远是艺术创造的源泉。多色多彩的生活中总有一些潮流的东西在作它的导向。潮流在生活中的表现既是有形的,如社会的某些共同行为,或某个方面众多人的参与等;又是无形的,那是流淌在人们心中的一种普遍的共识。作为一个茶席设计的爱好者,我们应该积极投身到这种生活的潮流中去,特别是积极投身到茶文化的潮流中去,从中把握茶文化的脉搏,加深对茶文化的认识与理解。人们也可以从这些活动中捕捉到茶席设计的灵感。

生活中,人们还可以通过与他人的交流来获得创作的灵感。当然,这种交流往往是在交谈中无意间受到的启发。有时,这种启发也不一定与茶席的设计有关,但这种启发会在记忆中储存起来,在另一时间和环境下,往往就会迸发出灵感火花,从而得到意料之外的收获。

4. 要善于从知识积累中去寻找灵感

首先,人们可以从专业的知识积累中去寻找灵感。专业的茶叶知识,能增长人们对茶的历史、种植、种类、产地和制作的了解;专业的茶的冲泡知识,能加深人们对不同茶品的茶理、茶性的认识及对不同冲泡方法的掌握;专业的茶文化知识,能帮助人们对几千年来中国茶文化之所以不断发展的动因,有一个全面而深刻的理解,从而更加坚定对茶事业不断追求的信念。

其次,人们还要学习和积累其他门类的知识。茶席设计所涉及的知识包括政治、历史、哲学、宗教、道德、文学、美学、工艺、表演、音乐、服饰、摄影、语言、礼仪、绘画等。实践证明,一些艺术和思想水平比较高的茶席设计作品,设计者往往都具有较高的文化水平和艺术素养。

除此之外,还要善于学习他人的茶席设计作品,从中寻找创作的灵感。他人的作品,也是学习茶席设计最好的借鉴。

(二) 巧妙构思

构思一般是指艺术家在孕育作品的过程中所进行的思维活动。构思的过程就是对选取的题材进行提炼、加工,对作品的主题进行酝酿、确定,对表达内容进行布局,对表现的形式和方法进行探索的过程。茶席设计的过程也同样如此。

茶席设计的构思,要在"巧"和"妙"上下功夫。"巧"指的是奇巧;"妙"指的是妙极。巧妙地构思,要在以下四个方面下功夫。

1. 创新(茶席设计的生命)

一件艺术作品有无生命力,关键在于它是否富有创新精神。否则,作品完成时,也就是它的消亡之时。

(1) 内容上的创新。创新首先表现在它的内容上。题材是内容的基础,题材不新鲜,就不吸引人;事件是内容的线索,事件平淡,也抓不住观众。新闻记者的采访技巧是关注那些不平凡人的平凡事,平凡人的不平凡事,这就是新闻。内容新颖,关键还是要有新的思想。即便是老题材,若立意新、思想新,也同样具有新鲜感。

除此之外,设计新颖的服饰、新颖动听的音乐,及新颖的其他茶席构成的要素等,都是新颖内容的组成部分。

(2) 形式上的创新。新颖的内容还要通过新的表现形式来体现形式是艺术的外在感觉载体。常常内容不新形式新,也能取得较好的艺术效果。例如,同样是表现花的内容,可用花茶,也可用花景;可用花器,也可用花香;可用插花来点缀,也可用屏风来体现。

在表现方法上,一个新的角度,可使单件物态发生多种变化;一个新的结构,也可使整体形式发生质的变化。茶席设计正是在各种不同的角度和结构方式变化中,将万事万物融于其中,告诉人们新的世界和新的生活。

2. 内涵(茶席设计的灵魂)

内涵是指反映于概念中对象的本质属性的总和。艺术作品的内涵包括作品本身所表现的内、外部有形内容和超越作品之外的无形意义和作用。真正的艺术品的内涵既是一种质,也是一种量;既是有形的存在,也是无形的永恒。因此,这个意义上来说,茶席设计的内涵,就是它的灵魂所在。

(1) 内涵的丰富性。内涵首先表现于丰富的内容。一个艺术作品无论大小,能感受其一定的分量,也就是内容。内容的丰富性和广泛性是一个作品存在意义的具体体现。

艺术作品属于文化的范畴,知识性是其衡量的标准之一。知识内容越多,它的内涵就越丰富。但丰富的知识,不是简单的内容叠加,而是通过作品本身的特殊形式,将众多的知识内容自然地融于其中。

(2) 内涵的深刻性。一个作品是否有深度,主要是看它的思想内容。思想的深度,不是靠说教,而是靠娴熟和老练的艺术手法,将无形的思想不显山、不露水地融于作品之中。思想肤浅的作品,就事论事,味同嚼蜡。茶席设计的思想要层层递进,如同剥笋,一层一种感受,一剥一种景致。这就要求人们在设计时,要把层层的思想内容密铺其中,同时,又要把想象的空间留给观众。

3. 美感(茶席设计的价值)

美是艺术的基本属性。美感是审美活动中,人们对于美的主观反映、感受、欣赏和评价。作为以静态物象为主体的茶席设计,美感的体现显得尤为重要,这也是茶席艺术的根本价值所在。

(1) 茶席形式美的具体体现。美感的基本特征,是形象的直接性和可感性。在茶席设计中,首先表现为茶席的形式美。茶席的形式美具体表现在以下几个方面:

① 器物美。它是茶席形式美的第一特征,即茶席的具体形象美。器物的优良质地、别致造型、美好色彩等方面,是器物美的具体美感特征。

② 色彩美。它是形式美的第一感觉,表现得最直接,也最强烈。色彩美的最高境界是和谐,它最典型的特征是温和。温和常以淡色为主色调,给人以宁静、平衡之感,强烈地体现着亲近、亲切与温柔。

③ 造型美。茶席的美感也表现为线条的变化,线条变化决定着器具形状的变化,由此带来造型的美感。

④ 铺垫美。它是茶席美感的基础,以大块的色彩衬托器物的色彩,是铺垫美的基本原则。

⑤ 背景美。它是建立茶席空间美的重要依托,起着调整审美角度和距离的作用。它的大块阻隔,还是审美的某种心理依靠。

⑥ 茶席的形式美,还体现在结构美上。因茶席设计还需作动态的演示,因此,茶席的形式美还包括动作美、服饰美、音乐美及语言美等诸多的内容。

另外,茶席的形式美体现在茶席的每一个基本构成要素中,具体为:

① 茶汤的美感具有多重性,既表现一定的茶汤色彩,又和茶碗共同组成重色。插花的形态美与色彩美并重。

② 焚香的气味美是其最重要的美感体现,高于其香料、香器的色彩美和造型美。焚香的气味美,丰富了茶席物态美的内容,使茶席体现出一般物态美所缺乏的独特美感。

③ 挂画的美感更多的是表现在观赏者心理上对美的体验,显示其主要的美感及相关工艺品,本身就有着相对独立的美感。它的机动性、可移动性,对茶席的结构美起着一定的平衡作用。

④ 茶点茶果,有着色彩、造型、味感、心理的综合美。其中,味感是第一位的,其次是心理上的感受。

(2) 茶席的情感美主要体现于真、善、美的情感。

① 真。真即茶席内容所体现的纯真、率真、真实的感受和茶席形式表现中真诚及人格力量。

② 善。善即茶席内容所体现的某种道德因素。凡以人为本,人文关怀及人性关怀诸内容,都是善的具体体现。

③ 美。美在情感美的特征中,表现为一种心灵的触动和感化,是情感美中最动人的一面,也是情感中保留最长久的一种感觉。

总之,茶席之美,既要符合自然的规律,又要适应人们的欣赏习惯,在有限的空间范围之内,做最大程度的美感创造。

4. 个性(茶席设计的精髓)

个性是指一种事物区别于其他事物的特殊性质。从心理学的角度来说,个人稳定的心理特征,如性格、兴趣、爱好等的总和,即一个人区别于另一个人的个性。但艺术却有所不同,凡构成物态艺术的成分,只要有一种可原质原型复制,就有可能在一定程度上使个性丧失。而茶席的物态成分几乎全部可原质原型复制,如可重复生产的茶具、花器、香器、铺垫、工艺品、屏风、食品,包括茶本身。这就要求人们的设计对它们在同质同型的基础上,做不同的合成再造,使之不同于其他再造的特殊性质,这就是茶席艺术的个性。

(1) 个性特征的外部形式。要使茶席拥有个性特征,首先要在它的外部形式下功夫。如茶的品质、形态、香气;茶具的质感、色彩、造型;茶具组合的单数量、大小比例、摆置距离、摆置位置;铺垫的质地、大小、色彩、形状、花纹图案等。只要属于人们可直接感知的,都属于茶席的外部形式。那么,人们便在各个方面寻找、选择与其他设计的不同之处。例如,同是煮水器,别人以不锈钢的"随手泡"和陶质紫砂炉为多,此时,若选用一个乡村原质的泥炉,就立刻会显得与众不同。又如在结构上,别人多采用中心结构式,若以反传统的方式出现,也会立即给人以不一样的感觉。

(2) 个性特征的角度选择。茶席艺术的个性创造,还要精心选择其表现的角度。角度的选择如同摄像,角度选择得当,可反映人物最精彩的精神风貌。例如,表现茶文化代代传承的主题,人们往往会从人物的角度加以体现,或将神农、陆羽、吴觉农、少儿茶人等作为线索,而《薪火相传》的作者,却从茶具的角度,以古意炉、壶和现代杯盏做形似反差,实为相连的处理,就显得角度与众不同。

(3) 个性特征的思想内容。思想反映一定的深度;立意表现一定的创新。这也是茶席设计中最体现功力的地方。如采用相同器物,相似结构设计的茶席,由于思想提炼深浅不同,立意形成内容不同,其个性的塑造也有本质的差异。例如,若《薪火相传》以新与旧、大与小、过去与现在等对比来设计,虽也有一定的意,但显得缺乏思想的深度,而以茶的精神代代相传为立意,便使得茶席有了深层次的思想内容,不仅立意新颖,而且使人获得更为广阔的想象与思考空间。与此同时,其艺术个性得到更充分的发挥,艺术价值也随之提升。

二、茶席设计动态演示

茶是茶席设计的首要构成要素。茶的体现必须由泡饮才能完成。因此,茶席的动态演示是由茶席设计的本质属性所决定的。

(一) 动态演示中的茶艺演示

1. 茶艺演示中的科学泡茶方法

科学的泡茶方法应该是根据不同人对不同茶的饮用要求,按照不同茶品的特点,正确掌握不同的茶量、水温和泡茶时间,同时还应注重根据不同的茶品选用不同材质的茶具来冲泡,以便茶性得到更好的发挥。科学泡茶的目标是显示茶汤色、香、味俱佳的综合品质。

科学的泡茶方法是指巧妙的劳动行为,具体表现在泡茶的动作上,指巧妙地获取茶具和巧妙地使用茶具。其中的"巧"字,既包含了它的智慧性,又包含了它的合理性。例如,对茶器具使用的先后顺序和在使用过程中的正确身姿、手姿、使用的力度与时间的长度,以及对茶量、水温和泡茶时间的正确把握等,都是它的合理性的内容。在合理的泡茶动作前提下,虽然因每个人本身的客观因素和主观智慧不同,动作形式和动作内容会发生一些小的差异。这种差异,有时也能成为演示过程中可贵的个性化内容。但就整体的泡茶动作而言,从严格意义上说,具有一定的稳定性,一般不能作大的改动,更不能夸张地进行画蛇添足。

2. 茶艺演示的诸要素把握

这里所指的茶艺演示和一般意义上的茶艺演示所不同的是,它是茶席设计总体形式中的茶艺演示,是茶席设计的一个组成部分。它所包括的茶艺表演诸要素,必须服从茶席设计所要体现的思想和艺术要求。因此,在茶品、服饰、音乐、肢体语言等要素的选择与设计上都不能离开茶席设计的主题而单独行事。例如,茶席设计的主题是宁静而淡泊,而茶艺演示却选择浓艳的服饰、跳跃的音乐等相悖的创意形式,那么,即使茶艺演示得再好,也是一个不成功的茶席设计。茶席设计总体形式下各要素(包括茶艺演示在内)的创意,都必须要体现茶席设计的主题,这便是茶艺演示诸要素把握的关键。

(二) 动态演示中的茶席文案

文案是以文字为手段,对事物的因果变化过程或某一具体事物进行客观反映的文体。茶席设计文案表述有自己特定的表达方式。首先,它表述的对象是艺术作品,在表述中,必然要对作品的创作过程及内容作主观的阐述。因此,茶席设计文案的反映,有一定的主观性。其次,表达的对象是以具体的物态结构为特征的艺术形式,光以文字的手段不能清楚地表达完整,还需以图示的手段加以说明。因此,文案的表述又需以图、文结合的形式来作综合的反映。所以,茶席设计的文案表述,是以图、文结合的手段,对具体茶席设计作品进行主观反映的一种表达方式。

1. 茶席设计文案表述的内容

茶席设计的文案表述由以下内容构成:标题、主题阐述(或称"设计理念")、器物选择及用意、结构说明、结构图示、茶品选择及冲泡方法、奉茶礼仪语、作者署名及日期。

2. 茶席设计文案案例

清宫晚月

自乾隆皇帝在宫中建起御茶园,进宫后的民间茶道便褪去许多清纯,染上了许多奢华。按帝王要求,不仅茶艺嫔妃须心诚功雅,其茶席所选杯、盏、锅、壶也要特制。谓如此方养皇家之大气,方显圣门之大雅。常用组合茶具分别为:外铜内锡圆形龙凤纹煮水锅、锡质茶罐,母仪天下纹配茶瓶、五龙茶盂、凤头铜制茶杓、龙头木制茶匙、黄色金边茶巾及万寿无疆大红马蹄杯。

茶席结构采用传统中心结构式。茶罐置茶席前中位,以示对茶的尊敬。两边配稍矮茶瓶,以衬茶之崇高。中线东西各置煮水锅与茶盂,以示进、出地位之高下。大红马蹄杯排成一弯月形,将龙匙凤杓紧含其中。胸前茶巾近于手,清洁四方如扫风。

铺垫采用的是叠铺式,紫色平铺上再以黄绸三角铺,尽显皇家之大气;博山炉里,一枝线形高香,气雅静也雅。花器中是月见草,人参鲜蕾无风也摇曳。

背景是典型宫廷多扇屏。四幅挂画以春、夏、秋、冬花卉各描其中,以示宫中四季如花。

茶点茶果四小碟。时值隆冬,月牙形盛器里各放姜片、蜜枣、瓜子、桂花糖。

唯有那轮挂在扇屏后纱幕上的晚月,算是相关工艺品,正影影绰绰作下垂状。

(三) 动态演示中的语言表述

语言表述是动态演示的一个重要内容,也是整体茶席艺术表现形式的重要组成部分。它在直接和观众进行的语言交流中发挥着其他艺术表现形式所不具备的独特作用。

1. 演示过程中的语汇表述具有一定的表演成分

(1) 茶席设计演示中的语言表述和其他纯语言表演艺术在条件与特征上基本相同。

① 以某种特定的服饰、发型、装扮区别于平时生活中的形象。

② 面对众人。

③ 大声说话。

④ 带有一定的情感色彩。

⑤ 以一定的面部表情和观众交流。

⑥ 配有灯光、音乐和环境布置。

(2) 茶席设计演示具有一定的表演性。在演示中应基本做到：

① 以普通话表述。

② 以背诵方式表述。

③ 克服生活中的习惯小动作和不雅举止。

2. 语言表述中的语音、语调、语气的运用

语音、语调、语气是带有一定情感成分的语言表达方法。运用得正确与否将直接影响表述的感染力。

(1) 语音。语音是指字句发音的轻重感觉。中国汉字的读音具有同字不同音或字同音不同的情况。因不同读音，字义也不相同。即使是发音准确，因具体字的发音轻重感不同，在全句中要特别强调的意思也不同。这便要求语言表述者要学会正确地使用逻辑重音。

(2) 语调。语调是指字句发音的调式感觉。中国的语言文字，有四声的读音规律，而四声又各有长短音的运用。不同音调的延长和缩短，所表达的情感又不尽相同。因此，在语言表述中，要善于正确使用四声中的语调，以便准确地表达语言中的不同情感。

(3) 语气。语气是指字句发音的气息感觉。不同的语气，反映了人的不同心理状态。因而，语气也是人内心的一种态度表现形式。平心，反映了气息的正常舒缓，能以平常心看待不平常事，达到一种内心的常态。静气，指的是气息的相对宁静，这是人达到某种境界的体现。语气也同样是一种情感的表现方法。深长的气息，明显能表达深厚的情感；而急促的气息，也同样可表达急切的欲望。

3. 修改文案中不适合语言表达的字句和句式

茶席设计文案的语言表述主要是通过人的听觉来感知其内容的。感知方式不具有主动性，并且是一次性完成。这就要求人们对所要通过语言表述的文案文字中不利于连贯性、一次性表达，并可能造成听觉感知错误的字句、句式进行修改，以使听觉顺利地感知。

4. 动态演示语案例

各位嘉宾，大家好！欢迎观赏茶席设计《清宫晚月》。为了使您更美更深地体味茶席的意境，下面，我将茶席所选之茶当场冲泡，并敬奉给您品尝。

《清宫晚月》所选之茶,是帝王们常饮的来自清代皇祖努尔哈赤故乡"封皇区"的人参鲜蕾茶。由月见草、瀑布马丁等五味合泡,是养生茶道。整个程序分为九道:赏舞、献器、评水、投茶、注水、煮茶、涤器、点汤、献茶。清宫茶道,重礼节,敬如叩,器显雍容,茶讲养寿。服饰一律旗头、旗袍、高靴高帽、红巾白围,装扮茶艺嫔妃,美步飘飘,如画中走来。茶不醉人人自醉,舞不留人茶留人。

香茶已泡,现敬奉给各位品尝,并祝大家养生有道、身体健康、福寿同存!

表述人:×××

××××年××月××日

第四节　茶席音乐的选择

背景音乐应根据不同的茶席表现内容来选择。

一、背景音乐与创作音乐的区别

背景音乐是指作为背景使用的音乐。例如,诗歌朗诵所配的音乐,电影的画外音等。背景音乐包括为表现某一主题而创作的音乐以及能为其所用的现成音乐。背景音乐的特点:一是与一定环境中某种活动行为或场景的氛围相吻合;二是具有选择性。

创作音乐是指为某一活动或场景的主题专门创作的音乐。创作音乐的特点:一是音乐的旋律和节奏直接为具体表现的情绪与内心情感以及表演动作的适度与力度服务;二是不具有选择性。

二、背景音乐的选择

音乐虽然没有国界、阶级(阶层)、民族、年龄、性别、身份之分,但音乐的产生,又总是受着不同地区、社会形态、社会文化及不同民族人们的心理因素的影响。因此,音乐就必然在旋律与节奏等元素中反映出不同地区、阶层、文化和时代的特征,并留下一定的文化印记;即使相同的音乐,用不同的乐器演奏,效果也不一样。这就要求在展演过程中,要选择在音乐形象上与茶席表现的具体内容相吻合的乐曲来作为展演的背景音乐。其主要方法为:

1. 根据不同的时代来选择

音乐的时代性是指那些在某一历史时期产生并广泛流行,深深地融入了那个时期的政治、社会、文化、经济等生活中,成为那个时期声音标志之一的音乐作品。例如,茶席设计《外婆的上海滩》,选择的音乐是《四季歌》,用它来作为背景音乐,不仅可有效点明茶席主题要表现的时代,也有助于茶席中老唱机等物态语言的把握。

2. 根据不同的地区来选择

音乐的区域特征历来被音乐家们所重视。音乐的区域特征主要来源于不同地区的民间曲调和在其基础上创作的戏曲、歌曲等音乐。这些带有浓郁地区特色的旋律,一听就知道来自何方。

3. 根据不同的民族来选择

不同地区含有不同的民族,甚至有的在同一个地区就包含许多语言、民俗等完全不同的民族。因此,还不能简单地从乐器上对不同的民族进行区分。例如,芦笙、巴乌、短笛、铜鼓等,虽然都出自云南,但它们各自代表着不同的民族。

4. 根据不同的宗教来选择

茶道与宗教有着深厚的文化渊源。中国古代茶文化的产生、发展过程中,宗教曾起了巨大的作用。茶席设计往往会表现茶与道、佛之间的关系,这时,应注意根据不同的宗教来选择不同的宗教音乐作为背景音乐。例如,表现"茶禅一味",可选择佛教的梵音;表现"道法自然",可选择道教的《三奠茶》等道教音乐。不能凡是表现宗教题材的茶席设计,都一概选用佛教的唱经音乐来作为背景音乐。

5. 根据不同的风格来选择

茶席设计一旦完成,其总体风格也就自然形成。粗犷、原始的物象,应选择那些音域宽广、宏大,富有强烈节奏感的音乐;器具组合细腻、灵巧,应选择那些节奏平缓和声柔美的音乐。总之,茶席的音乐与风格相吻合,能给人以浑然一体的美好艺术享受。

三、背景音乐中曲与歌的把握

用乐器演奏的乐曲,虽不使用语言但仍能表达某种意境,反映某种情感。歌曲是话语和乐曲结合的产物,它的内容表达具有一定的具象性。例如,人们歌唱山,歌词都是围绕山及人与山的情感关系等,若抽去歌词,仅剩下单纯的曲,则不同的人就会有不同的理解和感受,这就是曲与歌的区别。茶席设计一般都是由抽象的物态语言来表述主题的,因此,茶席设计一般应选择较为抽象的乐曲来作为背景音乐。选择歌作为背景音乐,往往只在以下几种特定的情况中采用:一是茶席特别要强调具体的时代特征;二是茶席特别要强调具体的环境特征;三是茶席本身就是对歌的具体内容的诠释。

四、动态演示时旋律与节奏的把握

旋律是音乐的主体,旋律也是音乐情感的具体体现形式。激扬、宁静、畅怀、深沉都是旋律,旋律是以具体的音符变化来体现的。不同的旋律,总是表现着不同的音乐形象。

旋律的表达又总是与节奏联系在一起。节奏由具体的每一节拍构成。节奏是音乐构成的基本要素之一,是指各种音响有规律的长短、强弱的交替组合。

茶席设计作为茶文化的一种表现形式,属传统文化的范畴。品茶历来要求在平静的氛围中进行,因此,茶席的背景音乐,应以平缓的慢板或中板为主,并贯穿始终。如果出现较多的变奏,情绪和情感的调整也就较多,其平静的品茶和感受平静的品茶氛围就将会受到影响。

第十八章　仿古茶道

本章教学目标

■ **知识目标：**

了解唐朝文人茶道、宫廷茶道的器具和流程；掌握仿宋点茶用具与点茶流程。了解茶百戏。

■ **技能目标：**

掌握仿唐煎茶法技巧并能展示；掌握仿宋点茶技巧并能展示。

■ **情感价值目标：**

培养对古代茶文化的鉴赏能力；增强对传统文化的自豪感和自信心。

■ **课程思政目标：**

弘扬传统茶文化，传承中华民族优秀传统；培养学生对茶历史文化的认知和理解能力；促进学生的审美情操和道德修养；塑造学生健康积极的人生态度和价值观。

中国茶道有着深厚的历史积淀，唐朝主流煎茶法，宋朝主流点茶法，明清主流瀹饮法，与当代饮茶方式相似。当前国内茶文化兴起，民间学习仿古茶道越来越多，本章选择与当代显著差异的唐朝煎茶和宋代点茶进行介绍。

第一节　仿唐煎茶茶道

唐朝主流饮茶方式为煎茶法。综合唐代茶书、咏茶诗文、茶事茶画、煮饮器物所蕴含的信息，唐代茶道大致可以分为三种类型：寺院茶礼、文人茶道和宫廷茶道。本节重点介绍文人茶道和宫廷茶道。

一、文人茶道

唐代文人茶道更注重情趣和氛围，注重以茶为媒的内省自悟的修养过程。他们的茶事活动大多与诗歌吟咏联唱相结合，注重物质和精神双重享受。

煮茶之水选用山中的泉水，在山水中取钟乳石下渗流出来的水为最佳，并经漉水囊过滤方可。

茶品是唐代最高等级的饼茶，有圆形、方形、花形，经"采之、蒸之、捣之、拍之、焙之、穿之、封之"七道工序精制而成。

煮茶一般酌分三碗或五碗,并趁热品饮,若人多就加炉煮。

1. 器具

陆羽在《茶经·四之器》中详细介绍了煮茶所用的二十四器:风炉、筥、炭挝、火夹、鍑、交床、夹、纸囊、碾、罗合、则、水方、漉水囊、瓢、竹夹、鹾簋、熟盂、碗、畚、札、涤方、巾、具列、都篮。

2. 流程

陆羽《茶经·五之煮》中,详细叙述煮茶的流程为:炙茶、碾罗、取火、择水、候汤、煮茶、酌茶、啜饮。

二、宫廷茶道

1987 年,法门寺秘密地宫出土了一套唐代皇室宫廷使用的金银、琉璃、秘色瓷等烹、饮茶具实物,为宫廷茶道提供了佐证。在此基础上,结合历史文献、诗词、绘画等资料,复原唐代宫廷茶礼。

1. 器具:烘茶器、碾茶器、罗茶器、贮物器、量茶器等。
2. 流程:炙茶、碾茶、煮水、煮茶、分茶、奉茶。

三、仿唐煎茶茶艺演示

1. 入场行礼

演示者身体放松,挺胸收腹,目光平视,双手五指并拢,前后相搭(男士左手在外、女士右手在外)放于胸前正中,高度与心齐平。行礼时,前臂自然向前推,端平成圆形,头背成一条直线,以腰为中心身体前倾,停顿后恢复到站姿(以下"行礼"同此)。

2. 炙茶

用夹子夹着茶饼,在火上翻烤直至透出茶香,趁热用纸包好,以防茶香散失,并放置在茶笼中冷却。

3. 碾茶

将冷却后的茶饼先用锤敲碎,再放进茶碾之中碾成细茶粒,然后将细茶粒倒入茶罗中罗筛出末茶。通常需要碾罗两次以上,才可达到细茶粉状态。

4. 煮水

先将净炭放在炉子中点燃并充分燃烧,茶鍑中加入山泉水,置于炉上烧煮。

5. 煮茶

当煮水至微有声,气泡如鱼目,一沸时加入适量的盐调味。

当煮水至"缘边如涌泉连珠",二沸时,舀出一瓢水备用。

从茶罗舀出末茶,同时,用竹夹环激汤心,让锅中之水形成旋涡,将适量的末茶倒入旋涡中。

煮水至锅中腾波鼓浪三沸时,将二沸舀出的水倒入锅中止沸,以育茶汤精华沫饽。

6. 分茶

陆羽《茶经·六之饮》记载:"夫珍鲜馥烈者,其碗数三;次之者,碗数五。若坐客数至五,行三碗;至七,行五碗。"因此,煮一锅茶一般分三碗或者五碗最为适宜。

7. 奉茶

奉茶共分为三部分:奉前礼、奉中礼、奉后礼。

手端茶盘行至品茗者前,行奉前礼。

然后,以蹲姿将茶盘放在桌子一侧。

双手将茶放至品茗者前,起身,然后行奉中礼。

端起茶盘,起身,再行奉后礼。转身离开品茗者的视线,调整盘内茶碗位置至均匀分布。然后,准备向下一位品茗者奉茶。

8. 行礼退场

回到桌前,然后行礼退场。

第二节　仿宋点茶茶道

点茶法是在中国两宋时期占据主导地位的烹茶技法。点茶技法成为中国茶文化历史发展的一个重要标杆。点茶法流传到日本,被日本历代茶人学习、吸收、改造,成为日本抹茶道的源头。

一、点茶技艺

宋代点茶在中国茶文化历史上起到承上启下的作用,区别于唐代茶在釜中烹煮的形式,演变为在茶盏中注水点茶。点茶法在两宋时期得到普及,上至皇族,下至百姓都将其视为日常生活的一部分,随之演变出不同的点茶技法,在众多古史文献中,都能窥见宋代点茶法的不同技法。其中较为典型的是北宋蔡襄《茶录》"论茶"一篇中描述的民间点茶,可称为"基本点茶法";而北宋皇帝宋徽宗赵佶的《大观茶论》"点茶"一篇,首次出现了以七次注水点就一盏茶的技法,称之为"七汤点茶法"。

1. 蔡襄之基本点茶法

蔡襄的基本点茶法程序可归纳为:炙茶、碾茶、罗茶、候汤、熁盏、点茶。要求"钞茶一钱匕,先注汤,调令极匀,又添注之,环回击拂。汤上盏可四分则止,视其面色鲜白、著盏无水痕为绝佳"。

蔡襄认为茶少水多会让茶汤沫饽稀少,容易云脚散;茶多水少则会向粥面一样黏糊难搅。最合适的是先将茶膏调至均匀,注水后,来回击拂。如此出来的茶汤"面色鲜白""味主甘滑"。

2. 宋徽宗之七汤点茶法

宋徽宗赵佶七次注水点茶的方式称为"七汤点茶法"。宋徽宗的"七汤法"不是仅停留在茶道技法的单纯实践上,更是上升到了精神的高度。从点茶的程序,每一汤的表现,注水握筅的姿态和力度以及呈现出的浪漫情趣都让操作者与观者感受到点茶的愉悦与美好。

"一汤"是立茶之本,注水要沿着盏壁环注,不能直接浇注在茶上。搅动茶膏,逐渐加力加速,手轻筅重,指绕腕旋,将上下搅匀,茶沫初现。

"二汤"从茶面注水,来回一圈,急注急停,不破坏上一汤的汤面,再用茶筅有力击拂,色泽渐开。

"三汤"水量与二汤一致,茶筅匀速击拂汤面,使二汤出现的"珠玑"变成"粟文蟹眼",茶汤追求的颜色在这一汤已现六七成。

"四汤"水略少一些,茶筅的幅度要大但速度要缓,精华之态出现。

"五汤"根据茶汤的状态调整,未达状态则继续击拂,若沫浮都已显现就轻抚收沫,点完五汤,茶沫应如凝雪一般。

"六汤"时若沫饽已成乳沫状,就只需轻轻拂动,沫饽的效果已成。

"七汤"最后调整浓淡、茶色,促使茶汤达到最佳状态。这时盏内呈现的应是"乳雾汹涌,溢盏而起,周回旋而不动"。

整个点茶过程应一手执瓶一手执筅,左右开弓,动作流畅,如行云流水,情趣盎然。点完的茶汤"馨香四达、秋爽洒然"。

二、点茶用具

宋代点茶法的点茶器具根据功能可分为水用具类、火用具类、茶汤用具类、匙置用具类、碾罗用具类、盛贮用具类、其他用具类七类茶具。

1. 水用具类

汤瓶:汤提点,名发新,字一鸣,号温谷遗老。

"瓶要小者,易候汤。又点茶,注汤有准。"宋代点茶的汤瓶一般是细颈长流,流口峻峭,皇家贵胄以金银为上,民间以铁、陶、瓷为主。

2. 火用具类

茶焙笼:韦鸿胪,名文鼎,字景肠,号四窗闲叟。

"茶焙,编竹为之,裹以箬叶。盖其上,以收火也;隔其中,以有容也。纳火其下,去茶尺许,常温温然,所以养茶色香味也。"陈年茶饼在存储及冲泡时,需放入茶焙中将可能存在的湿气焙干。

3. 茶汤用具类

茶盏:陶宝文,名去越,字自厚,号兔园上客。

"底必差深而微宽,底深则茶直立,易于取乳,宽则运筅旋彻,不碍击拂。"原则上,点茶法选择的茶盏需要口沿宽大,底部微收并有一定深度,能够让茶筅在盏内搅拌不受阻碍,比较常见的器型是束口斗笠盏。

4.匙置用具类

(1)茶筅:竺副帅,名善调,字希点,号雪涛公子。

"茶筅,以箸竹老者为之。身欲厚重,筅欲疏劲,本欲壮而未必眇,当如剑脊之状。"茶筅以竹为材,分手柄与筅丝,"茶筅"一词也是在宋徽宗《大观茶论》后得到公认。点茶法击拂茶汤的工具从筷子、茶匙、竹筅一步步演变,而竹筅的形状又可分为扁筅与圆筅,审安老人十二先生中的"竺副帅"是扁筅,元代墓壁画《进茶图》中的竹筅则是圆筅。最终,茶汤击拂的效果以圆竹筅取胜,且一直沿用至今。

(2)茶杓:胡员外,名惟一,字宗许,号贮月仙翁。

"杓之大小,当以可受一盏茶为量。过一盏则必归其余,不及则必取其不足。倾杓烦数,茶必冰矣。"茶杓的功能主要是受汤,大小要适中,避免反复斟酌影响茶汤质量。

5.碾罗用具类

(1)茶臼:木待制,名利济,字忘机,号隔竹居人。

"砧椎,盖以碎茶,砧以木为之,椎或金或铁,取于便用。"蔡襄《茶录》里的这段描述事实上与十二先生中的"木待制"是类似的工具,都是将茶叶由整变碎的一个工具。

(2)茶碾:金法曹,名研古、铄古,字元错、仲铿,号雍之旧民、和琴先生。

"茶碾,以银或铁为之。"茶碾一般以碾槽与碾轮组合,选材无异味,槽底深,碾槽起伏大,茶即迅速研碎。

(3)茶磨:石转运,名凿齿,字遄行,号香屋隐君。

茶磨是在茶碾之后出现的一种磨茶器具,大约出现在南宋时期。多为石制,细腻坚硬且不易发热。茶磨多用于散茶的聚磨。

(4)茶罗:罗枢密,名若药,字传师,号思隐寮长。

"茶罗,以绝细为佳。罗底用蜀东川鹅溪画绢之密者,投汤中揉洗以幂之。"茶罗既承担了罗筛的功能,又有储存茶粉的功能,因此茶罗往往是两层,上层罗底是筛网,下层罗底是实底,并可移动、打开。

(5)茶帚:宗从事,名子弗,字不遗,号扫云溪友。

将碾磨完的茶末从茶碾(磨)中扫进茶罗,属于辅助工具。

6.盛贮用具类

盏托:漆雕秘阁,名承之,字易持,号古台老人。

与茶盏配套,一般茶盏的材质多为漆、陶、瓷等。

7.其他用具类

茶巾:司职方,名成式,字如素,号洁斋居士。

辅助用具,主要用于清洁。

三、仿宋点茶法演示

宋代点茶法大致可分为制备、点茶两个阶段。其中制备阶段主要分备茶、备具、候汤三方面。点茶阶段,则是将茶放置在茶盏中,用汤瓶注水,用茶筅击拂。

宋代点茶法之所以成为经典是因为对茶叶品质的把控更加规范,对点茶用具的挑选更加讲究,对点茶过程中的技术更加严苛,并在游艺化的过程中融入宋式美学,使点茶法更具有仪式感与观赏性。

(一) 准备

1. 备具

点茶器具除上述十二先生外,根据实际流程,还会有风炉、渣斗、茶盘、都篮、茶钤等茶具配合使用。特别要关注汤瓶、茶盏、茶杓(如有)的容量比例。

2. 备茶

宋代点茶所用到的末茶包括了团饼茶碾磨成的末茶以及散茶碾磨成的末茶,两者皆为蒸青绿茶。

3. 选水与候汤

点茶用水以"轻清甘洁为美",取山泉之清洁者为上。候汤不可用有恶烟的柴木,不能用有异味的燃料,不可用明火之木块。

因为原料及技法不同,候汤的温度各家论点不同。苏廙《十六汤品》认为婴汤太嫩,百寿汤过老,都不利于点茶;宋徽宗认为"凡汤以鱼目、蟹眼连绎迸跃为度";蔡襄认为"候汤最难,未熟则沫浮,过熟则茶沉。前世谓之蟹眼者,过熟汤也"。现代点茶也要根据选择的茶品来调整温度。

(二) 流程

布具、熠盏、置茶、一汤调膏、二汤击沫、三汤拂沫、奉茶。

(三) 演示

1. 布具

茶具以点茶盏为中心摆放,主次有序,左右均衡。

2. 熠盏

在正式点茶前必须加温茶盏。这是历史上首次出现温具的概念。

提取汤瓶以回旋法注水,约茶盏的1/3水量。

取茶筅放入盏中,用回旋法轻轻打湿竹穗。

弃水,取茶巾擦拭盏沿。

3. 置茶

取茶罐,开盖。

取茶匙,舀取末茶轻置于盏底中心。

茶匙归位,茶叶罐合盖归位。

4. 一汤调膏

提取汤瓶以定点法注水,茶水比例约1:1。取茶筅以回旋法在盏底轻缓搅拌。

调膏在整个点茶过程中至关重要,决定了茶汤的发沫程度和口感的顺滑度。调膏要做到动作轻缓,方向一致,直至茶膏变成胶漆状且无颗粒为宜,忌动作过猛让末茶都黏在茶筅上。

5. 二汤击沫

第二汤是产生沫饽并变得绵厚至关重要的一个环节,需要点茶者运用腕部力量,由慢至快,由轻至重,使浮沫逐渐变多变厚。

取汤瓶以回旋法注水,约盏上三分则止,注水要求不急不缓,水线稳定,忌直泻而下。

取茶筅以"川"字形击拂茶汤,手重筅轻使盏内沫饽汹涌。

6. 三汤拂沫

取汤瓶以定点法注水,约盏上四分则止,注水轻缓,不泻不断。

取茶宪在茶面上缓绕拂动,直到沫饽细腻鲜白。

三汤的主要目的一是调整口感;二是让沫饽更加细腻;三是调整茶色,让沫饽更加纯白。因此在注水时动作要轻缓,不要破坏二汤出现的沫饽,同时茶筅拂沫也要轻柔,不要幅度过大,把底下的茶汤翻搅上来。

7. 奉茶

奉茶。

四、宋代点茶法之茶百戏

"近世有下汤运匕,别施妙诀,使汤纹水脉成物象者,禽兽虫鱼花草之属,纤巧如画,但须臾即就散灭。此茶之变也,时人谓之茶百戏。"这是五代、宋初人陶谷《清异录》中记载的一段话,也是我们得知的最早关于"茶百戏"的记载。茶百戏,又称水丹青、汤戏、茶戏等,后世又称之为分茶。

茶百戏是指点茶人运用汤瓶注水和茶匙击拂茶汤使茶汤表面出现类似花鸟鱼虫等图案的一种游艺技法。这种技法使得汤面在较短的时间内出现写意的图案,观者通过想象来具化茶汤出现的水纹表现。茶百戏这种玩法伴随着点茶法产生,也得益于斗茶的盛行而流传开来,成为一项绝技。这种游艺的具体操作手法已经无从得知,但我们也能从古人的诗词文汇中窥得一二。

陶谷《生成盏》"茶而幻出物象于汤面者,茶匠通神之艺也。沙门……能注汤幻茶,成一句诗,并点四瓯,共一绝句,泛乎汤表",刘禹锡《西山兰若试茶歌》"白云满碗花徘徊",陆游《临安春雨初霁》"晴窗细乳戏分茶",杨万里《澹庵坐上观显上人分茶》"注汤作字势嫖姚"。

在对古代茶百戏进行分解与创新后,形成了现代茶百戏的技艺,利用末茶调制出不同颜色和浓淡的茶膏在沫饽上绘画写字。这种技法与古代茶百戏一样,需要点茶者首先能打出一碗沫饽绵厚纯白的茶汤,再有纯熟的绘画书法功底,才能够在汤面呈现出精妙绝伦的茶百戏。

第十九章　茶会

本章教学目标

■ **知识目标：**

了解茶会的起源和历史；掌握茶会的概念。

■ **技能目标：**

掌握茶会的组织与流程；掌握无我茶会的流程。

■ **情感价值目标：**

理解无我茶会的精神。

■ **课程思政目标：**

培养学生对传统茶文化的尊重和理解；培养学生对分享和交流的意识和能力；培养学生的团队合作和组织管理能力。

茶会，是起源于我国的一种社交性聚会形式。几千年来，人们在各个时期、各种场合中，通过茶会，品茗议事，交流感情，并不断改革、创新，使茶会的内容与形式更加丰富多彩，并越来越受到当今世界各国人民的喜爱。

茶会的举办，是茶人在茶饮生活中基本能力的体现。不同的社会茶饮生活中，经常接触各种具体的茶会实务，学习这项技能，需要对茶会的特征、种类、具体的方法和技巧熟练的掌握。本章将介绍茶会的认知、起源、发展与茶会组织实务，同时介绍无我茶会的相关实务。

第一节　茶会概况

一、茶会的理解

（一）茶会概念

茶会，古称茶宴或茶集，都是指多人集会，共同饮茶，主人以清茶或茶点来招待客人。茶宴的参与主体涵盖了贵族、士族、僧侣等不同阶层，后逐步发展成以文人集会为多，成为文人交朋会友、吟诗作赋、切磋技艺的一种集会形式。聚会时，除了饮茶之外，有时也吃点心，甚至还喝酒吃菜。所以，古代的茶宴、茶会不分，既称茶宴，又称茶会。

现在，人们对茶会与茶宴的界限有区别。只喝茶汤和吃茶点的集会可以称为茶会，而茶宴则是专指餐食以茶菜为主的宴席。

因此,我们可以说:茶会,就是喝茶品茗,同时可用茶点招待宾客的社交性集会;茶宴,是指同时享用茶与菜或以茶与各种原料配合制成茶菜为主的宴会。

(二)茶会基本要素

1. 主题

鲜明的主题是灵魂,是核心,是最基本的要素,它对一场茶会起着引领作用。根据茶会目的事先确定好主题,才能更合理地规划出所需茶品、茶会流程、举办时间、举办地点、所需物料、工作人员分配等。主题的提炼要简洁、鲜明、有特色、有意味。

2. 时间

主题、品茗者、内容、季节、时令、天气,是影响一场茶会具体时间的关键因素。

(1)不同主题对应不同时段,譬如时令类茶会在特定时段,谢恩师茶会在毕业季。

(2)选择大部分品茗者能出席的时间,错开节假日外出高峰期,可以提高品茗者参与率。

(3)提前关注天气情况,正式茶会最好选择天气晴朗的时机。

(4)按茶会内容特点选择时间点,如:清晨、上午、下午、傍晚、晚上等。

(5)茶会正式举行时长不宜过长,90分钟左右较适宜。

(6)一经确定,一般不宜更改,如有变动,必须一一联系说明原因并致歉。

3. 地点

应尽量从参与者出行便利的角度来决定活动地点。茶会现场不管是室外还是室内,一定要实地勘察,优先考虑供水供电问题,再根据交通情况、主题、预计人数最终一一对比、筛选,决定最终活动场地,并提前预订。

(1)选择合适场所

室内,礼堂、教室、会议室、茶楼等都可以。优点是空间比较集中,水电、桌椅、多媒体等方便,背景设计容易,现场效果好,可控性强。适合主题突出、仪式感强、封闭性好,对现场音效要求高的茶会,如茶道大师茶汤欣赏会、茶汤品鉴会。

室外,公园、操场、山间、水旁,优点是自然、清新、活泼、自由,适合怡情怡性、交友茶叙的雅集。选择室外必须考虑天气因素。

(2)确保硬件必备条件

茶会现场必须保障必需的音效设备,提供足够的桌椅板凳及茶具,保障水电供应等。

(3)交通、食宿便利

茶会地点选择时要充分考虑周边交通、餐饮、住宿的条件,尽量选择交通便利、停车方便、食宿安全舒适的地段,以来宾为本,周详思考。

(4)现场踏勘,确保安全

首先,多筛选几个符合条件的地方,对茶会外围环境、茶会现场进行实地勘察,比较选择,确定地址。然后再进一步进行详细勘察,对现场空间、舞台位置及大小、茶席桌椅、用电、用水、多媒体、休息室、准备间、茶水间等进行一一考察,必要的时候,要拿到详细尺寸数据,按照茶会方案绘出详细的会场布置图。其次,观察现场的外围环境及内部的安全性,设计安全通道,确保不出现安全事故。

4. 内容

根据茶会的主题设计内容,既要形式新颖,又要内容丰富。主题清晰,不能旁逸斜出,偏离主题,也不能忽略主次关系,避免喧宾夺主。

5. 参与者

参与者包括泡茶者和品茗者,茶会是泡茶者与品茗者合作完成的作品。参与者的品位,在很大程度上决定着茶会品质的高低。

(1) 根据茶会目的与类别,邀请合适且相宜的品茗者。生活雅集、专业鉴赏、艺术沙龙,目的不同,对参与者的要求自然不同。要充分考虑与会者身份是否与茶会主题契合。参加茶会,应是志趣相投、情趣高雅、尚美敬美之同好者。

(2) 根据场地大小、茶会规模确定人数。

(3) 对年长、身体状况特殊的品茗者,邀请、迎送、席间照顾,都要一一落实。

(4) 提前核实品茗者相关准确信息(身份、电话、茶饮偏好、身体状况等)。

(5) 若需品茗者发言,需事先通知。

二、茶会的起源与发展

三国时期以茶代酒是茶会的萌芽。茶会最早从酒宴演变而来。秦汉以后,茶业随巴蜀与各地经济文化交流的深入而增强。尤其是茶的加工、种植,首先向东部、南部传播。三国时期,长江中游和华中地区,在中国茶文化传播上的地位,逐渐取代巴蜀而明显重要起来。酒会中以茶当酒是为萌芽。

知识拓展

《三国志·吴书·韦曜传》记载:"孙皓每飨宴,无不竟日。坐席无能否,率以七升为限,虽不悉入口,皆浇灌取尽。曜素饮酒不过二升,初见礼异时,常为裁减,或密赐茶荈以当酒。至於宠衰,更见逼强,辄以为罪。"此处"密赐茶荈以当酒"就是最早的"以茶代酒"了。"以茶代酒"这一典故,至今仍作为酒宴、茶宴上谦让礼敬的待客用语。

西晋时期茶宴是茶会雏形。"茶宴"与茶会连用,最早出现于南北朝山谦之的《吴兴记》一书,其中提到"每岁吴兴、毗陵二郡太守采茶宴会于此"。南北朝时期,每逢春茶开采时节,吴兴、毗陵(今常州)二郡太守在此举行茶宴,此风俗经唐沿袭到宋代。两晋时期奢侈荒淫的纵欲主义使世风日下,深为一些有识之士痛心疾首,于是出现了陆纳以茶素业,桓温以茶代酒等事例[①]。茶宴肴馔以适茶为前提,由果实及其加工品、素食菜肴、

---

① 《晋书·桓温传》载:"桓温为扬州牧,性俭,每宴,唯下七奠拌茶果而已。"

谷物制品为主构成,正好符合晋代有识之士以茶倡廉、以茶明志的文士理念①。所以,西晋时期,这种只供给茶果的宴会得到文人雅士的推崇而慢慢发展起来。

唐代,随着茶文化的发展,茶会(茶宴)已开始普遍盛行。宫廷里,已将大型茶会“清明宴”作为统治阶层的聚会形式。“清明宴”一词出自唐李郢的《茶山贡焙歌》:“……十日王程路四千,到时须及清明宴。”清明宴是在唐都城长安清明节时,根据贡茶区茶会定制而制定的一种宫廷大型茶会朝仪。有规模较大的仪卫和较多的侍从,并伴有音乐和歌舞,由朝中礼官主持这一盛典。

在贡茶区,每年清明时节,也同样举行类似的茶会。《渔隐丛话》载:“唐茶惟湖州紫笋入贡,每岁以清明日贡到。先荐宗庙,然后分赐近臣。紫笋生顾渚,在湖、常二境之间,当采茶时,两郡守毕至,最为盛集。”境会亭在湖州和常州交界处。每年新茶采集后,两州刺史各率乐人、舞伎,带春茶前来举行聚会,各显茶艺,斗比茶汤,从而形成定制。

茶会在宗教中,上升为一种集体的精神行为方式。唐末佛寺经常举办大型茶宴。如南宋宁宗开禧年间,余杭径山寺的茶宴,参加的僧侣多达千人。禅师怀海创编的《百丈清规》规定了茶宴的程式。内容包括先由主持僧亲自“调茶”,宾客接茶后,打开碗观茶色,闻茶香,再尝味,然后评茶、坐禅、诵经。宗教中的茶宴(茶会),其主要作用是通过饮茶,将参加者集体导引进入一种空灵的虚境,去共同体味“茶禅一味”的真谛。

宋代斗茶之风,使茶会更趋一种茶品、茶艺斗比高下的竞赛形式。同时茶的制作工艺和品茗技艺也达到鼎盛阶段。民间斗茶之风较先兴起的宋代,蔡襄称之为试茶。范仲淹在《斗茶歌》中描绘了民间试茶的情景:“北苑将期献天子,林下雄豪先斗美。”

文人斗茶之会,相继而起。宋徽宗在《大观茶论》序中说:“天下之士,励志清白,竞为闲暇修索之玩,莫不碎玉锵金,啜英咀华,较筐箧之精,争鉴裁之别。”可见皇帝也参加了斗茶的行列。宋徽宗赵佶亲自与群臣斗茶,把大家斗败了心里才痛快。

明清茶会走向民间,开始以固定场所“茶馆”为集体聚会形式。元末杂剧始唱“早晨开门七件事,柴米油盐酱醋茶”。茶与百姓平常生活相结合,也使专供百姓因茶而聚的各式茶馆应运而生。有专供商人一边饮茶,一边进行买卖交易的“清茶馆”,专供帮会说是论非,吃“讲茶”的“讲茶馆”,有百姓聊天的“老虎灶”,有说书、表演曲艺的“书茶馆”,有供文人笔会、游人赏景的“野茶馆”等。

传统茶会形式的诸多优良特性,被现代人们的聚会所继承。中华人民共和国成立初始,全国政治协商会议筹备活动即以“茶话会”的形式举行,各种形式的“茶话会”延续至今。

茶会形式也在国际茶文化交流中不断互为所用。我国古代僧人东渡,将茶会形式引入日本。现代台湾地区茶人又创立了“无我茶会”。

---

① 《晋书·卷七十七·列传第四十七》载:“(陆)纳字祖言。少有清操,贞厉绝俗……迁太常,徙吏部尚书,加奉车都尉、卫将军。谢安尝欲诣纳,而纳殊无供办。其兄子俶不敢问之,乃密为之具。安既至,纳所设唯茶果而已。俶遂陈盛馔,珍馐毕具。客罢,纳大怒曰:‘汝不能光益父叔,乃复秽我素业邪!’于是杖之四十。其举措多此类。”

三、茶会类别与形式

根据茶会的演变历史,以及当代茶会发展现状,我们按茶会的主题、形式和内容对茶会进行分类。

(一) 按主题来分

按主题来分,茶会可分为鉴赏类茶会,时令、节日类茶会,联谊类茶会,纪念类茶会,研讨茶会,喜庆茶会,推广交流商务茶会等。

1. 鉴赏类茶会

鉴赏是指对茶品、艺术品等的鉴赏,是人们对艺术形象进行感受、理解和评判的思维活动和过程。鉴赏类茶会,就是针对特定的艺术作品进行审美、欣赏、理解、评判的主题茶会。

鉴赏的主体,可以是茶品、书法、绘画、书籍、音乐、诗词、京剧、雕塑、陶瓷、金银、玉器等一切艺术作品,譬如:茶品鉴赏会、音乐茶会、紫砂壶鉴赏主题茶会、书法欣赏茶会等。

2. 时令、节日类茶会

茶的季节性很强,春、夏、秋、冬,饮时、饮式、饮量、饮品也不尽相同,所以人们喜欢在不同的时令、节日举行一些茶会。自古以来,就有在不同的节气举行茶会雅集的习俗。

在传统的节气举行的茶会就是时令茶会。古时按季节制定有关农事的政令,简而言之,就是季、节令。中国最早的结合天文、气象、物候知识指导农事活动的历法《月令七十二候集解》,以五日为候,三候为气,六气为时,四时为岁,一年二十四节气共七十二候。春分茶会、冬至茶会等均属时令茶会。

节日茶会又分为现代节日茶会和传统节日茶会。现代节日茶会如国庆茶会、五一茶会、妇女节茶会、八一茶会、新年茶会等。传统节日茶会如迎春茶会、端午茶会、中秋茶会、重阳茶会等。

3. 联谊类茶会

联谊类茶会是以内部管理人员与员工之间、社会组织成员与社会公众之间,或者社会组织与社会组织之间以联络感情、增进友谊为目的而组织的茶会。如同窗茶会、茶友联谊会、老三界知青联谊茶会等。

4. 纪念类茶会

纪念类茶会是为纪念某项重大事件而举行的茶会。如"五四"茶会、"七一"茶会、香港回归祖国周年茶会、公司成立周年茶会、毕业纪念茶会、谢恩师茶会等。

5. 研讨茶会

研讨茶会是专门针对某一行业领域或某一具体讨论主题在集中场地进行研究、讨论、交流的茶会。如茶艺研究与推广沙龙,茶和天下茶会暨新闻茶话会,专家们与广大茶友及媒体界人士一起品茶论道。

6. 喜庆茶会

喜庆茶会为庆祝某项事件而进行，如结婚时的喜庆茶会、生日时的寿诞茶会、添丁的满月茶会等。

7. 推广交流商务茶会

推广交流商务茶会指用来进行商务会谈、企业交流、品牌推介的茶会。如茶文化交流会是为切磋茶艺和推动茶文化发展等的经验交流，如中日韩茶文化交流茶会、国际茶文化交流茶会、国际西湖茶会等；茶产品宣传推介会有茶博会、茶产品营销品鉴会、企业品牌展示推介说明会等。

（二）按形式和内容来分

按形式和内容来分，茶会可分为茶话会、茶叙、茶汤品鉴（赏）会、禅茶茶会、雅集茶会等。

1. 茶话会

茶话会，顾名思义，是饮茶清谈之会。它是由茶会和茶宴演变而来的。茶话会也是近代世界上一种时髦的集会，人们把用清茶或茶点（包括水果、糕点等）招待宾客的社会性聚会叫作"茶话会"。相比古代茶宴、茶会的隆重与讲究，"茶道"严格的礼仪与规则，茶话会显得更轻松、活泼、愉快、自由。在中国，茶话会已经成为各阶层人士互相谈心、表达情谊、交流感情的重要形式，有时也用于外交场合。

目前，茶话会在中国十分盛行，各种形式的茶话会让人耳目一新。小的如结婚典礼、迎宾送友、同学朋友聚会、学术讨论、文艺座谈，大的如商议国家大事、庆典活动、招待外国使节，都可以采用茶话会的形式，特别是欢庆新春佳节，采用茶话会形式的越来越多。各种类型的茶话会，既简单、轻松、节俭，又隆重、愉快、高雅，是一种效果良好的集会形式。

2. 茶叙

茶叙是时间比较短暂、形式比较简单的茶话会，指通过喝茶聊天，来畅叙友情、交流思想。因其形式简单、氛围轻松而颇受欢迎。单位、部门、家庭、亲友等，都可以选择这种茶叙。

3. 茶汤品鉴（赏）会

茶汤品鉴会是以推介茶叶新品、鉴评茶叶品质、提升品质认知为目的的茶会。一般来说，为达到对茶叶品质相对客观的认知，品鉴茶会要求茶品统一、器皿统一、冲泡方法统一。一次品鉴会可以单独品鉴一款茶，也可以对比品鉴同一类茶。

还有一种针对茶汤作品的品赏会。这种茶汤品赏会，一般是有资历的、比较权威的专业茶艺师或者茶叶品鉴大师，为茶友们呈现完整的艺茶过程，奉献精心冲泡好的茶汤，将冲泡演绎过程与茶汤作为艺术作品，供来宾欣赏。

4. 禅茶茶会

禅茶是指寺院僧人种植、采制、饮用的茶,主要用于供佛、待客、自饮、结缘赠送等。当今的禅茶茶会起源于从唐代开始流行的寺院茶会。传统的禅茶茶会流程严谨,当今,禅茶茶会也呈现出与社会接轨的开放姿态,进一步社会化、世俗化。

如杭州灵隐寺"云林茶会"以"慈悲、包容、感恩"为主题,听闻佛学院法师开示主题,品香茗、聆佛音、悟禅意。黄梅五祖寺"世界禅茶文化交流大会"上,禅茶书画展、禅茶文化交流、茶人联谊会、茶供祈福法会、"天下祖庭·百家茶席"禅茶会等丰富多彩的内容,吸引了众多信众和茶友,既弘扬了佛法,也广结了善缘、茶缘。

5. 雅集茶会

雅集,源自古代,专指文人雅士吟咏诗文、议论学问的集会。"吟咏诗文",指在雅集现场因时、因地、因主题而吟咏、创作古体诗词。

古代正统的雅集都以吟诗作文、泼墨挥毫为主角,虽然现场会有其他雅文化元素如琴、棋、茶、酒、香、花等参与,但只是配角。古代雅集形式有曲水流觞、诗酒合唱、书画遣兴、文艺品鉴,偶有歌舞助兴,淋漓尽致地呈现着古代文人雅逸的艺术情怀和生活状态。作为传统文人的一种文化情结,雅集之士也存留了大量名垂千古的文艺佳作,譬如《兰亭序》《滕王阁序》等。史上较著名的雅集,有西晋石崇的"金谷园雅集",东晋王羲之的"兰亭雅集",唐朝王勃的"滕王阁雅集"等,无一例外都是以创意诗文为主。也有政治色彩浓郁的唐代白居易"香山九老会"、北宋王选"西园雅集"等。

传统雅集蕴涵着中国文人"外适内和"的精神诉求,其中尤以自由、和谐为重。现如今,雅集也成为人们追求写意、诗意化生活的一种方式,三五知己、同道好友,以茶为媒,分享艺术生活,实现生活艺术化。

四、茶会特点

就茶会本身而言,它具有鲜明的时代性、主题性、主体性,同时具备主题、时间、地点、内容和参会者等几个基本要素。主题鲜明、内容与形式契合主题、运行过程完整,是一场茶会的基本特点。

1. 主题鲜明

所谓主题,是指文艺作品或者社会活动等所要表现的中心思想,泛指主要内容。主题茶会就是突出某一主要内容的茶会形式。如同一篇文章具有明确的中心思想,一个主题茶会也一定有一个鲜明的主题。这样,茶会才会具有清晰的指导思想以及设计思路。主题突出,茶会内容才会饱满有魂。

2. 内容与形式契合主题

茶会的所有环节及形式,都必须为准确表达主题而服务。茶会的议程、节目的内容、活动的设计主持词、风格营造、平台宣传、邀请函等,都要围绕主题展开。内容不宜过于庞杂,形式要与主题契合,不能两张皮。主题是魂,具体内容是骨,表现形式是肉。根据确定的主题,也可以采取复合的茶会形式。

3. 运行过程完整

从前期策划、确定主题、组建专班、讨论拟定方案、确定参会者、现场布置，到茶会正式举行，茶会有完整的策划运行过程。尤其是正式举行，从迎宾、签到、入场、茶会开始、进行、茶歇、结束、送别、收场，步步相连，环环紧扣。

第二节　茶会组织与流程

组织一场成功的茶会，详尽、流畅的活动流程设计是基本前提和关键保障。策划及运行包括前期的筹划、准备、确定主题、拟订方案、确定主持人及主持词、明确组织者与执行者、布置现场、预演，一直到茶会正式举行。

一、组建专班

建立筹备组：这是开展茶会的第一步，可以确保茶会所有的工作进程井然有序，最终成功举办。

筹备组组成：茶会主办方确定筹委会第一负责人，配备人员共同组建而成。即便是购买第三方服务，主办方也必须作为主要负责人共同参与。

筹备组的职责：商定茶会主题，确定时间、地点、内容；拟定邀请品茗者人选；策划茶会方案、明确职责分工、督促进程落实、协调各方关系。

二、确定主题

茶会主题反映茶会主办方的目的、宗旨。主题的确定，取决于茶会组织者想要表达的思想、诉求、情感等。主题一定要集中、鲜明，不能花开多枝，喧宾夺主。

一般来讲，茶会主题可以从以下几个方面入手：

以茶为主体，譬如茶汤品鉴会、茶品鉴赏会；

以人为主体，譬如茶道大师茶汤作品欣赏会、艺术家交流茶会；

以时间为主体，譬如时令节气茶会；

以情感体验为主体，譬如感恩茶会、毕业茶会等；

以空间体验为主体，譬如茶空间体验茶会、户外山野茶会；

以茶具等艺术作品为主体，譬如名壶鉴赏会、名画鉴赏会等。

三、拟订方案

完备的茶会方案是行动纲领指导。茶会方案内容包括活动主题、时间、地点、参与人员、活动进程落实、组织分工、场地布置、茶会流程、经费预算、应急预案等，涵盖筹备、执行的所有环节。

关于主题、时间、地点、参与人员，前面有述，不再重复。

1. 活动进程落实

按照茶会流程,安排专人对每一阶段进行落实跟进,具体任务如下:

(1) 调查参与热情度,访问拟请茶客,听取意见。

(2) 成立活动筹备小组,完成茶会筹备方案,确认邀请来宾名单、信息及参与项目。制作并发出邀请函,告知与会人员。

(3) 确定茶会节目流程。相关节目参与表演人员的训练。

(4) 预定会议场地,确定场地布置方案(平面图、空间设计、背景)。

(5) 完成本活动相关宣传方案,制作宣传单、横幅、指示牌等。

(6) 茶席布置人员确定茶席布置方案。

(7) 完成道具准备工作(现场、节目的要求)。

(8) 布置场地。音响设备、礼品、茶点、水果、水准备到位。

(9) 检查各项工作是否全部落实到位。

(10) 策划完成彩排预演,总结疏漏,完善环节。

2. 组织分工

按照茶会进程,可以成立秘书组、会务组、后勤保障组等。

(1) 秘书组的主要职责

负责文稿撰写:茶会筹备活动方案、茶会活动正式方案、主持人主持词、领导讲话稿、茶会手册等;

负责宣传资料:制作宣传品、邀请函、新闻通稿;

负责邀请嘉宾:审核并确认来宾名单及信息;制作并呈送纸质邀请函;发送电子邀请函;

负责节目流程:确定节目流程,监督节目彩排。

(2) 会务组的主要职责

综合协调:维持现场秩序,并及时协调茶会期间任何事宜;

茶会座位安排:按照茶会要求备齐桌椅、姓名牌,安排来宾就座;

茶会现场背景设计:主题背景墙、屏风、横幅、电子屏;

茶会设备配置与维护:音响、摄像、照相、电脑、音乐播放;

礼品、服装、茶、水、道具:确定份数与要求、采买购置。

(3) 后勤保障组的主要职责

场务维护及服务:茶会安保问题,现场秩序维护,排除干扰,紧急事件处理;

茶会所需各项材料搬运及布置:桌椅、道具、礼品、文本、茶水等到达茶会现场;

茶会现场具体布置:协助会务组布置茶会现场(主题背景墙、签到墙、欢迎标语、指示牌、电子屏、音响);

饮食、交通、住宿安排:落实茶会相关人员餐饮、住宿、来往交通。

3. 经费预算

举办一场有规模、有格调的主题茶会,需要一定的经济条件做保证。茶会组织者事先要进行经费预算,并制订出详尽的经费使用方案,经费使用要有专人负责,管理更要规范。

经费预算主要包括:

(1) 设备类:摄影、音响设备租赁,场地租赁,桌椅租赁;

(2) 茶会用品:茶席(茶具、茶品、铺垫)、服装、水、鲜花、水果、随手礼品;

(3) 食、住、行:嘉宾食宿、交通,车辆租赁;

(4) 宣传费:专业主持、主讲嘉宾酬劳,文稿撰写、新闻报道、专业录像、照相等酬劳。

4. 会场布置

主题背景设计与布置,横幅、指示牌、电子屏、签到处及空间装饰。

5. 应急预案

应急预案是指面对突发事件,如自然灾害、重特大事故、环境公害及人为破坏的应急管理、指挥、救援计划等。茶会活动的现场处理方案应具体、简单、针对性强。

处理突发事件的原则是预防、应急、善后相结合,以人为本,安全第一。要明确目的,有序应对突发事件,最大程度减少突发事件及其造成的损害。

茶会方案里,要完善组织指挥体系,明确具体职责。明确预警和预防机制、应急响应措施(应急组织管理指挥、应急救援保障、综合协调、紧急处置、安全防护、善后处置)。

四、主持人与主持词

茶会正式开始后,主持人就是整场茶会的引导者。茶会能否成功,或者效果如何,很大程度上取决于主持人的临场发挥。

主持人的核心任务是主导现场活动进程,调节活动氛围。

主持人应该具备的综合能力有:主导现场活动的把控能力、熟练运用主持技巧的能力、处理意外环节的应变能力、感召观众的亲和能力。

主持人的基本素质有:较强的语言表达能力、良好的心理素质、扎实的文字功底、清晰的逻辑思维能力、独特的个性风采。

好的主持词,特别是重要内容的解说部分,可以准确传达茶会主题,调动参与者的热情,引发共鸣共感。主持词的撰写,要安排专人负责。围绕主题和活动内容,按照茶会进程,既要简洁精炼、突出重点,还要不输文采、引人共鸣。

五、组织者与执行者

茶会组织者的角色定位是指导者、支持者。他们负责定方案、搭班子、带队伍、聚资源,强调决策力。其主要职责是:

组建策划专班。物色合适人选,成立茶会筹办工作小组。确定茶会执行人员及岗位职责。

确定茶会主题。商讨、确定茶会主题及设计思路。

审查活动方案。对工作小组呈报的茶会活动具体方案进行审查、修改、定稿。

协调各方资源。尽可能为茶会所需的各项事务提供宏观层面的协调帮助。

评价茶会绩效。茶会结束后，组织茶会工作组进行总结反思。总结经验，反思不足，表彰优秀，督促后进，并形成相应文本档案。

茶会执行者应遵规则、重行动、出结果、按流程，强调执行力。他们的职责就是坚决执行茶会活动方案，在实施过程中如果发现问题，就地解决问题；不能解决的，及时向领导层汇报，并跟踪处理结果。

六、现场布置

茶会现场布置的要求是主题突出、风格协调、安全便利、以人为本。

主题茶会的场地布置，主要包括迎宾引导、指示牌、签到处、净手处、抽签处设置；现场舞台主题背景及空间布置；茶席布置；公共茶水区域设置，嘉宾休息室布置等。

其中，现场主题背景与茶席是关乎茶会主题呈现的最直接、最重要的载体，其位置、形状、颜色、风格，都要精心设计与安排。

现场布置要以人为本，人行通道、进出口、台阶、水电等，都要以安全便利为前提。

茶会正式开始前，要提前进行场地布置。室内茶会，最好提前一天全部到位，并进行预演。室外茶会，条件允许的情况下，可以提前预演彩排。

预演是按照茶会正式流程提前彩排。预演的重点是熟悉整个流程，注意各个细节、场务准备、衔接过渡、主持与节奏等，尽量及早发现可能存在的问题，以便及时改善，保证正式茶会顺利进行。

七、茶会举行

茶会正式举行环节最需要关注的因素是茶会流程设计。一般来说，一场茶会可以参考的基本程序如下：

准备就绪，静候嘉宾。

迎宾：导引指示、签到、净手、抽签。

入场：引领嘉宾入座。

茶会正式环节：开场白、嘉宾致辞、进行主要内容与环节。

中场茶歇。

茶会正式环节：开场白、嘉宾致辞、进行主要内容与环节。

茶会结束。

合影。

送归（离别宴）。

八、总结

茶会结束以后，除了正面宣传报道，更要组织所有参与的工作人员讨论、分析、总结茶会的经验与不足，形成书面总结报告，文字、图片、音频等资料归档。

九、茶会实施的关键点

确保主题茶会顺利实施与成功举办,有很多关键要素。在实施过程中,有些关键性细节甚至直接决定成败。其中最为关键的几个细节是主题把握、风格营造、节奏控制、流程设计、后勤保障。

第三节　无我茶会

一、无我茶会含义与特点

无我茶会是茶会形式中的一种,指通过一定的规定形式来进行的茶会。由我国台湾地区茶文化专家蔡荣章先生等人创立,并于 1990 年首次在台湾妙慧堂举行。蔡荣章先生曾说:"人类的物质越趋丰富,人心就逐渐浑浊,只重视知识的培养,心灵的源泉渐渐地干涸,空虚……"所以,为了精神上的充实,为了人与人之间的和谐平等,为了探求生活的本质,为了保留反省心灵的空间,"无我茶会"应运而生。

"无我"是指世界上本无物质性的实体存在,人本身是无常恒的主体;万物也是无常恒的自体;人类的一切妄想都是无意的,消灭了这些妄想就能达到清静的境界。无我茶会力求空灵、茶禅一味的精神。

无我茶会的特点是参加者都自带茶叶、茶具、人人泡茶、人人敬茶、人人品茶,一味同心;在茶会中以茶对传言,广为联谊,忘却自我,打成一片。

无我茶会的会场可设在室内,也可设在室外,人数不限,不分肤色、国籍、性别、年龄、职务、职位。茶会目的在于心灵沟通,一味同心,正是试图通过茶,通过"为别人泡茶,别人为我泡茶"这样一种看似简单的形式,使人们步入"清静"的境地。

二、无我茶会七大精神

无我茶会七大精神包括:

第一,无尊卑之分。茶会不设贵宾席,参加茶会者的座位由抽签而定,在中心地还是边缘地,在干燥平坦处还是潮湿凹凸处不能挑选,自己将奉茶给谁喝,自己会喝到谁的茶,事先都不知道。因此,不论职业职务、性别年龄、肤色国籍,人人都有平等的机遇。

第二,无求报偿之心。参加茶会的每个人泡的茶都是奉给左侧的茶侣,人人都为他人服务,而不求对方报偿。

第三,无好恶之分。每人会品评到不同的茶。由于茶类和技艺的差别,品位是不一样的。但每位与会者都要以客观的心情来欣赏每一杯茶,从中感受到别人的长处,不能只喝自己喜欢喝的茶,而厌恶别的茶。

第四,无流派与地域之分。茶会中的茶具和泡茶方式皆不受拘束,但以"简便"为原则,摒除多余的形式规范,才有足够的心情与时间享受茶会的意境,且不易流于器物的竞赛。

321

第五,求精进之心。"将茶泡好"是茶道的基本精神,故先要有足够的练习,否则不论是将自己还是别人所奉之茶泡坏了,都会造成别人或自己的困扰,而从品饮不同茶中,可以让自己检讨自己泡得如何,而保持精进之心。如遇到泡坏了的茶,只好以宽容的心接纳。

第六,遵守公告约定。茶会进行时并无司仪或指挥,大家都按事先公告项目进行,养成自觉遵守约定的美德。

第七,培养集体默契,体现团队律动。茶会进行时,均不说话,大家用心泡茶、奉茶、品茶,时时自觉调整,约束自己,配合他人,使整个茶会快慢节拍一致,并专心欣赏音乐或倾听演讲。人人心灵相通,即使几百人的茶会也能保持会场宁静、安详的气氛。

三、无我茶会流程

无我茶会在举办前,首先要书面写明公告事项,以便与会者事先阅读,进行准备,使茶会能有条不紊地进行。公告的内容要写明茶会的举办时间、地点、主题、人数、座位方式、泡几杯茶、供茶规则、茶类、会后活动、泡几种茶、泡几道、茶食供否。在时间安排中,要详细写出不同时间的活动内容。在工作分配中,还要详细写出不同人的不同工作安排。

参加无我茶会携带的茶具可根据茶类而定,尽量小巧简便。基本要求是每人需带冲泡茶具、四个杯子、奉茶盘、茶巾、手表或计时器、热水瓶、茶叶、坐垫等。

茶会开始前,首先要报到抽签,依号码找到位置。号码为顺序排列。座位形式多用封闭式,即首尾相连成规则或不规则的环形、方形或长方形等。数十人或数百人的大型茶会往往是在露天进行,均无桌椅。与会者找到位置后,将自带坐垫前沿中心点盖掉座位号码牌,在坐垫前铺放一块泡茶巾,上置泡茶器,泡茶巾前方是奉茶盘,内置四个茶杯,热水瓶放在茶巾左侧,提袋放在坐垫左侧,脱下鞋子放在坐垫左后方。

图 19 - 1 成都宽窄巷子无我茶会

　　当茶具安放完毕,根据公告的安排,第一阶段是茶具观摩和联谊,这时,可在会场中走动,也可互相拍照留念。到了约定时间,各人开始泡茶。然后将茶分入四个杯中,一杯留给自己,另三杯用茶盘奉送给左侧三位茶侣。如果所要奉茶的人也去奉茶了,只要将茶放在他的泡茶巾上就可以了。如遇有人来奉茶,应行礼接受。待茶奉齐,就可以自行品饮。喝完后,即可以泡第二道。第二道奉茶时,可用奉茶盘托泡茶器依次为左侧三位茶侣斟茶。继之冲泡第三道,奉茶同第二道,进行完冲泡后,如安排演讲或音乐欣赏等活动,就要按坐原位,专心聆听,结束后方可端茶盘去收回自己的杯子。将茶具收拾妥当,清理好自己座位的场地,与大家道别散会或继续其他活动。

图 19-2　校园无我茶会公告

参考文献

[1] 艾梅霞.茶叶之路[M].北京:中信出版社,2007.

[2] 陈椽.茶业通史(第2版)[M].北京:中国农业出版社,2018.

[3] 陈文华.中国茶文化学[M].北京:中国农业出版社,2006.

[4] 陈香白.中国茶文化[M].太原:山西人民出版社,1998.

[5] 陈宗懋.中国茶经[M].上海:上海文化出版社,1992.

[6] 丁以寿.中华茶道[M].合肥:安徽教育出版社,2007.

[7] 董尚胜,王建荣.中国茶史[M].杭州:浙江大学出版社,2002.

[8] 冈仓天心.茶之书[M].柴建华,译.重庆:重庆大学出版社,2018.

[9] 关剑平.茶与中国文化[M].北京:人民出版社,2001.

[10] 郝连奇.茶叶密码[M].武汉:华中科技大学出版社,2018.

[11] 黄桂枢.中国普洱茶义化研究[M].昆明:云南科学技术出版社,1994.

[12] 敬清和.茶与茶器[M].北京:九州出版社,2017.

[13] 林治.中国茶艺[M].北京:中华工商联合出版社,2000.

[14] 刘勤晋.茶文化学[M].北京:中国农业出版社,2000.

[15] 梅峰.回顾历史砥砺前行:谈新中国成立后茶产业发展和主要经验[J].茶世界,
2018年,第10期.

[16] 梅格刘利泽,喀兰达利什维利.中国茶叶专家在格鲁吉亚[J].新观察,1957年,第
22期.

[17] 木霁弘.茶马古道上的民族文化[M].昆明:云南民族出版社,2003.

[18] 佩蒂格鲁.茶鉴赏手册[M].朱笃,朱湘辉,译.上海:上海科学技术出版社,2001.

[19] 钱时霖.中国古代茶诗选[M].杭州:浙江古籍出版社,1989.

[20] 阮浩耕,沈冬梅,于良子.中国古代茶叶全书[M].杭州:浙江摄影出版社,1999.

[21] 上海市职业培训指导中心.初级茶艺师[M].北京:中国劳动社会保障出版
社,2008.

[22] 上海市职业培训指导中心.高级茶艺师[M].北京:中国劳动社会保障出版
社,2008.

[23] 上海市职业培训指导中心.中级茶艺师[M].北京:中国劳动社会保障出版
社,2008.

[24] 王从仁.中国茶文化[M].上海:上海古籍出版社,2001.

[25] 王玲.中国茶文化[M].北京:中国书店,1992.

[26] 王旭烽.茶文化通论[M].杭州:浙江大学出版社,2020.

[27] 威廉·乌克斯.茶叶全书[M].侬佳,刘涛,姜海蒂,译.北京:东方出版社,2011.

[28] 吴觉农.茶经述评[M].北京:中国农业出版社,2005.

[29] 滕军.日本茶道文化概论[M].北京:东方出版社,1992.

[30] 徐海荣.中国茶事大典[M].北京:华夏出版社,2001.

[31] 徐晓村.中国茶文化[M].北京:中国农业大学出版社,2005.

[32] 杨湧.茶艺服务与管理实务[M].南京:东南大学出版社,2012.

[33] 姚国坤,王存礼,程启坤.中国茶文化[M].上海:上海文化出版社,1991.

[34] 姚国坤.茶文化概论[M].杭州:浙江摄影出版社,2004.

[35] 郑培凯,朱自振.中国历代茶书汇编校注本[M].香港:商务印书馆(香港)有限公司,2007.

[36] 郑向敏,谢红勇.茶艺基础[M].上海:上海交通大学出版社,2011.

[37] 中国茶叶学会.茶艺培训教材(Ⅰ-Ⅴ)[M].北京:中国农业出版社,2022.

[38] 仲伟民.茶叶与鸦片:十九世纪经济全球化中的中国[M].北京:生活·读书·新知三联书店,2010.

[39] 周智修.习茶精要详解[M].北京:中国农业出版社,2020.

[40] 朱自振.茶史初探[M].北京:中国农业出版社,1996.

[41] 庄晚芳.中国茶史散论[M].北京:科学出版社,1988.

《茶文化与茶艺》实训手册

茶艺实训手册

实训一 绿茶茶艺实训

1. 实训安排

实训项目	绿茶冲泡
实训要求	(1) 熟悉绿茶的三种冲泡方法 (2) 熟练掌握绿茶的玻璃杯泡法
实训时间	45 分钟
实训环境	可以进行绿茶冲泡练习的茶艺实训室
实训工具	玻璃杯、白瓷壶、小茶碗、盖碗、茶道具、电随手泡、茶荷、绿茶若干
实训方法	示范讲解、小组讨论法、情景模拟

2. 实训步骤及要求

(1) 指导教师介绍名优绿茶及冲泡要求；

(2) 指导教师演示绿茶的三种冲泡方法；

(3) 分组讨论并掌握常见绿茶冲泡方法；

(4) 重点练习玻璃杯绿茶泡法的流程、手法。

3. 绿茶茶艺演示评分记录表

序号	考核内容	考核要点	配分	评分标准	扣分	得分
1	礼仪仪表仪容 10	发型、服饰端庄,自然	4	① 发型、服饰与茶艺师要求不相符,扣3分,扣完为止。 ② 发型、服饰欠端庄自然,扣1分。 ③ 其他因素扣分。		
		形象自然、得体、优雅,表情自然,具有亲和力	3	① 表情木讷,眼神无交流,不注重礼貌用语的使用,扣3分,扣完为止。 ② 神情恍惚,表情紧张不自如,扣2分。 ③ 妆容不当,留长指甲,扣1分。 ④ 其他因素扣分。		
		动作,手势,站姿、行姿、坐姿端正得体	3	① 站姿、行姿摇摆,坐姿不端正,扣1分。 ② 行姿摇摆,坐姿不正,双腿张开,扣2分。 ③ 手势中有明显多余动作,扣1分。 ④ 其他因素扣分。		
2	茶席布置 7	器具选配功能、质地、形状、色彩与茶类协调	5	① 茶具配套不齐全,或有多余,扣2分。 ② 茶具色彩欠协调,扣1分。 ③ 茶具之间质地、形状不协调,扣1分。 ④ 其他因素扣分。		
		茶器具布置与排列有序、合理	2	① 茶席布置不协调,扣1~2分。 ② 茶具配套齐全,茶具、茶席欠协调,扣1分。 ③ 其他因素扣分。		
3	茶艺演示 25	冲泡程序正确,投茶量适中,水温、冲水量及时间把握合理	10	① 冲泡程序不符合茶理,顺序混乱或遗漏,每次扣3分,扣完为止。 ② 操作过程中水洒出茶具外或茶叶掉落在外面,扣1~3分。 ③ 未能正确掌握投茶量,扣1~3分。 ④ 选择水温与茶叶不相符合,过高或过低,冲水量过多或过少,扣1~3分。 ⑤ 操作过程中,器具碰撞发出声音,扣1~3分。		
		操作动作适度,双手协调,自然顺畅,过程完整	10	① 未能连续完成,中断或出错三次以上,扣6分,扣完为止。 ② 能基本顺利完成,中断或出错二次以下,扣2~4分。 ③ 冲泡时双手不协调,整个冲泡过程未自然顺畅,扣1~3分。 ④ 面部缺乏表情,扣1分。		
		奉茶姿态、姿势自然,言辞恰当	3	① 奉茶姿态不端正,次序混乱,扣3分,扣完为止。 ② 奉茶姿态端正,次序混乱,扣1~2分。 ③ 奉茶时不注重使用礼貌用语,扣1分。		
		冲泡完毕,清理工作台	2	① 冲泡完毕,未清理工作台,扣2分,扣完为止。 ② 清理工作台,茶具未归回原位,摆放不合理,扣1~2分。		

序号	考核内容	考核要点	配分	评分标准	扣分	得分
4	茶汤质量 25	茶色、香、味表达充分	15	① 未能表达出茶色、香、味其三者，扣 10 分。 ② 未能表达出茶色、香、味其二者，扣 8 分。 ③ 未能表达出茶色、香、味其一者，扣 5 分。 ④ 其他因素扣分。		
		所奉茶汤温度适宜	5	① 茶汤温度过高或过低，扣 3 分。 ② 茶汤过浓或过淡，扣 3 分。 ③ 其他因素扣分。		
		所奉茶汤适量	5	① 茶汤过量或过少，扣 2 分。 ② 茶三杯不均，扣 2 分。 ③ 其他因素扣分。		
5	考核时间 3	45 min	3	该题的操作时间为 45 min，每超过 1 min，扣 1 分，扣完为止。		
	合计		70			

实训二　花茶茶艺实训

1. 实训安排

实训项目	花茶冲泡练习
实训要求	(1) 熟悉花茶的常用冲泡方法 (2) 熟练掌握花茶的盖碗泡法
实训时间	45 分钟
实训环境	可以进行花茶冲泡练习的茶艺实训室
实训工具	茶盘、盖碗、茶道具、电随手泡、茶荷、花茶 12 g 等
实训方法	示范讲解、小组讨论法、情景模拟

2. 实训步骤及要求

(1) 指导教师展示花茶各种泡法所使用的茶具；

(2) 指导教师演示盖碗杯冲泡方法；

(3) 分组讨论并掌握花茶冲泡方法使用条件；

(4) 重点练习盖碗花茶泡法的流程、手法。

3. 花茶茶艺演示评分记录表

序号	考核内容	考核要点	配分	评分标准	扣分	得分
1	礼仪仪表仪容 10	发型、服饰端庄、自然	4	① 发型、服饰与茶艺师要求不相符,扣3分,扣完为止。 ② 发型、服饰欠端庄自然,扣1分。 ③ 其他因素扣分。		
		形象自然、得体、优雅,表情自然,具有亲和力	3	① 表情木讷,眼神无交流,不注重礼貌用语的使用,扣3分,扣完为止。 ② 神情恍惚,表情紧张不自如,扣2分。 ③ 妆容不当,留长指甲,扣1分。 ④ 其他因素扣分。		
		动作,手势,站姿、行姿、坐姿端正得体	3	① 站姿、行姿摇摆,坐姿不端正,扣1分。 ② 行姿摇摆,坐姿不正,双腿张开,扣2分。 ③ 手势中有明显多余动作,扣1分。 ④ 其他因素扣分。		
2	茶席布置 7	器具选配功能、质地、形状、色彩与茶类协调	5	① 茶具配套不齐全,或有多余,扣2分。 ② 茶具色彩欠协调,扣1分。 ③ 茶具之间质地、形状不协调,扣1分。 ④ 其他因素扣分。		
		茶器具布置与排列有序、合理	2	① 茶席布置不协调,扣1~2分。 ② 茶具配套齐全,茶具、茶席欠协调,扣1分。 ③ 其他因素扣分。		
3	茶艺演示 25	冲泡程序正确,投茶量适中,水温、冲水量及时间把握合理	10	① 冲泡程序不符合茶理,顺序混乱或遗漏,每次扣3分,扣完为止。 ② 操作过程中水洒出茶具外或茶叶掉落在外面,扣1~3分。 ③ 未能正确掌握投茶量,扣1~3分。 ④ 选择水温与茶叶不相符合,过高或过低,冲水量过多或过少,扣1~3分。 ⑤ 操作过程中,器具碰撞发出声音,扣1~3分。		
		操作动作适度,双手协调,自然顺畅,过程完整	10	① 未能连续完成,中断或出错三次以上,扣6分,扣完为止。 ② 能基本顺利完成,中断或出错二次以下,扣2~4分。 ③ 冲泡时双手不协调,整个冲泡过程未自然顺畅,扣1~3分。 ④ 面部缺乏表情,扣1分。		
		奉茶姿态、姿势自然,言辞恰当	3	① 奉茶姿态不端正,次序混乱,扣3分,扣完为止。 ② 奉茶姿态端正,次序混乱,扣1~2分。 ③ 奉茶时不注重使用礼貌用语,扣1分。		
		冲泡完毕,清理工作台	2	① 冲泡完毕,未清理工作台,扣2分,扣完为止。 ② 清理工作台,茶具未归回原位,摆放不合理,扣1~2分。		

续　表

序号	考核内容	考核要点	配分	评分标准	扣分	得分
4	茶汤质量 25	茶色、香、味表达充分	15	① 未能表达出茶色、香、味其三者,扣 10 分。 ② 未能表达出茶色、香、味其二者,扣 8 分。 ③ 未能表达出茶色、香、味其一者,扣 5 分。 ④ 其他因素扣分。		
		所奉茶汤温度适宜	5	① 茶汤温度过高或过低,扣 3 分。 ② 茶汤过浓或过淡,扣 3 分。 ③ 其他因素扣分。		
		所奉茶汤适量	5	② 茶汤过量或过少,扣 2 分。 ③ 茶三杯不均,扣 2 分。 ③ 其他因素扣分。		
5	考核时间 3	45 min	3	该题的操作时间为 45 min,每超过 1 min,扣 1 分,扣完为止。		
	合计		70			

实训三　乌龙茶茶艺实训

1. 实训安排

实训项目	台湾工夫茶艺
实训要求	(1) 熟悉台湾工夫茶的主要特征 (2) 掌握台湾工夫茶的冲泡要领及冲泡流程 (3) 能够进行台湾工夫茶艺表演
实训时间	120 分钟
实训环境	可以进行冲泡练习的茶艺实训室或茶艺馆
实训工具	茶盘,紫砂小壶,公道杯,品茗杯,闻香杯组合,赏茶荷,品茗杯托,随手泡,茶道具组合,茶叶罐,茶巾,湿茶漏,冻顶乌龙茶
实训方法	示范讲解、小组讨论法、情景模拟

2. 实训步骤及要求

(1) 指导教师展示台湾工夫茶的冲泡用具并介绍各种用具的使用方法;

(2) 指导教师演示台湾工夫茶的冲泡方法;

(3) 学生分组讨论并掌握台湾工夫茶冲泡用具的使用方法;

(4) 学生分组练习台湾工夫茶的冲泡流程、手法;

(5) 学生分组进行台湾工夫茶表演。

3. 乌龙茶茶艺演示评分记录表

序号	考核内容	考核要点	配分	评分标准	扣分	得分
1	礼仪仪表仪容 10	发型、服饰端庄、自然	4	① 发型、服饰与茶艺师要求不相符,扣3分,扣完为止。 ② 发型、服饰欠端庄自然,扣1分。 ③ 其他因素扣分。		
		形象自然、得体、优雅,表情自然,具有亲和力	3	① 表情木讷,眼神无交流,不注重礼貌用语的使用,扣3分,扣完为止。 ② 神情恍惚,表情紧张不自如,扣2分。 ③ 妆容不当,留长指甲,扣1分。 ④ 其他因素扣分。		
		动作,手势,站姿、行姿、坐姿端正得体	3	① 站姿、行姿摇摆,坐姿不端正,扣1分。 ② 行姿摇摆,坐姿不正,双腿张开,扣2分。 ③ 手势中有明显多余动作,扣1分。 ④ 其他因素扣分。		
2	茶席布置 7	器具选配功能、质地、形状、色彩与茶类协调	5	① 茶具配套不齐全,或有多余,扣2分。 ② 茶具色彩欠协调,扣1分。 ③ 茶具之间质地、形状不协调,扣1分。 ④ 其他因素扣分。		
		茶器具布置与排列有序、合理	2	① 茶席布置不协调,扣1~2分。 ② 茶具配套齐全,茶具、茶席欠协调,扣1分。 ③ 其他因素扣分。		
3	茶艺演示 25	冲泡程序正确,投茶量适中,水温、冲水量及时间把握合理	10	① 冲泡程序不符合茶理,顺序混乱或遗漏,每次扣3分,扣完为止。 ② 操作过程中水洒出茶具外或茶叶掉落在外面,扣1~3分。 ③ 未能正确掌握投茶量,扣1~3分。 ④ 选择水温与茶叶不相符合,过高或过低,冲水量过多或过少,扣1~3分。 ⑤ 操作过程中,器具碰撞发出声音,扣1~3分。		
		操作动作适度,双手协调,自然顺畅,过程完整	10	① 未能连续完成,中断或出错三次以上,扣6分,扣完为止。 ② 能基本顺利完成,中断或出错二次以下,扣2~4分。 ③ 冲泡时双手不协调,整个冲泡过程未自然顺畅,扣1~3分。 ④ 面部缺乏表情,扣1分。		
		奉茶姿态、姿势自然,言辞恰当	3	① 奉茶姿态不端正,次序混乱,扣3分,扣完为止。 ② 奉茶姿态端正,次序混乱,扣1~2分。 ③ 奉茶时不注重使用礼貌用语,扣1分。		
		冲泡完毕,清理工作台	2	① 冲泡完毕,未清理工作台,扣2分,扣完为止。 ② 清理工作台,茶具未归回原位,摆放不合理,扣1~2分。		

续　表

序号	考核内容	考核要点	配分	评分标准	扣分	得分
4	茶汤质量 25	茶色、香、味表达充分	15	① 未能表达出茶色、香、味其三者,扣 10 分。 ② 未能表达出茶色、香、味其二者,扣 8 分。 ③ 未能表达出茶色、香、味其一者,扣 5 分。 ④ 其他因素扣分。		
		所奉茶汤温度适宜	5	① 茶汤温度过高或过低,扣 3 分。 ② 茶汤过浓或过淡,扣 3 分。 ③ 其他因素扣分。		
		所奉茶汤适量	5	② 茶汤过量或过少,扣 2 分。 ③ 茶三杯不均,扣 2 分。 ③ 其他因素扣分。		
5	考核时间 3	120 min	3	该题的操作时间为 120 min,每超过 1 min,扣 1 分,扣完为止。		
	合计		70			

实训四　红茶茶艺实训

1. 实训安排

实训项目	工夫红茶茶艺
实训要求	(1) 熟悉红茶的品饮方法 (2) 掌握红茶冲泡要领及工夫红茶的冲泡流程 (3) 能够进行工夫红茶茶艺表演
实训时间	90 分钟
实训环境	可以进行冲泡练习的茶艺实训室或茶艺馆
实训工具	茶道具、电随手泡、茶盘/茶船、白瓷壶、公道杯、品茗杯、杯托、湿茶漏、茶荷、祁门红茶
实训方法	示范讲解、情境模拟、小组讨论法、小组练习

2. 实训步骤及要求

(1) 指导教师展示冲泡红茶的各种用具;

(2) 指导教师演示工夫红茶的冲泡方法;

(3) 学生分组讨论并掌握红茶常用冲泡方法的使用条件;

(4) 学生分组练习工夫红茶的冲泡流程、手法。

3.红茶茶艺演示评分记录表

序号	考核内容	考核要点	配分	评分标准	扣分	得分
1	礼仪仪表仪容 10	发型、服饰端庄,自然	4	① 发型、服饰与茶艺师要求不相符,扣3分,扣完为止。 ② 发型、服饰欠端庄自然,扣1分。 ③ 其他因素扣分。		
		形象自然、得体、优雅,表情自然,具有亲和力	3	① 表情木讷,眼神无交流,不注重礼貌用语的使用,扣3分,扣完为止。 ② 神情恍惚,表情紧张不自如,扣2分。 ③ 妆容不当,留长指甲,扣1分。 ④ 其他因素扣分。		
		动作,手势,站姿、行姿、坐姿端正得体	3	① 站姿、行姿摇摆,坐姿不端正,扣1分。 ② 行姿摇摆,坐姿不正,双腿张开,扣2分。 ③ 手势中有明显多余动作,扣1分。 ④ 其他因素扣分。		
2	茶席布置 7	器具选配功能、质地、形状、色彩与茶类协调	5	① 茶具配套不齐全,或有多余,扣2分。 ② 茶具色彩欠协调,扣1分。 ③ 茶具之间质地、形状不协调,扣1分。 ④ 其他因素扣分。		
		茶器具布置与排列有序、合理	2	① 茶席布置不协调,扣1~2分。 ② 茶具配套齐全,茶具、茶席欠协调,扣1分。 ③ 其他因素扣分。		
3	茶艺演示 25	冲泡程序正确,投茶量适中,水温、冲水量及时间把握合理	10	① 冲泡程序不符合茶理,顺序混乱或遗漏,每次扣3分,扣完为止。 ② 操作过程中水洒出茶具外或茶叶掉落在外面,扣1~3分。 ③ 未能正确掌握投茶量,扣1~3分。 ④ 选择水温与茶叶不相符合,过高或过低,冲水量过多或过少,扣1~3分。 ⑤ 操作过程中,器具碰撞发出声音,扣1~3分。		
		操作动作适度,双手协调,自然顺畅,过程完整	10	① 未能连续完成,中断或出错三次以上,扣6分,扣完为止。 ② 能基本顺利完成,中断或出错二次以下,扣2~4分。 ③ 冲泡时双手不协调,整个冲泡过程未自然顺畅,扣1~3分。 ④ 面部缺乏表情,扣1分。		
		奉茶姿态、姿势自然,言辞恰当	3	① 奉茶姿态不端正,次序混乱,扣3分,扣完为止。 ② 奉茶姿态端正,次序混乱,扣1~2分。 ③ 奉茶时不注重使用礼貌用语,扣1分。		
		冲泡完毕,清理工作台	2	① 冲泡完毕,未清理工作台,扣2分,扣完为止。 ② 清理工作台,茶具未归回原位,摆放不合理,扣1~2分。		

序号	考核内容	考核要点	配分	评分标准	扣分	得分
4	茶汤质量 25	茶色、香、味表达充分	15	① 未能表达出茶色、香、味其三者,扣 10 分。 ② 未能表达出茶色、香、味其二者,扣 8 分。 ③ 未能表达出茶色、香、味其一者,扣 5 分。 ④ 其他因素扣分。		
		所奉茶汤温度适宜	5	① 茶汤温度过高或过低,扣 3 分。 ② 茶汤过浓或过淡,扣 3 分。 ③ 其他因素扣分。		
		所奉茶汤适量	5	② 茶汤过量或过少,扣 2 分。 ③ 茶三杯不均,扣 2 分。 ③ 其他因素扣分。		
5	考核时间 3	90 min	3	该题的操作时间为 90 min,每超过 1 min,扣 1 分,扣完为止。		
	合　计		70			

实训五　黑茶茶艺实训

1. 实训安排

实训项目	普洱茶推荐
实训要求	(1) 熟悉普洱茶相关知识 (2) 掌握普洱茶冲泡方式及冲泡要点 (3) 能够进行普洱茶的推荐介绍
实训时间	45 分钟
实训环境	可以进行冲泡练习的茶艺实训室
实训工具	普洱散茶、普洱紧茶、生普洱、熟普洱;普洱茶冲泡用具
实训方法	示范讲解、情境模拟、小组讨论法、小组练习

2. 实训步骤及要求

(1) 指导教师进行讲解介绍;

(2) 学生分组讨论分析指定普洱茶的品质特点及适用冲泡方式;

(3) 学生分组进行模拟练习普洱茶冲泡及推荐。

3. 普洱茶茶艺演示评分记录表

序号	考核内容	考核要点	配分	评分标准	扣分	得分
1	礼仪仪表仪容 10	发型、服饰端庄,自然	4	① 发型、服饰与茶艺师要求不相符,扣3分,扣完为止。 ② 发型、服饰欠端庄自然,扣1分。 ③ 其他因素扣分。		
		形象自然、得体、优雅,表情自然,具有亲和力	3	① 表情木讷,眼神无交流,不注重礼貌用语的使用,扣3分,扣完为止。 ② 神情恍惚,表情紧张不自如,扣2分。 ③ 妆容不当,留长指甲,扣1分。 ④ 其他因素扣分。		
		动作,手势,站姿、行姿、坐姿端正得体	3	① 站姿、行姿摇摆,坐姿不端正,扣1分。 ② 行姿摇摆,坐姿不正,双腿张开,扣2分。 ③ 手势中有明显多余动作,扣1分。 ④ 其他因素扣分。		
2	茶席布置 7	器具选配功能、质地、形状、色彩与茶类协调	5	① 茶具配套不齐全,或有多余,扣2分。 ② 茶具色彩欠协调,扣1分。 ③ 茶具之间质地、形状不协调,扣1分。 ④ 其他因素扣分。		
		茶器具布置与排列有序、合理	2	① 茶席布置不协调,扣1~2分。 ② 茶具配套齐全,茶具、茶席欠协调,扣1分。 ③ 其他因素扣分。		
3	茶艺演示 25	冲泡程序正确,投茶量适中,水温、冲水量及时间把握合理	10	① 冲泡程序不符合茶理,顺序混乱或遗漏,每次扣3分,扣完为止。 ② 操作过程中水洒出茶具外或茶叶掉落在外面,扣1~3分。 ③ 未能正确掌握投茶量,扣1~3分。 ④ 选择水温与茶叶不相符合,过高或过低,冲水量过多或过少,扣1~3分。 ⑤ 操作过程中,器具碰撞发出声音,扣1~3分。		
		操作动作适度,双手协调,自然顺畅,过程完整	10	① 未能连续完成,中断或出错三次以上,扣6分,扣完为止。 ② 能基本顺利完成,中断或出错二次以下,扣2~4分。 ③ 冲泡时双手不协调,整个冲泡过程未自然顺畅,扣1~3分。 ④ 面部缺乏表情,扣1分。		
		奉茶姿态、姿势自然,言辞恰当	3	① 奉茶姿态不端正,次序混乱,扣3分,扣完为止。 ② 奉茶姿态端正,次序混乱,扣1~2分。 ③ 奉茶时不注重使用礼貌用语,扣1分。		
		冲泡完毕,清理工作台	2	① 冲泡完毕,未清理工作台,扣2分,扣完为止。 ② 清理工作台,茶具未归回原位,摆放不合理,扣1~2分。		

序号	考核内容	考核要点	配分	评分标准	扣分	得分
4	茶汤质量25	茶色、香、味表达充分	15	① 未能表达出茶色、香、味其三者,扣10分。 ② 未能表达出茶色、香、味其二者,扣8分。 ③ 未能表达出茶色、香、味其一者,扣5分。 ④ 其他因素扣分。		
		所奉茶汤温度适宜	5	① 茶汤温度过高或过低,扣3分。 ② 茶汤过浓或过淡,扣3分。 ③ 其他因素扣分。		
		所奉茶汤适量	5	② 茶汤过量或过少,扣2分。 ③ 茶三杯不均,扣2分。 ③ 其他因素扣分。		
5	考核时间3	45 min	3	该题的操作时间为45 min,每超过1 min,扣1分,扣完为止。		
	合计		70			

实训六　茶艺表演编创实训

1. 实训安排

实训项目	茶艺表演编创
实训要求	熟悉茶艺表演编创类型的要求,能够通过小组合作的形式进行主题茶艺表演的创作与实训要求演示
实训时间	90分钟
实训环境	可以进行茶艺表演编创的茶艺实训室、多媒体教室
实训工具	各式茶具、茶叶、音乐、学生自备装饰用品、花材等
实训方法	示范讲解、小组讨论法、情境模拟

2. 实训步骤及要求

(1) 小组讨论

① 确定茶艺表演主题;

② 分工合作,准备各类茶具、服装、装饰用品、编写解说词。

（2）分组实训

① 主题茶艺表演的茶席设计；

② 组织协调人员；

③ 进行茶艺表演排练。

3. 自创茶艺演示赛项评分标准与评分细则

序号	项目	分值分配	要求和评分标准	扣分标准	扣分	得分
1	创意 25	15	主题鲜明,立意新颖,有原创性;意境美好	（1）有立意,意境不足,扣2分。 （2）有立意,欠文化内涵,扣4分。 （3）无原创性,立意欠新颖,扣6分。 （4）其他因素扣分。		
		10	茶席、背景有创意	（1）尚有创意,扣2分。 （2）有创意,欠合理,扣3分。 （3）布置、背景与主题不符,扣4分。 （4）背景喧宾夺主,扣6分。 （5）其他因素扣分。		
2	礼仪、仪表、仪容 5	5	发型、服饰与茶艺演示类型相协调;形象自然、得体、优雅;动作、手势、姿态端正大方	（1）发型、服饰与主题协调,欠优雅得体,扣0.5分。 （2）发型、服饰与茶艺主题不协调,扣1分。 （3）动作、手势、姿态欠端正,扣0.5分。 （4）动作、手势、姿态不端正,扣1分。 （5）其他因素扣分。		
3	茶艺演示 40	10	表演者情绪饱满,具有较强艺术感染力	（1）情绪契合主题,长度欠准确,扣0.5分。 （2）情绪与主题欠协调,扣1分。 （3）情绪与主题不协调,扣1.5分。 （4）其他因素扣分。		
		25	动作自然、手法连贯,冲泡程序合理,过程完整、流畅,形神俱备,符合美的规则	（1）能基本顺利完成,表情欠自然,扣1分。 （2）未能基本顺利完成,中断或出错二次以下,扣3分。 （3）未能连续完成,中断或出错三次以上,扣5分。 （4）有明显的多余动作,扣3分。 （5）其他因素扣分。		
		5	奉茶姿态、姿势自然,言辞得当	（1）姿态欠自然端正,扣0.5分。 （2）次序、脚步混乱,扣0.5分。 （3）未行礼,扣1分。 （4）其他因素扣分。		

序号	项目	分值分配	要求和评分标准	扣分标准	扣分	得分
4	茶汤质量 20	10	茶汤色、香、味等特性表达充分	(1) 未能表达出茶色、香、味其一者,扣2分。 (2) 未能表达出茶色、香、味其二者,扣3分。 (3) 未能表达出茶色、香、味其三者,扣5分。 (4) 其他因素扣分。		
		5	所奉茶汤温度适宜	(1) 与适饮温度有相差,扣1分。 (2) 过高或过低,扣2分。 (3) 其他因素扣分。		
		5	所奉茶汤适量	(1) 过多(溢出茶杯杯沿)或偏少(低于茶杯二分之一),扣1分。 (2) 分杯不匀,扣1分。 (3) 其他因素扣分。		
5	主题文案 5	5	文本阐释有内涵,表达准确,能引导和启发观众对茶艺的理解,给人以美的享受	(1) 文本阐释无深意、无新意,扣0.5分。 (2) 无文本,扣1分。 (3) 讲解与演示过程不协调,扣0.5分。 (4) 讲解欠艺术感染力,扣0.5分。 (5) 解说不合时宜,扣1分。 (6) 解说事先录制或部分录制,扣2分。 (7) 其他因素扣分。		
6	时间 5	5	在8~20分钟内完成茶艺演示	(1) 误差3分钟以内,扣1分。 (2) 误差3分钟~5分钟,扣2分。 (3) 超过规定时间5分钟,扣4分。 (4) 茶席布置时间超过5分钟,扣1分。 (5) 其他因素扣分。		

实训七　六大茶类茶叶审评

1. 实训安排

实训项目	茶类审评
实训要求	熟悉茶叶审评标准与程序,能够通过小组合作的形式进行茶叶审评
实训时间	90分钟
实训环境	茶叶品评实训室
实训工具	审评碗、审评杯、计时器、天平、茶样、摇样盘、叶底盘以及茶叶冲泡器具等
实训方法	示范讲解、小组品评

2. 茶叶品评记录表

茶叶品质审评记录表

评茶员		高级/中级				六大茶类						
茶叶感官品质审评												
样品来源		适用标准代号					采样时间			年　月　日		
编号	密码号	品名	品类	数量	比照样或成交样						审评结论	备注
					外形				内质			
					形状	色泽	整碎	净度	汤色	香气 滋味 叶底	品质水平　等级	
1												
2												
3												
4												
5												
6												

对初制加工工艺技术可提出改进意见的茶,分别指导说明

评茶员